公共建筑空调方案设计指南

Design Guide for Air Conditioning of Public Buildings

宋孝春 主编

中国建筑工业出版社

图书在版编目（CIP）数据

公共建筑空调方案设计指南＝Design Guide for Air Conditioning of Public Buildings/宋孝春主编. 北京：中国建筑工业出版社，2024.6. — ISBN 978-7-112-29981-2

Ⅰ. TU83-62

中国国家版本馆 CIP 数据核字第 2024C5N605 号

本书的主要内容包括：典型空调方案及工程设置；全年运行能耗计算；空调方案设计；空调方案经济性分析；空调方案工程案例。

本书可供空调从业人员使用。

责任编辑：张　瑞　万　李
责任校对：赵　力

公共建筑空调方案设计指南
Design Guide for Air Conditioning of Public Buildings
宋孝春　主编

*

中国建筑工业出版社出版、发行（北京海淀三里河路 9 号）
各地新华书店、建筑书店经销
北京科地亚盟排版公司制版
北京云浩印刷有限责任公司印刷

*

开本：787 毫米×1092 毫米　1/16　印张：18½　插页：1　字数：459 千字
2024 年 6 月第一版　　2024 年 6 月第一次印刷
定价：**70.00** 元
ISBN 978-7-112-29981-2
（42304）

作者简介

宋孝春，1963年生，1985年毕业于北京建筑工程学院。

中国建筑设计研究院有限公司总工程师、工程设计研究院院长。注册公用设备工程师，教授级高级工程师。中国建筑学会建筑热能动力分会理事长。

曾就职于北京建筑工程学院、北京城市改建综合开发公司、中国农业工程研究设计院、建设部建筑设计院。

30多年来，参与了50多个大中型工程设计（其中14个工程获市级以上奖25项），总建筑面积1200多万m^2，涉及多种功能、多种类型建筑，比较典型的有文化类建筑、体育类建筑、超高层建筑、办公建筑、居住小区、星级酒店、总部大厦、商务中心、会展中心、行政中心、城市综合体、大型区域能源站等。

代表作品有北京西环广场、黄山玉屏假日酒店、大连星海湾古城堡酒店、海口行政中心、天津于家堡金融中心、鄂尔多斯东胜体育中心、招商银行深圳分行、中国铁物大厦、中铁青岛世界博览城会展及配套项目、奥运村再生水热泵冷热源工程、亚龙湾旅游度假区区域冰蓄冷工程、北京建筑大学新校区供热工程、重庆江北城CBD区域江水源热泵集中供冷供热项目（1号能源站）、北京丽泽金融商务区智慧清洁能源系统（南区1号、2号能源站）等。

发表13篇论文，主编专著《公共建筑冷热源方案设计指南》、《城市综合体机电技术与设计》、《民用建筑制冷空调设计资料集》等6册，参与了《建筑设计防火规范》、《旅馆建筑设计规范》、《建筑机电工程抗震设计规范》（华夏建设科学技术奖二等奖）、《数据中心设计规范》、《人民防空地下室设计规范》、《蓄能空调工程技术规程》、《区域供冷系统设计标准》等9本标准、规范的编写；参加了利用城市热网驱动吸收式制冷研究、建筑机电节能研究（华夏建设科学技术奖三等奖），“十一五”绿色通风空调研究等科研课题的研究工作。

本书编委会

序

空调设计分为方案设计、初步设计及施工图设计等阶段。其中，方案设计阶段的空调设计至关重要。在满足房间冷热负荷需求的情况下，采用不同的末端系统形式、对应不同的冷热源方式，空调系统的初投资、运行费用、运行能耗、运行碳排放等有很大区别。因此，在空调方案设计阶段，从技术、经济、能耗、碳排放等进行系统优化设计，满足建设方的不同的建设标准与需求，具有非常重要的意义。

本书以典型办公建筑为模型，从设计负荷、全年能耗计算等需求开始，分析介绍了8种常用的空调末端系统和符合末端需要的冷热源形式的基础知识和系统特点，以便读者更好地理解相关知识；在技术设计方案的基础上，详细计算了初投资、运行费用、运行能耗、运行碳排放、生命期费用。对上述各空调系统进行综合技术经济分析，提出了最佳的空调方案优选方法，并通过工程案例加以佐证，为公共建筑空调方案设计提供了较全面的理论基础和分析框架。

本书作者长期耕耘在我院建筑暖通空调工程设计一线，在建筑暖通空调工程设计领域，积累了丰富的工程经验。本书是作者多年工作经验的总结，给出了公共建筑空调方案优选的全面分析方法，在技术之外更要关注经济、能耗等问题，内容上深入浅出，体现了作者深入观察、勤于思考的工程思维，突出实用性，可供暖通空调领域从业人员参考。

全国工程勘察设计大师：

前　言

公共建筑种类繁多、使用功能复杂，其单体规模、建筑高度、气候条件、设计标准、能源状况等使得空调系统形式呈现多样性。另外空调形式的选择也对建筑物在经济效益、室内舒适、运行能耗、装修效果等方面产生直接影响。在技术上满足项目使用要求的基础上，同样有多种空调系统可供选择。如何因地制宜、合理地选择空调系统，满足业主需求，完善与土建的配合，达到经济、舒适、节能等多重目的，成为暖通空调专业设计的重要环节。本书旨在技术之外，探讨其初投资、运行能耗、运行费用、运行碳排放量、生命周期费用等因素对空调系统方案选用的影响，并归纳总结了各项影响因素的空调面积指标和建筑面积指标，供从业者参考使用。

本书以典型办公建筑为模型，从设计负荷、全年能耗计算等需求开始，介绍了两管制风机盘管＋新风系统、分区两管制风机盘管＋新风系统、四管制风机盘管＋新风系统、双冷源温湿度分控风机盘管＋新风系统、单冷源温湿度分控风机盘管＋新风系统、多联机＋新风系统、内外分区变风量系统、内外不分区变风量系统和符合末端需要的冷热源形式的基础知识和系统特点，以便读者更好地理解相关技术知识。

然后，详细计算了不同空调系统的初投资，并拆解了各分项费用，便于设计师更好地掌握经济性指标，以适应限额设计和总承包项目的市场需要，清晰地控制安装工程的资金投入。再者，在全年冷、热量计算的基础上，分别计算了冷热源、末端运行设备的耗电量，以及运行碳排放量，用节能减排的指标分析系统方案的差异。根据能源价格，计算了全年运行费用（包含了末端设备的运行费用），与初投资一起，计算生命期费用，作为经济性分析的决策。

最终，通过对八种常用空调系统的全面指标计算和综合技术经济分析，提出最佳的空调方案优选方法，并通过实际工程案例多方案指标加以佐证，为公共建筑空调方案设计提供了较全面的理论基础和分析框架。

公共建筑空调技术及产品在不断地更新与发展，限于作者的水平和实践经验的局限性，书中尚有很多欠缺和不足之处，恳请行业同仁和读者批评指正。

目　　录

第1章　典型空调方案及工程设置

1.1　空调方案选用原则

公共建筑使用功能多样，为了满足不同功能的需要，空调末端系统形式同样呈多样化。空调系统应根据建筑物的用途、规模、使用特点、负荷变化、参数要求、所在地区气象条件和能源状况及设备价格、能源预期价格等，经技术经济比较后确定；规模较大公共建筑宜进行方案对比并优化确定。

高大空间空调区域，宜设置全空气空调系统。空调区较多、建筑层高较低且各区温度要求独立控制时，宜选用风机盘管或多联机加新风系统；空调区散湿量较小，可采用温湿度分控系统。空调区较多、建筑层高适中且各区温度要求独立控制时，宜选用全空气变风量系统；有低温冷媒供应时，宜采用低温送风空调系统。

空调方案设计应技术可靠、经济合理、运行维护方便，经济方面又包括初投资、运行费用、生命期费用、能源消耗量、碳排放量等，需要全方位地进行分析并优化，选用符合建筑投资方和运行方最适合的空调系统。

1.2　典型空调方案

公共建筑使用功能繁多，不宜同时列举。本书只针对办公建筑尤其是办公室楼层。空调房间较多，其集中空调末端系统通常有以下几种方案：

（1）两管制风机盘管＋新风方案；

（2）分区两管制风机盘管＋新风方案；

（3）四管制风机盘管＋新风方案；

（4）双冷源温湿度分控风机盘管＋新风方案；

（5）单冷源温湿度分控风机盘管＋新风方案；

（6）多联机＋新风方案（风管式、嵌入式）；

（7）内外分区变风量（外区末端再热）方案；

（8）内外不分区变风量（外区四管制风盘）方案。

1.3　典型工程的设置

1.3.1　建筑模型

北京某办公楼建筑平面图如图1.3.1-1所示，总建筑面积38337m^2，其中地上建筑面积36477m^2，地下建筑面积1860m^2；地上20层，层高4.2m，建筑高度85.2m，地上为办公楼层，地下一层为机电设备机房。

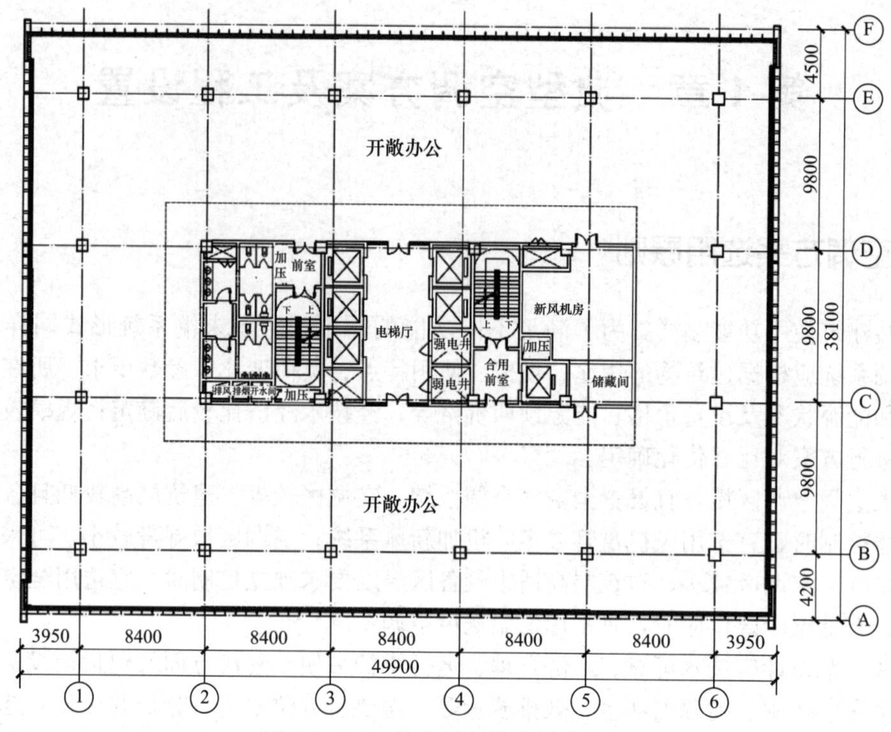

图 1.3.1-1　北京某办公建筑平面图

空调（区）面积 26900m^2，（空调层）建筑面积 36477m^2（由于不同建筑地下层非空调层面积所占比例相差较大，为了面积指标数据分析的可参考性，设定此为建筑面积）。

冷热源设定为电制冷＋市政热网供热。

1.3.2　围护结构参数

根据设计图纸，统计建筑围护结构各主要部位参数如表 1.3.2-1 所示，建筑体形系数 S＝0.1073m^{-1}。根据北京市《公共建筑节能设计标准》DB11/687—2015 对办公建筑围护结构的热工设计要求，主要围护结构部位的传热系数［单位：W/(m^2·K)］取值如下：外墙 0.50，外窗 1.60，屋面 0.45。太阳得热系数 *SHGC*（东、南、西向/北向）：0.35/0.60。

围护结构各主要部位参数　　表 1.3.2-1

朝向		东向	南向	西向	北向
外墙（含窗，m^2）		3200.40	4074.00	3200.40	4074.00
外窗	窗墙面积比	0.61	0.82	0.61	0.82
	外窗（m^2）	1966.44	3328.08	1966.44	3328.08
屋顶（m^2）		1824.00			

1.3.3　室内外设计计算参数

1. 室内设计计算参数

建筑主要房间室内热湿环境设计参数应综合考虑当地气候特征和居民习惯确定，可根据现行国家标准《民用建筑供热通风与空气调节设计规范》GB 50736 的规定选取。本项目建筑室内空气设计参数取值如下：

空调期：温度26℃，相对湿度50%，焓值53.3kJ/$kg_干$；

供暖期：温度20℃，相对湿度30%，焓值31.3kJ/$kg_干$；

新风量：30m^3/(人·h)。

2. 室外设计计算参数

室外设计计算参数的选取，应根据供热空调系统的工作时间段，按现行国家标准《民用建筑供热通风与空气调节设计规范》GB 50736 的规定选取。当室内温湿度必须全年保证时，应另行确定室外计算参数。仅在部分时间工作的供热空调系统，可根据实际情况选择室外计算参数。本项目位于北京市，室外空气计算参数详见表1.3.3-1。

室外空气计算参数 **表1.3.3-1**

项目	夏季	冬季
大气压力（hPa）	1000.2	1021.7
供暖计算干球温度（℃）	—	−7.6
空调计算干球温度（℃）	33.5	−9.9
通风计算温度（℃）	29.7	−3.6
空调计算相对湿度（%）	—	44
空调计算湿球温度（℃）	26.4	—
空调室外计算日平均温度（℃）	29.6	—
室外平均风速（m/s）	2.1	2.6
最大冻土深度（cm）	66	

1.3.4 其他负荷计算相关参数

本项目为办公建筑，室内照明功率密度：9.0W/m^2；电气设备功率密度：15.0W/m^2；人员密度：8m^2/人（按空调面积计）。

本办公建筑空调系统逐时开启率详见表1.3.4-1，在工作日8：00～18：00的正常上班时间，空调系统全部开启，开机率100%；周末（节假日）末端设备开机率10%；21：00～7：00，空调系统平均开机率10%。

空调逐时开启率 **表1.3.4-1**

时刻	开机比例		时刻	开机比例	
	工作日	周末		工作日	周末
0：00	10%	10%	12：00	100%	10%
1：00	10%	10%	13：00	100%	10%
2：00	10%	10%	14：00	100%	10%
3：00	10%	10%	15：00	100%	10%
4：00	10%	10%	16：00	100%	10%
5：00	10%	10%	17：00	100%	10%
6：00	10%	10%	18：00	50%	10%
7：00	20%	10%	19：00	30%	10%
8：00	100%	10%	20：00	20%	10%
9：00	100%	10%	21：00	10%	10%
10：00	100%	10%	22：00	10%	10%
11：00	100%	10%	23：00	10%	10%

1.3.5 空调分区及冷热负荷

1. 空调分区

划分内外区是空调设计的一个重要环节，分区方法不当会影响空调效果和系统能耗水平。对于空调内外区的划分，不同的设计者有不同的观点。例如，美国的一些设计师认为进深超过 8m 要划分内外区，欧洲的一些设计者认为进深超过 5m 就要划分内外区，日本的设计者一般将办公建筑沿外窗 3～4m 的范围作为空调外区，我国的一些设计者将这一范围控制在距外墙 3～8m 的范围。

建筑的空调内外区划分一般包括两种情况：第一种是全部由内区房间或全部由外区房间组成的空调系统，此时房间的隔墙就是空调内、外区的界限；第二种是一个大房间分为内区和外区的空调系统，此时内外区的分界是虚拟的。

空调内外区的划分应考虑建筑使用功能、气候条件、外围护结构的热工性能、供热空调末端形式等因素，不能采用统一的经验数值。在一定条件下，当空调房间采用强制对流空调末端时，外围护结构耗热量的变化对室内空气的影响范围是可以由人工控制的，靠近外围护结构的强制对流空调末端的气流影响界限就是空调外区，其余为空调内区。

根据建筑条件及空调末端系统设置情况，本项目办公标准层空调内、外区划分如图 1.3.5-1 所示。标准层空调总面积为 $1345m^2$，其中空调外区面积为 $589m^2$，空调内区面积为 $756m^2$。忽略首层和顶层围护结构对空调内外区划分的影响，本建筑共 20 层，总空调面积为 $26900m^2$，其中空调外区总面积为 $11780m^2$，空调内区总面积为 $15120m^2$。

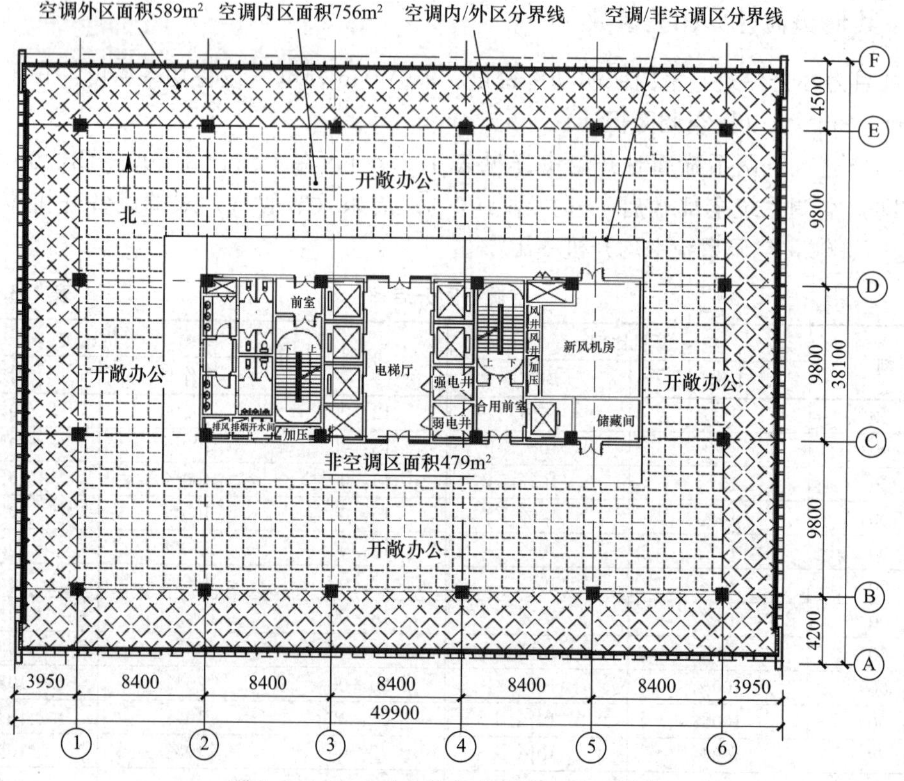

图 1.3.5-1 办公标准层空调内、外区划分

2. 空调冷/热负荷

1）夏季空调冷负荷

本项目建筑面积 36477m²，空调面积为 26900m²。最大冷负荷时刻 16：00，夏季设计冷负荷值为 3233.40kW，空调面积冷指标为 120.2W/m²，建筑面积冷指标为 88.6W/m²。

办公标准层夏季设计冷负荷值为 161.67kW，逐时冷负荷见表 1.3.5-1、图 1.3.5-2。其中：

室内冷负荷（含围护结构）：82.41kW；

新风冷负荷：79.26kW；

除湿负荷：18.33kg/h。

逐时冷负荷　　表 1.3.5-1

时刻	冷负荷（kW）	时刻	冷负荷（kW）
1：00	234.09	13：00	2974.65
2：00	227.95	14：00	3103.99
3：00	218.90	15：00	3168.65
4：00	207.26	16：00	3233.32
5：00	196.91	17：00	3043.52
6：00	193.03	18：00	2780.66
7：00	203.70	19：00	1419.10
8：00	419.68	20：00	833.23
9：00	1819.07	21：00	560.66
10：00	2263.32	22：00	290.03
11：00	2586.66	23：00	302.96
12：00	2780.66	0：00	312.66

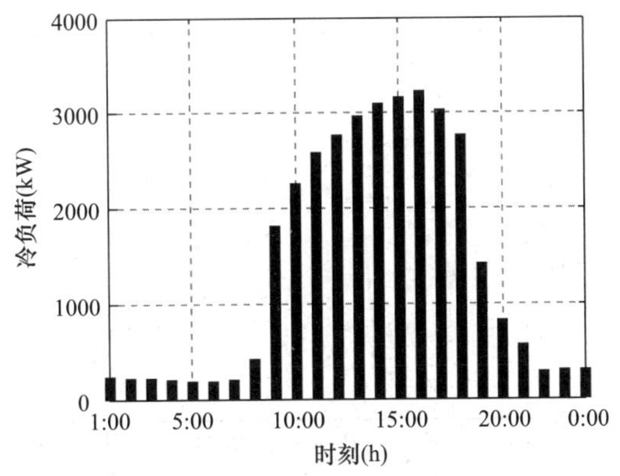

图 1.3.5-2　逐时冷负荷柱状图

2）冬季内区空调冷负荷

空调内区总建筑面积为 15120m²，冬季设计冷负荷为 616.89kW，建筑面积冷指标为

40.8W/m^2。

3）冬季空调热负荷

本项目总空调最大热负荷时刻 1 月 18 日 8：00，冬季设计冷负荷值为 2049.00kW，空调面积热指标为 76.2W/m^2，建筑面积热指标为 56.2W/m^2。

办公标准层冬季设计热负荷值为 102.45kW，空调面积热指标为 76.2W/m^2，逐时热负荷指标详见表 1.3.5-2、图 1.3.5-3，其中：

室内热负荷（含围护结构）：28.61kW；

新风热负荷：73.84kW；

加湿负荷：22.42kg/h。

逐时热负荷　　**表 1.3.5-2**

时刻	热负荷（kW）	时刻	热负荷（kW）
1：00	201.20	13：00	1211.30
2：00	202.40	14：00	1109.40
3：00	203.20	15：00	1074.50
4：00	204.00	16：00	1093.20
5：00	204.80	17：00	1783.20
6：00	205.40	18：00	1820.40
7：00	205.90	19：00	913.40
8：00	412.40	20：00	549.60
9：00	2049.09	21：00	367.00
10：00	1673.80	22：00	183.00
11：00	1481.70	23：00	182.50
12：00	1439.50	0：00	182.30

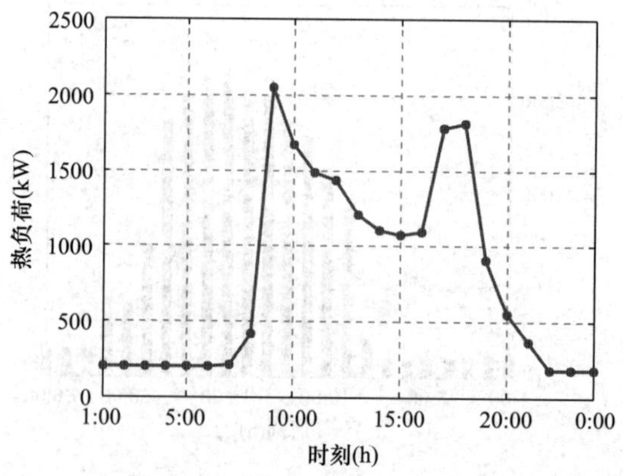

图 1.3.5-3　逐时热负荷曲线

办公标准层逐项冷/热负荷见图 1.3.5-4。

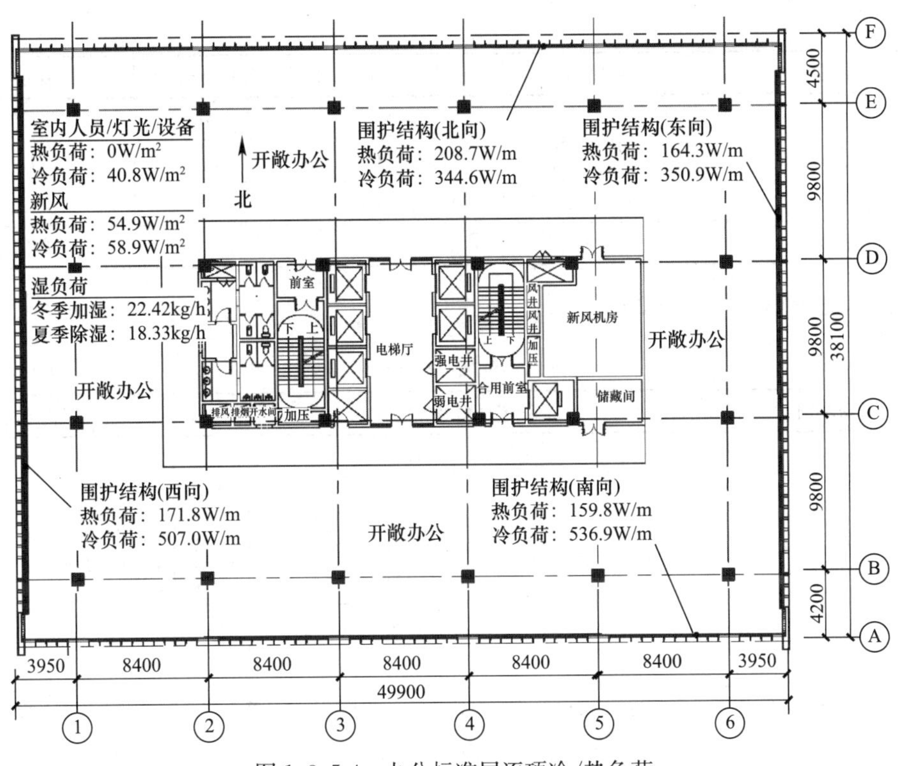

图 1.3.5-4 办公标准层逐项冷/热负荷

1.3.6 统一材料做法

1. 水管材料及连接方式（表 1.3.6-1）

水管材料及连接方式　　表 1.3.6-1

管道名称	管道规格材料	管道连接方式
空调供回水管	≤DN100：热镀锌钢管	≤DN100 螺纹连接
	DN100<管径≤DN350：无缝钢管 管径>DN350：螺旋缝电焊钢管	>DN100 焊接或法兰
空调凝结水管	热镀锌钢管	螺纹连接
空调机组与进出水管连接； 冷机及水泵与进出水管连接	金属软管	法兰连接
风机盘管与进出水管连接	金属软管	螺纹连接
风机盘管与冷凝水管连接	透明塑料软管，长度 200～300mm	螺纹连接

2. 水管保温（表 1.3.6-2）

水 管 保 温　　表 1.3.6-2

名称	绝热材料	管道管径（mm）	材料厚度（mm）	保护层
空调凝结水管	柔性泡沫橡塑	—	$\delta=10$	—
空调冷热水管道 （热水温度不超过 60℃时）	柔性泡沫橡塑	≤DN40	$\delta=28$	机房内设 $\delta=0.5$mm 镀锌薄钢板保护层
		DN50～125	$\delta=32$	
		DN150～400	$\delta=36$	

续表

名称	绝热材料	管道管径（mm）	材料厚度（mm）	保护层
热水管 $t>60$℃	夹筋铝箔离心玻璃棉管壳	≤DN40	$\delta=50$	—
		DN50～100	$\delta=60$	
		DN125～300	$\delta=70$	
阀门、法兰	—	—	—	可拆卸式保温结构

3. 风管管材（表1.3.6-3）

风管管材　　表1.3.6-3

管道类别	管道材料及厚度（mm）			连接方式
空调送、回风管，新风管，进、排风管	镀锌钢板	$L(D)\leqslant320$	0.5	法兰连接，垫料采用阻燃8501密封胶带 $\delta=3.0$mm
		$320<L(D)\leqslant450$	0.6	
		$450<L(D)\leqslant630$	0.75	
		$630<L(D)\leqslant1000$	0.75	
		$1000<L(D)\leqslant1500$	1.0	
		$L(D)>1500$	1.2	
空调及新风机组进出口	设150mm防火保温软接头，禁止在软接处变径			法兰或卡箍连接
通风机进出口	设150mm防火软接头，禁止在软接处变径			法兰或卡箍连接

4. 风管绝热做法（表1.3.6-4）

风管绝热做法　　表1.3.6-4

系统类别	绝热材料名称	绝热材料厚度	备注
空调及新风送风管、回风管；空调房间的接室外进风管及排风管	离心玻璃棉板	40mm	热阻值不小于 $0.81m^2\cdot K/W$
风机盘管送风及回风管	离心玻璃棉板	40mm	

第 2 章　全年运行能耗计算

2.1　全年运行能耗

全年运行能耗在一定程度上影响着项目全生命期费用，进而影响项目的经济性分析决策，因此全年运行能耗的计算具有非常重要的意义。

2.1.1　全年运行能耗的概念

为调节室内空气参数和空气品质，空调系统需向空调房间输送带有新风的冷、热空气，为此，必须向空调系统中的空气处理设备以及输送空气和水的动力设备如风机、水泵等投入能量。在制冷季，为了制取低温干燥的冷风，需要通过制冷设备为项目提供冷源；在供热季，为了达到室内设计温度，需要通过市政热网、锅炉、热泵等系统为项目提供热源。如果对室内湿度有要求，还要设置加湿系统。在空调运行时，制冷、制热设备及其附属设备、输配设备、空调末端设备等共同投入运行，为这些设备投入的能量（如电、燃气、燃油、蒸汽、热水等）就构成了运行能耗。

空调系统全年运行能耗是在设定的计算条件下，供暖、制冷、通风、空调系统运行能耗的全年累计值。其计算内容应包括：冷热源、输配系统、空调末端设备三部分。对于不同能源，应分别计算其能耗数据，如：耗热量，耗冷量、耗电量、耗燃气量、耗水量、可再生能源消耗量等。

全年运行能耗与项目具体设计情况息息相关。

1）全年运行能耗与空调设备、冷热源设备和动力设备的选型有关，而这些设备选型是根据空调房间的负荷确定的。因此，全年运行能耗与建筑形状、大小、朝向、内部空间划分和使用功能、建筑构造尺寸、建筑围护结构的传热系数及做法，外窗的得热系数、窗墙比、屋面开窗面积等数据有关。同时，室内设计参数也影响着全年运行能耗，如：室内空调设计参数、空调房间人员密度及在室率，新风设备开启率、照明功率密度及其开启时间、电气设备功率密度、使用率及设备效率等。

2）对于某一项目而言，在空调负荷确定的情况下，采用不同的冷热源方式、输配系统形式、末端空调形式，会对空调系统的运行能耗有较大影响。

（1）空调冷、热源应根据建筑规模、用途、建设地点的能源条件、结构、价格，以及国家节能减排和环保政策的相关规定，通过综合论证确定。

（2）空调末端系统选择应根据建筑物的用途、规模、使用特点、负荷变化情况、参数要求、所在地区气象条件和能源状况，以及设备价格、能源预期价格、建筑供暖空调系统能耗限额等，经技术经济比较确定。

（3）输配系统设计除应符合供暖空调系统负荷调节的要求外，还应满足项目运行管理的要求。

3）此外，各类设备的系统调节控制方式也直接影响着运行能耗。项目应根据系统全年负荷变化对空调系统进行可调性设计，包括冷热源系统、输配系统、末端系统中所有负荷调节设备的运行控制策略。

2.1.2　能耗计算方法

供热空调系统能耗计算应采用计算机软件，计算软件及其参数设置应满足如下规定：

1）供热空调系统能耗计算软件应经行业权威机构鉴定，并具备下列功能：

（1）应能计算建筑供热、通风、空调等的能耗；

（2）应能计算围护结构传热、太阳辐射得热、建筑内部得热、通风等形成的负荷，计算中应考虑供热空调系统间歇运行时由于建筑热惰性引起的附加负荷；

（3）应能计算新风热回收对通风负荷的影响；

（4）应能计算当夏季室外空气焓值低于室内时，利用室外新风降温对建筑空调冷负荷的折减；

（5）应能计算室外气象参数、设备负荷率、设备运行工况等对供热空调冷热源系统能效的影响；

（6）应能计算供热空调末端设备及系统调节控制方式对输配系统能耗的影响。

2）建筑主要房间室内热湿环境设计参数应综合考虑当地气候特征和居民习惯确定，可根据现行国家标准《民用建筑供热通风与空气调节设计规范》GB 50736 的规定选取。

3）房间人员、插座设备、照明的设计指标应与设计建筑一致，规划设计阶段、方案设计阶段当设计文件不明确时，可按表 2.1.2-1 选取。

不同类型房间人员、插座设备、照明设计指标　　表 2.1.2-1

建筑类型	房间类型	人均占地面积（m^2）	人员在室率	插座设备功率密度（W/m^2）	插座设备使用率	照明功率密度（W/m^2）
住宅建筑	起居室	32	19.5%	5	39.4%	6
	卧室	32	35.4%	6	19.6%	6
	餐厅	32	19.5%	5	39.4%	6
	厨房	32	4.2%	24	16.7%	6
	洗手间	0	16.7%	0	0.0%	6
	楼梯间	0	0.0%	0	0.0%	0
	大堂门厅	0	0.0%	0	0.0%	0
	储物间	0	0.0%	0	0.0%	0
	车库	0	0.0%	0	0.0%	2
办公建筑	办公室	10	32.7%	13	32.7%	9
	密集办公室	4	32.7%	20	32.7%	15
	会议室	3.33	16.7%	5	61.8%	9
	大堂门厅	20	33.3%	0	0.0%	5
	休息室	3.33	16.7%	0	0.0%	5

续表

建筑类型	房间类型	人均占地面积（m^2）	人员在室率	插座设备功率密度（W/m^2）	插座设备使用率	照明功率密度（W/m^2）
办公建筑	设备用房	0	0.0%	0	0.0%	5
	库房、管道井	0	0.0%	0	0.0%	0
	车库	100	25.0%	15	32.7%	2
酒店建筑	酒店客房（三星以下）	14.29	41.7%	13	28.8%	7
	酒店客房（三星）	20	41.7%	13	28.8%	7
	酒店客房（四星）	25	41.7%	13	28.8%	7
	酒店客房（五星）	33.33	41.7%	13	28.8%	7
	多功能厅	10	16.7%	5	61.8%	13.5
	一般商店、超市	10	16.7%	13	54.2%	9
	高档商店	20	16.7%	13	54.2%	14.5
	中餐厅	4	16.7%	0	0.0%	9
	西餐厅	4	16.7%	0	0.0%	6.5
	火锅店	4	16.7%	0	0.0%	8
	快餐店	4	16.7%	0	0.0%	5
	酒吧、茶座	4	36.6%	0	0.0%	8
	厨房	10	27.9%	0	0.0%	6
	游泳池	10	26.3%	0	0.0%	14.5
	车库	100	32.7%	15	32.7%	2
	办公室	10	32.7%	13	32.7%	8
	密集办公室	4	32.7%	20	32.7%	13.5
	会议室	3.33	36.5%	5	61.8%	9
	大堂门厅	20	54.6%	0	0.0%	9
	休息室	3.33	36.5%	0	0.0%	5
	设备用房	0	0.0%	0	0.0%	5
	库房、管道井	0	0.0%	0	0.0%	0
	健身房	8	26.3%	0	0.0%	11
	保龄球房	8	40.4%	0	0.0%	14.5
	台球房	4	40.4%	0	0.0%	14.5
学校建筑	教室	1.12	26.8%	5	14.9%	9
	阅览室	2.5	26.8%	10	14.9%	9
	电脑机房	4	50.4%	40	100.0%	15
	办公室	10	32.7%	13	32.7%	8
	密集办公室	4	32.7%	20	32.7%	13.5
	会议室	3.33	36.5%	5	61.8%	8
	大堂门厅	20	54.6%	0	0.0%	10

续表

建筑类型	房间类型	人均占地面积（m^2）	人员在室率	插座设备功率密度（W/m^2）	插座设备使用率	照明功率密度（W/m^2）
学校建筑	休息室	3.33	36.5%	0	0.0%	5
	设备用房	0	0.0%	0	0.0%	5
	库房、管道井	0	0.0%	0	0.0%	0
	车库	100	32.7%	15	32.7%	2
商场建筑	一般商店、超市	2.5	32.6%	13	54.2%	10
	高档商店	4	32.6%	13	54.2%	16
	中餐厅	2	27.9%	0	0.0%	9
	西餐厅	2	36.6%	0	0.0%	6.5
	火锅店	2	17.7%	0	0.0%	5
	快餐店	2	27.9%	0	0.0%	5
	酒吧、茶座	2	36.6%	0	0.0%	8
	厨房	10	27.9%	0	0.0%	6
	办公室	10	32.7%	13	32.7%	8
	密集办公室	4	32.7%	20	32.7%	13.5
	会议室	3.33	36.5%	5	61.8%	8
	大堂门厅	20	54.6%	0	0.0%	10
	休息室	3.33	36.5%	0	0.0%	5
	设备用房	0	0.0%	0	0.0%	5
	库房、管道井	0	0.0%	0	0.0%	0
影剧院建筑	影剧院	1	34.6%	0	0.0%	11
	舞台	5	34.6%	40	66.7%	11
	舞厅	2.5	35.8%	30	35.8%	11
	棋牌室	2.5	20.8%	0	0.0%	11
	展览厅	5	23.8%	20	41.7%	9
医院建筑	病房	10	100.0%	0	0.0%	5
	手术室	10	52.9%	0	0.0%	20
	候诊室	2	47.9%	0	0.0%	6.5
	门诊办公室	6.67	47.9%	0	0.0%	6.5
	婴儿室	3.33	100.0%	0	0.0%	6.5
	药品储存库	0	0.0%	0	0.0%	5
	档案库房	0	0.0%	0	0.0%	5
	美容院	4	51.7%	5	51.7%	8

4）室外设计计算参数的选取，应根据供热空调系统的工作时间段，按现行国家标准《民用建筑供热通风与空气调节设计规范》GB 50736 的规定选取。当室内温湿度必须全年保证时，应另行确定室外计算参数。仅在部分时间工作的供热空调系统，可根据实际情况

选择室外计算参数。

现行国家标准《民用建筑供热通风与空气调节设计规范》GB 50736 中规定的供热空调室外设计计算参数，是以全国地级单位划分为基础，结合中国气象局地面气象观测台站的观测数据经计算确定的。其主要针对的是全年、全天连续运行的建筑，取值通常是由累年最冷/最热时段气象数据决定。对于仅在部分时间工作的供热空调系统，例如学校类建筑在冬季寒假最冷期间、夏季暑假最热期间基本不使用，虽然可根据极端室外计算参数取值而进行系统设计选型，但会造成投资增大、资源浪费，系统运行平均负荷率低、调控困难等弊端。室外空气计算参数是负荷计算的重要基础数据，它的确定方法及统计方法直接与供热空调系统的负荷及设备选型相关联，因此，仅在部分时间工作的供热空调系统，可根据实际情况选择室外计算参数。

5）全年能耗评估所用的典型气象年参数，应按现行行业标准《建筑节能气象参数标准》JGJ/T 346 的规定选取。

室外气象参数是能耗计算所依据的重要约束性条件之一，典型气象年参数应按现行行业标准《建筑节能气象参数标准》JGJ/T 346 的规定选取。

6）区域内建筑各功能区运行时间应按建筑设计条件确定，条件不具备时可参考表 2.1.2-2 选取。

建筑的日运行时间表　　　　**表 2.1.2-2**

类别		系统工作时间
住宅建筑	全年	0：00～24：00
办公建筑	工作日	8：00～18：00
	节假日	—
酒店建筑	全年	0：00～24：00
学校建筑	工作日	8：00～18：00
	节假日	—
商场建筑	全年	9：00～21：00
影剧院建筑	全年	9：00～21：00
医院建筑	全年	8：00～18：00

2.2　计算边界条件

2.2.1　典型气象年逐时气象数据

本项目供热空调年耗冷/热量计算采用的典型气象年逐时气象数据，根据《建筑节能气象参数标准》JGJ/T 346—2014 附录 D 确定。

空调期从每年的 5 月 1 日～9 月 30 日，共计 153 天。空调期室外逐时温度、逐时焓值分别见图 2.2.1-1、图 2.2.1-2。由图 2.2.1-1 可见，在空调期的多个时间段，室外气温低于室内设计值（26℃），此时室内向室外传热。这说明，加强围护结构保温并不能持续降低围护结构冷负荷；由图 2.2.1-2 可见，在空调期的多个时间段，室外焓值低于室内设计值（53.3kJ/kg干）。此时，可通过大量利用室外新风，充分利用自然冷源，降低空调负荷。

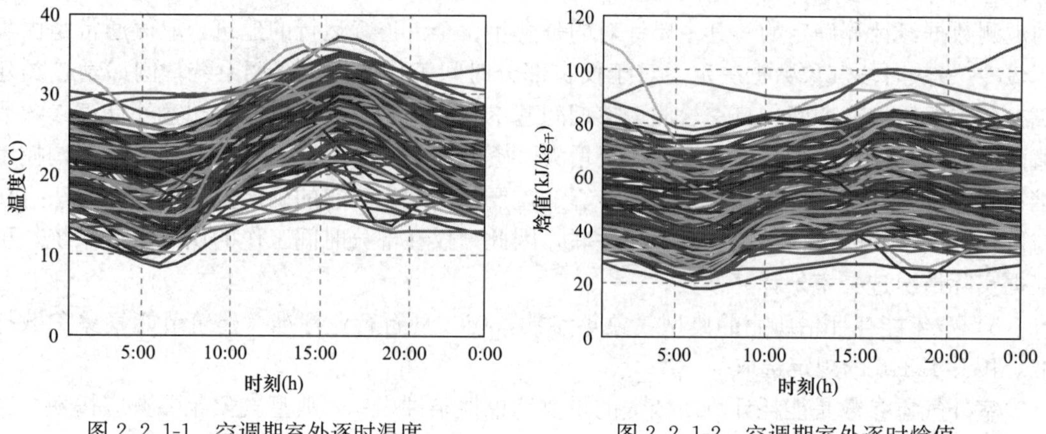

图 2.2.1-1　空调期室外逐时温度

图 2.2.1-2　空调期室外逐时焓值

供暖期从每年的 11 月 15 日～次年的 3 月 15 日，共计 120 天。供暖期室外逐时温度、逐时焓值分别见图 2.2.1-3、图 2.2.1-4。由图可见，供暖期室外气温和室外焓值基本全部低于室内设计值。这说明，加强围护结构保温以及维持建筑最小新风量，可以持续降低供热能耗。

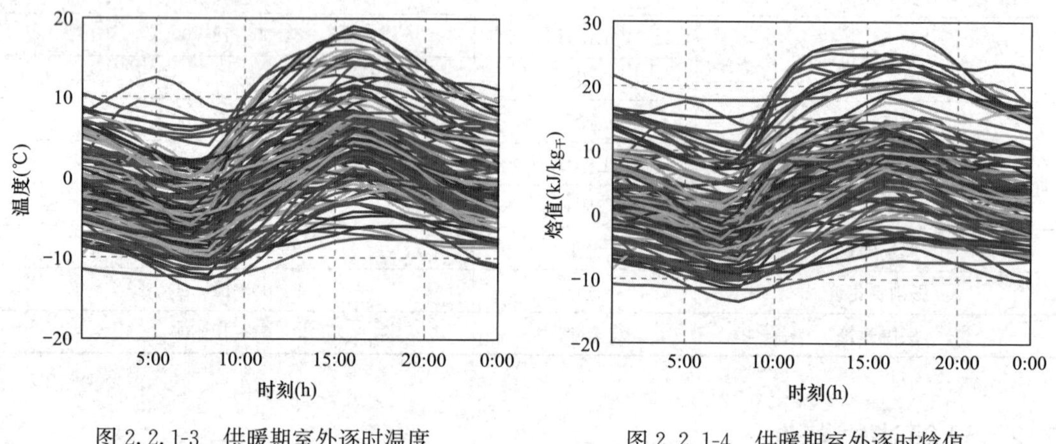

图 2.2.1-3　供暖期室外逐时温度

图 2.2.1-4　供暖期室外逐时焓值

2.2.2　能源价格

（1）电力

电力价格执行北京市峰谷分时电价，详见表 2.2.2-1，度电电费的计算分 7、8 月电价（存在尖峰电价）和非 7、8 月电价。

（2）市政热力

本项目市政热力执行两部制热价：计量热价 0.36 元/(kW·h)，基本热价 18 元/(建筑 m^2·供暖季)。

北京市峰谷分时电价 表 2.2.2-1

时刻	全年除7、8月		7、8月		时刻	全年除7、8月		7、8月	
	时段	元/(kW·h)	时段	元/(kW·h)		时段	元/(kW·h)	时段	元/(kW·h)
0：00	低谷	0.3113	低谷	0.3113	12：00	高峰	1.3104	尖峰	1.4397
1：00	低谷	0.3113	低谷	0.3113	13：00	高峰	1.3104	高峰	1.3104
2：00	低谷	0.3113	低谷	0.3113	14：00	高峰	1.3104	高峰	1.3104
3：00	低谷	0.3113	低谷	0.3113	15：00	平段	0.7847	平段	0.7847
4：00	低谷	0.3113	低谷	0.3113	16：00	平段	0.7847	尖峰	1.4397
5：00	低谷	0.3113	低谷	0.3113	17：00	平段	0.7847	平段	0.7847
6：00	低谷	0.3113	低谷	0.3113	18：00	高峰	1.3104	高峰	1.3104
7：00	平段	0.7847	平段	0.7847	19：00	高峰	1.3104	高峰	1.3104
8：00	平段	0.7847	平段	0.7847	20：00	高峰	1.3104	高峰	1.3104
9：00	平段	0.7847	平段	0.7847	21：00	平段	0.7847	平段	0.7847
10：00	高峰	1.3104	高峰	1.3104	22：00	平段	0.7847	平段	0.7847
11：00	高峰	1.3104	尖峰	1.4397	23：00	低谷	0.3113	低谷	0.3113

2.2.3 指标测算

造价指标测算套用《北京市建设工程预算消耗量标准（2021）》，材料设备价格参考北京市 2023 年 6 月信息价及市场询价。

第3章　空调方案设计

3.1　两管制风机盘管+新风方案

两管制风机盘管是半集中式空调系统中常见的设备，广泛应用于办公、客房、商业、科研机构等场所。两管制风机盘管构造形式简单，通过不断地将室内空气循环处理，以保持房间要求的温度和相对湿度。与此同时，由新风机组集中处理后的新风，通过新风管道分别送入各空调房间，以满足空调房间的卫生要求。

3.1.1　系统介绍

两管制风机盘管+新风系统，冷媒和热媒管道在夏季和冬季运行时，均采用同一管道系统。即夏季为冷水供水管和冷水回水管共两根管道，冬季利用前述管道输送热水。其冷热水的切换是在冷冻水泵房和热交换站内进行，称为双管系统。双管系统简单、投资费用低、维修量少，是空调系统中普遍采用的一种管制方式，但不能满足全年性同时有供冷供热需求的场合。

1. 系统构成

两管制风机盘管系统主要由两管制风机盘管、温控器、电动两通阀组成。新风系统主要由新风机组、控制器、电动两通调节阀组成。

1）两管制风机盘管

风机盘管主要由风机、肋片管式水-空调换热器和接水盘等组成，见图3.1.1-1。它的主要功能是处理空调房间内的室内冷、热负荷，使房间内回风经过风机盘处理后送入室内，循环运行，以维持房间温度、湿度恒定。

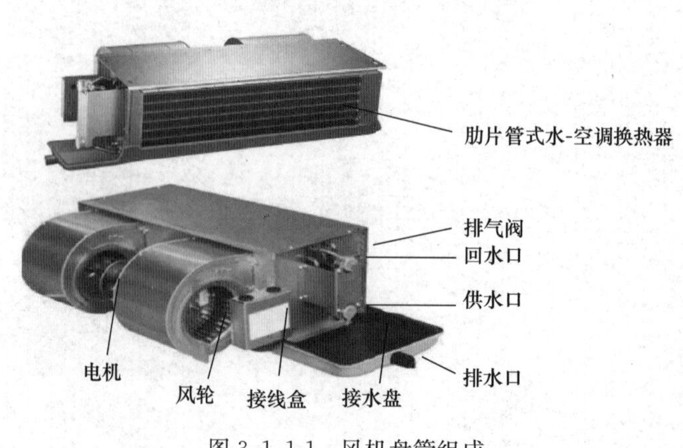

图3.1.1-1　风机盘管组成

两管制风机盘管中只有一组盘管，一供一回，两个水接口，夏季通冷水，冬季通热水，见图 3.1.1-2。这样的系统使得整个区域在同一时刻只能供冷或供热。与四管制相比，省下了一套水系统，所以它的标准相对较低，成本也低。

图 3.1.1-2 两管制风机盘管

2）风机盘管工作原理

风机盘管多采用就地控制，包括风量调节和温度调节。风量调节：使用三速开关直接手动控制风机的三速转换和启停，三档风量按额定风量的 1∶0.75∶0.5。温度调节：温控器根据设定温度与实际检测温度的比较、运算，自动控制电动两通阀的开关，从而达到恒温的目的。两管制风机盘管控制原理图及控制面板，见图 3.1.1-3、图 3.1.1-4。

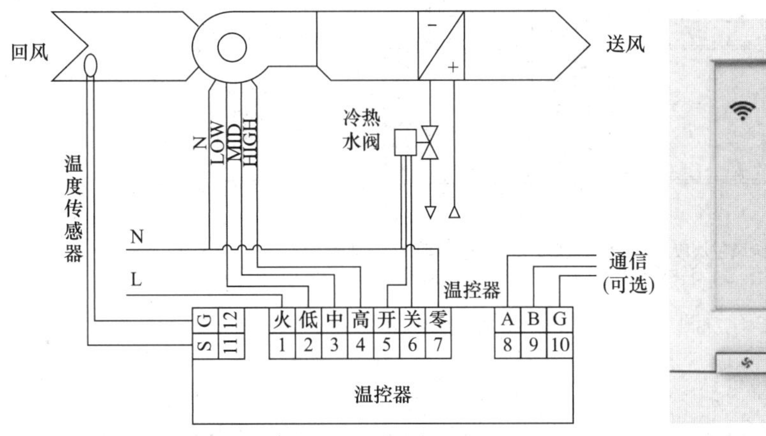

图 3.1.1-3 两管制风机盘管控制原理图

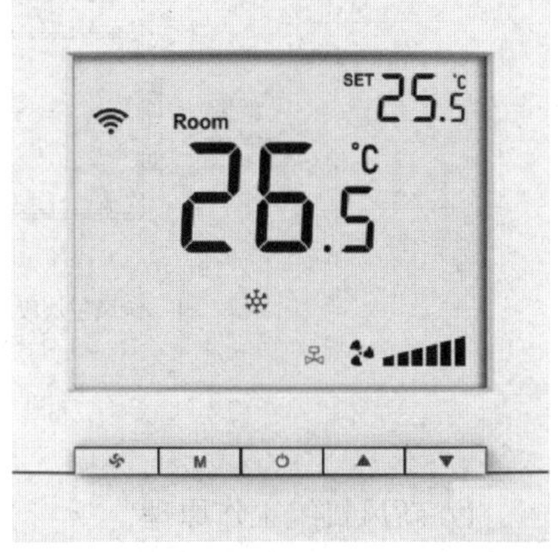

图 3.1.1-4 两管制风机盘管控制面板

3）新风机组

新风机组是提供新鲜空气的一种空气处理设备，主要由进风口、风阀、过滤器、表冷器（冷热水盘）、加湿器、电机、风机、出风口等元件组成，详见图 3.1.1-5。主要功能是通过风机将室外新鲜空气送到室内，在进入室内空间时替换室内原有的污浊空气，从而保持室内空气的新鲜洁净。为避免新风负荷带入室内，增加风机盘管处理能力，新风机组须将室外新风处理至室内等焓值；然后，送入室内各房间，其不承担空调区域的热湿负荷。

对于不同地区，可增设新、排风热回收功能段，见图 3.1.1-6 中 2 能量回收段。热回收功能段可设于新风机组内，也可几层新风机组集中设置。其可对排出室外的空气进行热量回收，从而减少空调能耗。

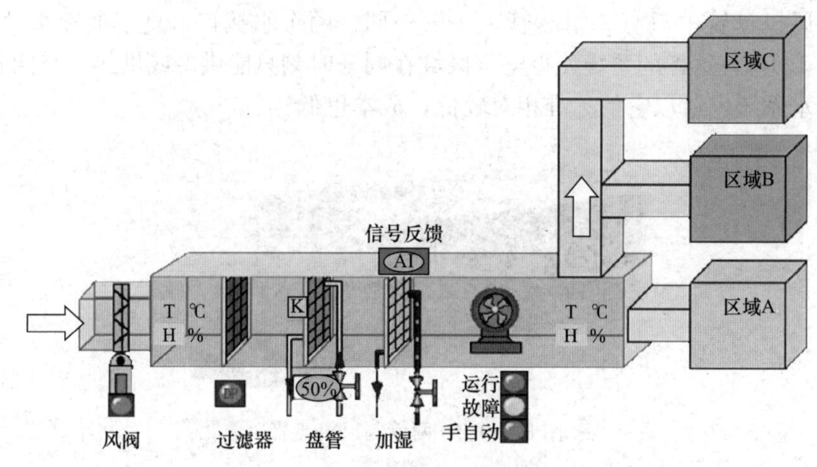

图 3.1.1-5 新风机组组成及控制示意图

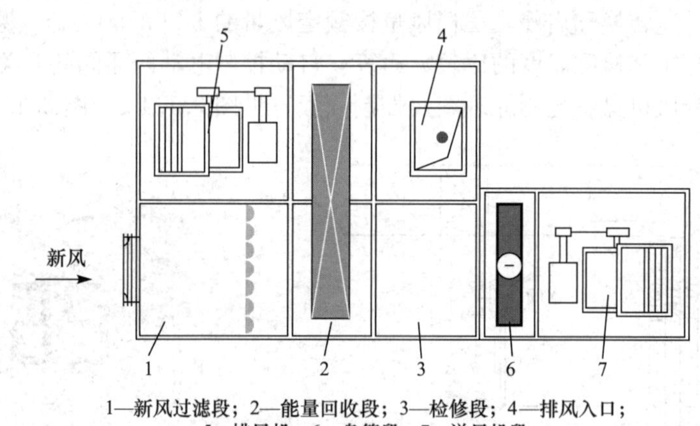

1—新风过滤段；2—能量回收段；3—检修段；4—排风入口；
5—排风机；6—盘管段；7—送风机段

图 3.1.1-6 热回收型新风机组

4）新风机组工作原理

新风机组控制包括：送风温度控制、送风相对湿度控制、防冻控制及各种连锁内容。

送风温度控制：新风机组需提前设定送风温度控制值，夏季控制值为室内空调状态点等焓线与机器露点的交点；冬季控制值为室内状态点等焓线与室外状态点等含湿量线交点。因此，冬季、夏季送风温度不同，须考虑控制器冬季、夏季工况的转换问题。新风机组送风温度传感器设于机组的送风管上。送风温度的控制，通常是控制进入冷、热水盘管的水流量，即根据温度传感器测得的温度，与控制值比较，调节电动两通调节阀的开度。

送风相对湿度控制：相对湿度控制仅用于冬季加湿使用，其设定的控制值为冬季室内相对湿度。对于一般要求的民用建筑而言，通常采用双位控制方式，即只有开关功能。湿度传感器设于典型房间相对湿度变化较为平稳的位置。根据湿度传感器测得的相对湿度，与控制值比较，控制加湿用给水管上双位电磁阀的开关。

防冻及连锁控制：在冬季室外设计温度低于0℃的地区，应考虑盘管的防冻问题。除空调系统设计中本身应采用的预防措施外，在机组电气及控制方面，也应采用一定的手段。

（1）限制热盘管电动阀的最小开度

在盘管选择符合一定要求的情况下，才能限制制热盘管电动阀的最小开度（一般取5%）。尤其对两管制系统中的冷、热两用盘管更是如此，最小开度设置后，应能保证盘管内水不结冰的最小流量。

（2）设置防冻温度控制

这是防止运行过程中盘管冻裂的又一措施。通常，可在热水盘管出水口设一温度传感器，测量盘管温度。当其所测量值低于5℃左右时，防冻控制器动作，停止新风机组运行，同时将热水阀开大。

（3）连锁新风阀

为防止冷风过量的渗透引起盘管冻裂，应在停止机组运行时，连锁关闭新风阀。当机组启动时，则打开新风阀（通常先打开风阀，后开风机，防止风阀压差过大无法开启）。无论新风阀是开启还是关闭，前述防冻控制器始终都正常工作。

2. 两管制水系统

两管制空调水系统是冷水系统与热水系统采用相同的供水管和回水管，只有一供一回两根水管的系统。在冬季和夏季运行时，均采用同一管道系统，即夏季为冷水、冬季为热水。在冷热源机房内设置冬夏季转换阀，通过手动或电动转换实现。见图3.1.1-7。

两管制水系统根据管道布置形式，分为：两管制垂直同程水平同程系统；两管制垂直异程水平同程系统；两管制垂直同程水平异程系统；两管制垂直异程水平异程系统。见图3.1.1-8。

两管制水系统根据末端形式的不同，通常分为风机盘管水环路和新风机组水环路。而且，两个环路通常在冷冻机房分集水器处分开设置。

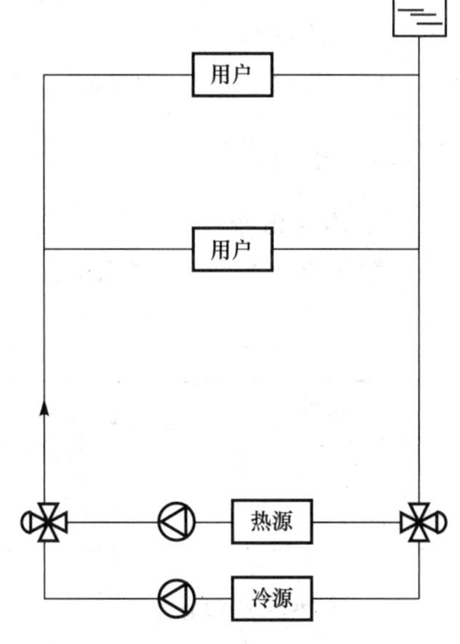

图3.1.1-7　两管制水系统示意图

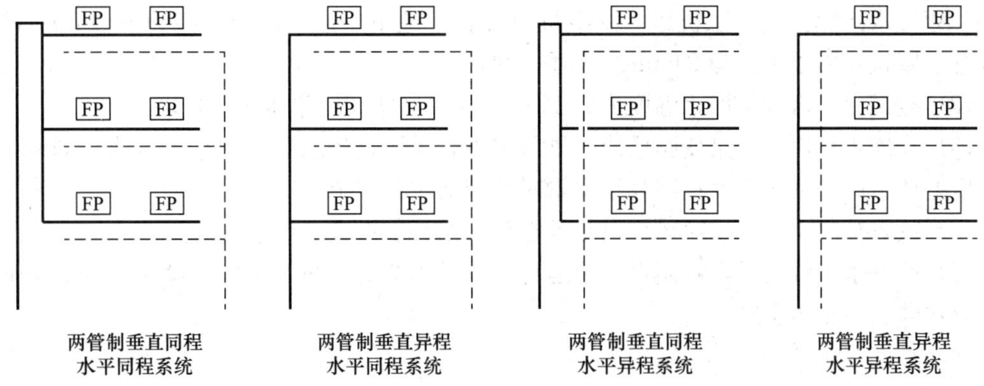

图3.1.1-8　两管制水系统同程异程式示意图

3. 系统特点及适用条件

两管制系统是冷、热源交替使用，通过季节切换，夏天通冷水，冬天通热水。当建筑物所有区域只要求按季节同时进行供冷和供热转换时，应采用两管制的空调水系统。不能在同一时刻，向末端装置同时供应冷水和热水。适用于过渡季节较短，建筑进深较小，冬夏季冷热负荷分明，档次要求不高的建筑。

1）优点：

（1）冷热合用同一管路，可节省投资费用，减少维修量；

（2）管路较少，占用建筑内管道空间较少，对建筑层高影响小；

（3）系统简单，施工周期短，运行管理相对简单。

2）缺点：

（1）不能用于同时需要供冷和供热的场所；

（2）仅能按季节供冷或供热；

（3）在要求高的全年空调的建筑中，无法满足过渡季朝阳房间需要供冷而背阳房间需要供热的不同需求；

（4）无法满足冬季建筑内区供冷需求，适应性较差。

3.1.2　系统设计

1. 冷热负荷

根据第1.3.5节计算结果，统计两管制风机盘管系统冷热负荷，见表3.1.2-1。

冷热负荷统计表　　**表3.1.2-1**

建筑面积（空调面积，m^2）	冷负荷（kW）	建筑面积冷指标（空调面积冷指标，W/m^2）	热负荷（kW）	建筑面积热指标（空调面积热指标，W/m^2）
36477（26900）	3233.4	88.6（120.2）	2049	56.2（76.2）

2. 冷热源系统设计

1）冷源设计。

（1）采用电制冷水冷冷水机组。考虑同时使用率95%，选用3台单台容量为300RT（1055kW）水冷螺杆式冷水机组。制冷机房设置于地下1层，地面标高为－5.4m；冷却塔设置于屋顶，屋顶标高为84.0m，冬季不供冷。

（2）空调冷冻水的供回水温度为7/12℃，冷却水进/出水温度为32/37℃。

（3）冷冻水采用一级泵变频系统，供回水总管设压差传感器控制水泵转速，同时设置电动压差调节阀，用于冷水机组最小水量时的旁通水量调节。

（4）设置分集水器，按照风机盘管及空调机组分别设置空调水环路。

（5）空调水系统设置两管制水系统运行。冬夏季节的冷热水转换，设在制冷机房的冷热水分水器、集水器上。

（6）见图3.1.2-1、图3.1.2-3。

2）热源设计。

（1）采用市政热源水。市政一次水供回水温度为130/70℃。

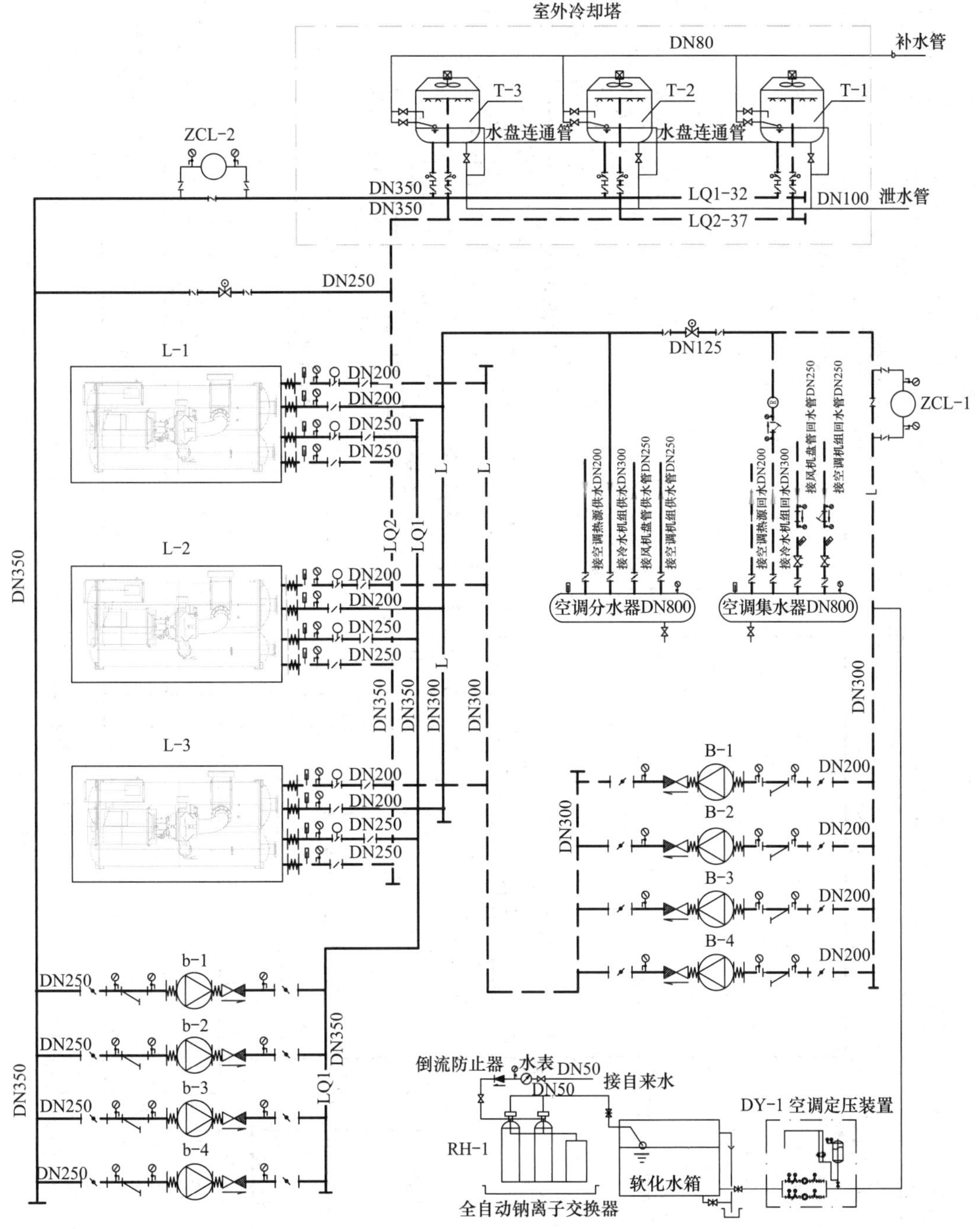

图 3.1.2-1 冷源系统原理图

(2) 在地下一层设置热交换机房，寒冷地区单台容量不低于 65%，并取 1.1～1.15 的附加系数，设置 2 台单容量为 1500kW 的空调板式换热器。将市政一次热水经过热交换器，提供 60/45℃的空调热水。

(3) 见图 3.1.2-2、图 3.1.2-3。

3) 设置冷/热量计量装置及其自动控制装置。

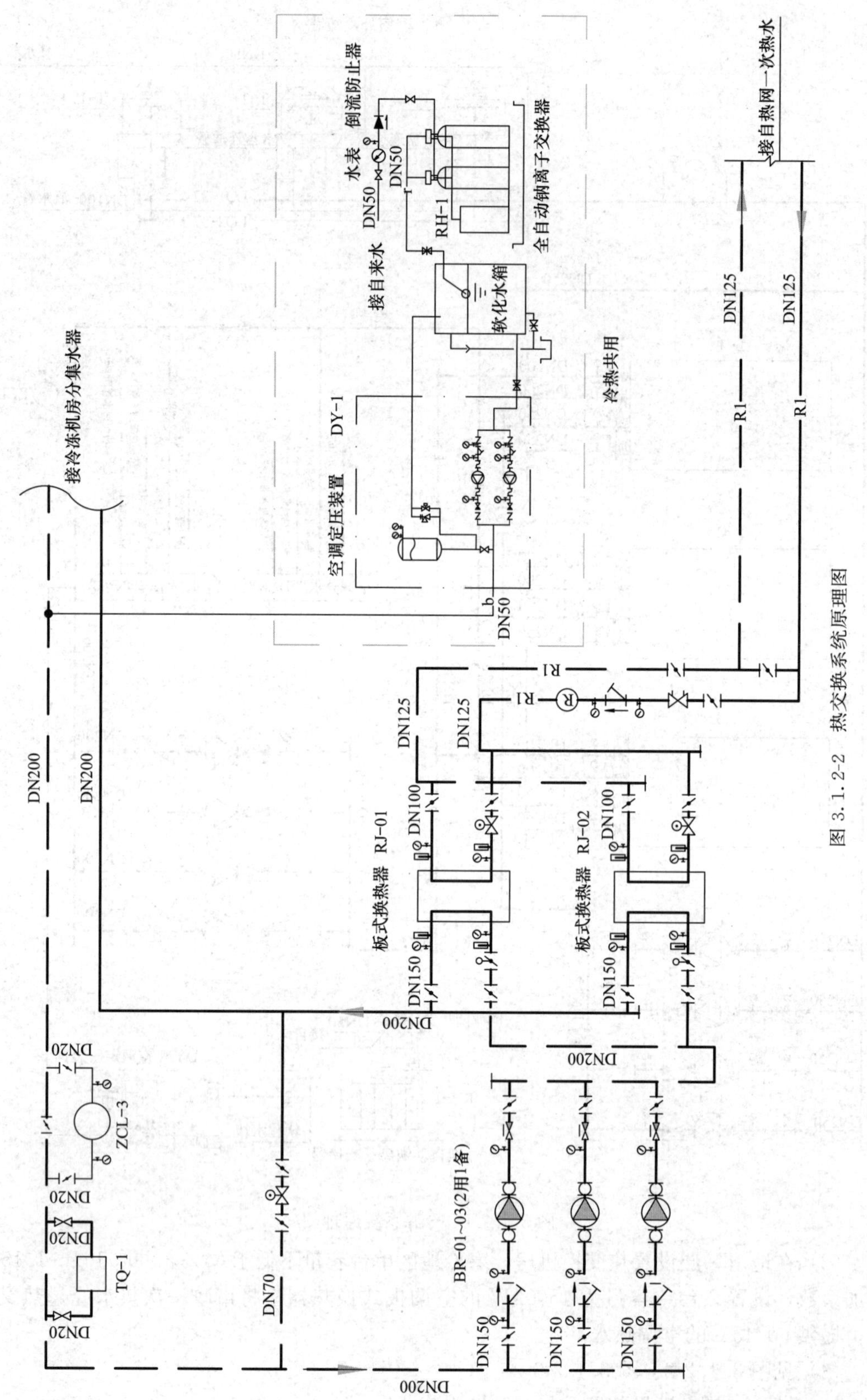

图 3.1.2-2　热交换系统原理图

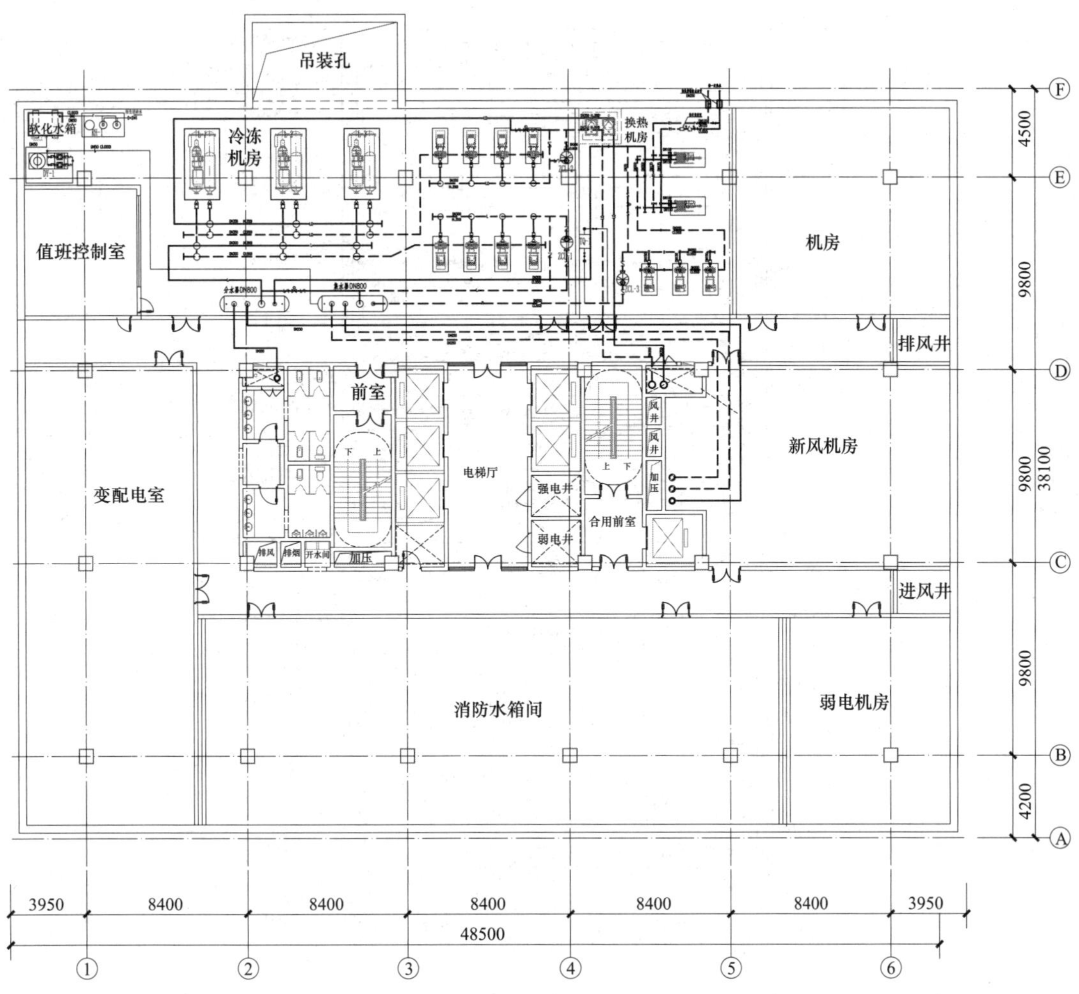

图 3.1.2-3　冷热源机房平面图

3. 空调水系统设计

1）空调水系统采用竖向异程、水平同程系统。

2）冷、热水系统共用定压罐定压方式，补水为软化水，设于制冷机房内。空调水系统工作压力为 1.6MPa。

3）风机盘管每层的水平分支管回水管上设静态平衡阀。

4）风机盘管回水管上均设电动两通阀；新风机组回水管均设动态电动调节阀。

5）加湿采用湿膜加湿方式。

6）见图 3.1.2-4、图 3.1.2-5。

4. 空调风系统设计

1）新风机组位于每层新风机房内，新风系统水平设置，见图 3.1.2-6、图 3.1.2-7。

2）设置新风热回收系统，且集中设置。1～10F 新风热回收机组位于地下一层，11～20F 新风热回收机组位于屋顶。热回收方式为热管式显热换热器。

3）空调新风经过滤净化、夏季降温除湿、冬季加热加湿处理后通过风管送至房间。新排风热回收机组，回收排风能量对新风进行预冷/预热。

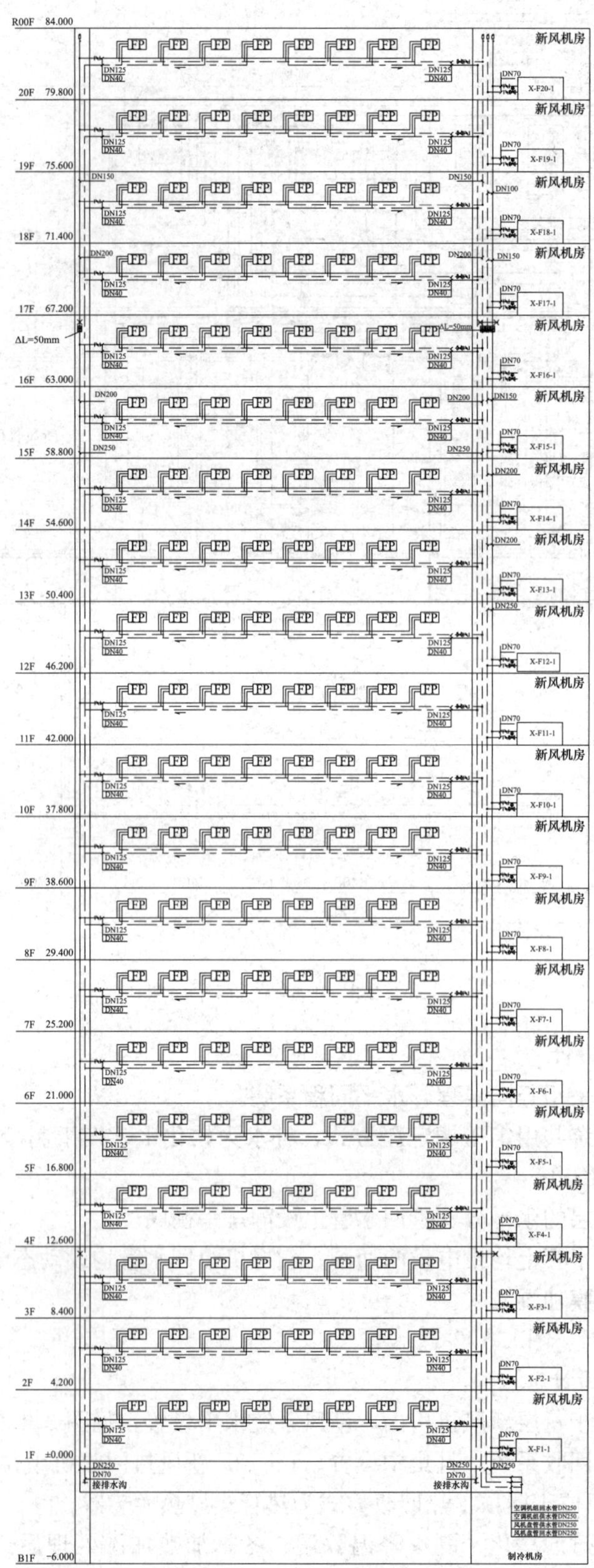

图 3.1.2-4 空调水系统图

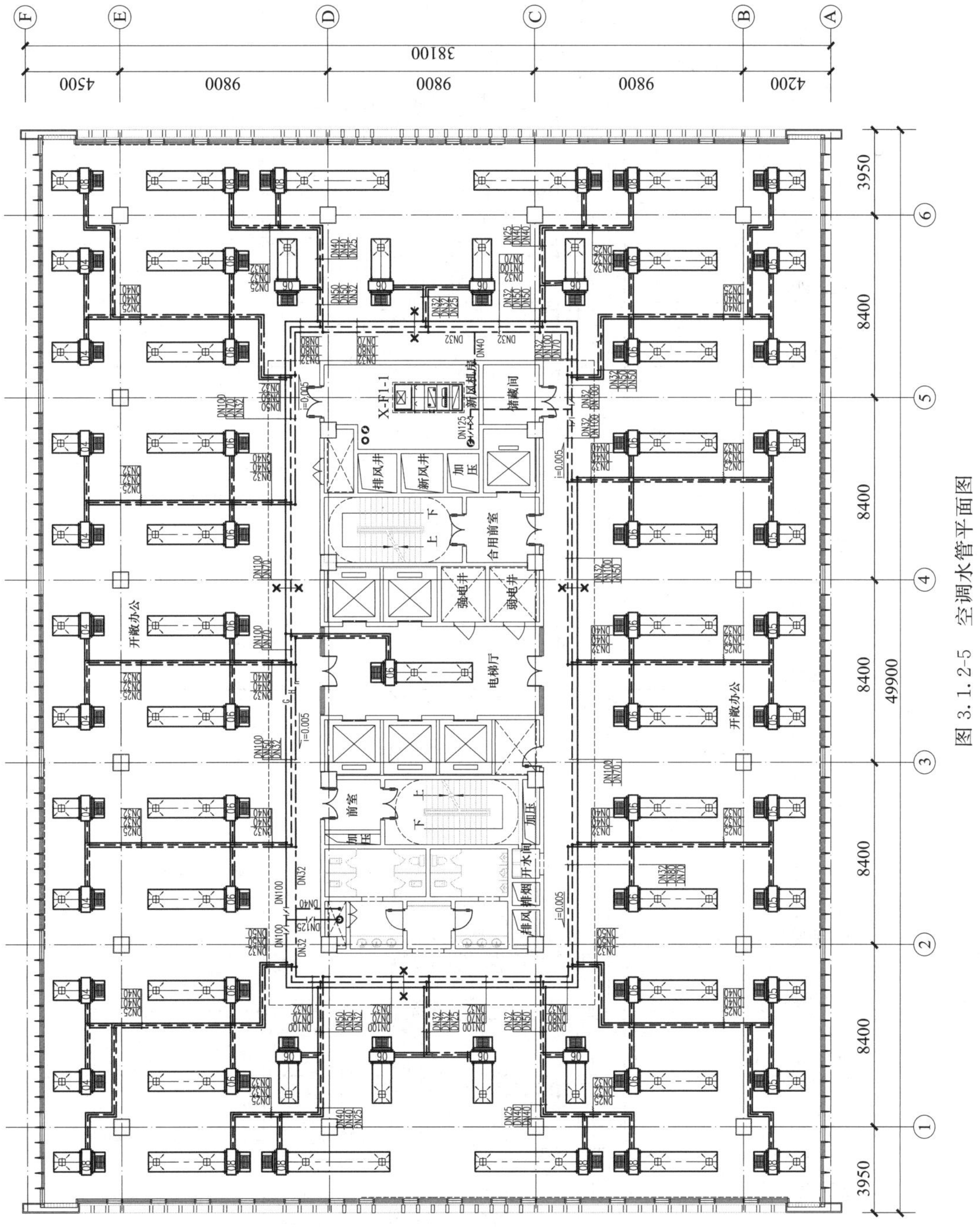

图 3.1.2-5 空调水管平面图

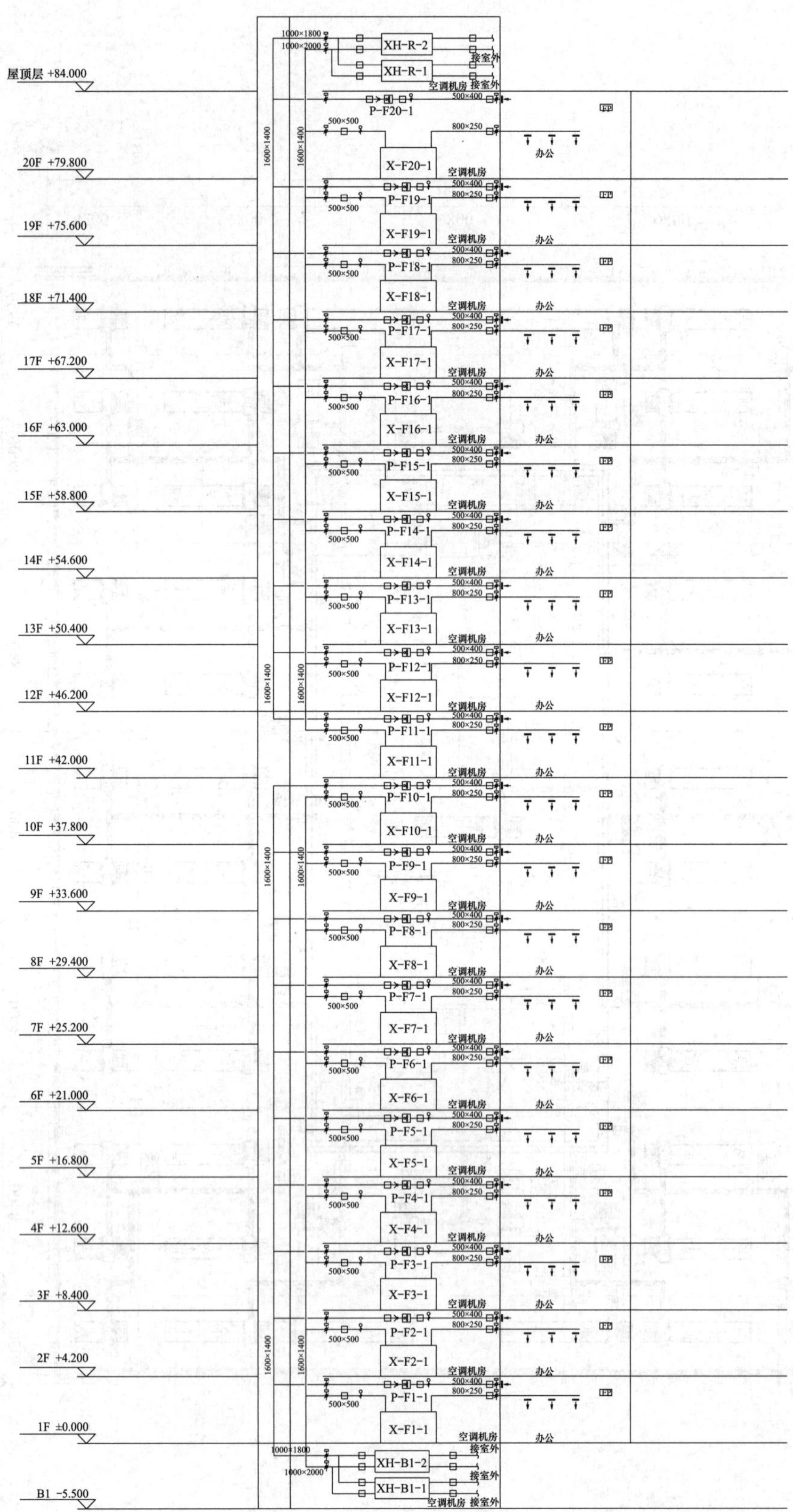

图 3.1.2-6　空调风系统图

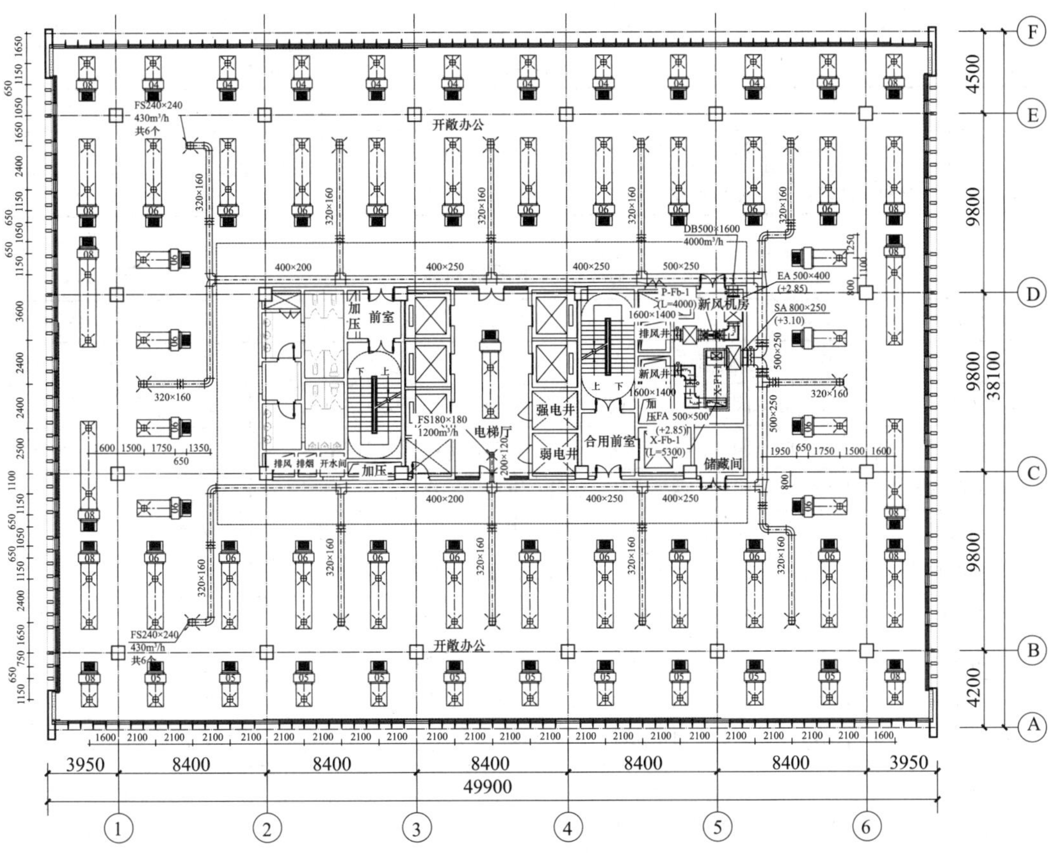

图 3.1.2-7 空调风平面图

3.1.3 设备材料表

1）制冷机房（表 3.1.3-1、表 3.1.3-2）

制冷机房主要设备表 **表 3.1.3-1**

设备编号	设备名称	性能参数	数量	备注
L-1～3	螺杆式冷水机组	冷量 300RT；冷水温度：7/12℃；冷却水温度：32/37℃；功率：200kW；工作压力 1.6MPa	3个	
B-1～4	冷水循环泵	流量：190m^3/h；扬程：32mH_2O；功率：30kW；转速：1450r/min；效率≥75%；工作压力 1.6MPa	4个	变频 三用一备
b-1～4	冷却水循环泵	流量：230m^3/h；扬程：30mH_2O；功率：30kW；转速：1450r/min；效率≥75%；工作压力 1.6MPa	4个	三用一备
DY-1	定压罐	流量：5m^3/h；扬程：110mH_2O；功率：4kW；转速：2900r/min；效率≥75%；工作压力 1.6MPa	1套	定压泵一用一备
RH-1	软水器	水处理量：3～5m^3/h；功率：0.4kW；双罐双阀；工作压力 1.0MPa	1套	自动流量控制型

续表

设备编号	设备名称	性能参数	数量	备注
	软水箱	1800mm×1200mm×1800mm	1个	不锈钢
ZCL-1	全程水处理器	接口尺寸 DN300；工作压力 1.6MPa	1个	
ZCL-2	全程水处理器	接口尺寸 DN350；工作压力 1.6MPa	1个	

制冷机房主要材料表　　表 3.1.3-2

材料名称	规格	性能参数	数量	备注
分集水器	D800	无缝钢管；工作压力 1.6MPa	2个	长 3650mm
手动碟阀	DN350	阀体：球墨铸铁；阀芯：青铜；工作压力 1.6MPa	3个	
手动碟阀	DN250	阀体：球墨铸铁；阀芯：青铜；工作压力 1.6MPa	20个	
手动碟阀	DN300	阀体：球墨铸铁；阀芯：青铜；工作压力 1.6MPa	5个	
手动碟阀	DN200	阀体：球墨铸铁；阀芯：青铜；工作压力 1.6MPa	16个	
手动碟阀	DN125	阀体：球墨铸铁；阀芯：青铜；工作压力 1.6MPa	2个	
手动碟阀	DN100	阀体：球墨铸铁；阀芯：青铜；工作压力 1.6MPa	2个	
电动碟阀	DN250	阀体：球墨铸铁；阀芯：青铜；工作压力 1.6MPa	3个	
电动碟阀	DN200	阀体：球墨铸铁；阀芯：青铜；工作压力 1.6MPa	3个	
电动调节阀	DN125	阀体：球墨铸铁；阀芯：青铜；工作压力 1.6MPa	1个	
电动调节阀	DN250	阀体：球墨铸铁；阀芯：青铜；工作压力 1.6MPa	1个	
橡胶软接头	DN250	工作压力 1.6MPa	14个	
橡胶软接头	DN200	工作压力 1.6MPa	14个	
Y型除污器	DN300	20目不锈钢孔板；工作压力 1.6MPa	1个	
Y型除污器	DN250	20目不锈钢孔板；工作压力 1.6MPa	6个	
Y型除污器	DN200	20目不锈钢孔板；工作压力 1.6MPa	4个	
逆止阀	DN250	阀体：球墨铸铁；阀芯：青铜；工作压力 1.6MPa	4个	缓闭静音型
逆止阀	DN200	阀体：球墨铸铁；阀芯：青铜；工作压力 1.6MPa	4个	缓闭静音型
截止阀	DN50	铜质截止阀；工作压力 1.6MPa	4个	
冷量计量表	DN300	工作压力 1.6MPa	1个	超声波型
水量计量表	DN50	工作压力 1.6MPa	1个	超声波型
静态平衡阀	DN250	阀体：球墨铸铁；阀芯：青铜；工作压力 1.6MPa	2个	
镀锌钢管	DN50	工作压力 1.6MPa	40m	
无缝钢管	DN125	工作压力 1.6MPa	5.5m	
无缝钢管	DN200	工作压力 1.6MPa	74m	
无缝钢管	DN250	工作压力 1.6MPa	206m	
无缝钢管	DN300	工作压力 1.6MPa	74m	
无缝钢管	DN350	工作压力 1.6MPa	372m	
橡塑保温管壳	DN125	橡塑保温管壳厚度 40mm	5.5m	
橡塑保温管壳	DN200	橡塑保温管壳厚度 40mm	74m	

续表

材料名称	规格	性能参数	数量	备注
橡塑保温管壳	DN250	橡塑保温管壳厚度 40mm	206m	
橡塑保温管壳	DN300	橡塑保温管壳厚度 40mm	74m	
橡塑保温管壳	DN800	橡塑保温管壳厚度 50mm	8.0m	

2）冷却塔（表 3.1.3-3、表 3.1.3-4）

冷却塔主要设备表　　表 3.1.3-3

设备编号	设备名称	性能参数	数量	备注
T-1～3	横流式冷却塔	流量：280m^3/h；进/出水温度：37/32℃；功率：15kW	3 个	风机变频

冷却塔主要材料表　　表 3.1.3-4

材料名称	规格	性能参数	数量
手动碟阀	DN250	工作压力 1.6MPa	6 个
电动碟阀	DN250	工作压力 1.6MPa	6 个
无缝钢管	DN250	工作压力 1.6MPa	60m
无缝钢管	DN350	工作压力 1.6MPa	230m
橡塑保温管壳	DN250	橡塑保温管壳厚度 50mm	60m
橡塑保温管壳	DN350	橡塑保温管壳厚度 50mm	55m

3）换热机房（表 3.1.3-5、表 3.1.3-6）

换热机房主要设备表　　表 3.1.3-5

设备编号	设备名称	性能参数	数量	备注
RJ-1～2	水-水板式换热器	换热量 1500kW；一次水温度：130/70℃；二次水温度：60/45℃；工作压力 1.6MPa	2 个	
BR-1～3	热水循环泵	流量：90m^3/h；扬程：26mH_2O；功率：11kW；转速：1450r/min；效率≥75%；工作压力 1.6MPa	3 个	变频 两用一备
ZCL-3	全程水处理器	接口尺寸 DN200；工作压力 1.6MPa	1 个	
TQ-1	真空脱气机	最大处理系统容量 150m^3；工作压力 1.6MPa	1 个	

换热机房主要材料表　　表 3.1.3-6

材料名称	规格	性能参数	数量	备注
热计量表	DN125	工作压力 1.6MPa	1 个	超声波型
手动碟阀	DN200	阀体：球墨铸铁；阀芯：青铜；工作压力 1.6MPa	3 个	
手动碟阀	DN150	阀体：球墨铸铁；阀芯：青铜；工作压力 1.6MPa	10 个	
手动碟阀	DN125	阀体：球墨铸铁；阀芯：青铜；工作压力 1.6MPa	3 个	
手动碟阀	DN100	阀体：球墨铸铁；阀芯：青铜；工作压力 1.6MPa	4 个	
手动碟阀	DN70	阀体：球墨铸铁；阀芯：青铜；工作压力 1.6MPa	2 个	
电动碟阀	DN150	阀体：球墨铸铁；阀芯：青铜；工作压力 1.6MPa	2 个	

续表

材料名称	规格	性能参数	数量	备注
电动调节阀	DN100	阀体：球墨铸铁；阀芯：青铜；工作压力 1.6MPa	2个	
电动调节阀	DN70	阀体：球墨铸铁；阀芯：青铜；工作压力 1.6MPa	1个	
橡胶软接头	DN150	工作压力 1.6MPa；工作压力 1.6MPa	10个	
橡胶软接头	DN100	工作压力 1.6MPa；工作压力 1.6MPa	4个	
Y型除污器	DN150	60目不锈钢孔板；工作压力 1.6MPa	3个	
Y型除污器	DN125	60目不锈钢孔板；工作压力 1.6MPa	1个	
逆止阀	DN150	阀体：球墨铸铁；阀芯：青铜；工作压力 1.6MPa	3个	缓闭静音型
截止阀	DN20	铜质截止阀；工作压力 1.6MPa	2个	
静态平衡阀	DN125	阀体：球墨铸铁；阀芯：青铜；工作压力 1.6MPa	1个	
热镀锌钢管	DN20	工作压力 1.6MPa	16m	
热镀锌钢管	DN70	工作压力 1.6MPa	6m	
无缝钢管	DN100	工作压力 1.6MPa	18m	
无缝钢管	DN125	工作压力 1.6MPa	19m	
无缝钢管	DN150	工作压力 1.6MPa	33m	
无缝钢管	DN200	工作压力 1.6MPa	75m	
铝箔离心玻璃棉管壳	DN100	铝箔离心玻璃棉管壳厚度 60mm	18m	
铝箔离心玻璃棉管壳	DN125	铝箔离心玻璃棉管壳厚度 60mm	19m	
橡塑保温管壳	DN70	橡塑保温管壳厚度 40mm	6m	
橡塑保温管壳	DN150	橡塑保温管壳厚度 40mm	33m	
橡塑保温管壳	DN200	橡塑保温管壳厚度 40mm	75m	

4）水系统（表 3.1.3-7、表 3.1.3-8）

两管制风机盘管主要设备表　　表 3.1.3-7

设备编号	设备名称	性能参数	数量（个）	备注
04	两管制盘管	额定风量：680m^3/h；额定冷量：3600W；额定热量：5400W；出口静压：30Pa；输入功率：72W	200	配置铜质自动排气阀 DN20；铜质电动两通阀 DN20；铜质球阀 DN20；水管接管设置 200mm 橡胶软管；自带温控器；工作压力 1.6MPa
06	两管制盘管	额定风量：1020m^3/h；额定冷量：5400W；额定热量：8100W；出口静压：30Pa；输入功率：108W	760	
08	两管制盘管	额定风量：1360m^3/h；额定冷量：7200W；额定热量：10800W；出口静压：30Pa；输入功率：156W	240	

两管制风机盘管水系统末端主要材料表　　表 3.1.3-8

材料名称	规格	性能参数	数量
静态平衡阀	DN125	阀体：球墨铸铁；阀芯：青铜；工作压力；1.6MPa	20个
电动调节阀	DN70	阀体：球墨铸铁；阀芯：青铜；工作压力；1.6MPa	20个
电磁阀	DN20	铜质阀门	20个
蝶阀	DN70	阀体：球墨铸铁；阀芯：青铜；工作压力；1.6MPa	40个

续表

材料名称	规格	性能参数	数量
蝶阀	DN100	阀体：球墨铸铁；阀芯：青铜；工作压力；1.6MPa	80个
蝶阀	DN125	阀体：球墨铸铁；阀芯：青铜；工作压力1.6MPa	40个
Y型过滤器	DN70	40目；工作压力1.6MPa	20个
镀锌钢管	DN20	工作压力1.6MPa	10410m
镀锌钢管	DN25	工作压力1.6MPa	2240m
镀锌钢管	DN32	工作压力1.6MPa	3870m
镀锌钢管	DN40	工作压力1.6MPa	3060m
镀锌钢管	DN50	工作压力1.6MPa	2020m
镀锌钢管	DN70	工作压力1.6MPa	1310m
镀锌钢管	DN80	工作压力1.6MPa	895m
镀锌钢管	DN100	工作压力1.6MPa	1470m
无缝钢管	DN125	工作压力1.6MPa	200m
无缝钢管	DN150	工作压力1.6MPa	45m
无缝钢管	DN200	工作压力1.6MPa	42m
无缝钢管	DN250	工作压力1.6MPa	237m
橡塑保温管壳	DN20	橡塑保温管壳厚度10mm	3470m
橡塑保温管壳	DN20	橡塑保温管壳厚度25mm	6940m
橡塑保温管壳	DN25	橡塑保温管壳厚度10mm	2240m
橡塑保温管壳	DN32	橡塑保温管壳厚度10mm	1430m
橡塑保温管壳	DN32	橡塑保温管壳厚度25mm	2440m
橡塑保温管壳	DN40	橡塑保温管壳厚度10mm	120m
橡塑保温管壳	DN50	橡塑保温管壳厚度40mm	2040m
橡塑保温管壳	DN70	橡塑保温管壳厚度40mm	1120m
橡塑保温管壳	DN80	橡塑保温管壳厚度10mm	725m
橡塑保温管壳	DN100	橡塑保温管壳厚度40mm	1470m
橡塑保温管壳	DN125	橡塑保温管壳厚度40mm	200m
橡塑保温管壳	DN150	橡塑保温管壳厚度40mm	45m
橡塑保温管壳	DN200	橡塑保温管壳厚度40mm	42m
橡塑保温管壳	DN250	橡塑保温管壳厚度40mm	237m
自动放气阀	DN20	铜质；工作压力1.6MPa	44m
单管固定支架			2个
多管固定支架			82个
波纹补偿器		补偿量50mm；工作压力1.6MPa	4个
温度计		工作压力1.6MPa	40个
压力表		工作压力1.6MPa	40个
橡胶软管	DN80	工作压力1.6MPa	8m

5）风系统（表3.1.3-9～表3.1.3-11）

空调风系统主要设备表　　表3.1.3-9

设备编号	设备名称	性能参数	数量（个）
XH-B1-1，2 XH-R-1，2	热回收新风机组	送风机：风量26500m^3/h，机外余压550Pa，功率：15kW/380V 排风机：风量20000m^3/h，机外余压500Pa，功率：15kW/380V 显热回收效率：≥70%	4
X-F1-1～20	组合式新风机组	送风量5300m^3/h、机外余压400Pa，功率2.2kW/380V 冷量50kW、热量82kW、加湿量30kg/h	20
P-F1～20-1	混流式排风机	风量4000m^3/h、全压350Pa，功率0.75kW/380V 转速1450r/min	20

空调风系统主要材料表　　表3.1.3-10

材料名称	规格（mm）	性能参数	数量（个）	备注
镀锌薄钢板风管	200×120	两面镀锌；壁厚0.5mm	32.6	标准层
	320×160	两面镀锌；壁厚0.5mm	1896	标准层
	400×200	两面镀锌；壁厚0.6mm	292	标准层
	400×250	两面镀锌；壁厚0.6mm	613.6	标准层
	500×250	两面镀锌；壁厚0.75mm	308	标准层
	800×250	两面镀锌；壁厚0.75mm	56.4	标准层新风机房
	500×400	两面镀锌；壁厚0.75mm	82	标准层新风机房
	500×500	两面镀锌；壁厚0.75mm	106.2	标准层新风机房
	1600×1400	两面镀锌；壁厚1.2mm	180	风管立管
	1000×1000	两面镀锌；壁厚0.75mm	64.8	热回收新风机房
	1000×800	两面镀锌；壁厚0.75mm	26	热回收新风机房
	1000×2000	两面镀锌；壁厚1.2mm	5	热回收新风机房
	1000×1800	两面镀锌；壁厚1.2mm	3.6	热回收新风机房
	1600×1000	两面镀锌；壁厚1.2mm	2.5	热回收新风机房
离心玻璃棉保温	200×120	带阻燃玻纤布复合铝箔的离心玻璃棉；厚度40mm	32.6	标准层
	320×160	带阻燃玻纤布复合铝箔的离心玻璃棉；厚度40mm	1896	标准层
	400×200	带阻燃玻纤布复合铝箔的离心玻璃棉；厚度40mm	292	标准层
	400×250	带阻燃玻纤布复合铝箔的离心玻璃棉；厚度40mm	613.6	标准层
	500×250	带阻燃玻纤布复合铝箔的离心玻璃棉；厚度40mm	308	标准层
	800×250	带阻燃玻纤布复合铝箔的离心玻璃棉；厚度40mm	56.4	标准层新风机房
	500×400	带阻燃玻纤布复合铝箔的离心玻璃棉；厚度40mm	82	标准层新风机房
	500×500	带阻燃玻纤布复合铝箔的离心玻璃棉；厚度40mm	106.2	标准层新风机房
	1600×1400	带阻燃玻纤布复合铝箔的离心玻璃棉；厚度40mm	180	风管立管
	1000×1000	带阻燃玻纤布复合铝箔的离心玻璃棉；厚度40mm	64.8	热回收新风机房
	1000×800	带阻燃玻纤布复合铝箔的离心玻璃棉；厚度40mm	26	热回收新风机房
	1000×2000	带阻燃玻纤布复合铝箔的离心玻璃棉；厚度40mm	5	热回收新风机房
	1000×1800	带阻燃玻纤布复合铝箔的离心玻璃棉；厚度40mm	3.6	热回收新风机房
	1600×1000	带阻燃玻纤布复合铝箔的离心玻璃棉；厚度40mm	2.5	热回收新风机房

续表

材料名称	规格（mm）	性能参数	数量（个）	备注
70℃防火阀	500×400	碳素钢	40	标准层
	500×500	碳素钢	20	标准层
	800×250	碳素钢	20	标准层
	1000×1800	碳素钢	2	热回收新风机房
	1000×2000	碳素钢	2	热回收新风机房
	1600×1000	碳素钢	1	热回收新风机房
	2000×1000	碳素钢	1	热回收新风机房
开关式电动风阀	500×400	不锈钢	20	标准层新风机房
	500×500	不锈钢	20	标准层新风机房
手动调节风阀	320×160	不锈钢	240	标准层
	500×250	不锈钢	40	标准层
	500×400	不锈钢	40	标准层新风机房
	800×250	不锈钢	20	标准层新风机房
防火保温软连接	ϕ500	长度 150mm	40	标准层新风机房
	500×500	长度 150mm	40	标准层新风机房
	1000×800	长度 150mm	8	热回收新风机房
	1000×1000	长度 150mm	8	热回收新风机房
散流器	240×240	铝合金	240	标准层
单层百叶	500×1600	铝合金	20	标准层
消声器	1000×800	镀锌薄钢板；阻抗复合型	8	热回收新风机房
	1000×1000	镀锌薄钢板；阻抗复合型	2	热回收新风机房
	1000×2000	镀锌薄钢板；阻抗复合型	2	热回收新风机房
联箱	4500×2000×800	镀锌薄钢板	2	热回收新风机房

风机盘管风系统末端主要材料表 **表 3.1.3-11**

材料名称	规格（mm）	性能参数	数量（个）	备注
镀锌薄钢板风管	500×200	两面镀锌；壁厚 0.75mm	248	风盘送风
	700×200	两面镀锌；壁厚 0.75mm	248	风盘送风
	900×200	两面镀锌；壁厚 0.75mm	1927	风盘送风
	1200×200	两面镀锌；壁厚 1.0mm	774	风盘送风
铝箔软管	300×300	长度 500mm	620	风管接风口
	320×320	长度 500mm	200	风管接风口
	360×360	长度 500mm	320	风管接风口
	420×420	长度 500mm	80	风管接风口
离心玻璃棉保温	500×200	带阻燃玻纤布复合铝箔的离心玻璃棉；厚度 40mm	248	风盘送风
	700×200	带阻燃玻纤布复合铝箔的离心玻璃棉；厚度 40mm	248	风盘送风
	900×200	带阻燃玻纤布复合铝箔的离心玻璃棉；厚度 40mm	1927	风盘送风
	1200×200	带阻燃玻纤布复合铝箔的离心玻璃棉；厚度 40mm	774	风盘送风

续表

材料名称	规格（mm）	性能参数	数量（个）	备注
散流器	300×300	铝合金	620	风盘送风
	320×320	铝合金	200	风盘送风
	360×360	铝合金	320	风盘送风
	420×420	铝合金	80	风盘送风
单层百叶	800×300	铝合金	1220	风盘回风
回风箱	900×500×300	镀锌薄钢板	1220	风盘回风

3.1.4 初投资

根据方案设计和设备材料表统计，计算空调系统总造价为18368120.69元，空调面积单位造价683.50元/m^2，建筑面积单位造价504.05元/m^2。其中，各分项造价指标见表3.1.4-1。

两管制风盘+新风方案分项造价指标 表3.1.4-1

序号	分项名称	造价（元）	占比（%）	空调面积指标（元/m^2）	建筑面积指标（元/m^2）
1	制冷机房	2647629.48	14.40	98.42	72.58
1.1	设备	1792412.62	67.70	66.63	49.14
1.2	阀门	298406.98	11.27	11.09	8.18
1.3	管道	529914.3	20.01	19.70	14.53
1.4	保温	26895.58	1.02	1.00	0.74
2	冷却塔	906261.38	4.93	33.69	24.84
3	换热机房	266822.64	1.45	9.92	7.31
3.1	设备	117156.2	43.91	4.36	3.21
3.2	阀门	56290.17	21.10	2.09	1.54
3.3	管道	85166.39	31.92	3.17	2.33
3.4	保温	8209.88	3.08	0.31	0.23
4	风系统	5272260.34	28.68	195.99	144.54
4.1	设备	1216354.6	23.07	45.22	33.35
4.2	阀门	135573.36	2.57	5.04	3.72
4.3	风口	367121.6	6.96	13.65	10.06
4.4	风管	2459067.62	46.64	91.42	67.41
4.5	保温	1094143.16	20.75	40.67	30.00
5	水系统	5632049.33	30.63	209.37	154.40
5.1	设备	2187776	38.85	81.33	59.98
5.2	阀门	885667.04	15.73	32.92	24.28
5.3	管道	2219232.83	39.40	82.50	60.84
5.4	保温	339373.46	6.03	12.62	9.30
6	措施费	2142977.46	11.66	79.66	58.75
7	税金	1518120.06	8.26	56.44	41.62

注：部分数据因小数取舍，存在与分项合计不等的情况，不作机械调整，下同。

3.1.5 运行能耗

1. 供冷能耗

根据建筑逐时冷负荷及空调设备配置参数，实时模拟计算空调系统供冷逐时耗电量，累加得到逐日耗电量。空调系统供冷运行工况参数详见图 3.1.5-1、图 3.1.5-2，计算结果如下：

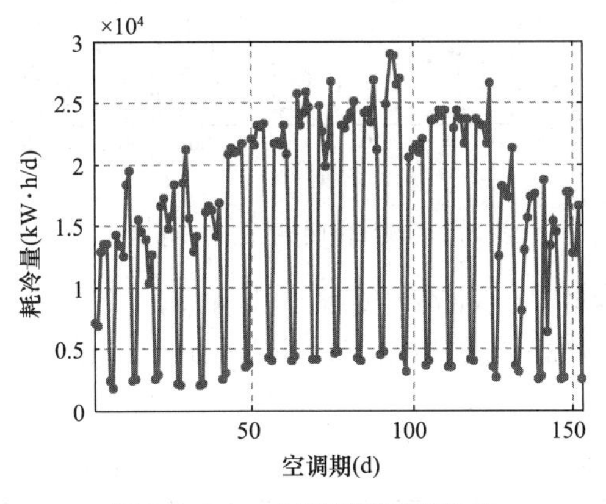

图 3.1.5-1 空调期逐日耗冷量

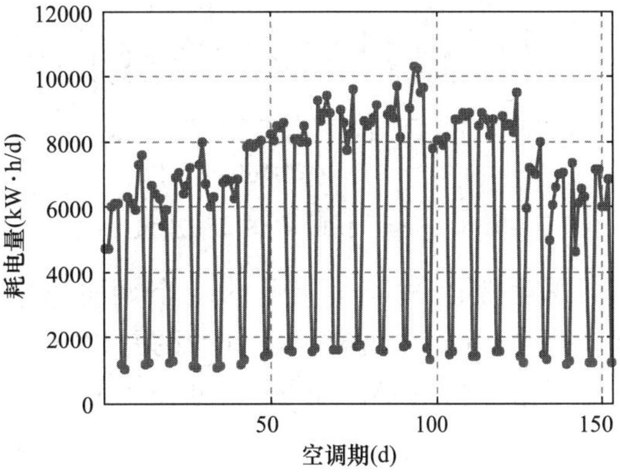

图 3.1.5-2 空调期逐日耗电量

总耗冷量 229.38 万 kW·h，空调面积冷量指标 85.27kW·h/m²，建筑面积冷量指标 62.88kW·h/m²；总耗电量 90.02 万 kW·h，空调面积电量指标 33.47kW·h/m²，建筑面积电量指标 24.68kW·h/m²，见表 3.1.5-1。

供冷能耗统计表 **表 3.1.5-1**

耗冷量			耗电量		
总耗冷量（万 kW·h）	空调面积冷量指标（kW·h/m²）	建筑面积冷量指标（kW·h/m²）	总耗电量（万 kW·h）	空调面积电量指标（kW·h/m²）	建筑面积电量指标（kW·h/m²）
229.38	85.27	62.88	90.02	33.47	24.68

其中，冷源总耗电量 50.78 万 kW·h，空调面积电量指标 18.88kW·h/m²，建筑面积电量指标 13.92kW·h/m²；末端总耗电量 39.24 万 kW·h，空调面积电量指标 14.59kW·h/m²，建筑面积电量指标：10.76kW·h/m²，见表 3.1.5-2。

分项供冷耗电量统计表 **表 3.1.5-2**

冷源耗电量			末端耗电量		
总耗电量（万 kW·h）	空调面积电量指标（kW·h/m²）	建筑面积电量指标（kW·h/m²）	总耗电量（万 kW·h）	空调面积电量指标（kW·h/m²）	建筑面积电量指标（kW·h/m²）
50.78	18.88	13.92	39.24	14.59	10.76

2. 供热能耗

根据建筑逐时热负荷及空调设备配置参数，实时模拟计算空调系统供热逐时耗热量、耗电量，累加得到逐日耗热量、耗电量。空调系统供热运行工况参数详见图 3.1.5-3、图 3.1.5-4，计算结果如下：

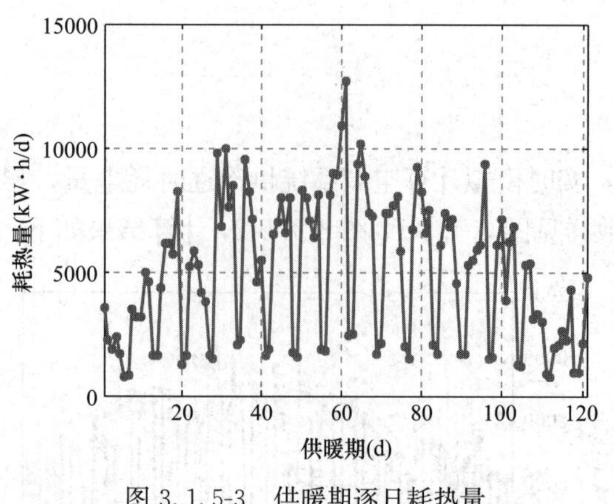

图 3.1.5-3 供暖期逐日耗热量

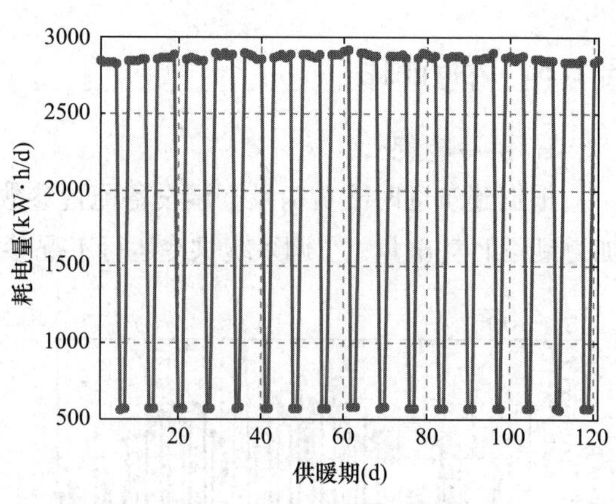

图 3.1.5-4 供暖期逐日耗电量

总耗热量 59.35 万 kW·h，空调面积热量指标 22.06kW·h/m^2，建筑面积热量指标 16.27kW·h/m^2；总耗电量 26.92 万 kW·h，空调面积电量指标 10.01kW·h/m^2，建筑面积电量指标 7.38kW·h/m^2，见表 3.1.5-3。

供热能耗统计表 **表 3.1.5-3**

耗热量			耗电量		
总耗热量（万 kW·h）	空调面积热量指标（kW·h/m^2）	建筑面积热量指标（kW·h/m^2）	总耗电量（万 kW·h）	空调面积电量指标（kW·h/m^2）	建筑面积电量指标（kW·h/m^2）
59.35	22.06	16.27	26.92	10.01	7.38

其中，热源总耗电量 1.19 万 kW·h，空调面积电量指标 0.44kW·h/m^2，建筑面积电量指标 0.33kW·h/m^2；末端总耗电量 25.73 万 kW·h，空调面积电量指标 9.57kW·h/m^2，建筑面积电量指标 7.05kW·h/m^2，见表 3.1.5-4。

分项供热耗电量统计表 **表 3.1.5-4**

热源耗电量			末端耗电量		
总耗电量（万 kW·h）	空调面积电量指标（kW·h/m^2）	建筑面积电量指标（kW·h/m^2）	总耗电量（万 kW·h）	空调面积电量指标（kW·h/m^2）	建筑面积电量指标（kW·h/m^2）
1.19	0.44	0.33	25.73	9.57	7.05

3.1.6 运行费用

1. 供冷费用

根据建筑逐时冷负荷及空调设备配置参数，实时模拟计算空调系统供冷逐时耗电量，累加得到逐日耗电量；根据各时刻峰谷电价，计算系统逐时电费，累加得到逐日电费。见图 3.1.6-1，计算结果如下：

供冷运行费用为：94.20 万元，空调面积运行费用指标：35.02 元/m^2，建筑面积运行费用指标：25.82 元/m^2。

2. 供热费用

根据建筑逐时热负荷及空调设备配置参数，实时模拟计算空调系统供热逐时耗热量、耗电量，累加得到逐日耗热量、耗电量；根据市政热价及各时刻峰谷电价，计算系统逐时热费、电费，累加得到逐日热费、电费，汇总热费和电费之和即为总供热费。见图 3.1.6-2，计算结果如下：

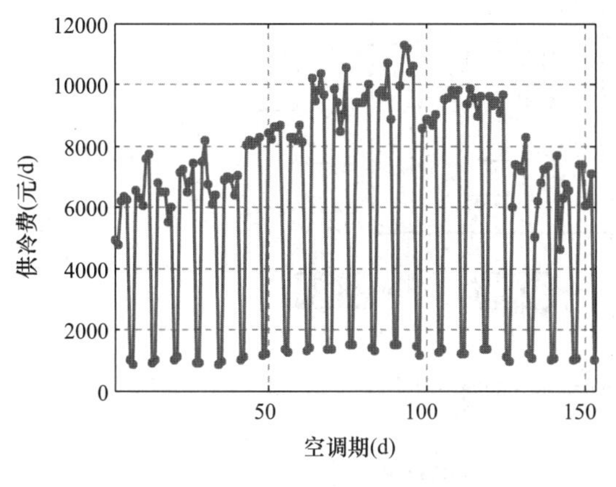

图 3.1.6-1 空调期逐日供冷费

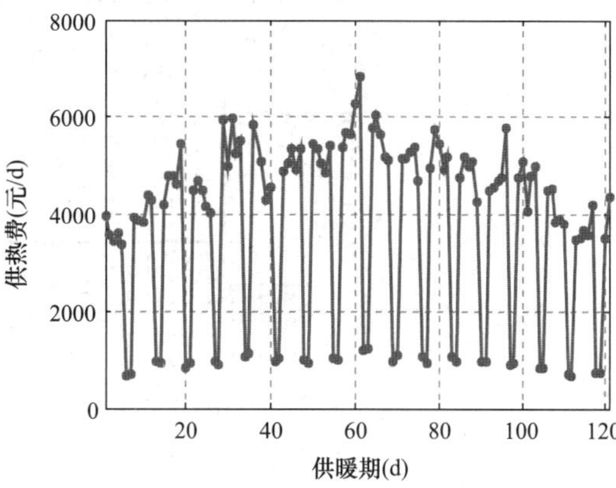

图 3.1.6-2 供暖期逐日供热费

供热运行费用：96.59 万元，空调面积运行费用指标：35.91 元/m²，建筑面积运行费用指标：26.48 元/m²。

3. 全年总费用

全年总运行费用为：190.79 万元，空调面积运行费用指标：70.93 元/m²，建筑面积运行费用指标：52.31 元/m²。

3.2 分区两管制风机盘管＋新风方案

3.2.1 系统介绍

分区两管制空调水系统是按建筑物的负荷特性将空气调节水路分为内区冷水和外区冷热水的两管制系统，按照设计工况需要全年供冷区域的内区末端只供应冷水，外区的末端根据冷热季节转换，供应冷水或热水。

1. 系统构成

分区两管制风机盘管系统由内区风机盘管、外区风机盘管、温控器、电动两通阀、过滤器组成；新风系统由新风机组、控制器、电动调节阀、电磁阀、温度计、压力表、过滤器等组成。

内外区风机盘管的构成及工作原理与两管制风机盘管一样，详见第 3.1.1 节。

新风机组的构成与工作原理详见第 3.1.1 节。

2. 分区两管制水系统

分区两管制空调水系统中的外区风机盘管同两管制风机盘管水系统一样，冷、热水系统采用相同的供、回水管道，在冬季和夏季运行时，均采用同一套管路系统，即夏季供冷水，冬季供热水。在制冷机房内设置冬夏季转换阀，通过手（电）动转换实现冷、热水切换。

分区两管制空调水系统中的内区风机盘管所接管道为一根供水管，一根回水管，管道内常年为冷水。夏季冷水接自人工冷源，过渡季冷水可接自天然冷源（如冷却塔等）。见

图 3.2.1-1、图 3.2.1-2。

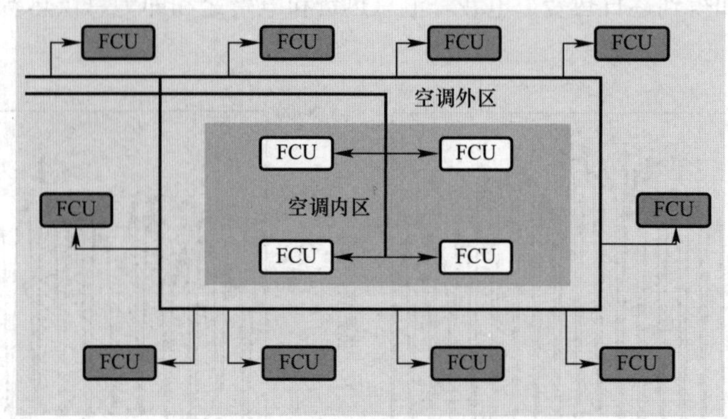

图 3.2.1-1　分区两管制水平面示意图

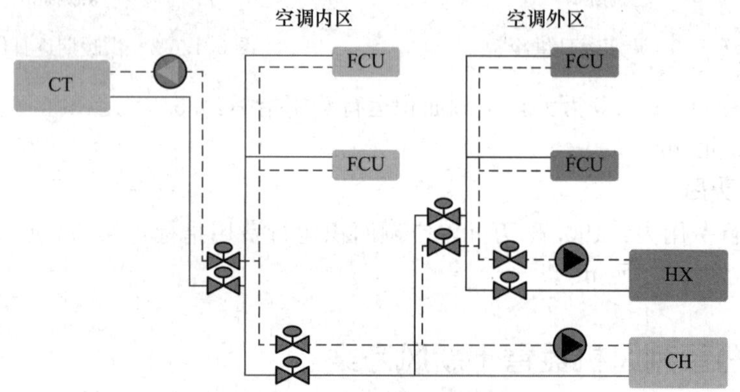

图 3.2.1-2　分区两管制水系统示意图

分区两管制水系统根据末端形式的不同，通常分为风机盘管水环路和新风机组水环路，且两个环路在冷冻机房分集水器处分开设置。见图 3.2.1-3～图 3.2.1-6。

新风机组水环路的垂直立管常设置于新风机房内，水平管段长度较短，通常水平管段采用异程系统。新风机组水环路可按垂直方向，分为同程式系统和异程式系统。见图 3.2.1-7、图 3.2.1-8。

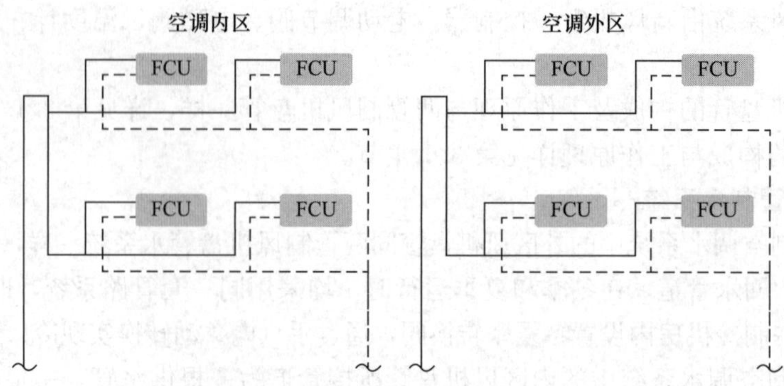

图 3.2.1-3　风机盘管垂直同程水平同程系统

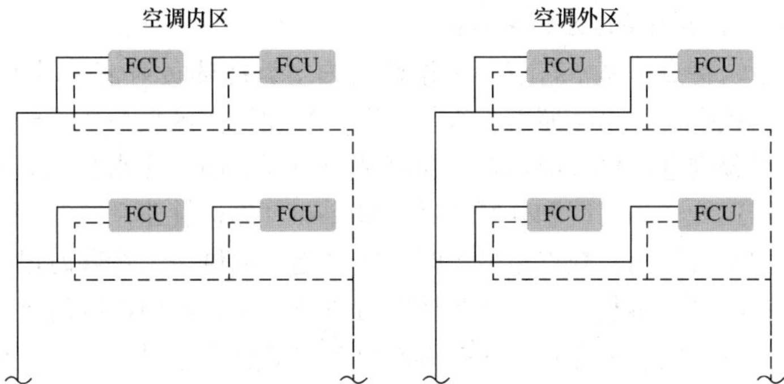

图 3.2.1-4 风机盘管垂直异程水平同程系统

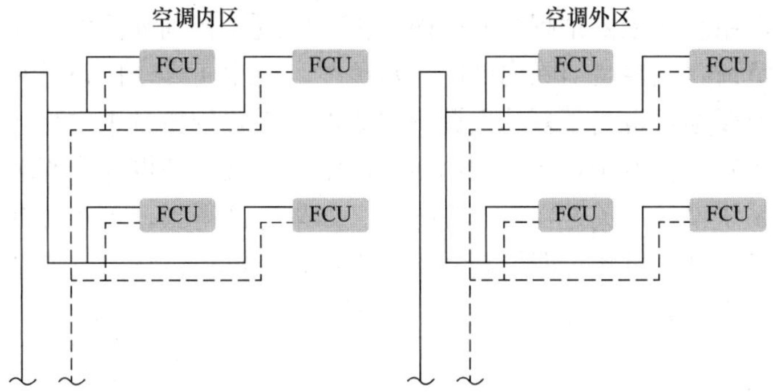

图 3.2.1-5 风机盘管垂直同程水平异程系统

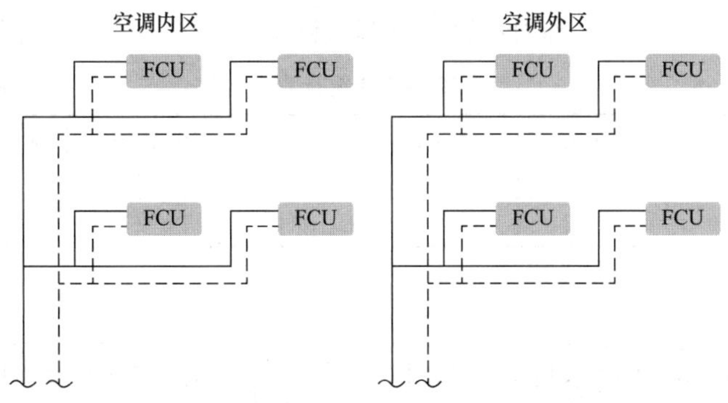

图 3.2.1-6 风机盘管垂直异程水平异程系统

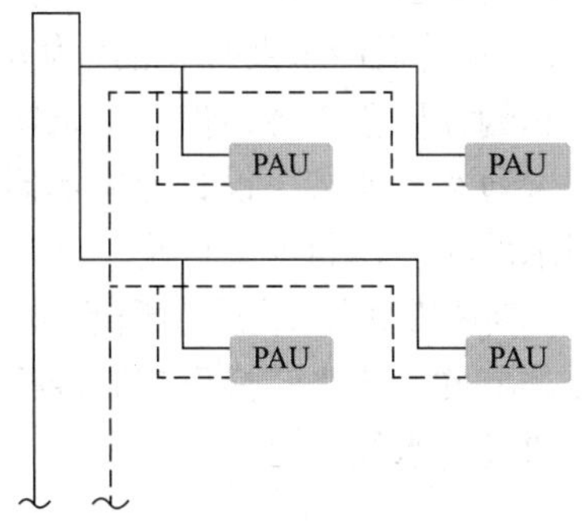

图 3.2.1-7 新风机组同程式系统

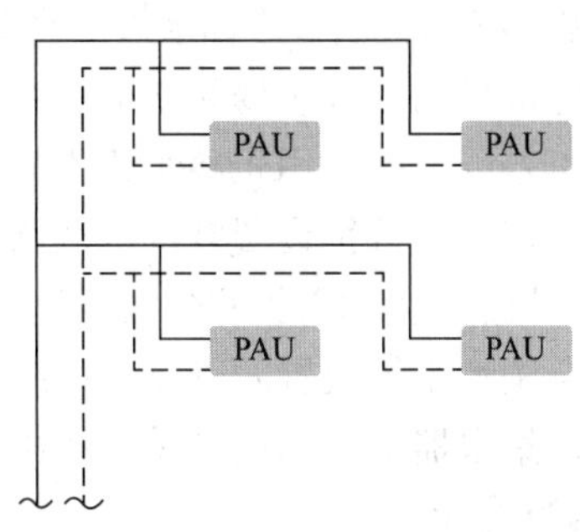

图 3.2.1-8 新风机组异程式系统

3. 分区两管制水系统特点及适用范围

分区两管制系统特点：基本特点是根据建筑内空调冷热负荷情况对水系统进行分区，当朝向对负荷影响较大时，可按照朝向进行分区；当建筑内区负荷较大时，可进行内外分区。各个分区可以分别进行供冷或供热，管路系统为两管制，冷水和热水分别输送。优点是可以同时对不同区域（如内区和外区）进行供冷和供热；管路系统较四管制简单，初投资较低，同时节省运行费用。缺点是冬季时内区只能单独供冷、特殊时段不能满足供热的特殊需求；外区只能同时供热，不能满足特殊时段东、南、西向供冷的要求。

适用范围：冬季当建筑内存在内区空调冷负荷并需要全年供冷、外区仅需要按照季节进行供冷和供热转换时，可采用分区两管制系统（必须强调冬季不能满足个别内区供热及个别外区供冷的个性需求）。

分区两管制水系统，主要是解决冬季内区供冷问题；特别要注意的是，冬季内区冷负荷不同于夏季冷负荷，主要是消除内区的显热负荷，应小于夏季的设计冷负荷；同时，注意冬季空调冷水温度通常也高于夏季空调冷水温度，需要校核冬季供冷冷水温度及室温不同于夏季时风机盘管的耗冷量，是否能满足内区空调冷负荷的设计值要求。

分区两管制系统设计的关键在于合理分区。如果分区得当，可较好地满足不同区域的舒适性要求，其调节性能可接近四管制系统。因此，建议在设计时，要认真计算并分析负荷变化特点，合理进行分区设计。

3.2.2 系统设计

1. 冷热负荷

根据第1.3节计算结果，统计分区两管制风机盘管系统冷热负荷见表3.2.2-1。

冷热负荷统计表 **表3.2.2-1**

空调面积（m^2）	冷负荷（kW）	冷指标（W/m^2）	热负荷（kW）	热指标（W/m^2）	冬季内区冷负荷（kW）	冬季内区冷指标（W/m^2）
26900	3233.4	120.2	2049	76.2	616.89	40.8

2. 冷热源设计

1）冷源设计

（1）采用电制冷水冷冷水机组。选用3台单台容量为300RT水冷螺杆式冷水机组。制冷机房设置于地下1层，地面标高为−5.4m；冷却塔设置在屋顶，屋顶标高为84.0m。

（2）空调冷水的供回水温度为7/12℃，冷却水进出水温度为32/37℃。冬季采用冷却塔供冷，设冬季换冷板换，冷却水供回水温度为7/12℃，换冷后冷水供回水温度为8/13℃。

（3）冷水采用一级泵变频变流量系统，供回水总管设压差传感器控制水泵转速，同时设置电动压差调节阀，用于冷水机组最小水量时的旁通水量调节。设置分集水器，按照风机盘管及空调机组分别设置空调水环路；通过供回水的压差控制水泵转速。

（4）风机盘管水系统设置分区两管制水系统运行，新风机组水系统设置两管制水系统运行。

（5）空调水系统设置两管制水系统运行。冬夏季节的冷热水转换设在制冷机房的冷热水分水器、集水器上。内区冬季供冷由冷却塔冷水通过冷水板换提供。

2）热源设计

（1）采用市政热源水。市政一次水供回水温度为130/70℃。

(2) 在地下一层设置热交换机房，设置两台单台容量为1500kW的空调板式换热器。将市政一次热水经过热交换器，提供60/45℃的空调热水。

3) 设置冷/热量计量装置及其自动控制装置。见图3.2.2-1～图3.2.2-3。

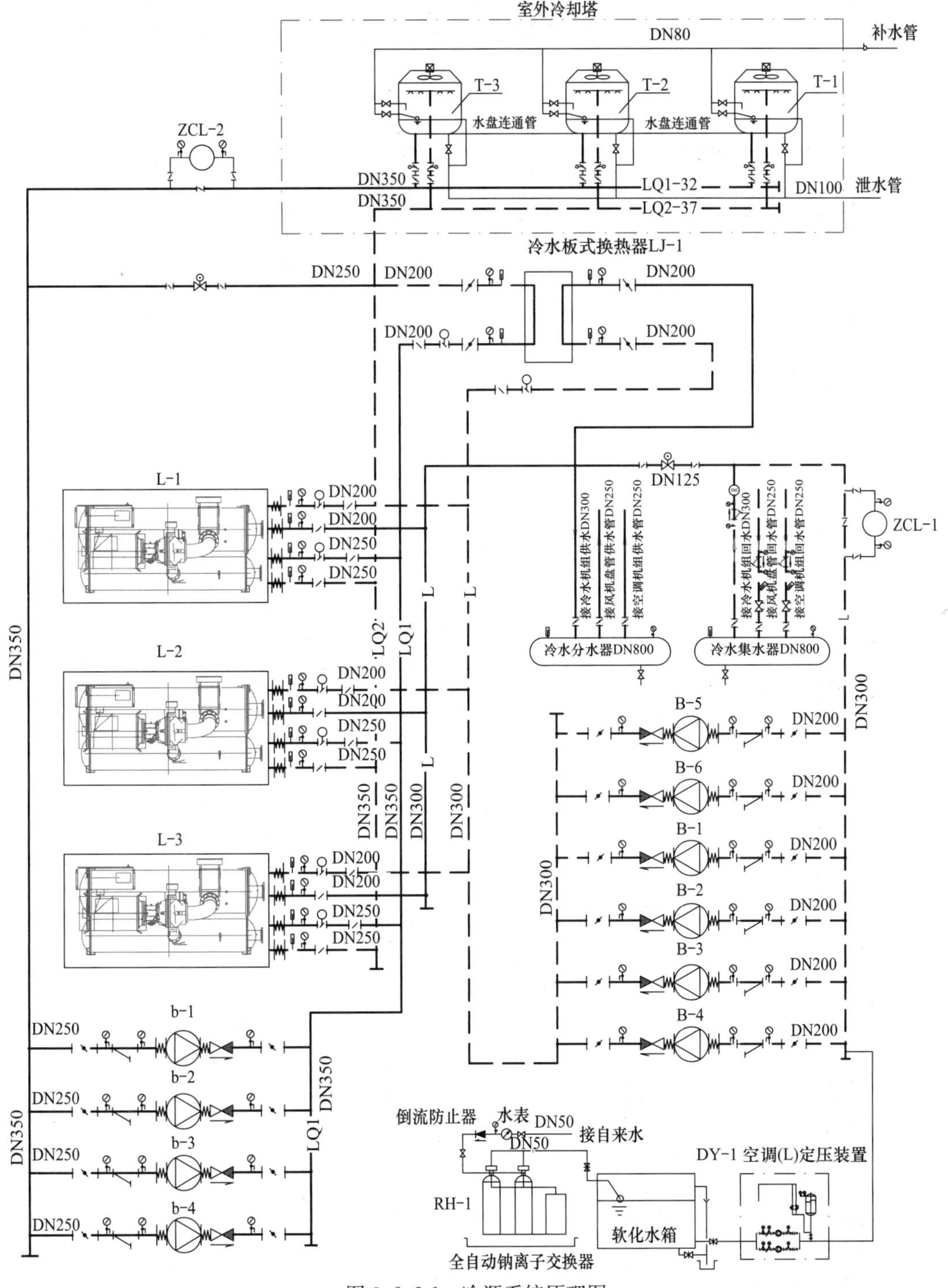

图3.2.2-1 冷源系统原理图

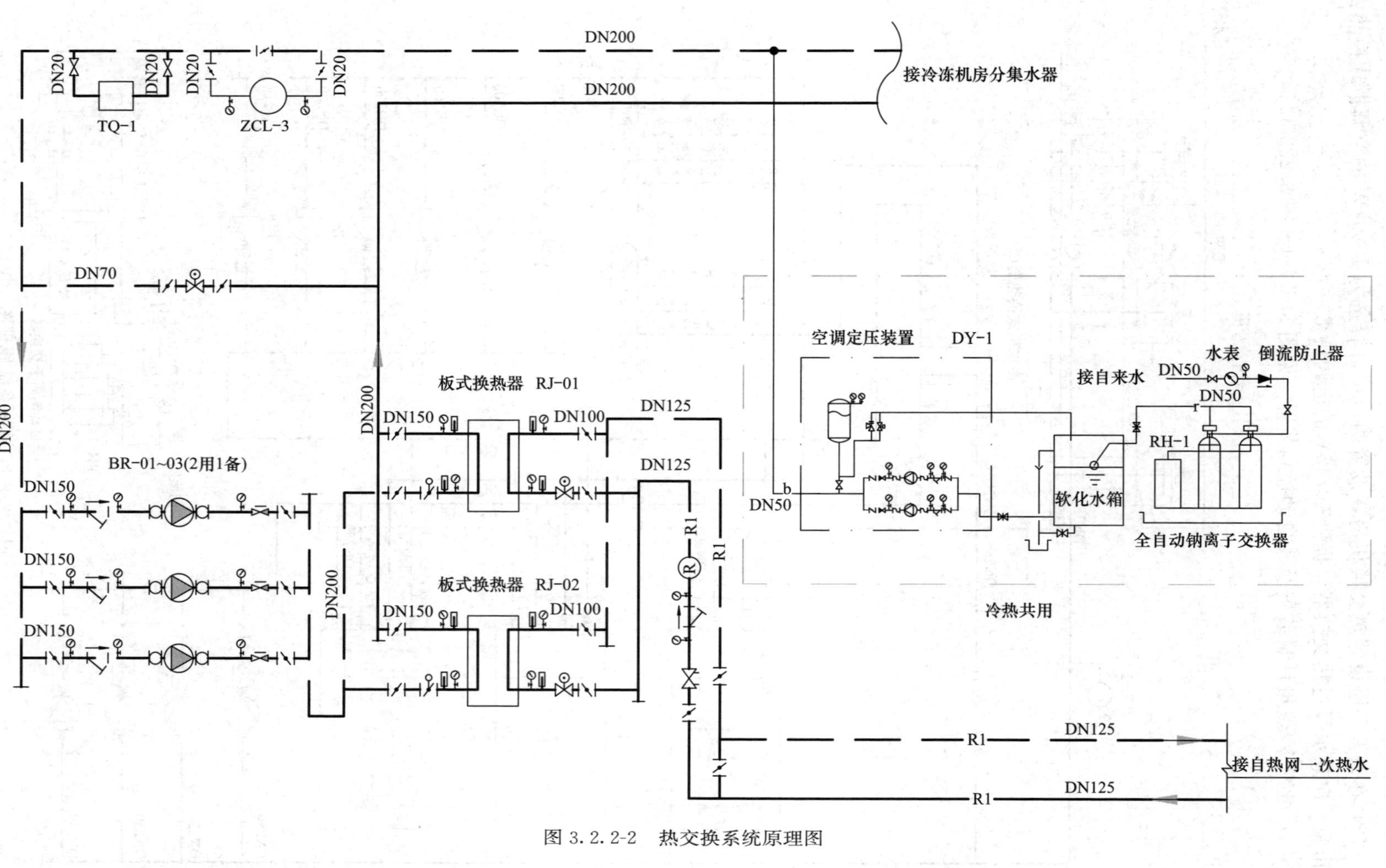

图 3.2.2-2 热交换系统原理图

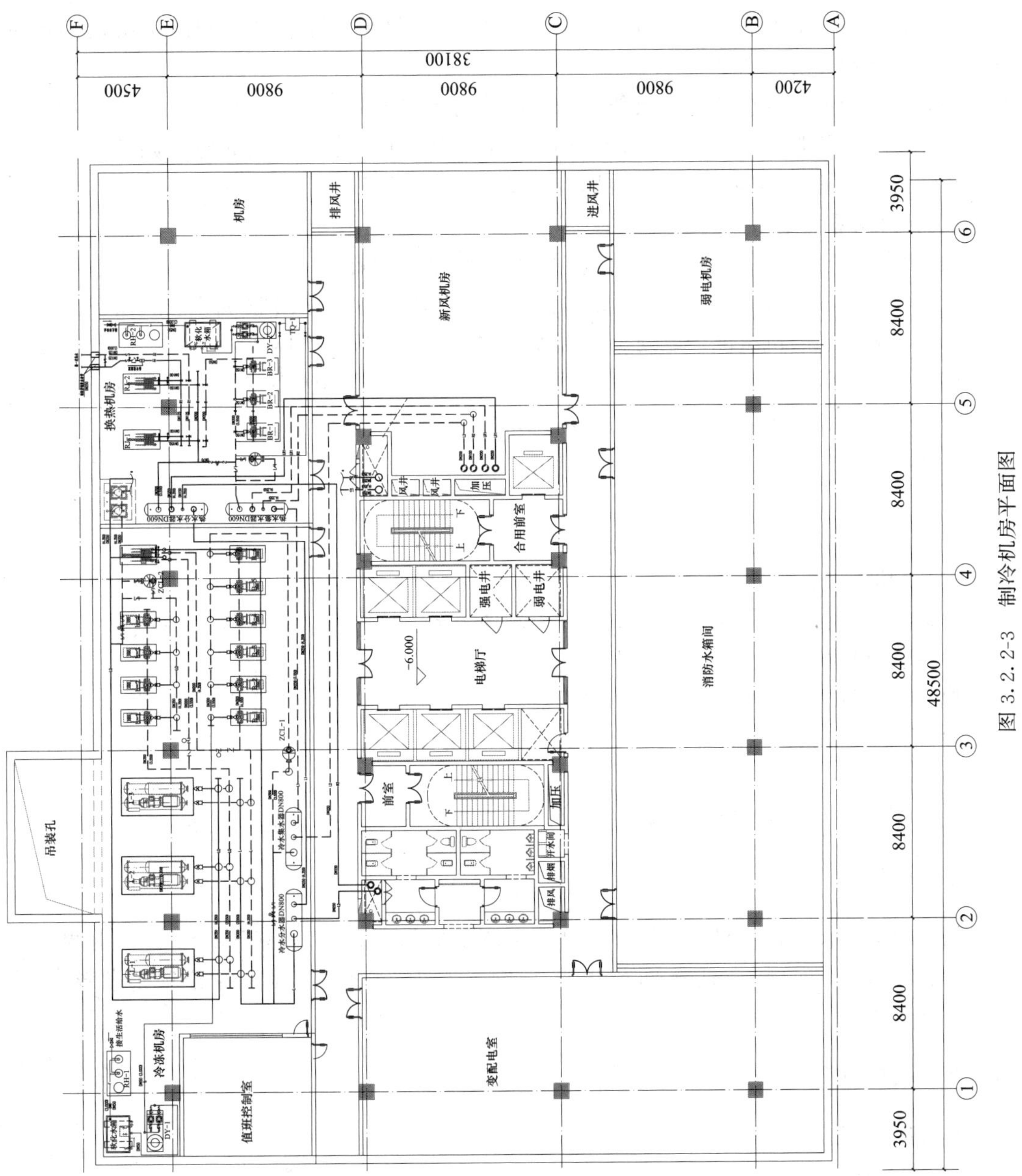

图 3.2.2-3 制冷机房平面图

3. 空调水系统设计

（1）风机盘管与新风机组水支路分开设置，风机盘管支路分为内区支路和外区支路，接风机盘管的水支路采用垂直异程水平同程系统，根据负荷计算南北向负荷差异较大，故每层根据南北朝向分别设置风机盘管水支路。

（2）冷、热水系统均采用定压罐定压，补水为软化水，分别设于制冷机房及换热站内。空调水系统工作压力为1.6MPa。

（3）风机盘管每层的水平分支管回水管上设静态平衡阀。

（4）风机盘管回水管上均设电动两通阀；新风机组回水管均设动态电动调节阀。

（5）加湿采用湿膜加湿方式。见图3.2.2-4～图3.2.2-7。

4. 空调风系统设计

（1）新风机组位于每层新风机房内，新风系统水平设置。

（2）设置新风热回收系统，且集中设置。1～10F新风热回收机组位于地下一层，11～20F新风热回收机组位于屋顶。热回收方式为热管式显热换热器。

（3）空调新风经过滤净化、夏季降温除湿、冬季加热加湿处理后通过风管送至房间。新排风热回收机组，回收排风能量对新风进行预冷/预热。

3.2.3　设备材料表

1）制冷机房（表3.2.3-1、表3.2.3-2）

2）冷却塔（表3.2.3-3）

冷却塔主要材料表同两管制风机盘管＋新风方案，详见表3.1.3-4。

3）换热机房

换热机房设备及材料表同两管制风机盘管＋新风方案，详见表3.1.3-5、表3.1.3-6。

4）水系统（表3.2.3-4、表3.2.3-5。）

5）风系统

主要设备及材料表同两管制风机盘管＋新风方案，详见表3.1.3-9、表3.1.3-10。

3.2.4　初投资

根据方案设计和设备材料表统计，计算空调系统总造价为19126562.83元，空调面积单位造价711.02元/m^2，建筑面积单位造价524.35元/m^2。其中各分项造价指标见表3.2.4-1。

3.2.5　运行能耗

1. 供冷能耗

1）空调外区

根据建筑逐时冷负荷及空调设备配置参数，实时模拟计算空调系统供冷逐时耗电量，累加得到逐日耗电量。本项目空调外区建筑面积为11780m^2，空调系统供冷运行工况参数详见图3.2.5-1、图3.2.5-2，计算结果如下：

总耗冷量：112.58万kW·h，空调面积冷量指标：96.00kW·h/m^2；

总耗电量：32.29万kW·h，空调面积电量指标：27.00kW·h/m^2。

图 3.2.2-4 空调水系统图

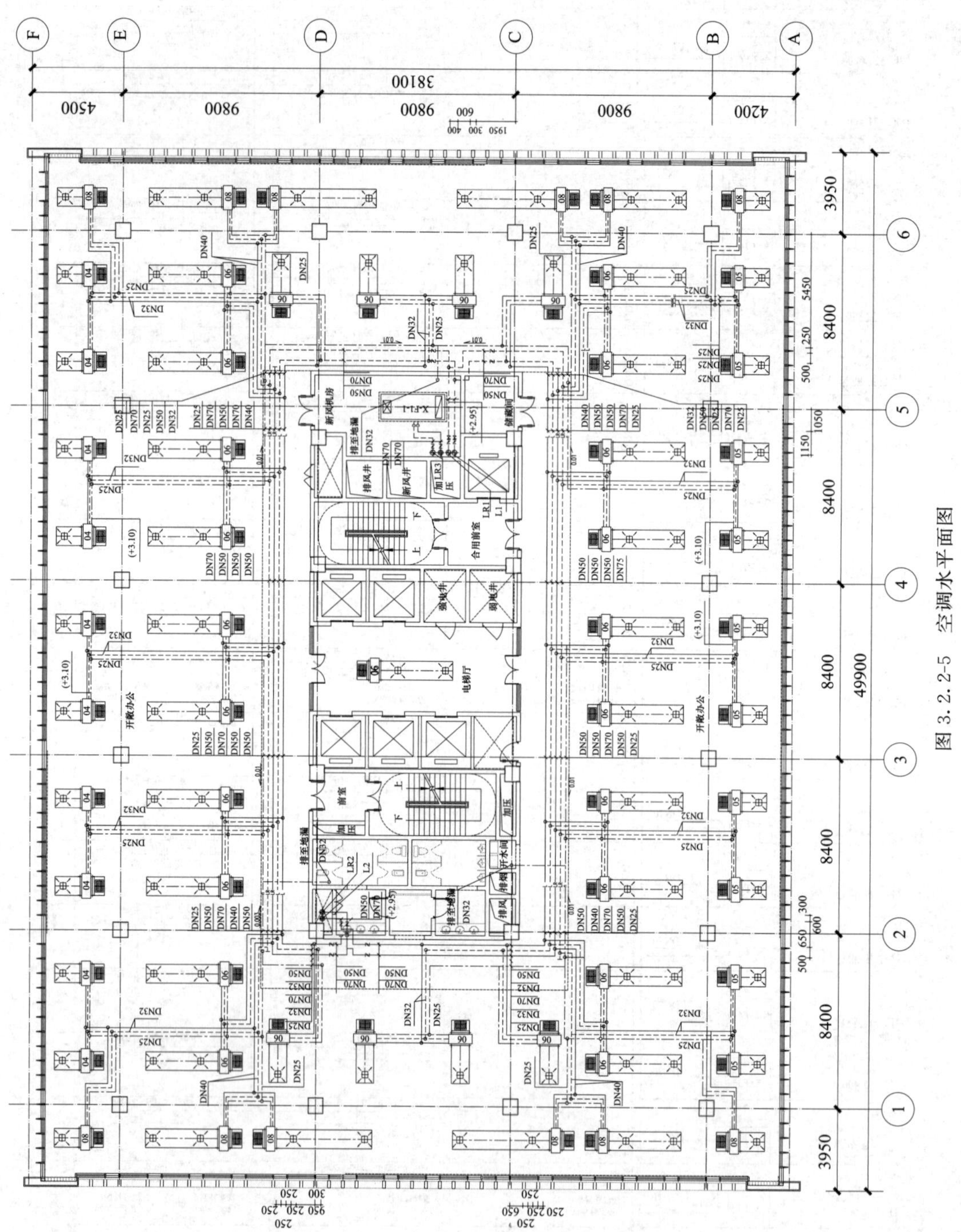

图 3.2.2-5　空调水平面图

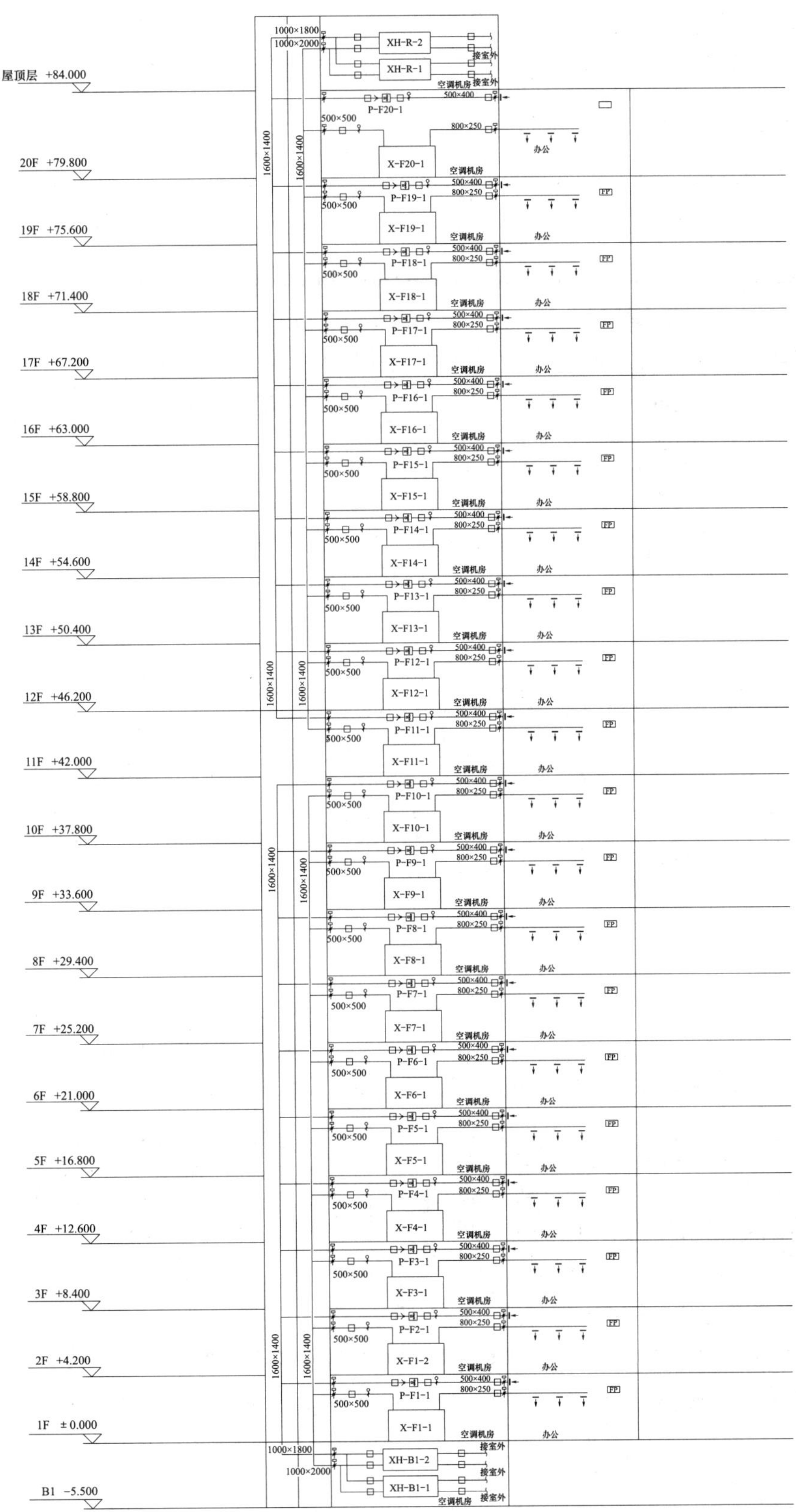

图 3.2.2-6 空调风系统图

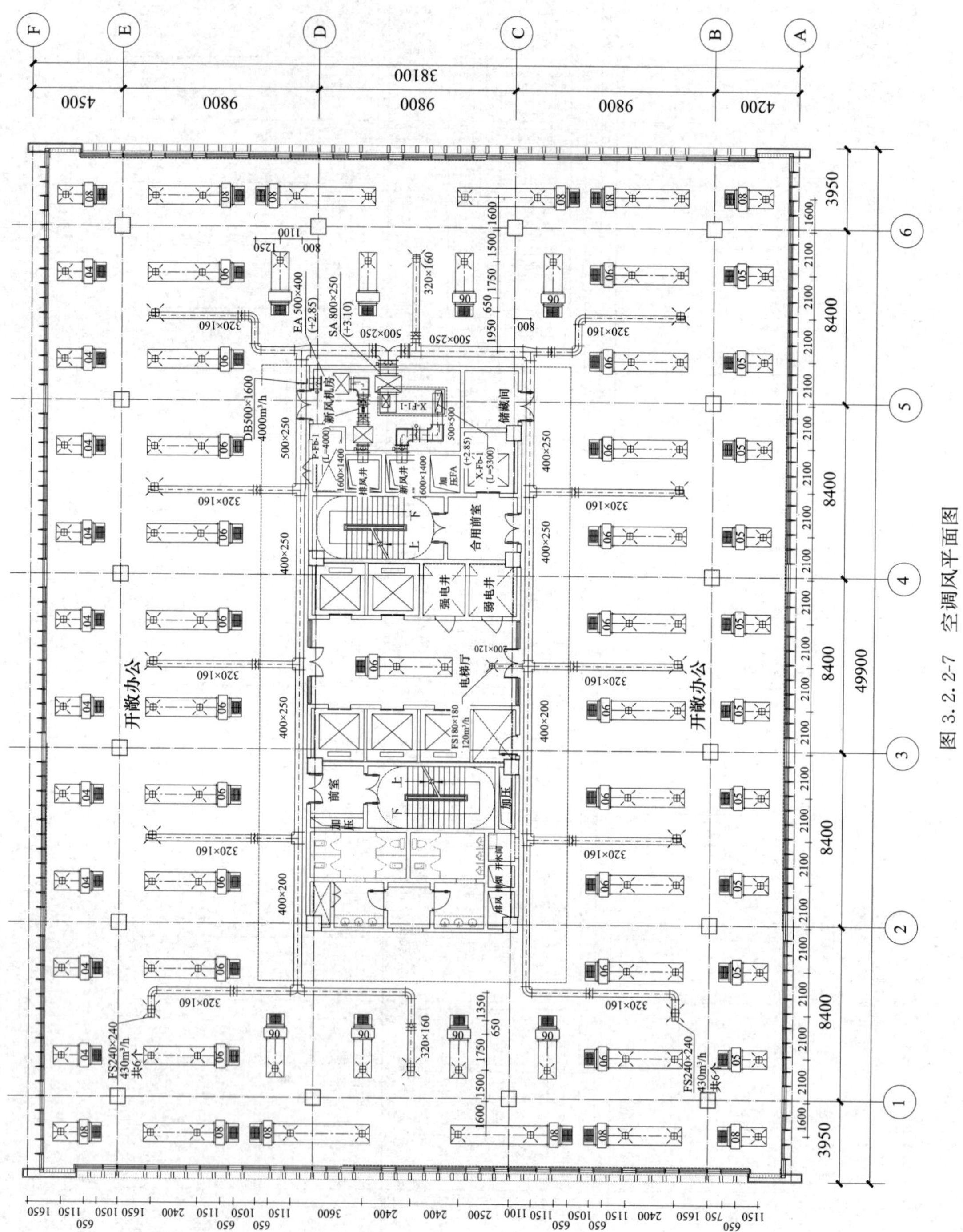

图 3.2.2-7　空调风平面图

制冷机房主要设备表　　表3.2.3-1

设备编号	设备名称	性能参数	数量	备注
L-1～3	螺杆式冷水机组	冷量300RT；冷水温度：7/12℃；冷却水温度：32/37℃；功率：200kW；工作压力1.6MPa	3个	
B-1～4	冷水循环泵	流量：190m^3/h；扬程：32mH_2O；功率：30kW；转速：1450r/min；效率≥75%；工作压力1.6MPa	4个	变频 三用一备
b-1～4	冷却水循环泵	流量：230m^3/h；扬程：30mH_2O；功率：30kW；转速：1450r/min；效率≥75%；工作压力1.6MPa	4个	三用一备
LJ-1	冷水板式换热器	换热量1050kW；一次水温度：6/11℃；二次水温度：8/13℃；工作压力1.6MPa	1个	
B-5，6	冷水循环泵	流量：95m^3/h；扬程：30mH_2O；功率：11kW；转速：1450r/min；效率≥75%；工作压力1.6MPa	2个	变频
DY-1	定压罐	流量：5m^3/h；扬程：110mH_2O；功率：4kW；转速：2900r/min；效率≥75%；工作压力1.6MPa	1套	定压泵1用1备
RH-1	软水器	水处理量：3～5m^3/h；功率：0.4kW；双罐双阀；工作压力1.0MPa	1套	自动流量控制型
	软水箱	1800mm×1200mm×1800mm	1个	不锈钢
ZCL-1	全程水处理器	接口尺寸DN300；工作压力1.6MPa	1个	
ZCL-2	全程水处理器	接口尺寸DN350；工作压力1.6MPa	1个	

制冷机房主要材料表　　表3.2.3-2

材料名称	规格	性能参数	数量	备注
分集水器	D800	无缝钢管；工作压力1.6MPa	2个	长3050mm
手动碟阀	DN350	阀体：球墨铸铁；阀芯：青铜；工作压力1.6MPa	3个	
手动碟阀	DN250	阀体：球墨铸铁；阀芯：青铜；工作压力1.6MPa	20个	
手动碟阀	DN300	阀体：球墨铸铁；阀芯：青铜；工作压力1.6MPa	5个	
手动碟阀	DN200	阀体：球墨铸铁；阀芯：青铜；工作压力1.6MPa	24个	
手动碟阀	DN125	阀体：球墨铸铁；阀芯：青铜；工作压力1.6MPa	2个	
手动碟阀	DN100	阀体：球墨铸铁；阀芯：青铜；工作压力1.6MPa	2个	
电动碟阀	DN250	阀体：球墨铸铁；阀芯：青铜；工作压力1.6MPa	3个	
电动碟阀	DN200	阀体：球墨铸铁；阀芯：青铜；工作压力1.6MPa	5个	
电动调节阀	DN125	阀体：球墨铸铁；阀芯：青铜；工作压力1.6MPa	1个	
电动调节阀	DN250	阀体：球墨铸铁；阀芯：青铜；工作压力1.6MPa	1个	
橡胶软接头	DN250	工作压力1.6MPa	14个	
橡胶软接头	DN200	工作压力1.6MPa	22个	
Y型除污器	DN300	20目不锈钢孔板；工作压力1.6MPa	1个	
Y型除污器	DN250	20目不锈钢孔板；工作压力1.6MPa	4个	
Y型除污器	DN250	60目不锈钢孔板；工作压力1.6MPa	2个	
Y型除污器	DN200	60目不锈钢孔板；工作压力1.6MPa	2个	
Y型除污器	DN200	20目不锈钢孔板；工作压力1.6MPa	4个	
逆止阀	DN250	阀体：球墨铸铁；阀芯：青铜；工作压力1.6MPa	4个	缓闭静音型

续表

材料名称	规格	性能参数	数量	备注
逆止阀	DN200	阀体：球墨铸铁；阀芯：青铜；工作压力 1.6MPa	6 个	缓闭静音型
截止阀	DN50	铜质截止阀；工作压力 1.6MPa	4 个	
冷量计量表	DN300	工作压力 1.6MPa	1 个	超声波型
水量计量表	DN50	工作压力 1.6MPa	1 个	超声波型
静态平衡阀	DN250	阀体：球墨铸铁；阀芯：青铜；工作压力 1.6MPa	2 个	
镀锌钢管	DN50	工作压力 1.6MPa	42m	
无缝钢管	DN125	工作压力 1.6MPa	7.5m	
无缝钢管	DN200	工作压力 1.6MPa	89m	
无缝钢管	DN250	工作压力 1.6MPa	168m	
无缝钢管	DN300	工作压力 1.6MPa	85m	
无缝钢管	DN350	工作压力 1.6MPa	200m	
橡塑保温管壳	DN125	橡塑保温管壳厚度 40mm	7.5m	
橡塑保温管壳	DN200	橡塑保温管壳厚度 40mm	89m	
橡塑保温管壳	DN250	橡塑保温管壳厚度 40mm	168m	
橡塑保温管壳	DN300	橡塑保温管壳厚度 40mm	85m	
橡塑保温管壳	DN800	橡塑保温管壳厚度 50mm	6.5m	

分区两管制冷却塔主要设备表　　表 3.2.3-3

设备编号	设备名称	性能参数	数量	备注
T-1～3	横流式冷却塔	流量：280m^3/h；进水/出水温度：37/32℃；功率：15kW	3	变频

注：布置在室外的冷却水管均设置电伴热。

分区两管制风机盘管性能参数表　　表 3.2.3-4

设备编号	设备名称	性能参数	数量（个）	备注
06	卧式暗装风机盘管	高档风量 1020m^3/h、机外余压 30Pa、功率 108W/220V 冷量 5.4kW、热量 7.87kW	580	空调内区用
04	卧式暗装风机盘管	高档风量 680m^3/h、机外余压 30Pa、功率 72W/220V 冷量 3.6kW、热量 5.4kW	200	空调外区用
05	卧式暗装风机盘管	高档风量 850m^3/h、机外余压 30Pa、功率 87W/220V 冷量 4.5kW、热量 6.75kW	200	空调外区用
08	卧式暗装风机盘管	高档风量 1360m^3/h、机外余压 30Pa、功率 156W/220V 冷量 7.2kW、热量 10800kW	240	空调外区用

注：配置铜质自动排气阀 DN20；铜质电动两通阀 DN20；铜制球阀 DN20，2 个；配置下回风箱；配置铝制过滤网；进出风管分别设置 200mm 防火保温软管；水管接管设置 200mm 金属软管；自带温控器；工作压力 1.6MPa。

分区两管制空调水系统末端材料表　　表 3.2.3-5

材料名称	规格	性能参数	数量	备注
镀锌钢管	DN25	工作压力 1.6MPa	6114 个	冷凝水管
	DN32	工作压力 1.6MPa	449.2 个	冷凝水管

续表

材料名称	规格	性能参数	数量	备注
镀锌钢管	DN20	工作压力 1.6MPa	5848.8 个	标准层
	DN25	工作压力 1.6MPa	3860 个	标准层
	DN32	工作压力 1.6MPa	6477 个	标准层
	DN40	工作压力 1.6MPa	1588 个	标准层
	DN50	工作压力 1.6MPa	3950 个	标准层
	DN70	工作压力 1.6MPa	1760 个	标准层
无缝钢管	DN80	工作压力 1.6MPa	42 个	立管至机房
	DN100	工作压力 1.6MPa	92.4 个	立管至机房
	DN125	工作压力 1.6MPa	100.8 个	立管至机房
	DN150	工作压力 1.6MPa	185.1 个	立管至机房
	DN200	工作压力 1.6MPa	181.1 个	立管至机房
蝶阀	DN50	阀体：球墨铸铁；阀芯：青铜；工作压力 1.6MPa	120 个	标准层
	DN70	阀体：球墨铸铁；阀芯：青铜；工作压力 1.6MPa	160 个	标准层
	DN150	阀体：球墨铸铁；阀芯：青铜；工作压力 1.6MPa	2 个	立管
	DN200	阀体：球墨铸铁；阀芯：青铜；工作压力 1.6MPa	4 个	立管
电磁阀	DN20	铜质阀门	20 个	新风机房
电动调节阀	DN70	阀体：球墨铸铁；阀芯：青铜；工作压力：1.6MPa	20 个	新风机房
自动放气阀	DN20	铜质阀门	6 个	立管
波纹管补偿器	DN125	工作压力 1.6MPa	2 个	立管
	DN150	工作压力 1.6MPa	4 个	立管
	DN200	工作压力 1.6MPa	6 个	立管
温度计		工作压力 1.6MPa	40 个	新风机房
压力表		工作压力 1.6MPa	40 个	新风机房
橡塑保温管壳	DN25	橡塑保温管壳厚度 10mm	6114m	
橡塑保温管壳	DN32	橡塑保温管壳厚度 10mm	449.2m	
橡塑保温管壳	DN20	橡塑保温管壳厚度 28mm	5848.8m	
橡塑保温管壳	DN25	橡塑保温管壳厚度 28mm	3860m	
橡塑保温管壳	DN32	橡塑保温管壳厚度 28mm	6477m	
橡塑保温管壳	DN40	橡塑保温管壳厚度 28mm	1588m	
橡塑保温管壳	DN50	橡塑保温管壳厚度 32mm	3950m	
橡塑保温管壳	DN70	橡塑保温管壳厚度 32mm	1760m	
橡塑保温管壳	DN80	橡塑保温管壳厚度 32mm	42m	
橡塑保温管壳	DN100	橡塑保温管壳厚度 32mm	92.4m	
橡塑保温管壳	DN125	橡塑保温管壳厚度 32mm	100.8m	
橡塑保温管壳	DN150	橡塑保温管壳厚度 36mm	185.1m	
橡塑保温管壳	DN200	橡塑保温管壳厚度 36mm	181.1m	

分区两管制风盘＋新风方案分项造价指标　　　表 3.2.4-1

序号	分项名称	造价（元）	占比（%）	空调面积指标（元/m^2）	建筑面积指标（元/m^2）
1	制冷机房	2660970.04	13.91	98.92	72.95
1.1	设备	1920221.61	72.16	71.38	52.64

续表

序号	分项名称	造价（元）	占比（%）	空调面积指标（元/m²）	建筑面积指标（元/m²）
1.2	阀门	340871.24	12.81	12.67	9.34
1.3	管道	373996.66	14.05	13.90	10.25
1.4	保温	25880.53	0.97	0.96	0.71
2	冷却塔	916254.78	4.79	34.06	25.12
3	换热机房	266822.64	1.40	9.92	7.31
3.1	设备	117156.20	43.91	4.36	3.21
3.2	阀门	56290.17	21.10	2.09	1.54
3.3	管道	85166.39	31.92	3.17	2.33
3.4	保温	8209.88	3.08	0.31	0.23
4	风系统	5272260.34	27.57	195.99	144.54
4.1	设备	1216354.60	23.07	45.22	33.35
4.2	阀门	135573.36	2.57	5.04	3.72
4.3	风口	367121.60	6.96	13.65	10.06
4.4	风管	2459067.62	46.64	91.42	67.41
4.5	保温	1094143.16	20.75	40.67	30.00
5	水系统	6159192.47	32.20	228.97	168.85
5.1	设备	2205548.60	35.81	81.99	60.46
5.2	阀门	635360.72	10.32	23.62	17.42
5.3	管道	2864246.57	46.50	106.48	78.52
5.4	保温	454036.58	7.37	16.88	12.45
6	措施费	2271805.08	11.88	84.45	62.28
7	税金	1579257.48	8.26	58.71	43.29

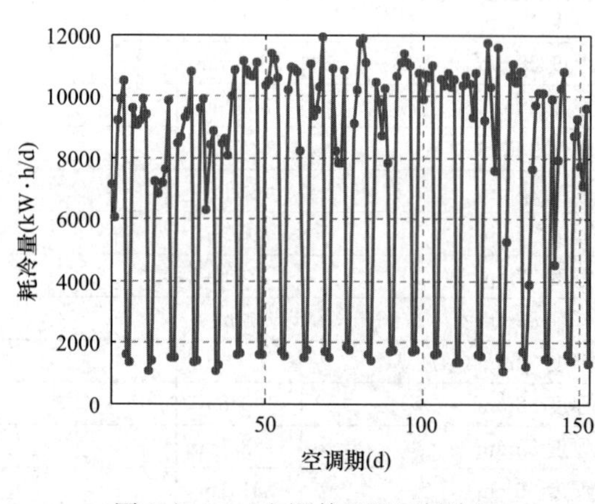

图 3.2.5-1　空调外区逐日耗冷量

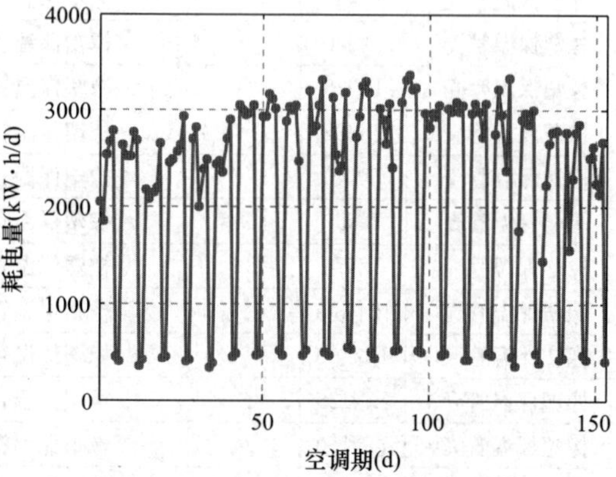

图 3.2.5-2　空调期逐日耗电量

2）空调内区

根据建筑逐时冷负荷及空调设备配置参数，实时模拟计算空调系统供冷逐时耗电量，累加得到逐日耗电量。本项目空调内区建筑面积为 15120m²，空调系统供冷运行工况参数详见图 3.2.5-3、图 3.2.5-4，计算结果如下：

总耗冷量：116.80 万 kW·h，空调面积冷量指标：77.00kW·h/m²；
总耗电量：57.74 万 kW·h，空调面积电量指标：38.00kW·h/m²。

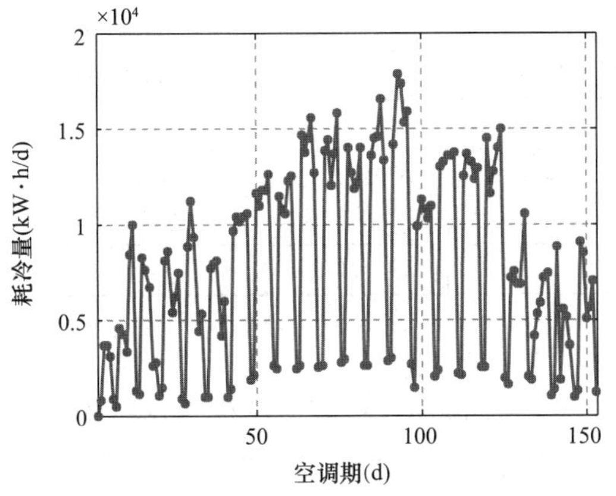

图 3.2.5-3 空调内区逐日耗冷量

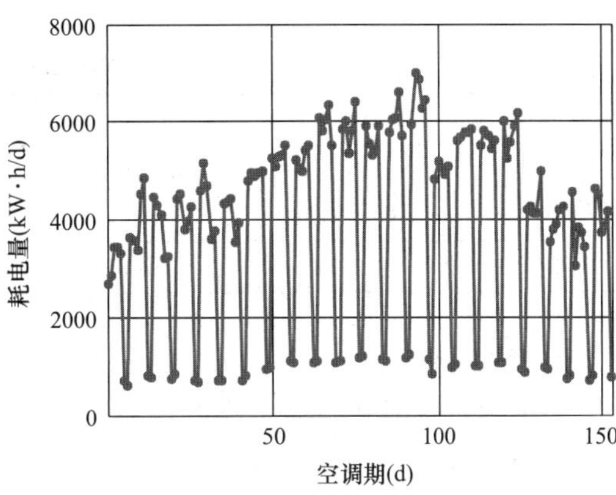

图 3.2.5-4 空调期逐日耗电量

3）空调总能耗（内区+外区）

根据建筑逐时冷负荷及空调设备配置参数，实时模拟计算空调系统供冷逐时耗电量，累加得到逐日耗电量。空调系统供冷运行工况参数详见图 3.2.5-5、图 3.2.5-6，计算结果如下：

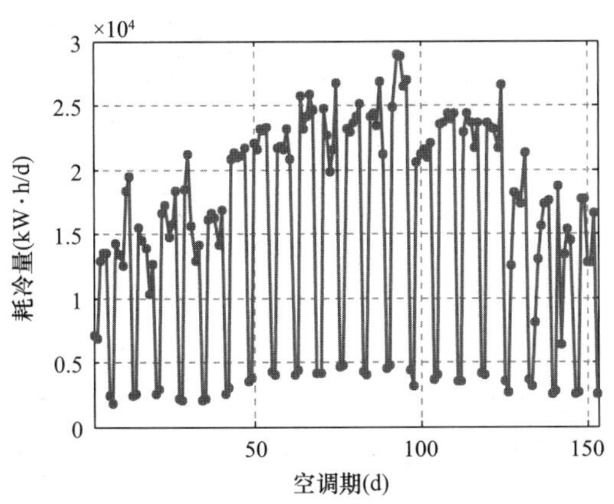

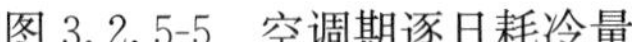

图 3.2.5-5 空调期逐日耗冷量

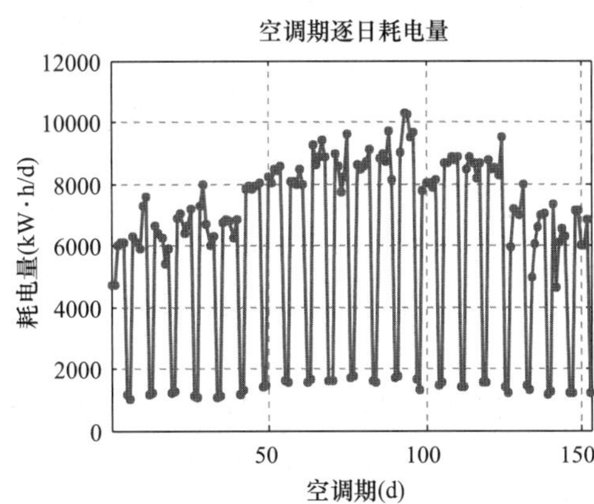

图 3.2.5-6 空调期逐日耗电量

总耗冷量 229.38 万 kW·h，空调面积冷量指标 85.27kW·h/m²，建筑面积冷量指标 62.88kW·h/m²；总耗电量 90.32 万 kW·h，空调面积电量指标 33.46kW·h/m²，建筑面积电量指标 24.68kW·h/m²，见表 3.2.5-1。

供冷能耗统计表 **表 3.2.5-1**

耗冷量			耗电量		
总耗冷量（万 kW·h）	空调面积冷量指标（kW·h/m²）	建筑面积冷量指标（kW·h/m²）	总耗电量（万 kW·h）	空调面积电量指标（kW·h/m²）	建筑面积电量指标（kW·h/m²）
229.38	85.27	62.88	90.32	33.46	24.68

其中，冷源总耗电量 50.78 万 kW·h，空调面积电量指标：18.88kW·h/m²，建筑面积电量指标：13.92kW·h/m²；空调末端耗总电量 39.24 万 kW·h，空调面积电量指标 14.59kW·h/m²，建筑面积电量指标：10.76kW·h/m²，见表 3.2.5-2。

分项供冷耗电量统计表 **表 3.2.5-2**

冷源耗电量			末端耗电量		
总耗电量（万 kW·h）	空调面积电量指标（kW·h/m²）	建筑面积电量指标（kW·h/m²）	总耗电量（万 kW·h）	空调面积电量指标（kW·h/m²）	建筑面积电量指标（kW·h/m²）
50.78	18.88	13.92	39.24	14.59	10.76

2. 供热能耗

根据建筑逐时热负荷及空调设备配置参数，实时模拟计算空调系统供热逐时耗热量、耗电量，累加得到逐日耗热量、耗电量。空调系统供热运行工况参数详见图 3.2.5-7、图 3.2.5-8，计算结果如下：

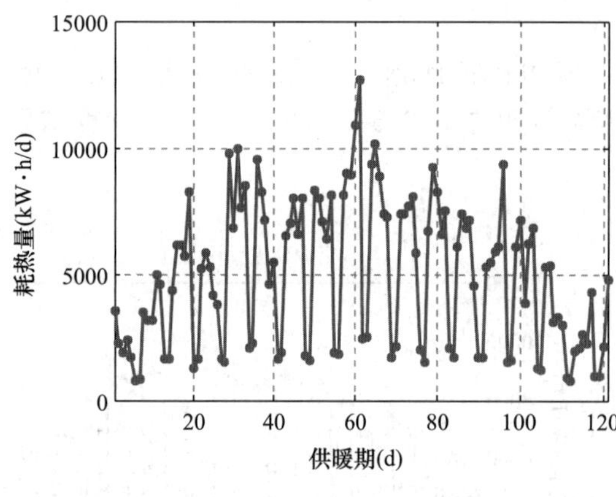

图 3.2.5-7 供暖期逐日耗热量

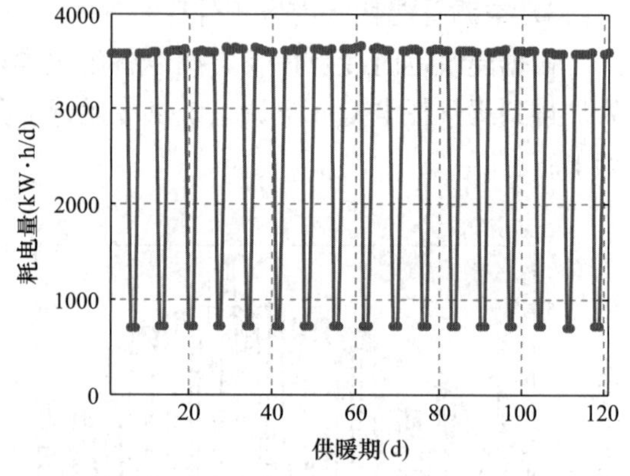

图 3.2.5-8 供暖期逐日耗电量

总耗热量 59.35 万 kW·h，空调面积热量指标 22.06 kW·h/m²，建筑面积热量指标 16.27kW·h/m²；总耗电量 33.83 万 kW·h，空调面积电量指标 12.58kW·h/m²，建筑面积电量指标 9.27kW·h/m²，见表 3.2.5-3。

供热能耗统计表 **表 3.2.5-3**

耗热量			耗电量		
总耗热量（万 kW·h）	空调面积热量指标（kW·h/m²）	建筑面积热量指标（kW·h/m²）	总耗电量（万 kW·h）	空调面积电量指标（kW·h/m²）	建筑面积电量指标（kW·h/m²）
59.35	22.06	16.27	33.83	12.58	9.27

其中热源总耗电量 1.19 万 kW·h，空调面积电量指标 0.44 kW·h/m²，建筑面积电量指标 0.33 kW·h/m²；末端总耗电量 32.64 万 kW·h，空调面积电量指标 12.13 kW·h/m²，建筑面积电量指标 8.95kW·h/m²，见表 3.2.5-4。

分项供热耗电量统计表 表 3.2.5-4

热源耗电量			末端耗电量		
总耗电量（万 kW·h）	空调面积电量指标（kW·h/m²）	建筑面积电量指标（kW·h/m²）	总耗电量（万 kW·h）	空调面积电量指标（kW·h/m²）	建筑面积电量指标（kW·h/m²）
1.19	0.44	0.33	32.64	12.13	8.95

3.2.6 运行费用

1. 供冷费用

根据建筑逐时冷负荷及空调设备配置参数，实时模拟计算空调系统供冷逐时耗电量，累加得到逐日耗电量；根据各时刻峰谷电价，计算系统逐时电费，累加得到逐日电费。空调系统供冷运行逐日费用详见图 3.2.6-1～图 3.2.6-3，计算结果如下：

供冷运行费用：94.2 万元，空调面积费用指标：35.02 元/m²，建筑面积费用指标：25.82 元/m²。

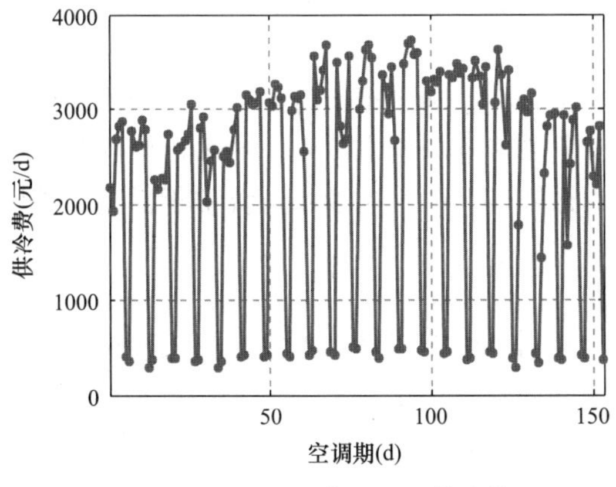

图 3.2.6-1 空调外区逐日供冷费

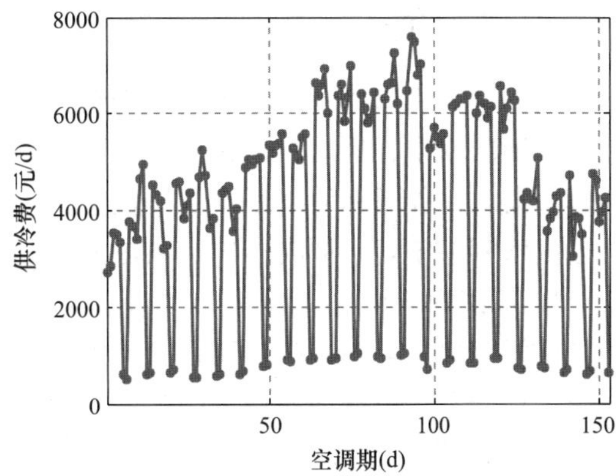

图 3.2.6-2 空调内区逐日供冷费

2. 供热费用

根据建筑逐时热负荷及空调设备配置参数，实时模拟计算空调系统供热逐时耗电量，累加得到逐日耗电量；根据各时刻峰谷电价，计算系统逐时电费，累加得到逐日电费。空调系统供热运行逐日费用详见图 3.2.6-4，计算结果如下：

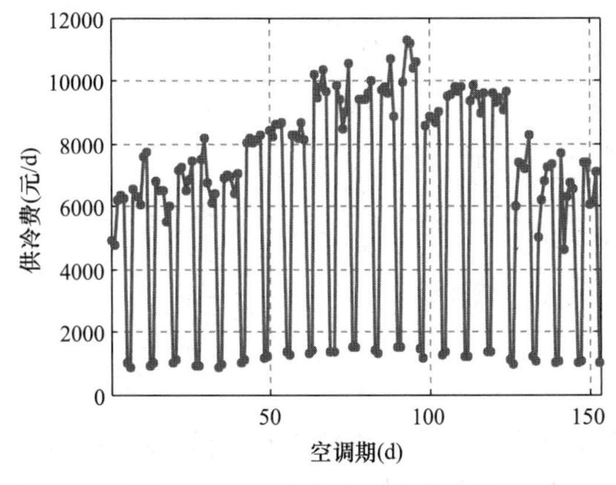

图 3.2.6-3 空调期逐日供冷费

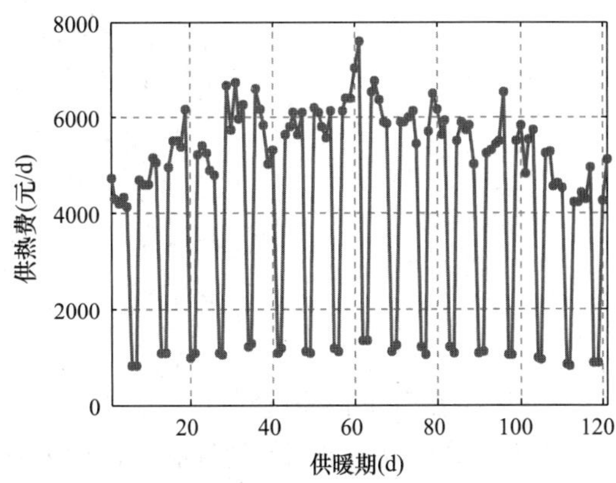

图 3.2.6-4 供暖期逐日供热费

供热运行费用：103.48万元，空调面积费用指标：38.47元/m²，建筑面积费用指标：28.37元/m²。

3. 全年总费用

全年总运行费用：197.68万元，空调面积费用指标：73.49元/m²，建筑面积费用指标：54.19元/m²。

3.3 四管制风机盘管+新风方案

四管制风机盘管是半集中式空调系统中常见的设备，主要应用于高级办公、酒店、商业、科研机构等场所。四管制风机盘管构造比较两管制风机盘管形式上多了一套盘管，通过阀门切换可供冷或者供热，以满足不同的舒适要求。与此同时，由新风机组集中处理后的新风，通过新风管道分别送入各空调房间，以满足空调房间的卫生要求。

3.3.1 系统介绍

四管制风机盘管+新风系统，冷媒和热媒管道在夏季和冬季运行时，均采用不同管道系统。即冷水供、回水管，热水供、回水管道。进入盘管分别有冷水、热水，可满足不同的舒适需求。伴随四管制系统的设置，在建筑内区通常为两管制冷水系统常年供冷，外区办公四管制系统，可同时供冷、供热。

1. 系统构成

四管制风机盘管系统由四管制风机盘管、温控器、电动两通阀组成。新风系统由新风机组、控制器、电动两通调节阀组成。新风系统同两管式设置。

1）四管制风机盘管

风机盘管内水盘管一般设置为3+1或2+1排管，其他主要部件为风机和接水盘，如图3.3.1-1所示。它的主要功能是处理空调房间内的室内冷、热负荷，使房间内回风经过风机盘处理后送入室内，循环运行，以维持房间温度、湿度恒定。

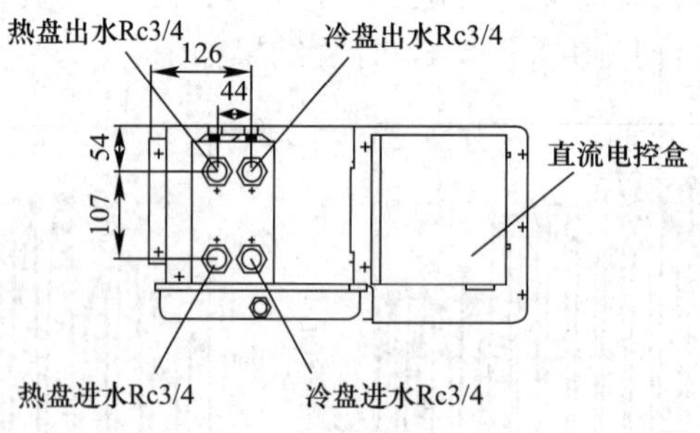

图3.3.1-1 风机盘管组成（四管制）

2）风机盘管工作原理

风机盘管控制多采用就地控制，包括风量调节和温度调节。风量调节控制：使用三速开关直接手动控制风机的三速转换和启停，三档风量按额定风量的1∶0、1∶0.75、1∶0.5进行调节；温度调节：温控器根据设定温度与实际检测温度的比较、运算，自动控制电动两通阀的开关；从而达到恒温的目的。四管制风机盘管控制原理图及控制面板，见图 3.3.1-2、图 3.3.1-3。

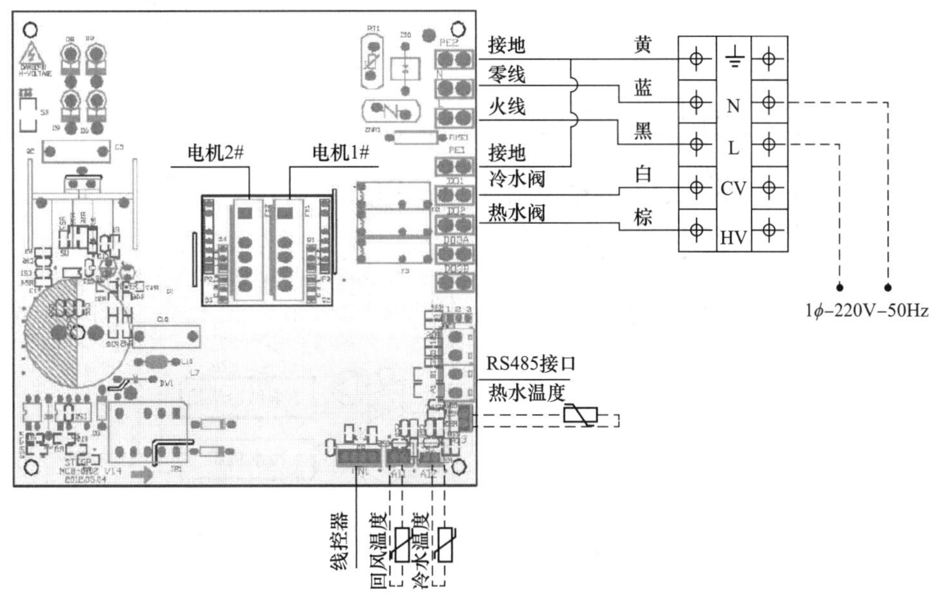

图 3.3.1-2　四管制风机盘管控制原理图

图 3.3.1-3　四管制风机盘管控制面板

3）新风机组系统设置同两管制风机盘管＋新风方案的新风方案。

2. 四管制水系统

四管制空调水系统是供冷供热分别设置两套管网系统，可以同时供冷或者供热。优点是：能同时供冷或者供热的要求，没有混合损失；缺点是：管路系统复杂，占用建筑空间多，初投资多。系统形式见图 3.3.1-4。

四管制水系统根据同程异程式分为：四管制垂直同程水平同程系统、四管制垂直异程水平同程系统、四管制垂直同程水平异程系统、四管制垂直异程水平异程系统。示意图见图3.3.1-5。

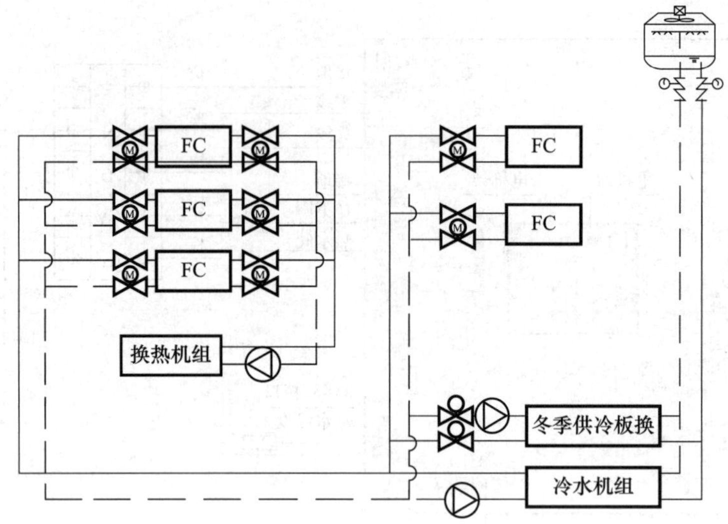

图3.3.1-4　四管制水系统示意图

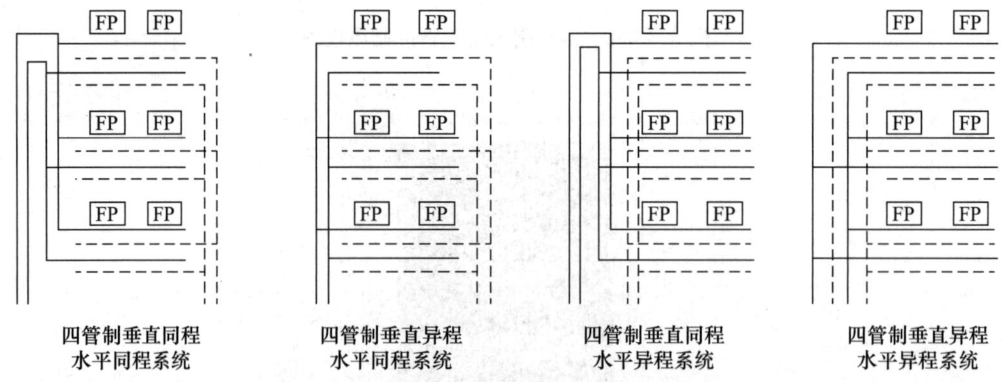

图3.3.1-5　四管制水系统同程异程式示意图

四管制水系统根据末端形式的不同，通常分为风机盘管水环路和新风机组水环路；并且，两个环路在冷冻机房分集水器处分开设置，新风机组通常采用两管制。

3. 系统特点及适用条件

四管制系统供冷与供热分别设置两套管网系统，可以同时进行供冷或供热，适用于建筑进深较大、有内外区、档次要求高的建筑。

1）优点：

能满足同时供冷或供热的要求，没有混合损失。

2）缺点：

管路系统复杂，占用建筑空间多，初投资高。

3.3.2 系统设计

1. 冷热负荷计算

根据第1.3.5节计算结果，统计四管制风机盘管系统冷热负荷，见表3.3.2-1。

冷热负荷统计表 **表3.3.2-1**

空调面积（m^2）	冷负荷（kW）	冷指标（W/m^2）	热负荷（kW）	热指标（W/m^2）	冬季内区冷负荷（kW）	冬季内区冷指标（W/m^2）
26900	3233.4	120.2	2049	76.2	616.89	40.8

2. 冷热源系统设计

1）冷源设计

（1）采用电制冷水冷冷水机组。选用3台单台容量为300RT水冷螺杆式冷水机组。制冷机房设置于地下1层，地面标高为−5.4m；冷却塔设置在屋顶，屋顶标高为84.0m。

（2）空调冷水的供回水温度为7/12℃，冷却水进/出水温度为32/37℃。

冬季采用冷却塔供冷，设冬季换冷板换，冷却水供回水温度为7/12℃，冷水供回水温度为8/13℃。

（3）冷水采用一级泵变频变流量系统，供回水总管设压差传感器控制水泵转速，同时设置电动压差调节阀，用于冷水机组最小水量时的旁通水量调节。设置分集水器，按照风机盘管及空调机组分别设置空调水环路；通过供回水的压差控制水泵转速。

（4）空调水系统设置四管制水系统运行。

（5）见图3.3.2-1、图3.3.2-3、图3.3.2-4。

2）热源设计

（1）采用市政热源水。市政一次水供回水温度为130/70℃。

（2）在地下一层设置热交换机房，设置两台单容量为1500kW的空调板式换热器。将市政一次热水经过热交换器，提供60/45℃的空调热水。

（3）见图3.3.2-2、图3.3.2-3。

3. 空调水系统设计

1）空调水系统采用竖向异程、水平同程系统。

2）冷水、热水系统均采用定压罐定压方式，补水为软化水，分别设于制冷机房及换热站内。空调水系统工作压力为1.6MPa。

3）风机盘管每层的水平分支管回水管上设静态平衡阀。

4）风机盘管回水管上均设电动两通阀；新风机组回水管均设动态电动调节阀。

5）加湿采用湿膜加湿方式。见图3.3.2-5、图3.3.2-6。

4. 空调风系统设计

1）新风机组位于每层新风机房内，新风系统水平设置。

2）设置新风热回收系统，且集中设置。1～10F新风热回收机组位于地下一层，11～20F新风热回收机组位于屋顶。热管式热回收方式。

3）空调新风经过滤净化、夏季降温除湿、冬季加热加湿处理后通过风管送至房间。新排风热回收机组，回收排风能量对新风进行预冷/预热。

4）见图3.3.2-7、图3.3.2-8。

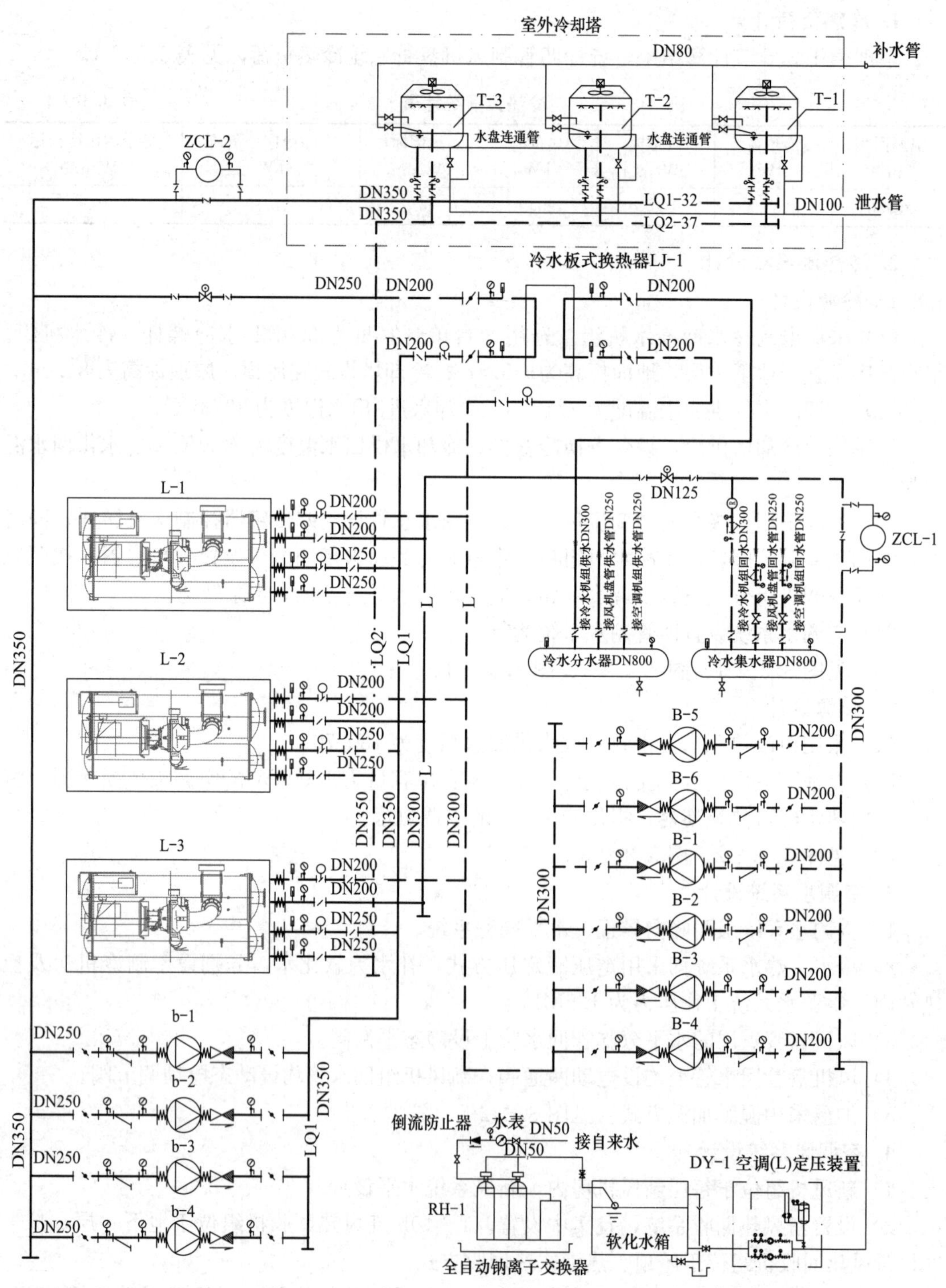

图 3.3.2-1　冷源系统原理图

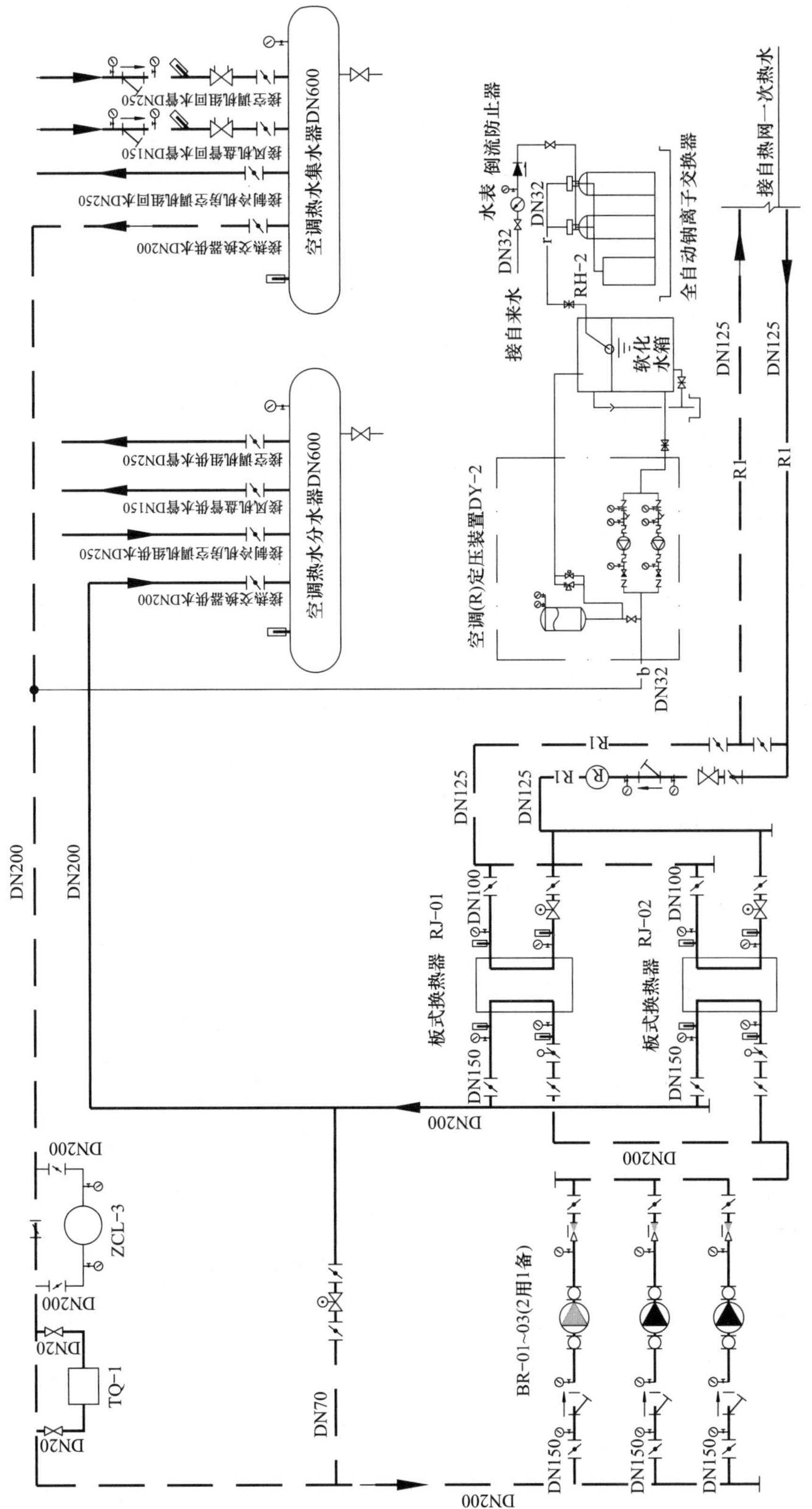

图 3.3.2-2 热交换系统原理图

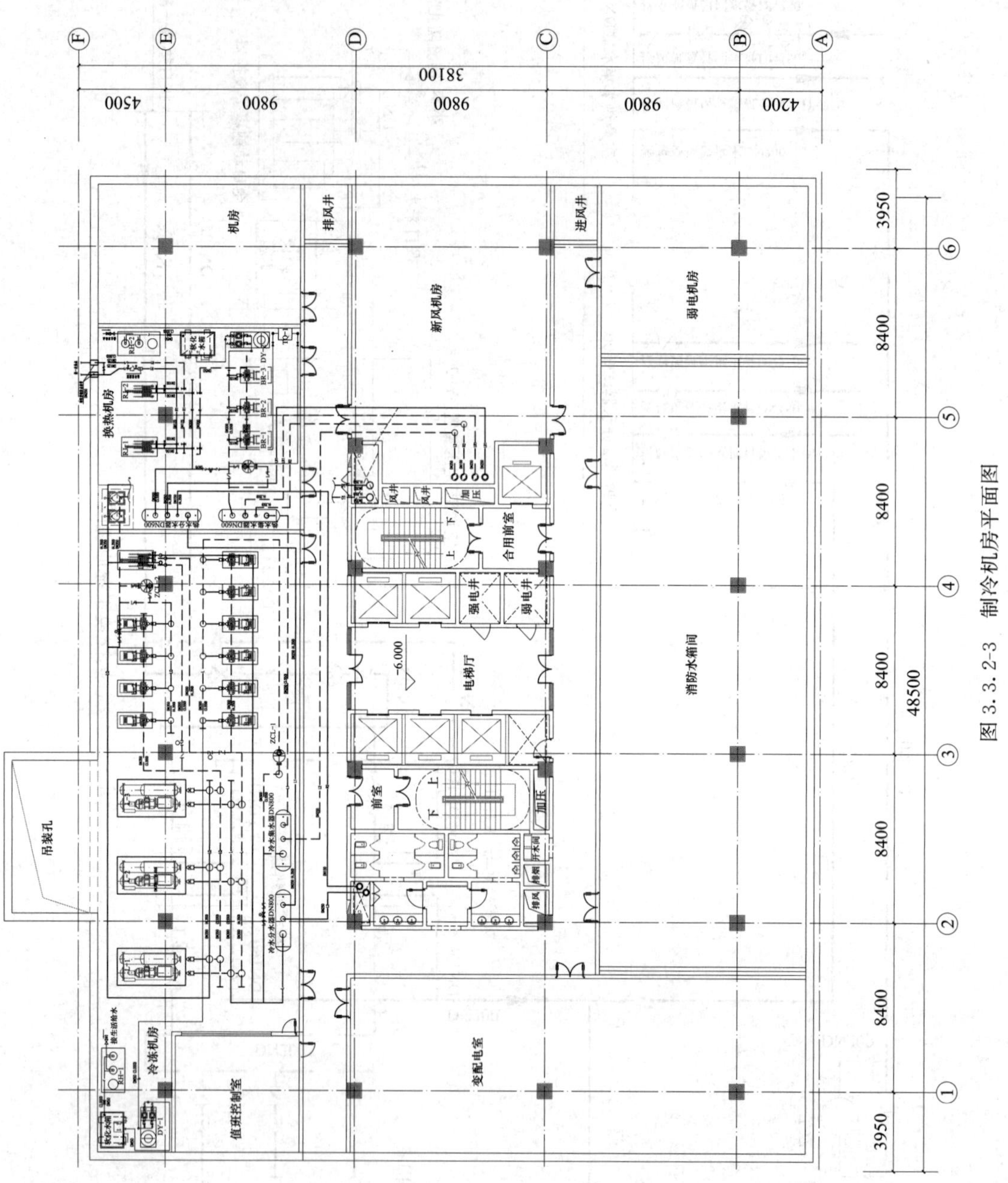

图 3.3.2-3 制冷机房平面图

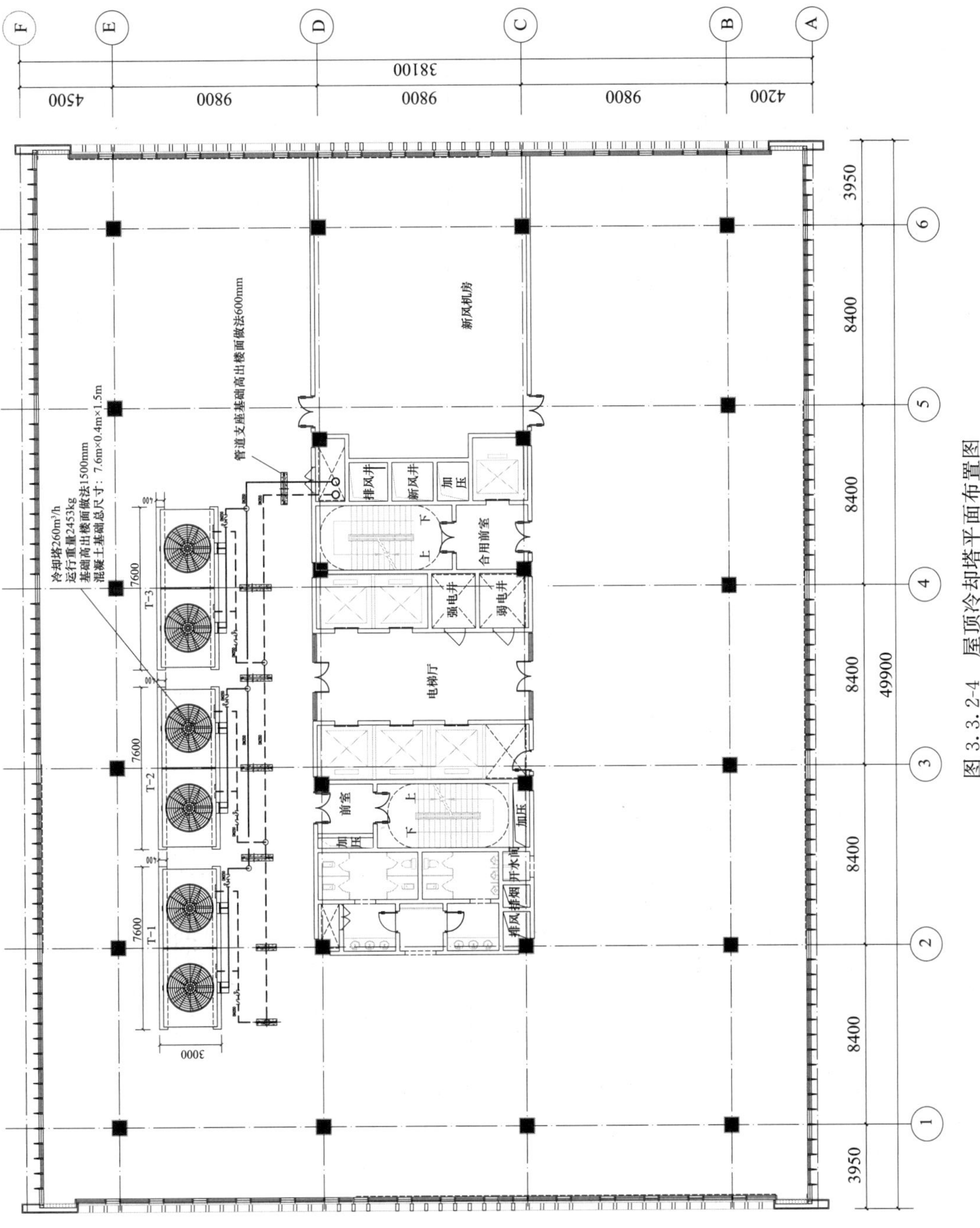

图 3.3.2-4 屋顶冷却塔平面布置图

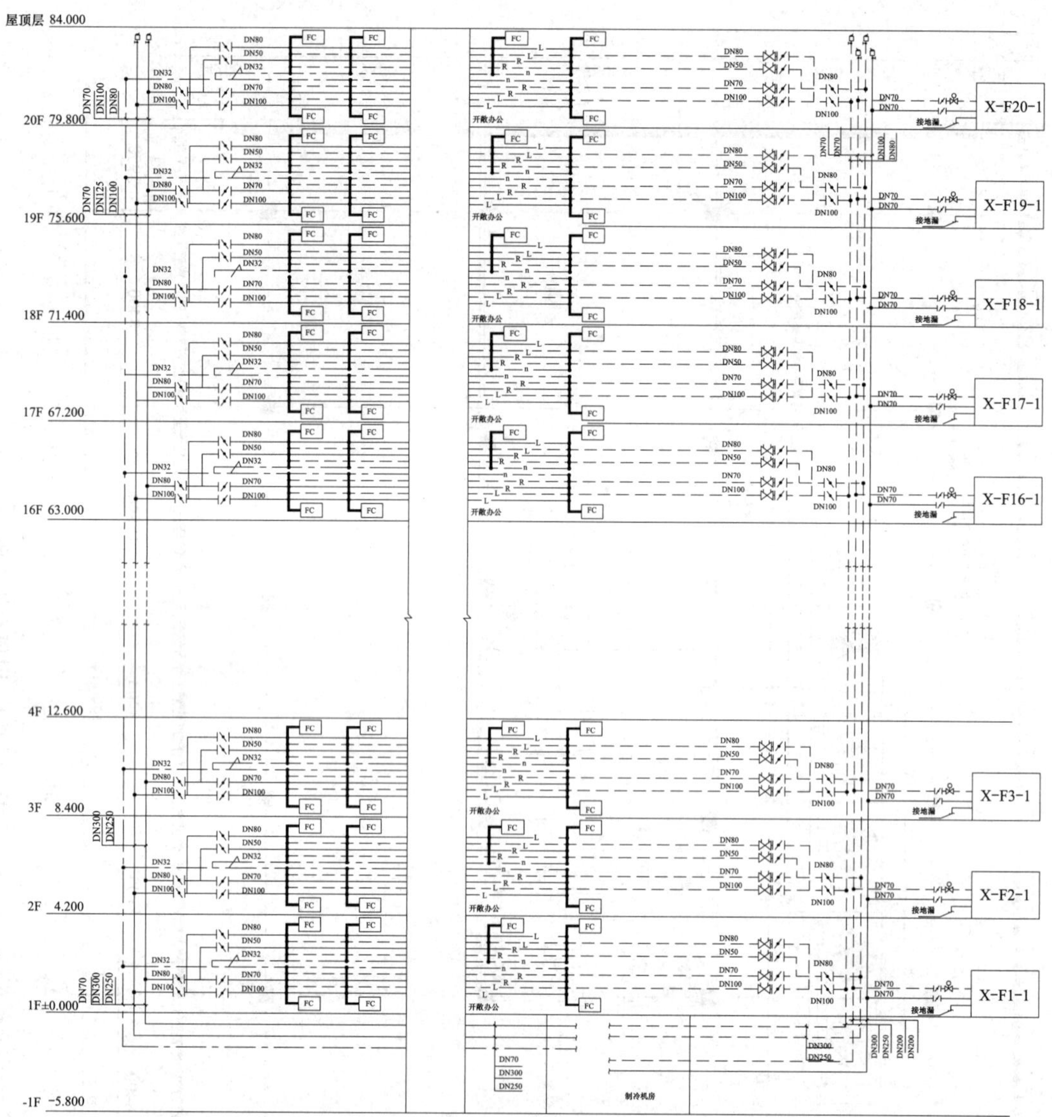

图 3.3.2-5　空调水系统图

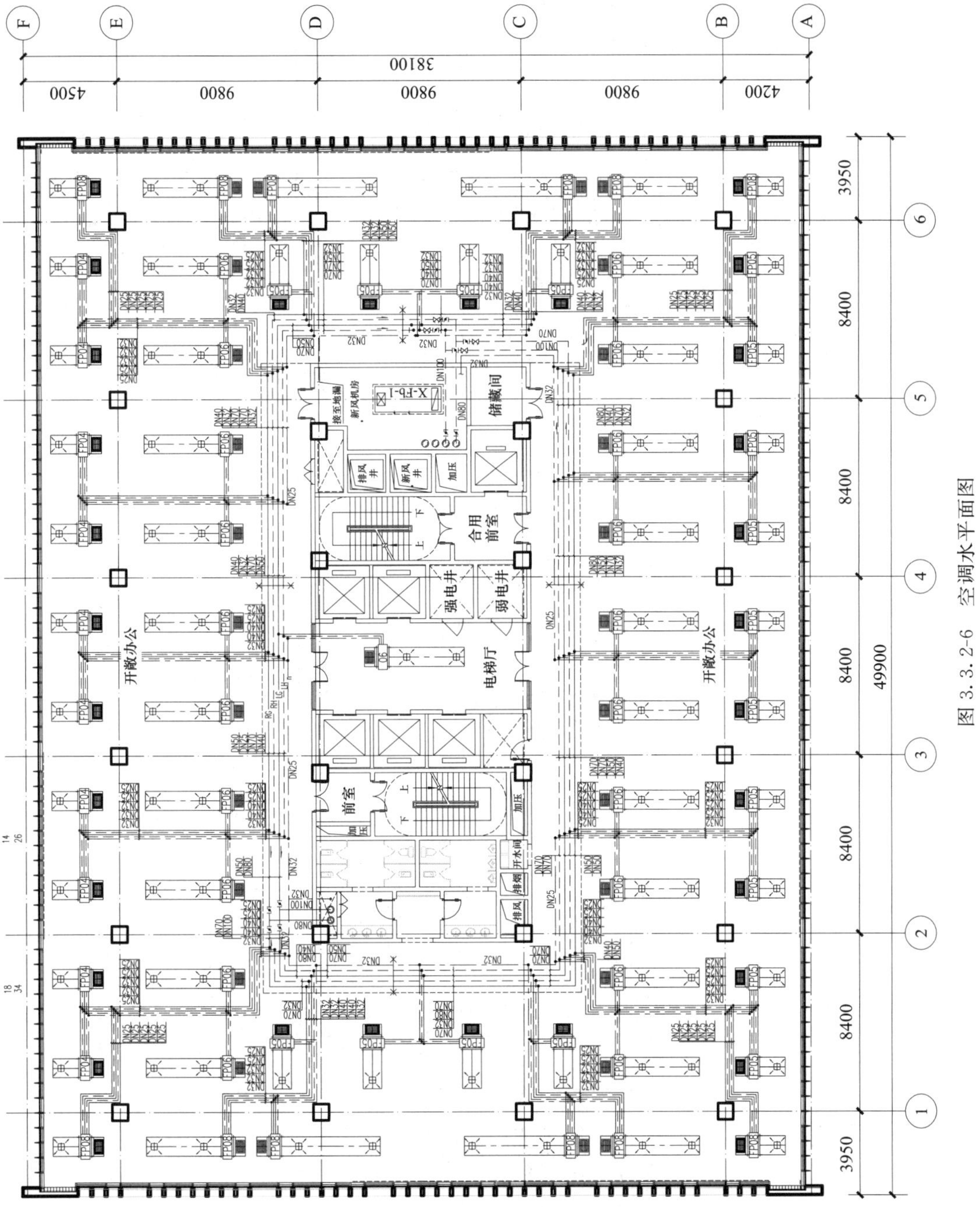

图 3.3.2-6 空调水平面图

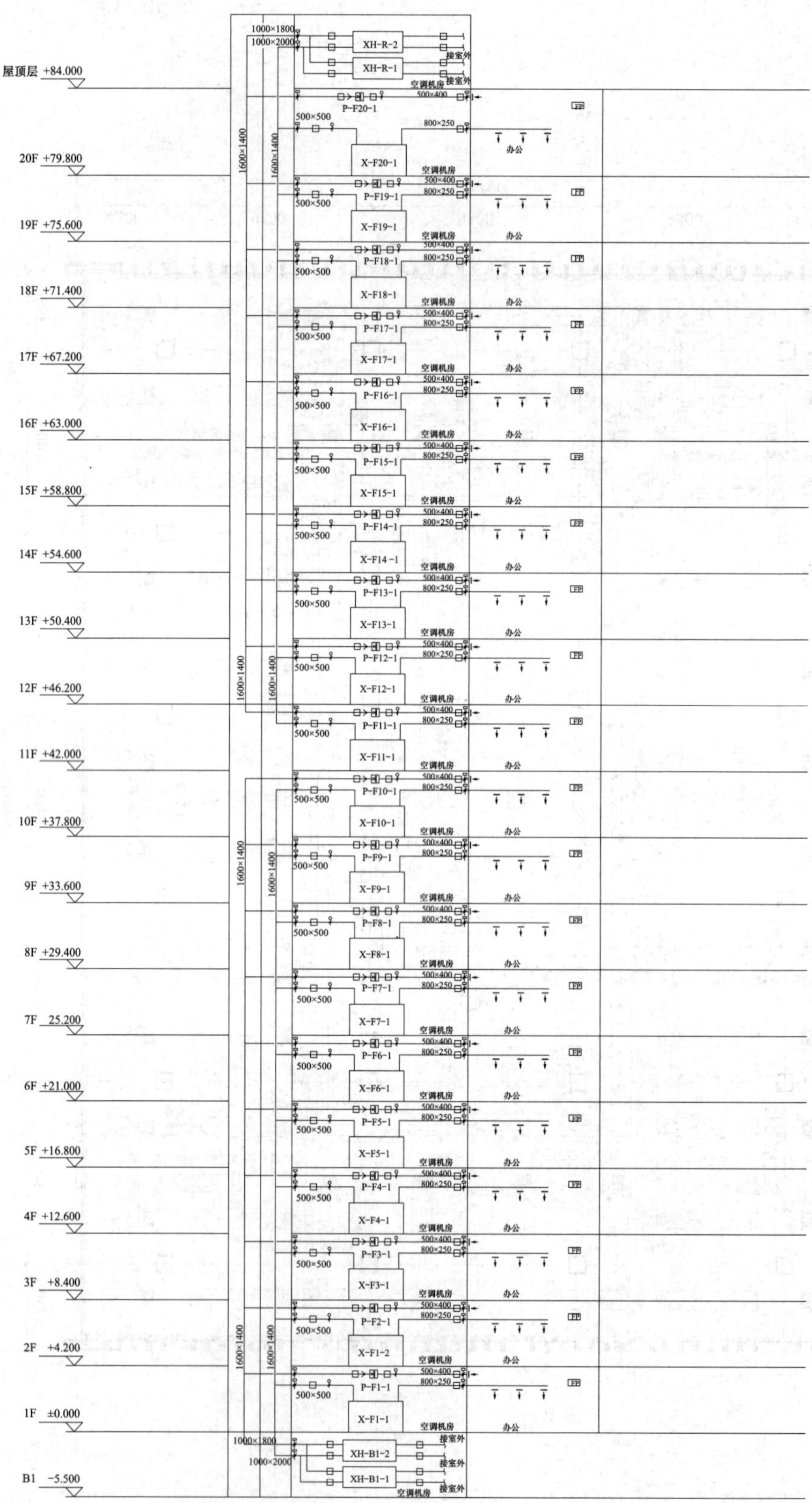

图 3.3.2-7　空调风系统图

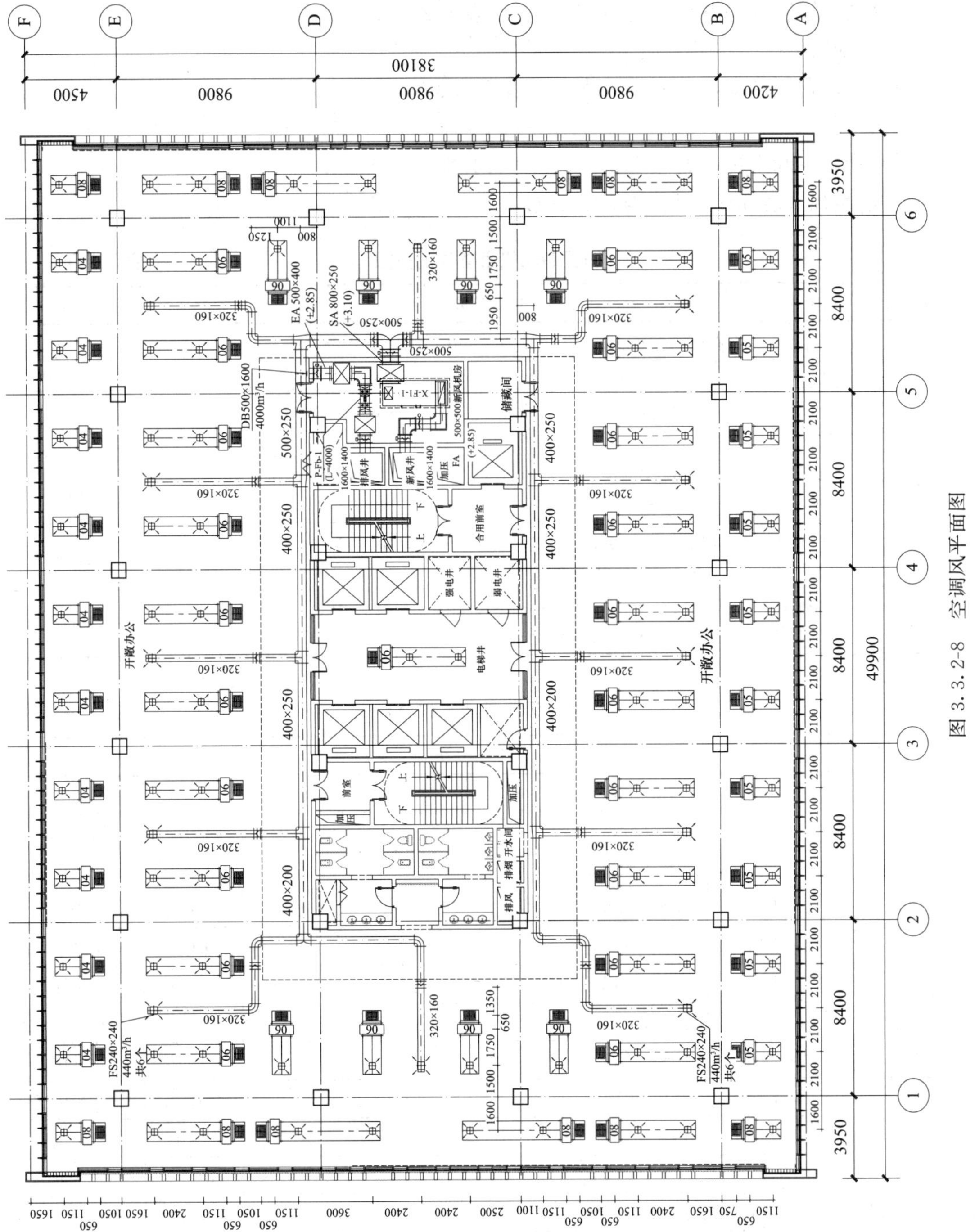

图 3.3.2-8 空调风平面图

3.3.3　设备材料表

1）冷源

同分区两管制空调系统，见表3.2.3-1、表3.2.3-2。

2）冷却塔

同分区两管制冷却塔主要设备表，见表3.2.3-3、表3.2.3-4。

3）热源

同两管制空调系统，见表3.1.3-5、表3.1.3-6。

4）水系统（表3.3.3-1、表3.3.3-2）

四管制风机盘管性能参数　　**表3.3.3-1**

设备编号	设备名称	性能参数	数量（个）	备注
04	四管制风机盘管	高档风量680m^3/h、机外余压30Pa、功率72W/220V 冷量3.6kW、热量5.4kW	200	空调外区用
05	四管制风机盘管	高档风量850m^3/h、机外余压30Pa、功率87W/220V 冷量4.5kW、热量6.75kW	200	空调外区用
05	两管制风机盘管	高档风量850m^3/h、机外余压30Pa、功率87W/220V 冷量4.5kW、热量6.75kW	160	空调内区用
06	两管制风机盘管	高档风量1020m^3/h、机外余压30Pa、功率108W/220V 冷量5.4kW、热量7.87kW	580	空调内区用
08	四管制风机盘管	高档风量1360m^3/h、机外余压30Pa、功率156W/220V 冷量7.2kW、热量10800kW	240	空调外区用

四管制空调水系统末端材料表　　**表3.3.3-2**

材料名称	规格	性能参数	数量	备注
镀锌钢管	DN25	承压1.6MPa	1700个	冷凝水管
	DN32	承压1.6MPa	1480个	冷凝水管
	DN20	承压1.6MPa	2120个	标准层
	DN25	承压1.6MPa	15080个	标准层
	DN32	承压1.6MPa	6520个	标准层
	DN40	承压1.6MPa	2760个	标准层
	DN50	承压1.6MPa	1480个	标准层
	DN70	承压1.6MPa	2580个	标准层
无缝钢管	DN80	承压1.6MPa	1012个	立管至机房
	DN100	承压1.6MPa	240个	立管至机房
	DN125	承压1.6MPa	36个	立管至机房
	DN150	承压1.6MPa	28个	立管至机房
	DN200	承压1.6MPa	140个	立管至机房
	DN250	承压1.6MPa	88个	立管至机房
	DN300	承压1.6MPa	80个	立管至机房

续表

材料名称	规格	性能参数	数量	备注
蝶阀	DN70	阀体：球墨铸铁；阀芯：青铜承压 1.6MPa	160 个	标准层
	DN300	阀体：球墨铸铁；阀芯：青铜承压 1.6MPa	2 个	立管
	DN200	阀体：球墨铸铁；阀芯：青铜承压 1.6MPa	4 个	立管
电磁阀	DN20	铜质阀门	20 个	新风机房
电动调节阀	DN70	阀体：球墨铸铁；阀芯：青铜；承压：1.6MPa	20 个	新风机房
自动放气阀	DN20	铜质阀门	6 个	立管
波纹管补偿器	DN125	承压：1.6MPa	0 个	立管
	DN250	承压：1.6MPa	1 个	立管
	DN200	承压：1.6MPa	6 个	立管
温度计		承压：1.6MPa	40 个	新风机房
压力表		承压：1.6MPa	40 个	新风机房
橡塑保温管壳	DN25	橡塑保温管壳厚度 10mm	1700m	
橡塑保温管壳	DN32	橡塑保温管壳厚度 10mm	1480m	
橡塑保温管壳	DN20	橡塑保温管壳厚度 25mm	2120m	
橡塑保温管壳	DN25	橡塑保温管壳厚度 25mm	15080m	
橡塑保温管壳	DN32	橡塑保温管壳厚度 25mm	6520m	
橡塑保温管壳	DN40	橡塑保温管壳厚度 30mm	2760m	
橡塑保温管壳	DN50	橡塑保温管壳厚度 40mm	1480m	
橡塑保温管壳	DN70	橡塑保温管壳厚度 40mm	2580m	
橡塑保温管壳	DN80	橡塑保温管壳厚度 40mm	1012m	
橡塑保温管壳	DN100	橡塑保温管壳厚度 40mm	240m	
橡塑保温管壳	DN125	橡塑保温管壳厚度 40mm	36m	
橡塑保温管壳	DN150	橡塑保温管壳厚度 40mm	28m	
橡塑保温管壳	DN200	橡塑保温管壳厚度 40mm	140m	
橡塑保温管壳	DN250	橡塑保温管壳厚度 41mm	88m	
橡塑保温管壳	DN300	橡塑保温管壳厚度 42mm	80m	

5）风系统

空调风系统同两管制风系统，见空调风系统主要材料表（表 3.1.3-9～表 3.1.3-11）。

3.3.4　初投资

根据方案设计和设备材料表统计，计算空调系统总造价为 20502883.37 元，空调面积单位造价 762.19 元/m^2，建筑面积单位造价 562.08 元/m^2。其中，各分项造价指标见表 3.3.4-1。

四管制风盘+新风方案分项造价指标 表3.3.4-1

序号	分项名称	造价（元）	占比（%）	空调面积指标（元/m²）	建筑面积指标（元/m²）
1	制冷机房	2660970.04	12.98	98.92	72.95
1.1	设备	1920221.61	72.16	71.38	52.64
1.2	阀门	340871.24	12.81	12.67	9.34
1.3	管道	373996.66	14.05	13.90	10.25
1.4	保温	25880.53	0.97	0.96	0.71
2	冷却塔	916254.78	4.47	34.06	25.12
3	换热机房	266822.64	1.30	9.92	7.31
3.1	设备	117156.2	43.91	4.36	3.21
3.2	阀门	56290.17	21.10	2.09	1.54
3.3	管道	85166.39	31.92	3.17	2.33
3.4	保温	8209.88	3.08	0.31	0.23
4	风系统	5272260.34	25.71	195.99	144.54
4.1	设备	1216354.6	23.07	45.22	33.35
4.2	阀门	135573.36	2.57	5.04	3.72
4.3	风口	367121.6	6.96	13.65	10.06
4.4	风管	2459067.62	46.64	91.42	67.41
4.5	保温	1094143.16	20.75	40.67	30.00
5	水系统	7353234.02	35.86	273.35	201.59
5.1	设备	2772273.4	37.70	103.06	76.00
5.2	阀门	1041065.55	14.16	38.70	28.54
5.3	管道	2997930.6	40.77	111.45	82.19
5.4	保温	541964.47	7.37	20.15	14.86
6	措施费	2340442.92	11.42	87.01	64.16
7	税金	1692898.63	8.26	62.93	46.41

3.3.5 运行能耗

1. 供冷能耗

1）空调外区

根据建筑逐时冷负荷及空调设备配置参数，实时模拟计算空调系统供冷逐时耗电量，累加得到逐日耗电量。本项目空调外区建筑面积为11780m²，空调系统供冷运行工况参数详见图3.3.5-1、图3.3.5-2，计算结果如下：

耗冷量：229.38万kW·h，空调面积冷量指标85.27kW·h/m²，建筑面积冷量指标62.88kW·h/m²；总耗电量：90.02万kW·h，空调面积电量指标33.47kW·h/m²，建筑面积电量指标24.68kW·h/m²。

2）空调内区

根据建筑逐时冷负荷及空调设备配置参数，实时模拟计算空调系统供冷逐时耗电量，累加得到逐日耗电量。本项目空调内区建筑面积为15120m²，空调系统供冷运行工况参数详见图3.3.5-3、图3.3.5-4，计算结果如下：

总耗冷量：116.80万kW·h，空调面积冷量指标：77.00kW·h/m²；

总耗电量：57.74 万 kW·h，空调面积电量指标：38.00kW·h/m^2。

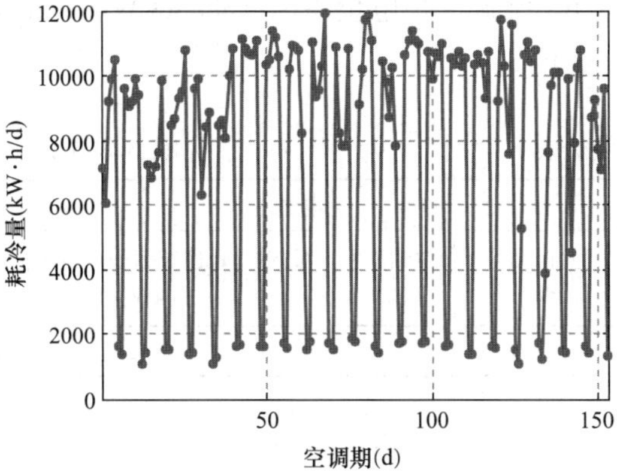

图 3.3.5-1　空调外区逐日耗冷量

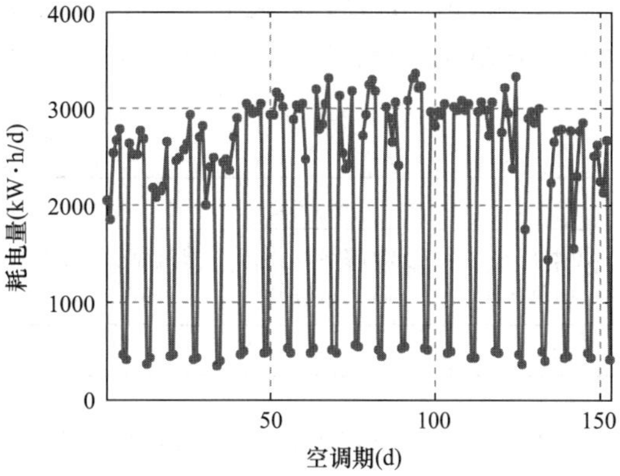

图 3.3.5-2　空调外区空调期逐日耗电量

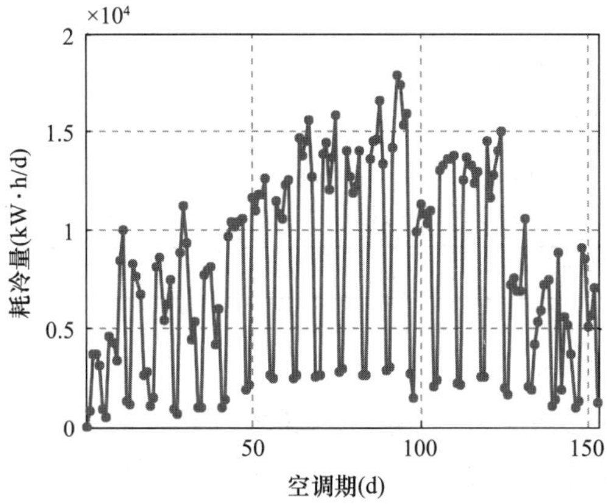

图 3.3.5-3　空调内区逐日耗冷量

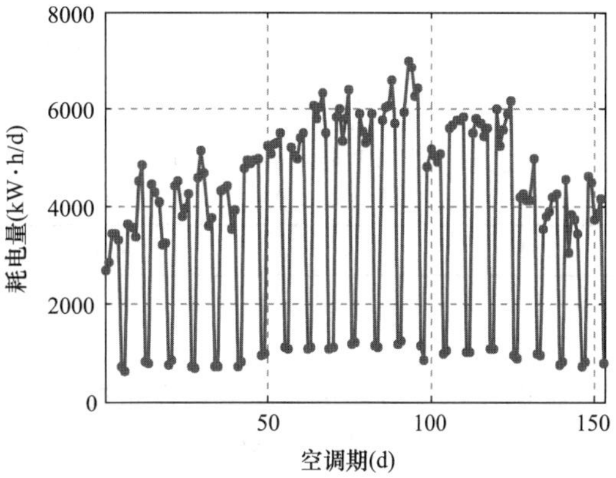

图 3.3.5-4　空调内区空调期逐日耗电量

3）空调总能耗（内区+外区）

据建筑逐时冷负荷及空调设备配置参数，实时模拟计算空调系统供冷逐时耗电量，累加得到逐日耗电量。空调系统供冷运行工况参数详见图 3.3.5-5、图 3.3.5-6，计算结果如下：

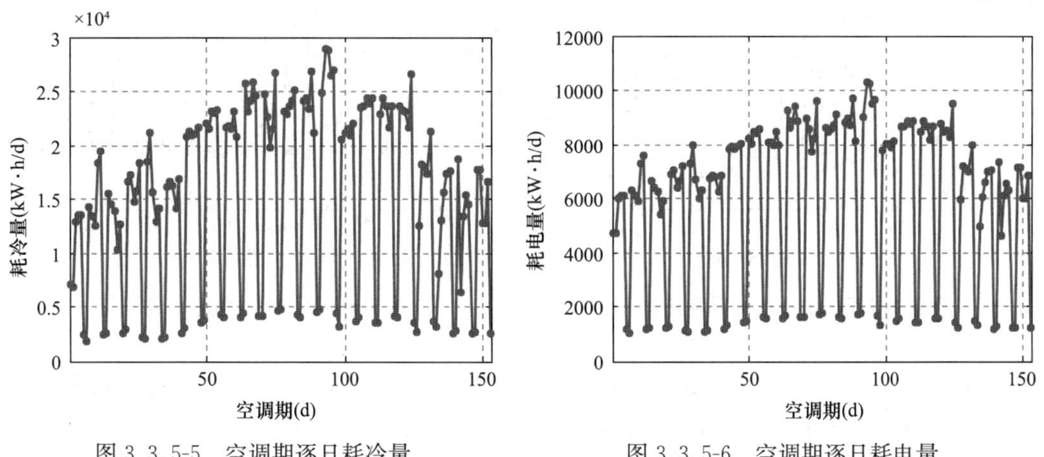

图 3.3.5-5　空调期逐日耗冷量　　图 3.3.5-6　空调期逐日耗电量

总耗冷量：229.38万kW·h，空调面积冷量指标：85.27kW·h/m^2，建筑面积冷量指标：62.88kW·h/m^2；总耗电量：90.32万kW·h，空调面积电量指标：33.46kW·h/m^2，建筑面积电量指标：24.68kW·h/m^2，见表3.3.5-1。

供冷能耗统计表　　**表3.3.5-1**

耗冷量			耗电量		
总耗冷量（万kW·h）	空调面积冷量指标（kW·h/m^2）	建筑面积冷量指标（kW·h/m^2）	总耗电量（万kW·h）	空调面积电量指标（kW·h/m^2）	建筑面积电量指标（kW·h/m^2）
229.38	85.27	62.88	90.32	33.46	24.68

其中，冷源总耗电量：50.78万kW·h，空调面积电量指标：18.88kW·h/m^2，建筑面积电量指标：13.92kW·h/m^2；空调末端总耗电量39.24万kW·h，空调面积电量指标：14.59kW·h/m^2，建筑面积电量指标：10.76kW·h/m^2，见表3.3.5-2。

分项供冷耗电量统计表　　**表3.3.5-2**

冷源耗电量			末端耗电量		
总耗电量（万kW·h）	空调面积电量指标（kW·h/m^2）	建筑面积电量指标（kW·h/m^2）	总耗电量（万kW·h）	空调面积电量指标（kW·h/m^2）	建筑面积电量指标（kW·h/m^2）
50.78	18.88	13.92	39.24	14.59	10.76

2. 供热能耗

根据建筑逐时热负荷及空调设备配置参数，实时模拟计算空调系统供热逐时耗热量、耗电量，累加得到逐日耗热量、耗电量。空调系统供热运行工况参数详见图3.2.5-7、图3.2.5-8，计算结果如下：

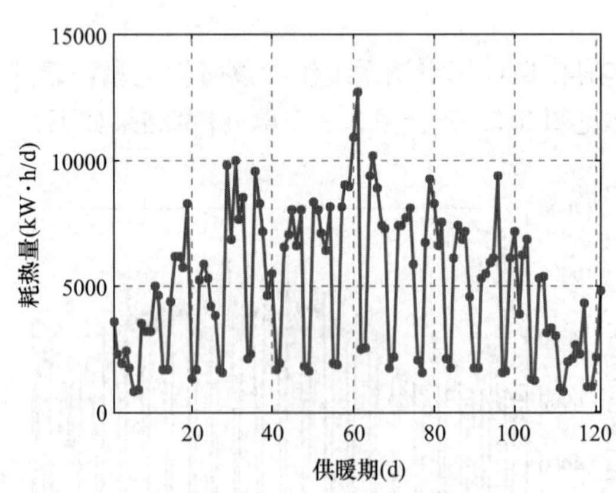

图3.3.5-7　供暖期逐日耗热量

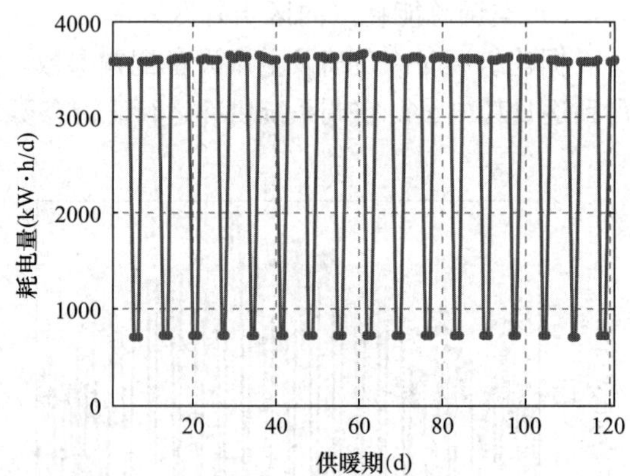

图3.3.5-8　供暖期逐日耗电量

总耗热量：59.35万kW·h，空调面积热量指标：22.06kW·h/m^2，建筑面积热量指标：16.27kW·h/m^2；总耗电量：33.83万kW·h，空调面积电量指标：12.58kW·h/m^2，建筑面积电量指标：9.27kW·h/m^2，见表3.3.5-3。

供热能耗统计表 **表 3.3.5-3**

耗热量			耗电量		
总耗热量（万 kW·h）	空调面积耗热指标（kW·h/m²）	建筑面积耗热指标（kW·h/m²）	总耗电量（万 kW·h）	空调面积电量指标（kW·h/m²）	建筑面积电量指标（kW·h/m²）
59.35	22.06	16.27	33.83	12.58	9.27

其中，热源总耗电量：1.19 万 kW·h，空调面积电量指标：0.44kW·h/m²，建筑面积电量指标：0.33kW·h/m²；末端总耗电量：32.64 万 kW·h，空调面积电量指标：12.13kW·h/m²，建筑面积电量指标：8.95kW·h/m²，见表 3.3.5-4。

分项供热耗电量统计表 **表 3.3.5-4**

热源耗电量			末端耗电量		
总耗电量（万 kW·h）	空调面积电量指标（kW·h/m²）	建筑面积电量指标（kW·h/m²）	总耗电量（万 kW·h）	空调面积电量指标（kW·h/m²）	建筑面积电量指标（kW·h/m²）
1.19	0.44	0.33	32.64	12.13	8.95

3.3.6 运行费用

1. 供冷费用

据建筑逐时冷负荷及空调设备配置参数，实时模拟计算空调系统供冷逐时耗电量，累加得到逐日耗电量；根据各时刻峰谷电价，计算系统逐时电费，累加得到逐日电费。空调系统供冷运行逐日费用详见图 3.3.6-1～图 3.3.6-3，计算结果如下：

供冷运行费用：94.2 万元，空调面积费用指标：35.02 元/m²，建筑面积费用指标：25.82 元/m²。

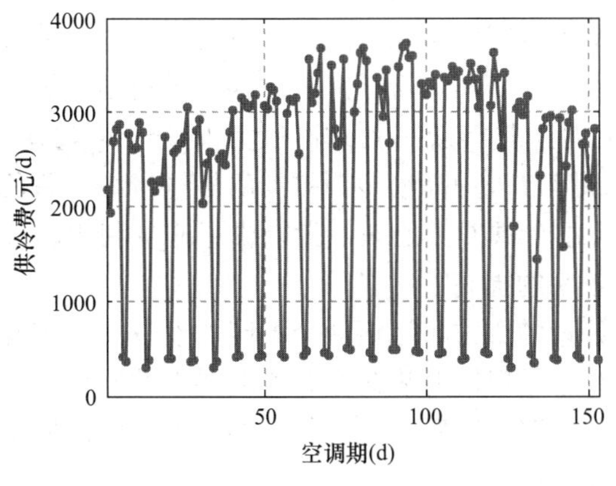

图 3.3.6-1 空调外区空调期逐日供冷费

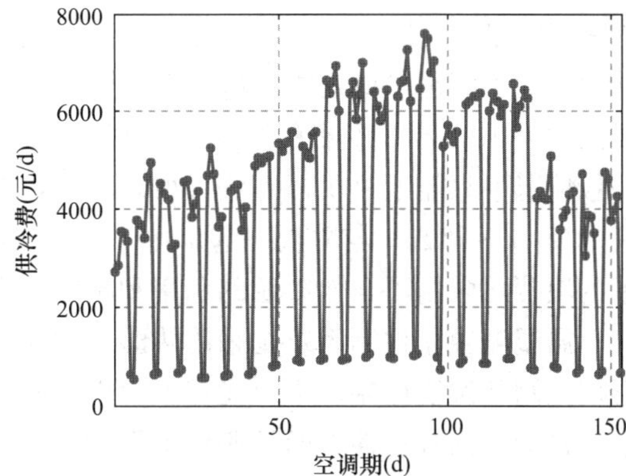

图 3.3.6-2 空调内区空调期逐日供冷费

2. 供热费用

根据建筑逐时热负荷及空调设备配置参数，实时模拟计算空调系统供热逐时耗热量、耗电量，累加得到逐日耗热量、耗电量；根据市政热价及各时刻峰谷电价，计算系统逐时热费、电费，累加得到逐日热费、电费，汇总热费和电费之和即为总供热费。空调系统供热运行逐日费用详见图 3.3.6-4，计算结果如下：

供热运行费用：103.48 万元，空调面积费用指标：38.47 元/m²，建筑面积费用指标：28.37 元/m²。

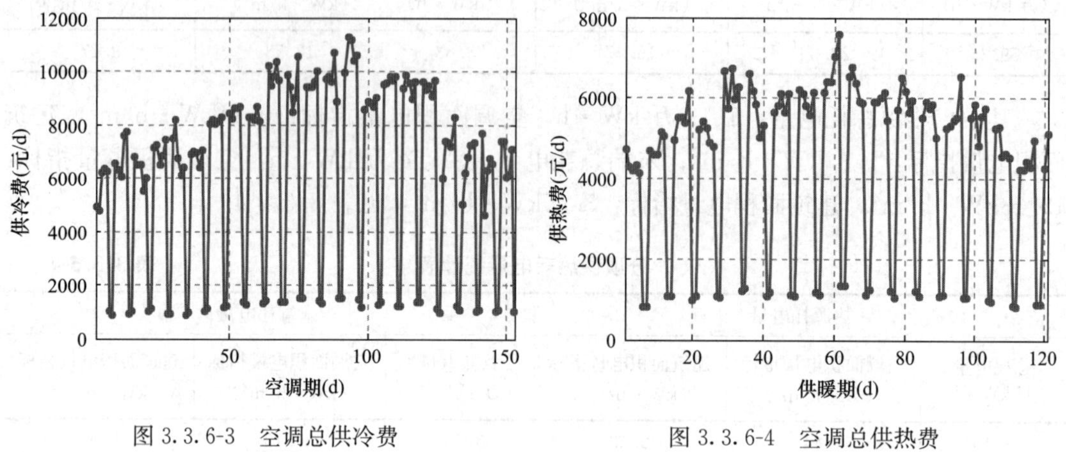

图 3.3.6-3　空调总供冷费　　　图 3.3.6-4　空调总供热费

3. 全年总费用

全年总运行费用：197.68 万元，空调面积费用指标：73.49 元/m²，建筑面积费用指标：54.19 元/m²。

3.4　双冷源温湿度独立控制系统

3.4.1　系统介绍

常规空调系统采用热湿耦合处理的方式，利用低温冷源同时承担降温除湿的任务。通常采用的是冷凝除湿方式，即先将空气降温到饱和状态即达到露点温度后再继续降温进行除湿。为了满足除湿需求，冷水温度通常在 5～7℃。而若只是进行排除余热的过程，只需要温度为 15～20℃左右的冷源就可以实现，而对于热湿统一处理时所需的 5～7℃冷水，一般情况下只能通过机械方法获得。因此，对原可以采用高温冷源排走的热量（约占总负荷的 50%～70%）与除湿一起，由 5～7℃的低温冷源进行处理，就造成了能量利用品位上的浪费，限制了自然冷源的利用和制冷设备效率的提高。

温湿度独立控制系统则采用热湿分别独立处理的方式，利用两套不同的设备分别实现温度控制和湿度控制，不仅能克服常规空调系统中难以同时满足温、湿度要求的问题，实现较好的室内舒适性，而且避免了常规空调系统中温湿度联合处理带来的损失，可以提高能源效率。

湿度控制系统中的空气处理机组一般是指对新风进行处理的设备，采用不同的除湿方式可以得到不同形式的新风处理机组，目前应用到新风处理机组中的除湿方式主要包括溶液除湿方式、转轮除湿方式及冷却除湿方式等。空气经过新风处理机组处理后达到送风需求，需要再通过送风管道和风口等送入室内。室内末端的风口装置可以具有多种多样的形式，并且一般设置在距离人员等产湿源较近的位置，以便更直接地实现对室内湿度的控制。

温度控制系统的主要设备一般是指高温冷源、输配系统及房间末端。高温冷源可以是自然冷源如地下水、江河湖水、间接蒸发冷却方式获得的冷水等，也可以是制冷机组产生的高温冷水、直接膨胀式机组的制冷剂等人工冷源。输配系统将高温冷水等冷媒输送到室内，通过室内末端装置来实现温度控制。温度控制系统末端装置的主要任务是实现空气与冷媒（包括高温冷水和制冷剂等）的换热，达到控制温度的目的。主要的室内末端空调形式包括干式风机盘管、辐射末端、自然对流末端以及直接膨胀式空调机组的室内机（干工况运行）等。见图 3.4.1-1。

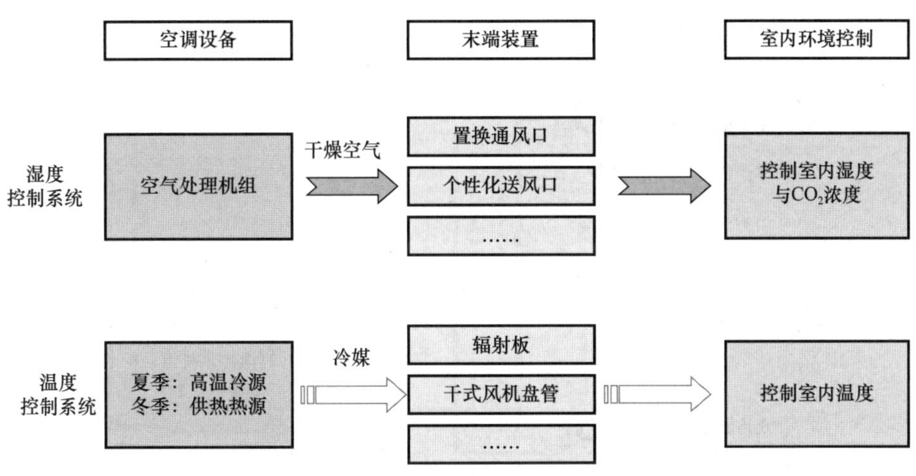

图 3.4.1-1　温湿度分控系统原理

双冷源温湿度独立控制空调系统（简称双冷源系统）是温湿度分控系统的一种典型形式，是在一个空调系统中同时采用两种不同蒸发温度的冷源，共同承担空调系统的夏季负荷。其空气处理系统由各自独立的调湿系统和调温系统组成，并针对不同空调负荷采用不同冷源驱动。双冷源系统中，高温冷源（通常供水温度为 12～20℃）为主冷源，主要承担新风负荷与室内显热负荷；低温冷源（通常供水温度为 7℃左右）为辅助冷源，主要承担室内潜热负荷。该系统通过两种不同品味冷源的组合应用，使冷源系统的综合制冷能效得以提高。见图 3.4.1-2。

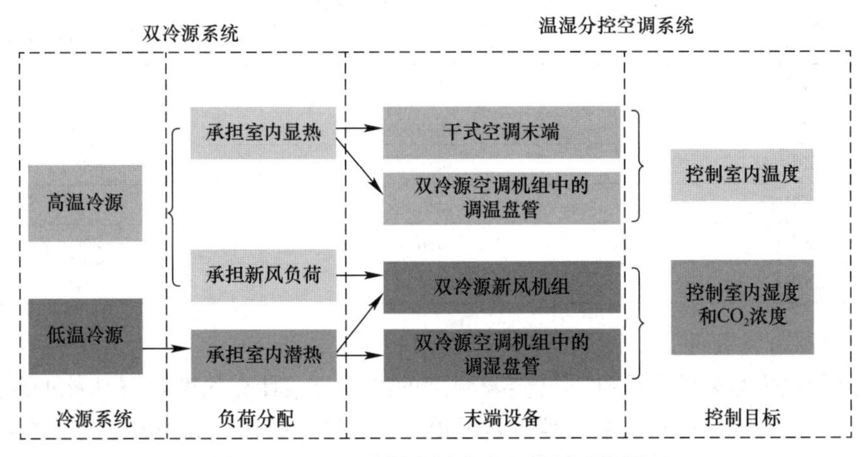

图 3.4.1-2　双冷源温湿度独立控制系统原理

双冷源温湿度独立控制空调系统设备构成：空调冷源由两种不同蒸发温度的冷源组成，即高温型冷水机组和普通型冷水机组；空气处理系统由双冷源新风机组、双冷源空调机组、干式风机盘管、干式空调机组等专用空调末端设备组成。新风机组由高温冷水预冷新风，低温冷水深度除湿。干式空调末端由高温冷水负担室内显热。见图 3.4.1-3。

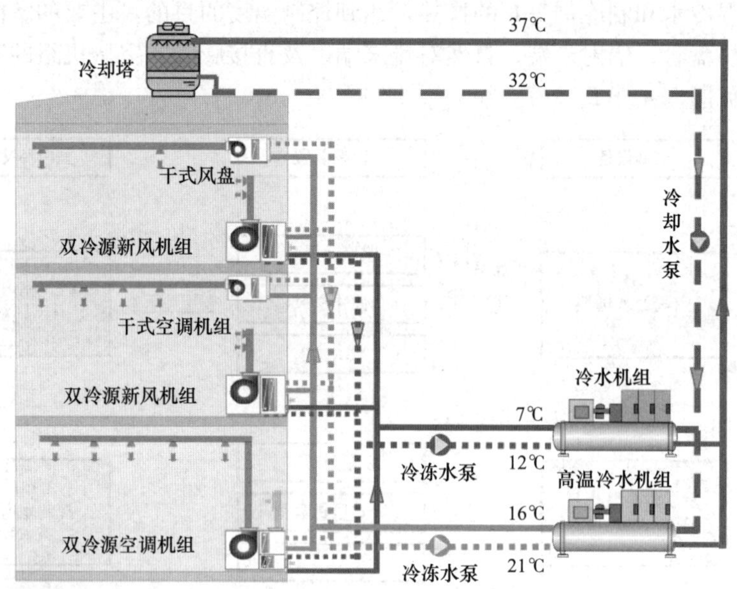

图 3.4.1-3 双冷源温湿度独立控制系统

图 3.4.1-4 干式风机盘管

1）干式空调末端

温湿度独立控制系统中可采用干式风机盘管或干式空调机组作为处理室内显热的末端装置，其工作原理就是采用高于被处理空气的露点温度的高温冷冻水，通过表冷器盘管将空气冷却至需要的送风温度，盘管干工况运行，无冷凝水。见图 3.4.1-4，表 3.4.1-1。

干式风机盘管机组基本规格表 **表 3.4.1-1**

规格	额定风量（m^3/h）	额定耗冷量（W）
GFP-34	340	680
GFP-51	510	1020
GFP-68	680	1360
GFP-85	850	1700
GFP-102	1020	2040
GFP-136	1360	2720

2）双冷源新风机组

双冷源新风机组采用由两种不同蒸发温度的冷源的、具有深度除湿功能的新风机组。高温冷源（一般为高温冷水机组）承担新风预冷，低温冷源（一般为普通冷水机组）负担新风的除湿。

3.4.2 系统设计

1）设计参数

空调室内设计参数见表 3.4.2-1。

室内设计参数表 **表 3.4.2-1**

房间名称	室内温度（℃）		相对湿度（%）		新风量 [m³/(h·人)]	噪声标准 [dB（A）]
	夏季	冬季	夏季	冬季		
办公	26	20	50	30	30	45

2）计算负荷

设计工况下室内含湿量为 10.759g/kg，露点温度为 14.8℃，焓值为 53.684kJ/kg，每层设计新风量为 5300m³/h。

通过计算得出新风含湿量差为 2.725g/kg，计算第二露点含湿量为 8.034g/kg，干球温度为 11.2℃，相对湿度为 95%，焓值为 31.626kJ/kg。

因此新风预冷焓差：30.193kJ/kg；再冷焓差：22.058kJ/kg；预冷冷量：52.84kW，再冷冷量 38.60kW。新风总冷量 91.44kW，其中承担显热负荷 26.16kW。

温湿度独立分控系统负荷如下：

预冷负荷：1057kW（300RT）；再冷负荷：773kW（220RT）；风盘负荷：1405kW（400RT）。

单位空调建筑面积总冷指标：120.2W/m²，其中高温冷源 91.5W/m²；低温冷源 28.7W/m²。

单位空调建筑面积热指标：76.2W/m²，冬季内区冷指标 40.8W/m²。

3）冷源设计

选用两台高温型冷水机组，单台制冷为 1231kW（350RT），供回水温度为 16/21℃；一台常规螺杆冷水机组，制冷为 791kW（225RT），供回水温度为 7/12℃。为满足内区常年供冷需求，过渡季及冬季利用冷却塔经过制冷机房内的板式换热机组，提供 16/21℃冷水，屋顶冷却塔设防冻保护。空调内区负荷为 616.89kW。见图 3.4.2-1～图 3.4.2-3。

4）热源设计

（1）采用市政热源。市政一次水供回水温度为 130/70℃。

（2）在地下一层设置热交换机房，寒冷地区单台容量不低于 65%，并取 1.1～1.15 的附加系数，设置两台单台容量为 1500kW 的空调板式换热器。市政一次热水经过热交换器，提供 60/45℃的空调热水。

（3）见图 3.1.2-2、图 3.4.2-2。

5）设置冷/热量计量装置及其自动控制装置

6）空调末端设计

标准层办公采用温湿度分控系统，干式风盘处理室内温度，新风承担室内湿负荷，新风送风口采用低温防结露风口。新风系统设置集中热回收装置，分别设置在地下一层及屋顶层。见图 3.4.2-4～图 3.4.2-9。

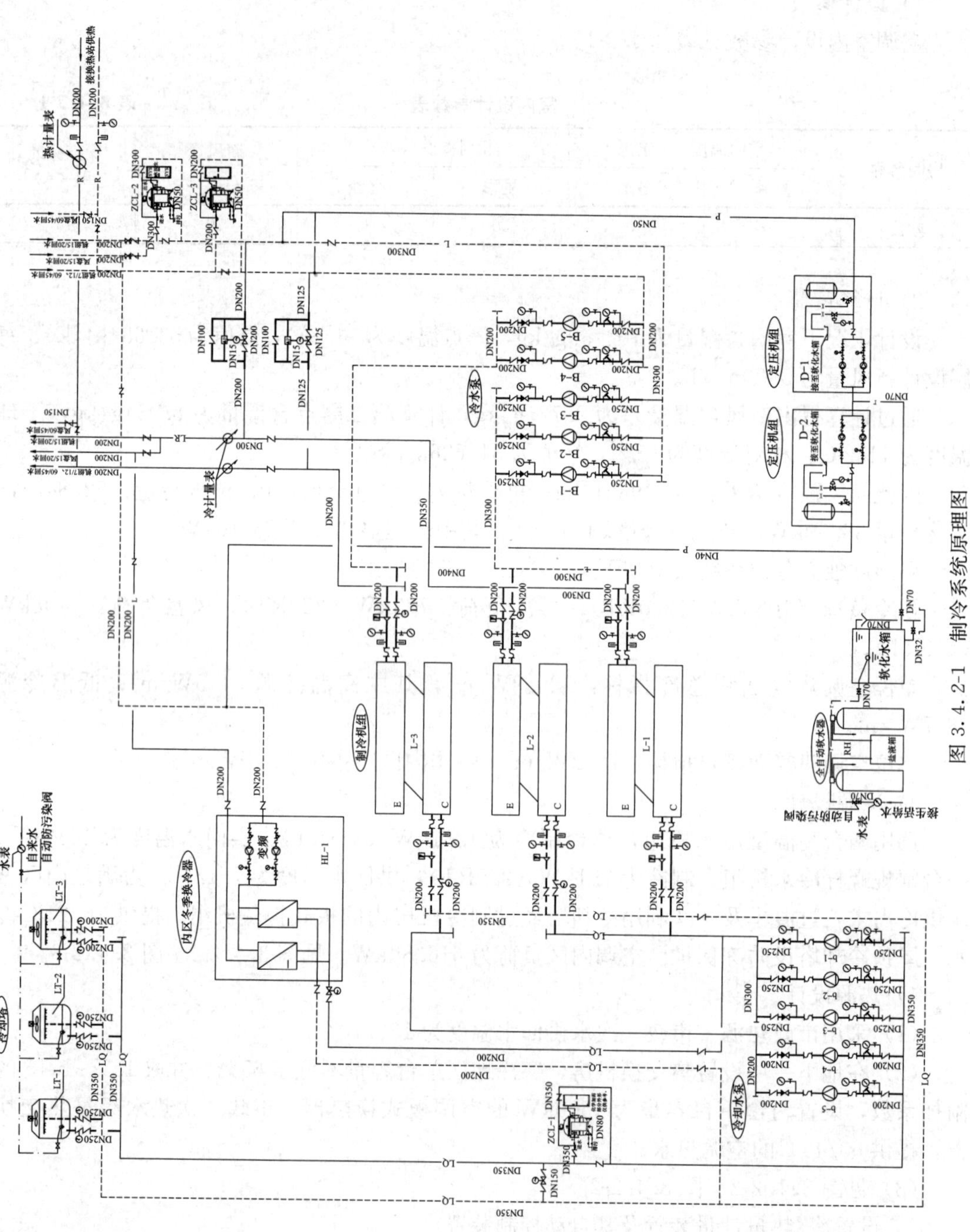

图 3.4.2-1　制冷系统原理图

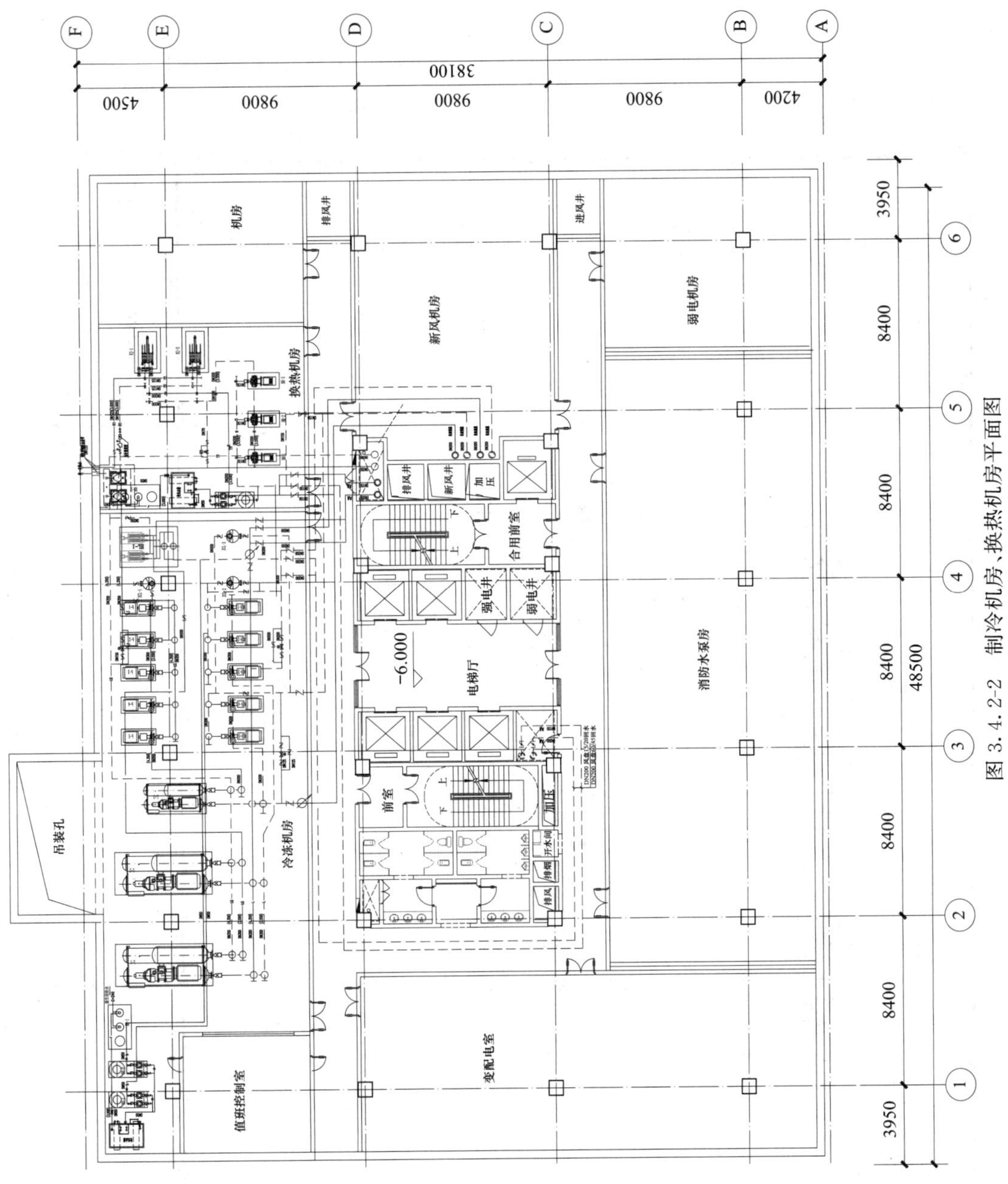

图 3.4.2-2 制冷机房、换热机房平面图

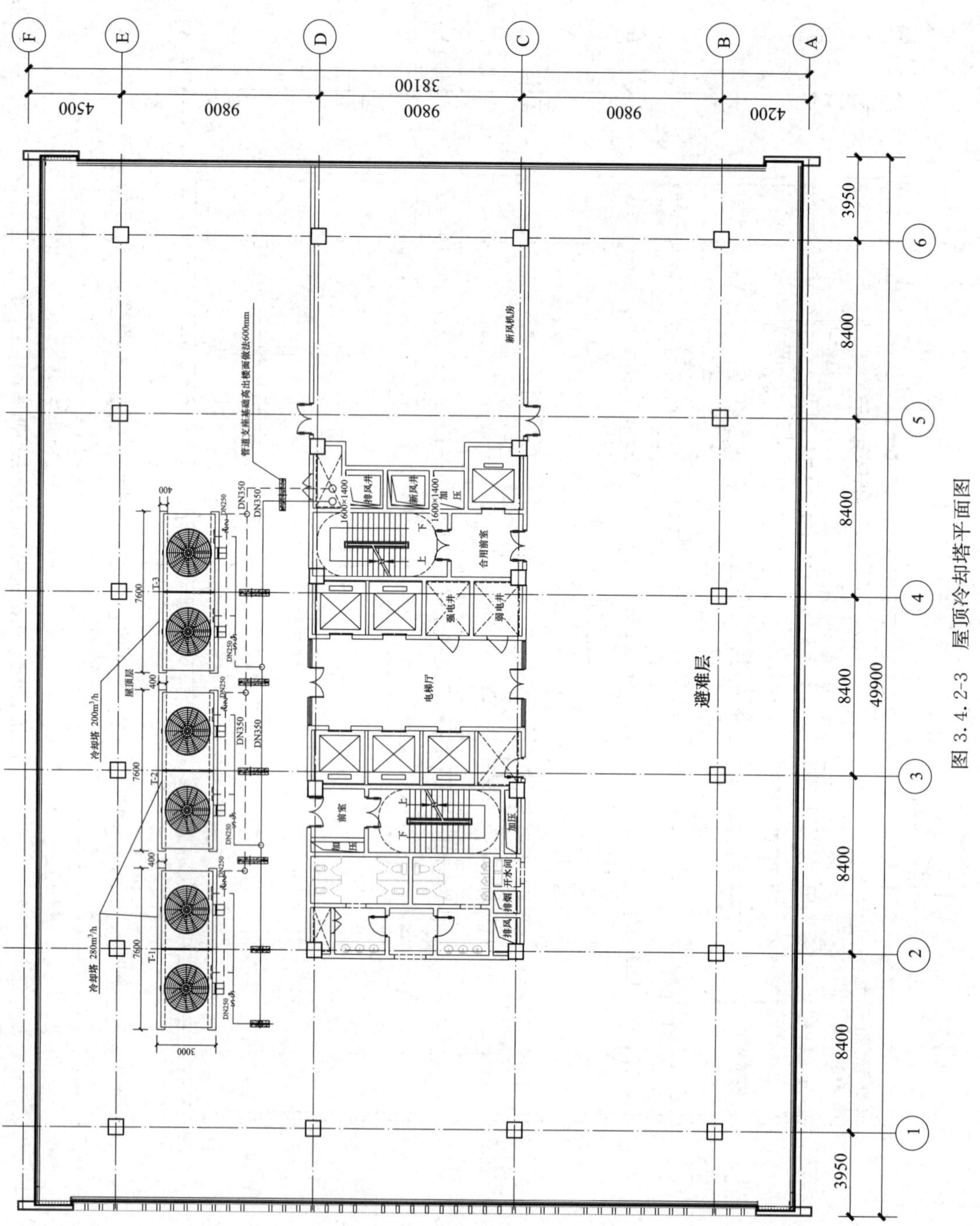

图 3.4.2-3　屋顶冷却塔平面图

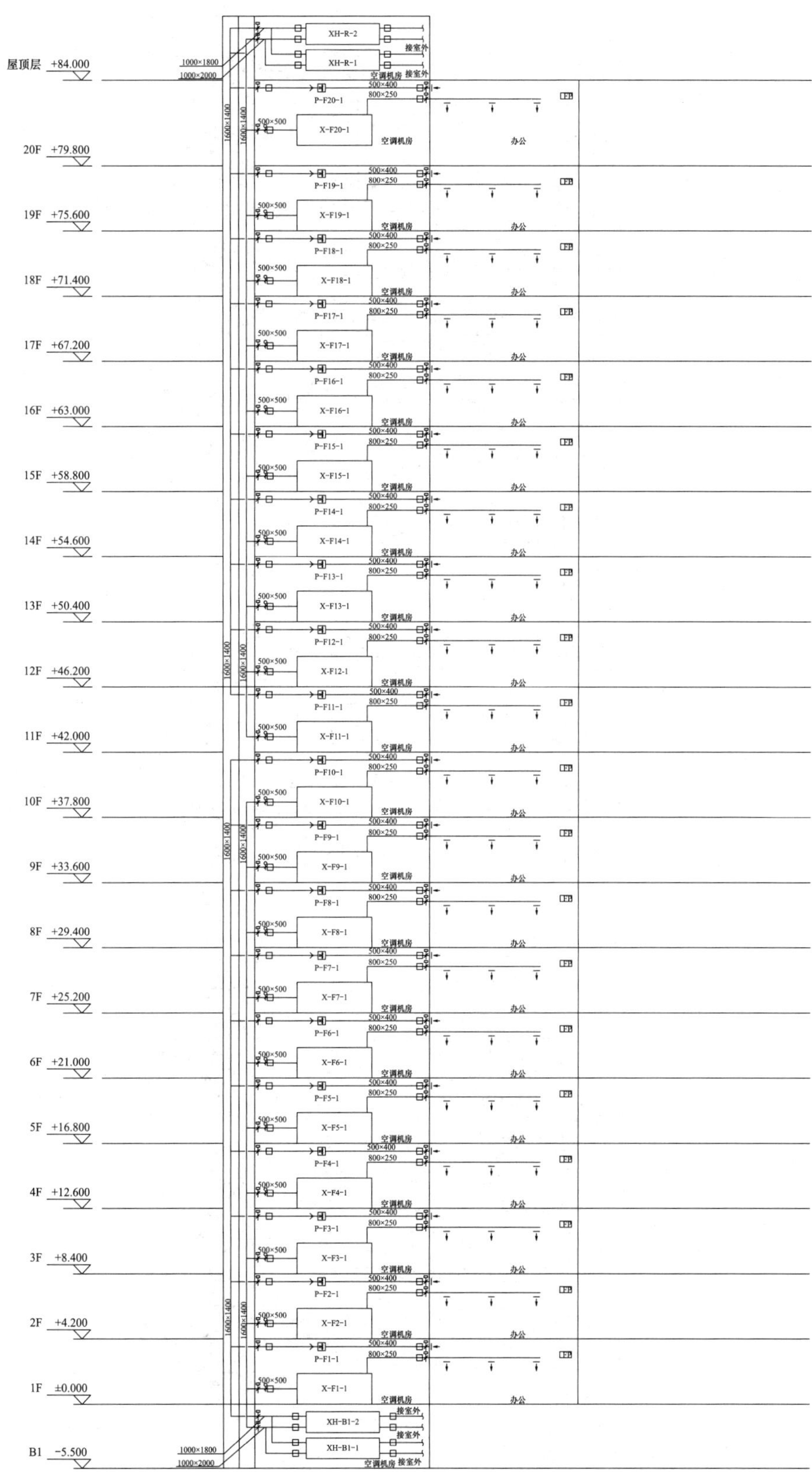

图 3.4.2-4 空调风系统图

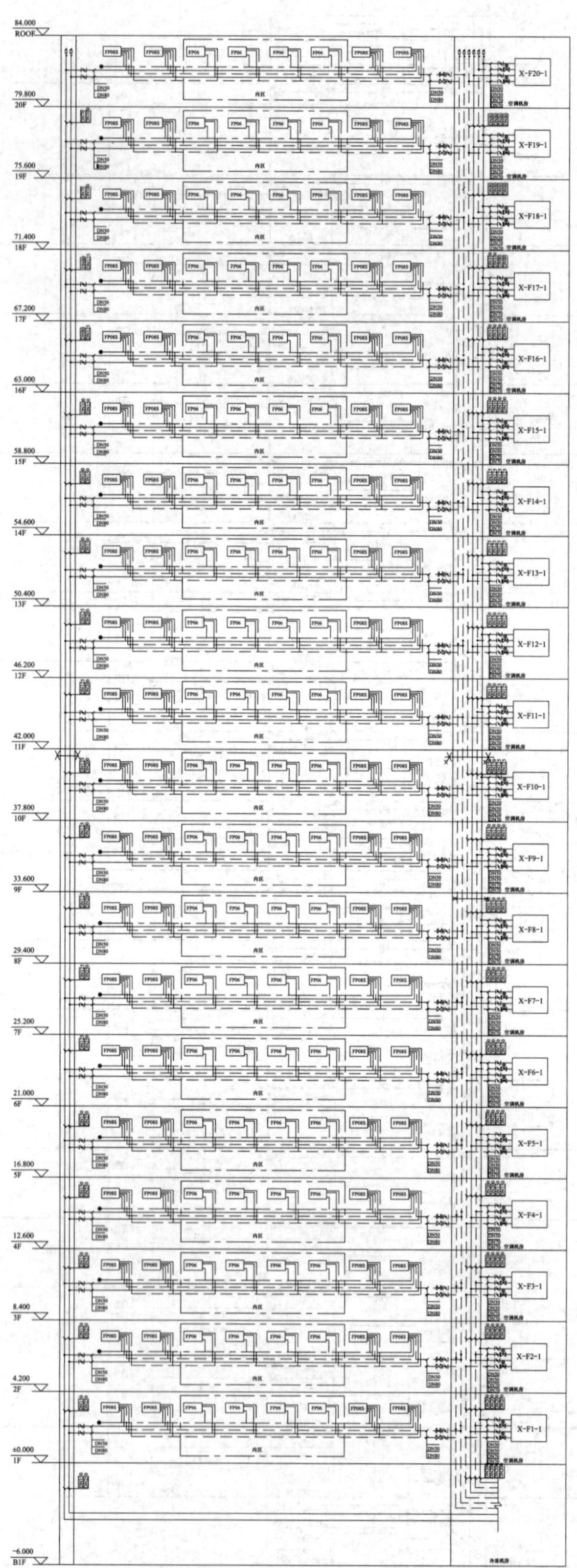

图 3.4.2-5　空调水系统图

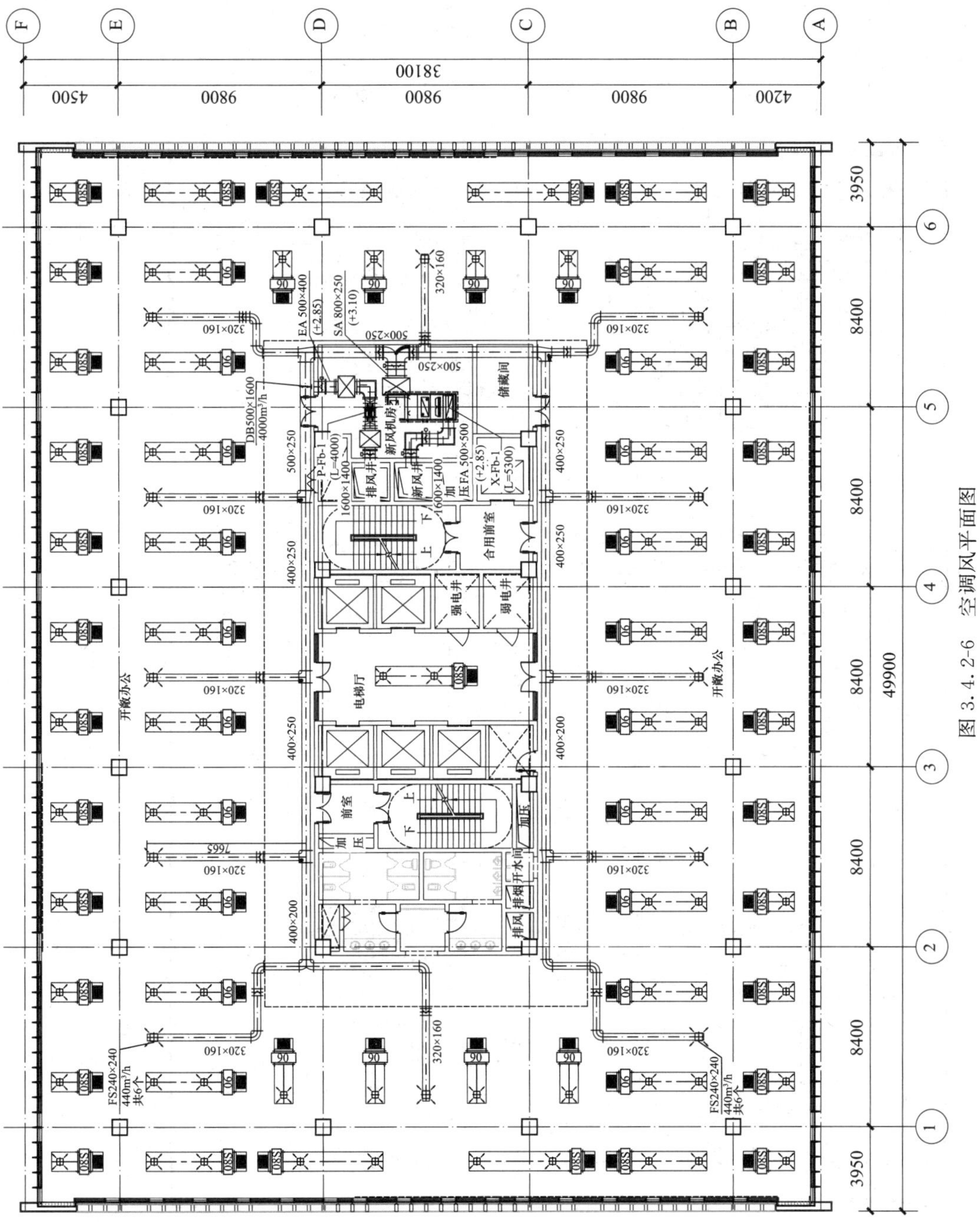

图 3.4.2-6 空调风平面图

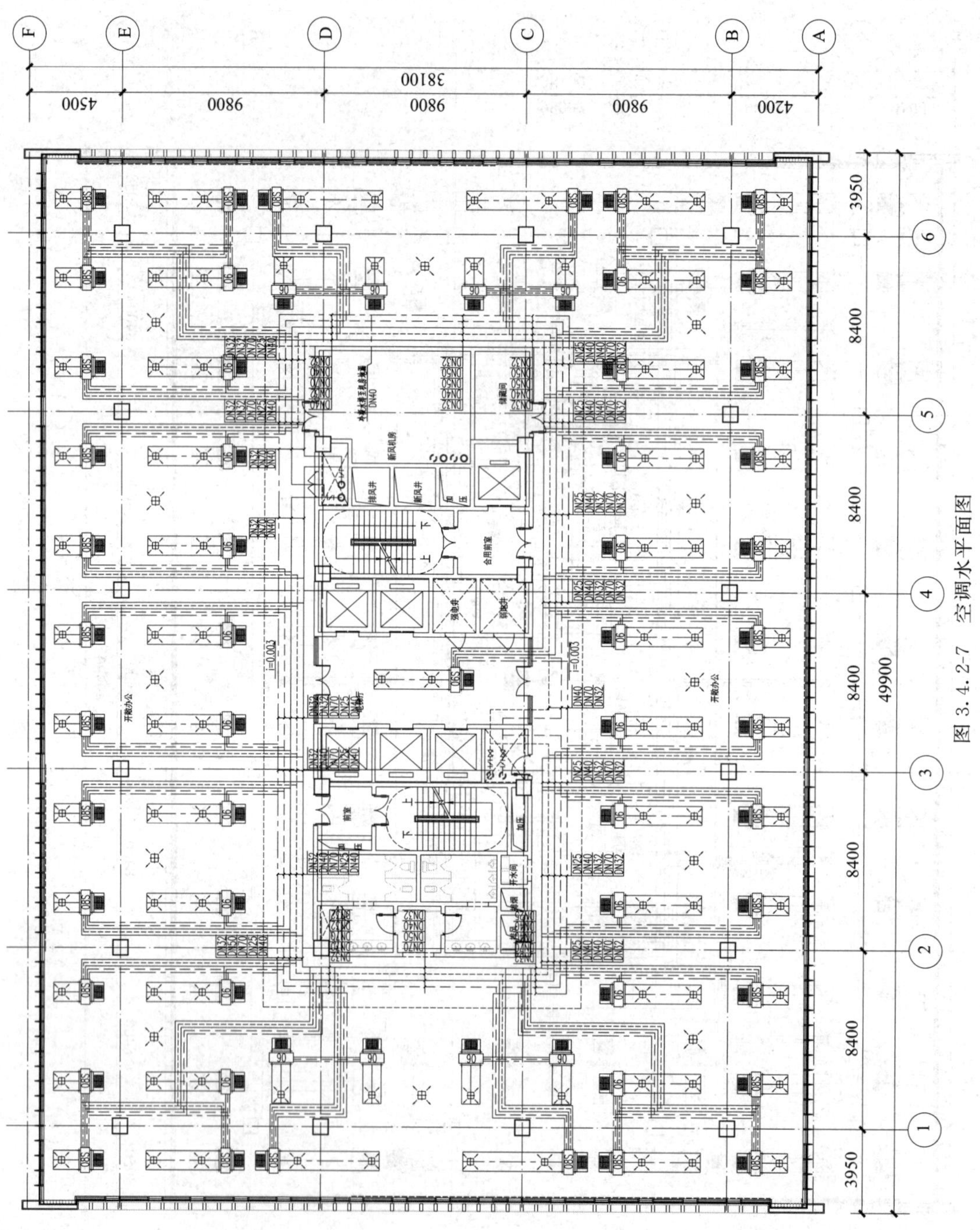

图 3.4.2-7　空调水平面图

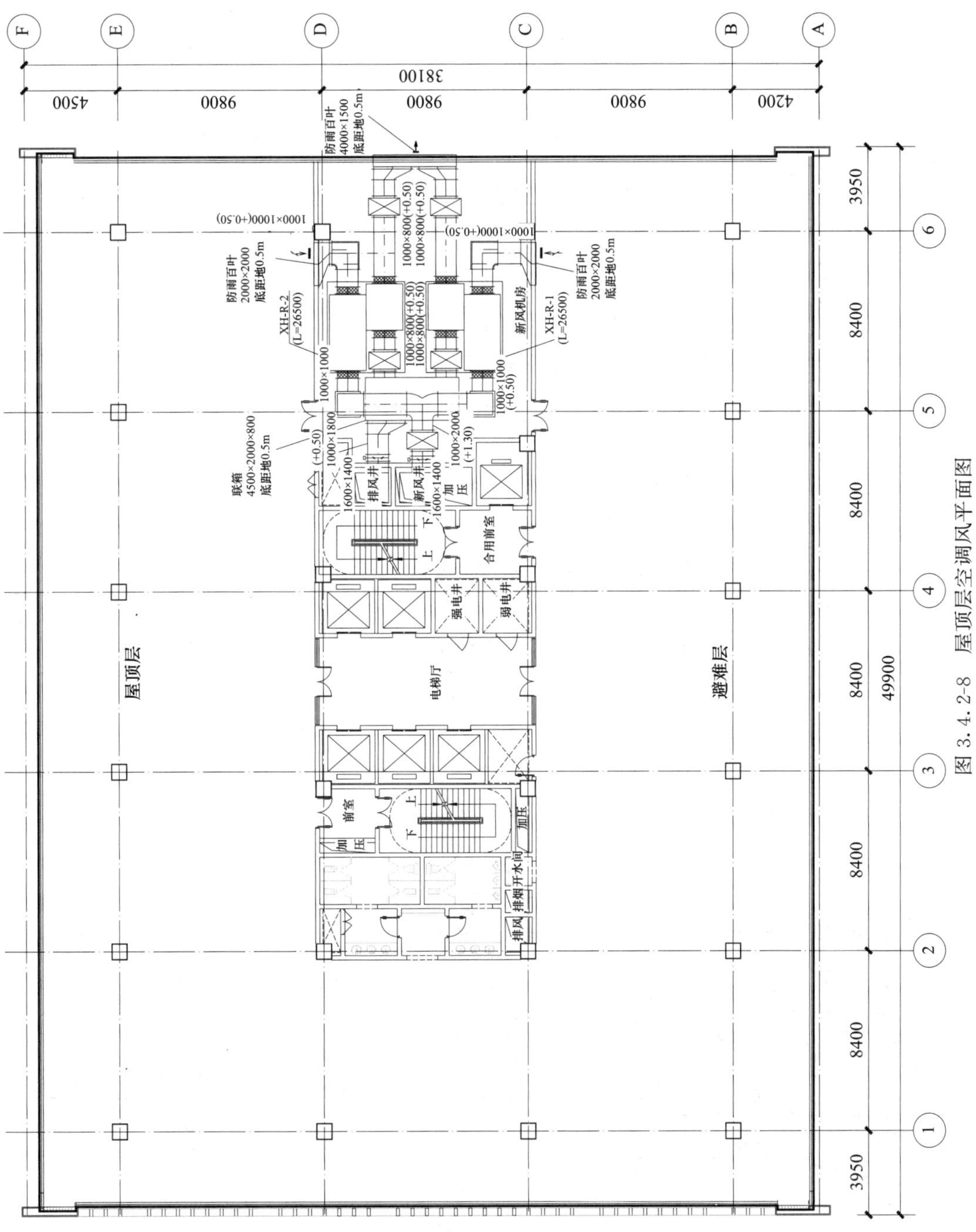

图 3.4.2-8 屋顶层空调风平面图

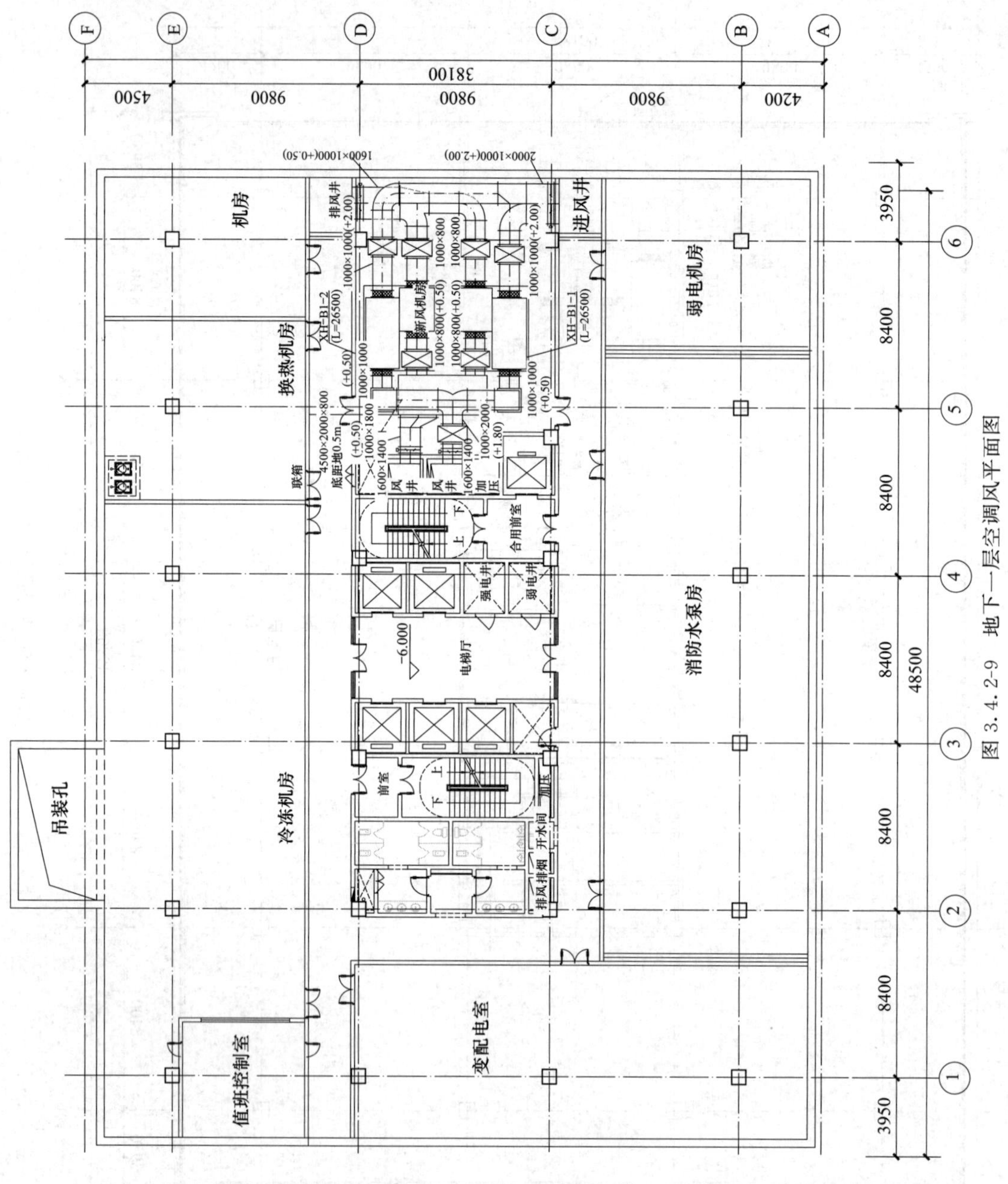

图 3.4.2-9　地下一层空调风平面图

3.4.3　设备材料表

1）冷源（表 3.4.3-1、表 3.4.3-2）

制冷机房主要设备表　　**表 3.4.3-1**

设备编号	设备名称	性能参数	数量	备注
L-1、2	高温型冷水机组	冷量 350RT；冷水温度：16/21℃；冷却水温度：32/37℃；功率：154kW；工作压力 1.6MPa	2 个	
L-3	螺杆式冷水机组	冷量 225RT；冷水温度：7/12℃；冷却水温度：32/37℃；功率：153kW；工作压力 1.6MPa	1 个	
B-1～3	冷水循环泵	流量：230m^3/h；扬程：32m；功率：30kW；转速：1450r/min；效率≥75%；工作压力 1.6MPa	3 个	两用一备
B-4～5	冷水循环泵	流量：170m^3/h；扬程：30m；功率：22kW；转速：1450r/min；效率≥75%；工作压力 1.6MPa	2 个	一用一备
b-1～3	冷却水循环泵	流量：280m^3/h；扬程：30m；功率：37kW；转速：1450r/min；效率≥75%；工作压力 1.6MPa	3 个	两用一备
b-4～5	冷却水循环泵	流量：200m^3/h；扬程：32m；功率：30kW；转速：1450r/min；效率≥75%；工作压力 1.6MPa	2 个	一用一备
DY-1，2	定压罐	流量：5m^3/h；扬程：110m；功率：4kW；转速：2900r/min；效率≥75%；工作压力 1.6MPa	2 套	定压泵 1 用 1 备
RH-1	软水器	水处理量：3～5m^3/h；功率：0.4kW；双罐双阀；工作压力 1.0MPa	1 套	自动流量控制型
	软水箱	1800mm×1200mm×1800mm	1 个	不锈钢
ZCL-1	全程水处理器	接口尺寸 DN350；工作压力 1.6MPa	1 个	
ZCL-2	全程水处理器	接口尺寸 DN300；工作压力 1.6MPa	1 个	
HL-1	冬季换冷机组	换热量 1100kW；一次水温度：13/18℃；二次水温度：15/20℃；工作压力 1.6MPa 流量：185m^3/h；扬程：30mH_2O；功率：22kW；转速：1450r/min；效率≥75%；工作压力 1.6MPa	1 个	整体式换热机组

制冷机房（含冷塔）主要材料表　　**表 3.4.3-2**

材料名称	规格	性能参数	数量	备注
手动碟阀	DN350	阀体：球墨铸铁；阀芯：青铜；工作压力 1.6MPa	4 个	
手动碟阀	DN250	阀体：球墨铸铁；阀芯：青铜；工作压力 1.6MPa	20 个	
手动碟阀	DN300	阀体：球墨铸铁；阀芯：青铜；工作压力 1.6MPa	5 个	
手动碟阀	DN200	阀体：球墨铸铁；阀芯：青铜；工作压力 1.6MPa	38 个	
手动碟阀	DN150	阀体：球墨铸铁；阀芯：青铜；工作压力 1.6MPa	2 个	
电动碟阀	DN250	阀体：球墨铸铁；阀芯：青铜；工作压力 1.6MPa	6 个	
电动碟阀	DN200	阀体：球墨铸铁；阀芯：青铜；工作压力 1.6MPa	8 个	
电动调节阀	DN150	阀体：球墨铸铁；阀芯：青铜；工作压力 1.6MPa	1 个	

续表

材料名称	规格	性能参数	数量	备注
电动调节阀	DN200	阀体：球墨铸铁；阀芯：青铜；工作压力1.6MPa	1个	
橡胶软接头	DN250	工作压力1.6MPa	12个	
橡胶软接头	DN200	工作压力1.6MPa	20个	
Y型除污器	DN250	20目不锈钢孔板；工作压力1.6MPa	6个	
Y型除污器	DN200	20目不锈钢孔板；工作压力1.6MPa	4个	
逆止阀	DN250	阀体：球墨铸铁；阀芯：青铜；工作压力1.6MPa	6个	缓闭静音型
逆止阀	DN200	阀体：球墨铸铁；阀芯：青铜；工作压力1.6MPa	4个	缓闭静音型
截止阀	DN100	铜质截止阀；工作压力1.6MPa	2个	
冷量计量表	DN300	工作压力1.6MPa	1个	超声波型
冷量计量表	DN200	工作压力1.6MPa	1个	超声波型
水量计量表	DN50	工作压力1.6MPa	1个	
静态平衡阀	DN200	阀体：球墨铸铁；阀芯：青铜；工作压力1.6MPa	2个	
镀锌钢管	DN50	工作压力1.6MPa	70m	
无缝钢管	DN125	工作压力1.6MPa	8m	
无缝钢管	DN150	工作压力1.6MPa	12m	
无缝钢管	DN200	工作压力1.6MPa	331m	
无缝钢管	DN250	工作压力1.6MPa	86m	
无缝钢管	DN300	工作压力1.6MPa	70m	
无缝钢管	DN350	工作压力1.6MPa	304m	
橡塑保温管壳	DN125	橡塑保温管壳厚度40mm	8m	
橡塑保温管壳	DN150	橡塑保温管壳厚度40mm	12m	
橡塑保温管壳	DN200	橡塑保温管壳厚度40mm	331m	
橡塑保温管壳	DN250	橡塑保温管壳厚度40mm	86m	
橡塑保温管壳	DN300	橡塑保温管壳厚度40mm	70m	
橡塑保温管壳	DN350	橡塑保温管壳厚度50mm	134m	

2）冷却塔（表3.4.3-3）

屋面冷却塔主要设备表　　**表3.4.3-3**

设备编号	设备名称	性能参数	数量（个）
T-1～2	横流式冷却塔	流量：280m³/h；进/出水温度：37/32℃；转速：1500r/min；电量：15kW；工作压力1.0MPa	2
T-3	横流式冷却塔	流量：200m³/h；进/出水温度：37/32℃；转速：1500r/min；电量：15kW；工作压力1.0MPa	1

3）换热站

热源设备及材料表同两管制风机盘管＋新风方案，见表3.1.3-5、表3.1.3-6。

4）水系统（表 3.4.3-4、表 3.4.3-5）

双冷源温湿度分控系统风盘设备表 **表 3.4.3-4**

设备编号	设备名称	性能参数	数量（个）	备注
06	两管制盘管	额定风量：1040m^3/h；额定冷量：2020W；出口静压：30Pa；输入功率：110W	560	配置铜质自动排气阀 DN20；铜质电动两通阀 DN20；铜质球阀 DN20；水管接管设置 200mm 橡胶软管；自带温控器；工作压力 1.6MPa
08S	四管制盘管	额定风量：1360m^3/h；额定冷量：4500W；额定热量：6750W；出口静压：30Pa；输入功率：87W	660	

双冷源温湿度分控水系统风盘材料表 **表 3.4.3-5**

材料名称	规格	性能参数	数量
静态平衡阀	DN80	阀体：球墨铸铁；阀芯：青铜工作压力；1.6MPa	20 个
静态平衡阀	DN50	阀体：球墨铸铁；阀芯：青铜工作压力；1.6MPa	20 个
电动调节阀	DN70	阀体：球墨铸铁；阀芯：青铜工作压力；1.6MPa	40 个
电磁阀	DN20	铜质阀门	20 个
蝶阀	DN80	阀体：球墨铸铁；阀芯：青铜工作压力；1.6MPa	40 个
蝶阀	DN70	阀体：球墨铸铁；阀芯：青铜工作压力；1.6MPa	80 个
蝶阀	DN50	阀体：球墨铸铁；阀芯：青铜；工作压力 1.6MPa	40 个
Y 型过滤器	DN70	40 目；工作压力 1.6MPa	40 个
镀锌钢管	DN20	工作压力 1.6MPa	9150m
镀锌钢管	DN25	工作压力 1.6MPa	7440m
镀锌钢管	DN32	工作压力 1.6MPa	4280m
镀锌钢管	DN40	工作压力 1.6MPa	2240m
镀锌钢管	DN50	工作压力 1.6MPa	840m
镀锌钢管	DN70	工作压力 1.6MPa	2160m
镀锌钢管	DN80	工作压力 1.6MPa	150m
镀锌钢管	DN100	工作压力 1.6MPa	95m
无缝钢管	DN125	工作压力 1.6MPa	125m
无缝钢管	DN150	工作压力 1.6MPa	170m
无缝钢管	DN200	工作压力 1.6MPa	170m
无缝钢管	DN250	工作压力 1.6MPa	80m
橡塑保温管壳	DN20	橡塑保温管壳厚度 10mm	1830m
橡塑保温管壳	DN20	橡塑保温管壳厚度 25mm	7320m
橡塑保温管壳	DN25	橡塑保温管壳厚度 25mm	7440m
橡塑保温管壳	DN32	橡塑保温管壳厚度 10mm	2000m
橡塑保温管壳	DN32	橡塑保温管壳厚度 25mm	2280m
橡塑保温管壳	DN40	橡塑保温管壳厚度 10mm	100m
橡塑保温管壳	DN50	橡塑保温管壳厚度 40mm	840m
橡塑保温管壳	DN70	橡塑保温管壳厚度 40mm	2160m
橡塑保温管壳	DN80	橡塑保温管壳厚度 40mm	150m
橡塑保温管壳	DN100	橡塑保温管壳厚度 40mm	95m
橡塑保温管壳	DN125	橡塑保温管壳厚度 40mm	125m
橡塑保温管壳	DN150	橡塑保温管壳厚度 40mm	170m

续表

材料名称	规格	性能参数	数量
橡塑保温管壳	DN200	橡塑保温管壳厚度 40mm	170m
橡塑保温管壳	DN250	橡塑保温管壳厚度 40mm	80m
自动放气阀	DN20	铜质；工作压力 1.6MPa	88 个
多管固定支架			82 个
温度计		工作压力 1.6MPa	80 个
压力表		工作压力 1.6MPa	80 个
橡胶软管	DN70	工作压力 1.6MPa	16m

5）风系统（表 3.4.3-6～表 3.4.3-8）

双冷源温湿度分控新风设备表 **表 3.4.3-6**

设备编号	设备名称	性能参数	数量（个）	备注
X-F1～20-1	新风机组	额定风量：5300m^3/h；出口静压：300Pa； 风机功率：3kW； 预冷量：58kW 再冷量：41kW 热量：83kW	20	双盘管（预冷盘管+再冷盘管）
P-F1～20-1	排风机	额定风量：4000m^3/h；出口静压：300Pa； 风机功率：2.2kW	20	混流风机
XH-B1-1，2 XH-R-1，2	热回收新风机组	送风机：风量 26500m^3/h，机外余压 550Pa，功率：15kW/380V 排风机：风量 20000m^3/h，机外余压 500Pa，功率：15kW/380V 显热回收效率：≥70%	4	

双冷源温湿度分控系统新风材料表 **表 3.4.3-7**

材料名称	规格（mm）	性能参数	数量	备注
镀锌薄钢板风管	200×120	两面镀锌；壁厚 0.5mm	32.6m	标准层
	320×160	两面镀锌；壁厚 0.5mm	1896m	标准层
	400×200	两面镀锌；壁厚 0.6mm	292m	标准层
	400×250	两面镀锌；壁厚 0.6mm	613.6m	标准层
	500×250	两面镀锌；壁厚 0.75mm	308m	标准层
	800×250	两面镀锌；壁厚 0.75mm	56.4m	标准层新风机房
	500×400	两面镀锌；壁厚 0.75mm	82m	标准层新风机房
	500×500	两面镀锌；壁厚 0.75mm	106.2m	标准层新风机房
	1600×1400	两面镀锌；壁厚 1.2mm	180m	风管立管
	1000×1000	两面镀锌；壁厚 0.75mm	64.8m	热回收新风机房
	1000×800	两面镀锌；壁厚 0.75mm	26m	热回收新风机房
	1000×2000	两面镀锌；壁厚 1.2mm	5m	热回收新风机房
	1000×1800	两面镀锌；壁厚 1.2mm	3.6m	热回收新风机房
	1600×1000	两面镀锌；壁厚 1.2mm	2.5m	热回收新风机房

续表

材料名称	规格（mm）	性能参数	数量	备注
70℃防火阀	500×400	碳素钢	40个	标准层
	500×500	碳素钢	20个	标准层
	800×250	碳素钢	20个	标准层
	1000×1800	碳素钢	2个	热回收新风机房
	1000×2000	碳素钢	2个	热回收新风机房
	1600×1000	碳素钢	1个	热回收新风机房
	2000×1000	碳素钢	1个	热回收新风机房
开关式电动风阀	500×400	不锈钢	20个	标准层新风机房
	500×500	不锈钢	20个	标准层新风机房
手动调节风阀	320×160	不锈钢	240个	标准层
	500×250	不锈钢	40个	标准层
	500×400	不锈钢	40个	标准层新风机房
	800×250	不锈钢	20个	标准层新风机房
金属软连接	ϕ500	碳钢+不锈钢；长度300mm	40个	标准层新风机房
	500×500	碳钢+不锈钢；长度300mm	40个	标准层新风机房
	1000×800	碳钢+不锈钢；长度300mm	8个	热回收新风机房
	1000×1000	碳钢+不锈钢；长度300mm	8个	热回收新风机房
散流器	240×240	铝合金	240个	标准层
单层百叶	500×1600	铝合金	20个	标准层
消声器	1000×800	镀锌薄钢板；阻抗复合型	8个	热回收新风机房
	1000×1000	镀锌薄钢板；阻抗复合型	2个	热回收新风机房
	1000×2000	镀锌薄钢板；阻抗复合型	2个	热回收新风机房
联箱	4500×2000×800	镀锌薄钢板	2个	热回收新风机房

风机盘管风系统末端主要材料表　　表3.4.3-8

材料名称	规格（mm）	性能参数	数量	备注
镀锌薄钢板风管	900×200	两面镀锌；壁厚0.75mm	560m	风盘送风
	1200×200	两面镀锌；壁厚1.0mm	660m	风盘送风
铝箔软管	300×300	长度500mm	840m	风管接风口
	360×360	长度500mm	480m	风管接风口
	420×420	长度500mm	480m	风管接风口
离心玻璃棉保温	900×200	带阻燃玻纤布复合铝箔的离心玻璃棉；厚度40mm	560个	风盘送风
	1200×200	带阻燃玻纤布复合铝箔的离心玻璃棉；厚度40mm	660个	风盘送风
散流器	300×300	铝合金	840个	风盘送风
	360×360	铝合金	480个	风盘送风
	420×420	铝合金	480个	风盘送风

续表

材料名称	规格（mm）	性能参数	数量	备注
单层百叶	800×300	铝合金	1220个	风盘回风
回风箱	900×500×300	镀锌薄钢板	1220个	风盘回风

3.4.4 初投资

根据方案设计和设备材料表统计，计算空调系统总造价为19822987.16元，空调面积单位造价736.91元/m²，建筑面积单位造价543.89元/m²。其中，各分项造价指标见表3.4.4-1。

双冷源温湿度分控系统方案分项造价指标 **表3.4.4-1**

序号	分项名称	造价（元）	占比（%）	空调面积指标（元/m²）	建筑面积指标（元/m²）
1	制冷机房	3437069.25	17.34	127.77	94.30
1.1	设备	2579389.05	75.05	95.89	70.77
1.2	阀门	346922.34	10.09	12.90	9.52
1.3	管道	451405.06	13.13	16.78	12.39
1.4	保温	59352.80	1.73	2.21	1.63
2	冷却塔	575992.47	2.91	21.41	15.80
3	换热机房	266822.64	1.35	9.92	7.32
3.1	设备	117156.20	43.91	4.36	3.21
3.2	阀门	56290.17	21.10	2.09	1.54
3.3	管道	85166.39	31.92	3.17	2.34
3.4	保温	8209.88	3.08	0.31	0.23
4	风系统	5222283.60	26.34	194.14	143.28
4.1	设备	1428744.00	27.36	53.11	39.20
4.2	阀门	135356.36	2.59	5.03	3.71
4.3	风口	27675.40	0.53	1.03	0.76
4.4	风管	3202453.27	61.32	119.05	87.87
4.5	保温	428054.57	8.20	15.91	11.74
5	水系统	6593114.27	33.26	245.10	180.90
5.1	设备	3162485.80	47.97	117.56	86.77
5.2	阀门	956767.12	14.51	35.57	26.25
5.3	管道	2135236.85	32.39	79.38	58.58
5.4	保温	338624.50	5.14	12.59	9.29
6	措施费	2090944.52	10.55	77.73	57.37
7	税金	1636760.41	8.26	60.85	44.91

3.4.5 运行能耗

1. 供冷能耗

1）高温冷水供冷系统

根据建筑逐时冷负荷及空调设备配置参数，实时模拟计算空调系统供冷逐时耗电量，累加得到逐日耗电量；高温冷水供冷系统运行工况参数详见图3.4.5-1、图3.4.5-2，计算结果如下：

空调期总耗冷量：125.15 万 kW·h，空调面积冷量指标：46.52kW·h/m^2，建筑面积冷量指标：34.30kW·h/m^2；

空调期总耗电量：60.41 万 kW·h，空调面积电量指标：22.46kW·h/m^2，建筑面积电量指标：16.56kW·h/m^2。

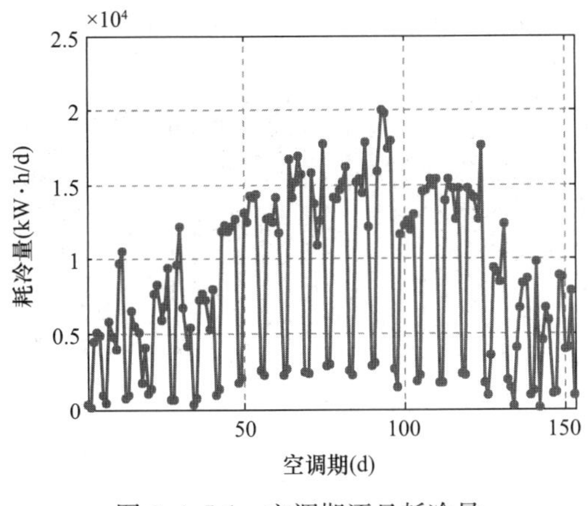

图 3.4.5-1　空调期逐日耗冷量

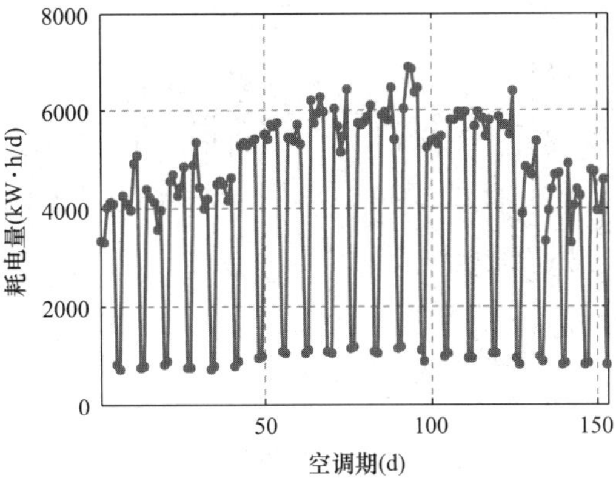

图 3.4.5-2　空调期逐日耗电量

2）低温冷水供冷除湿系统

根据建筑逐时冷负荷及空调设备配置参数，实时模拟计算空调系统供冷逐时耗电量，累加得到逐日耗电量。低温冷水供冷除湿系统运行工况参数详见图 3.4.5-3、图 3.4.5-4，计算结果如下：

空调期总耗冷量：106.02 万 kW·h，空调面积冷量指标：39.41kW·h/m^2，建筑面积冷量指标：29.06kW·h/m^2；

空调期总耗电量：23.62 万 kW·h，空调面积电量指标：8.78kW·h/m^2，建筑面积电量指标：6.29kW·h/m^2。

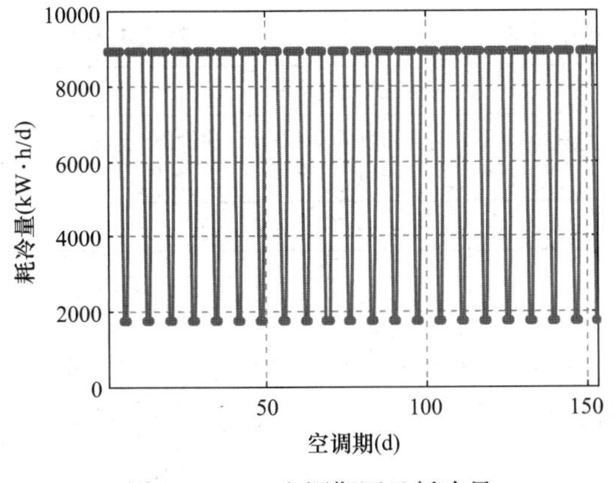

图 3.4.5-3　空调期逐日耗冷量

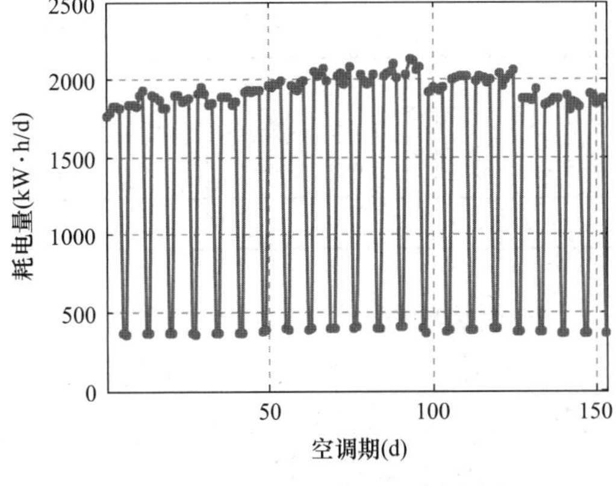

图 3.4.5-4　空调期逐日耗电量

3）空调总能耗（高温+低温）

根据建筑逐时冷负荷及空调设备配置参数，实时模拟计算空调系统供冷逐时耗电量，累加得到逐日耗电量。空调系统供冷运行工况参数详见图 3.4.5-5、图 3.4.5-6，计算结果如下：

空调期总耗冷量：231.17 万 kW·h，空调面积冷量指标：85.94kW·h/m²，建筑面积冷量指标：63.37kW·h/m²；空调期总耗电量：83.37 万 kW·h，空调面积电量指标：30.99kW·h/m²，建筑面积电量指标：22.85kW·h/m²，见表 3.4.5-1。

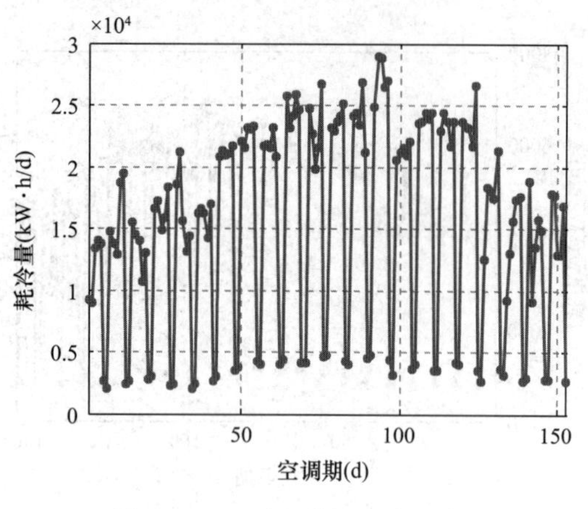

图 3.4.5-5　空调期逐日耗冷量

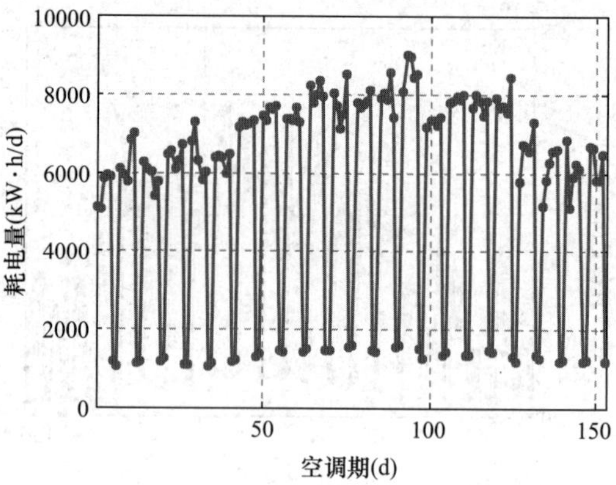

图 3.4.5-6　空调期逐日耗电量

供冷能耗统计表　　**表 3.4.5-1**

耗冷量			耗电量		
总耗冷量（万 kW·h）	空调面积冷量指标（kW·h/m²）	建筑面积冷量指标（kW·h/m²）	总耗电量（万 kW·h）	空调面积电量指标（kW·h/m²）	建筑面积电量指标（kW·h/m²）
231.17	85.94	63.37	83.37	30.99	22.85

其中，冷源总耗电量 44.13 万 kW·h，空调面积电量指标：16.41kW·h/m²，建筑面积电量指标：12.10kW·h/m²；空调末端总耗电量 39.24 万 kW·h，空调面积电量指标：14.59kW·h/m²，建筑面积电量指标：10.76kW·h/m²，见表 3.4.5-2。

分项供冷耗电量统计表　　**表 3.4.5-2**

冷源耗电量			末端耗电量		
总耗电量（万 kW·h）	空调面积电量指标（kW·h/m²）	建筑面积电量指标（kW·h/m²）	总耗电量（万 kW·h）	空调面积电量指标（kW·h/m²）	建筑面积电量指标（kW·h/m²）
44.13	16.41	12.10	39.24	14.59	10.76

2. 供热能耗

根据建筑逐时热负荷及空调设备配置参数，实时模拟计算空调系统供热逐时耗热量、耗电量，累加得到逐日耗热量、耗电量。空调系统供热运行工况参数详见图 3.4.5-7、图 3.4.5-8，计算结果如下：

供暖期总耗热量：59.35 万 kW·h，空调面积热量指标：22.06kW·h/m²，建筑面积热量指标：16.27kW·h/m²；供暖期总耗电量：33.83 万 kW·h，空调面积耗电指标：12.58kW·h/m²，建筑面积耗电指标：9.27kW·h/m²，见表 3.4.5-3。

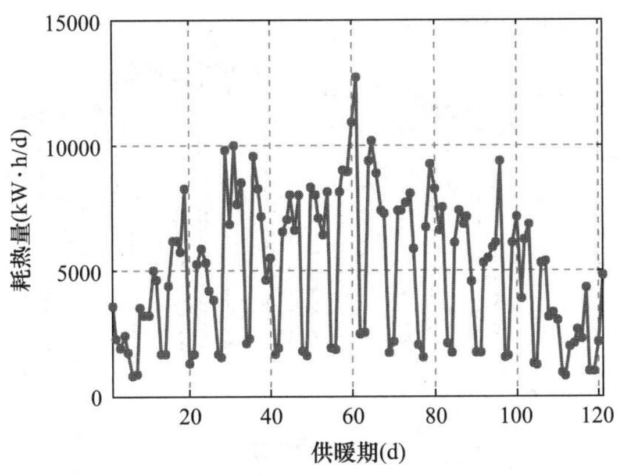

图 3.4.5-7 供暖期逐日耗热量

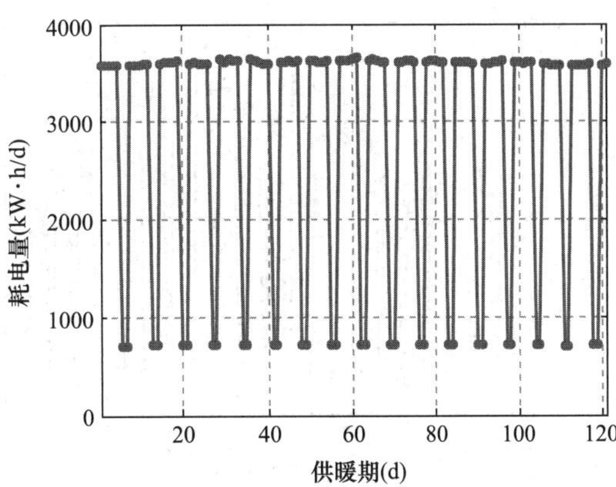

图 3.4.5-8 供暖期逐日耗电量

供热能耗统计表 **表 3.4.5-3**

耗热量			耗电量		
总耗热量（万 kW·h）	空调面积热量指标（kW·h/m²）	建筑面积热量指标（kW·h/m²）	总耗电量（万 kW·h）	空调面积电量指标（kW·h/m²）	建筑面积电量指标（kW·h/m²）
59.35	22.06	16.27	33.83	12.58	9.27

其中，热源总耗电量：1.19 万 kW·h，空调面积电量指标：0.44kW·h/m²，建筑面积电量指标：0.33kW·h/m²；末端总耗电量：32.64 万 kW·h，空调面积电量指标：12.13kW·h/m²，建筑面积电量指标：8.95kW·h/m²，见表 3.4.5-4。

分项供热耗电量统计表 **表 3.4.5-4**

热源耗电量			末端耗电量		
总耗电量（万 kW·h）	空调面积电量指标（kW·h/m²）	建筑面积电量指标（kW·h/m²）	总耗电量（万 kW·h）	空调面积电量指标（kW·h/m²）	建筑面积电量指标（kW·h/m²）
1.19	0.44	0.33	32.64	12.13	8.95

3.4.6 运行费用

1. 供冷费用

根据各时刻峰谷电价，计算系统逐时电费，累加得到逐日电费。空调系统供冷运行逐日费用详见图 3.4.6-1～图 3.4.6-3，计算结果如下：

高温冷水系统空调期运行费用：63.22 万元，空调面积费用指标：23.50 元/m²，建筑面积费用指标：17.33 元/m²；

低温冷水系统空调期运行费用：23.62 万元，空调面积费用指标：8.78 元/m²，建筑面积费用指标：6.48 元/m²；

空调期总运行费用为：86.84 万元，空调面积费用指标：32.28 元/m²，建筑面积费用指标：23.81 元/m²。

2. 供热费用

根据市政热价及各时刻峰谷电价，计算系统逐时热费、电费，累加得到逐日热费、电

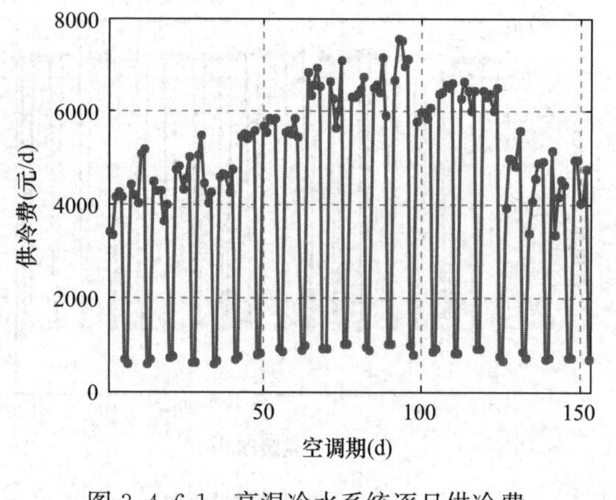

图 3.4.6-1　高温冷水系统逐日供冷费

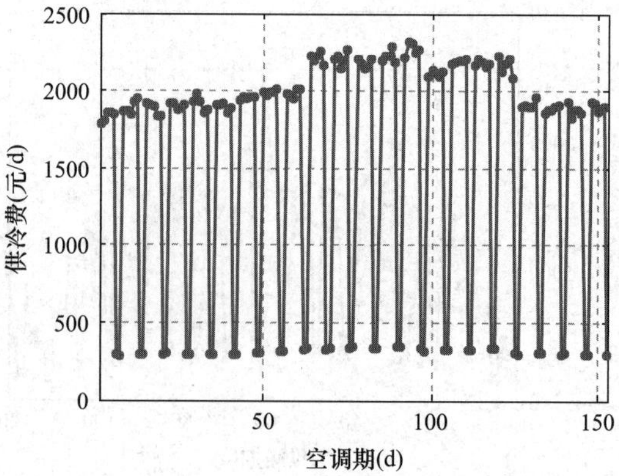

图 3.4.6-2　低温冷水系统逐日供冷费

费，汇总热费和电费之和即为总供热费。空调系统供热运行逐日费用详见图 3.4.6-4，计算结果如下：

供暖期总运行费用为：103.48 万元，空调面积费用指标：38.47 元/m²，建筑面积费用指标：28.37 元/m²。

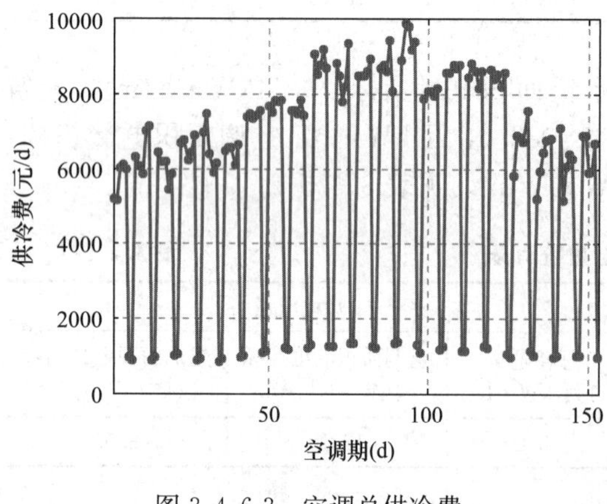

图 3.4.6-3　空调总供冷费

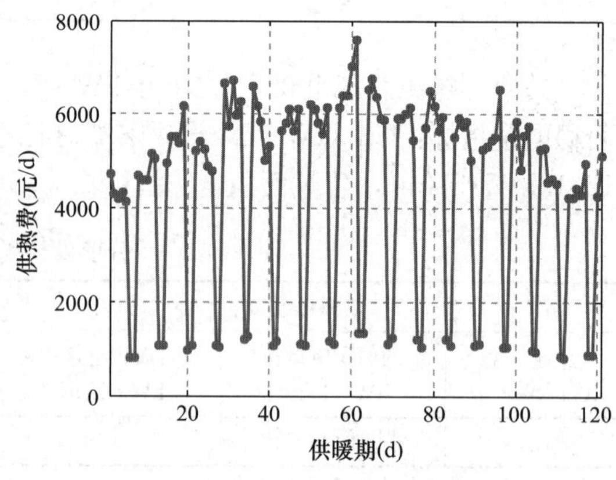

图 3.4.6-4　空调总供热费

3. 全年总费用

全年总运行费用为：190.32 万元，空调面积费用指标：70.75 元/m²，建筑面积费用指标：52.18 元/m²。

3.5　单冷源温湿度独立控制系统

3.5.1　系统介绍

单冷源温湿度独立控制空调系统（简称单冷源系统）是温湿度分控系统的另一种形式，系统高温冷源集中设置，提供干式末端用高温冷水，负担室内显热；新风机组为热回收型机组，由高温冷源提供的高温冷水预冷新风，自带低温冷源深度除湿（室内排风冷凝或外接冷却水冷凝）。见图 3.5.1-1～图 3.5.1-3。

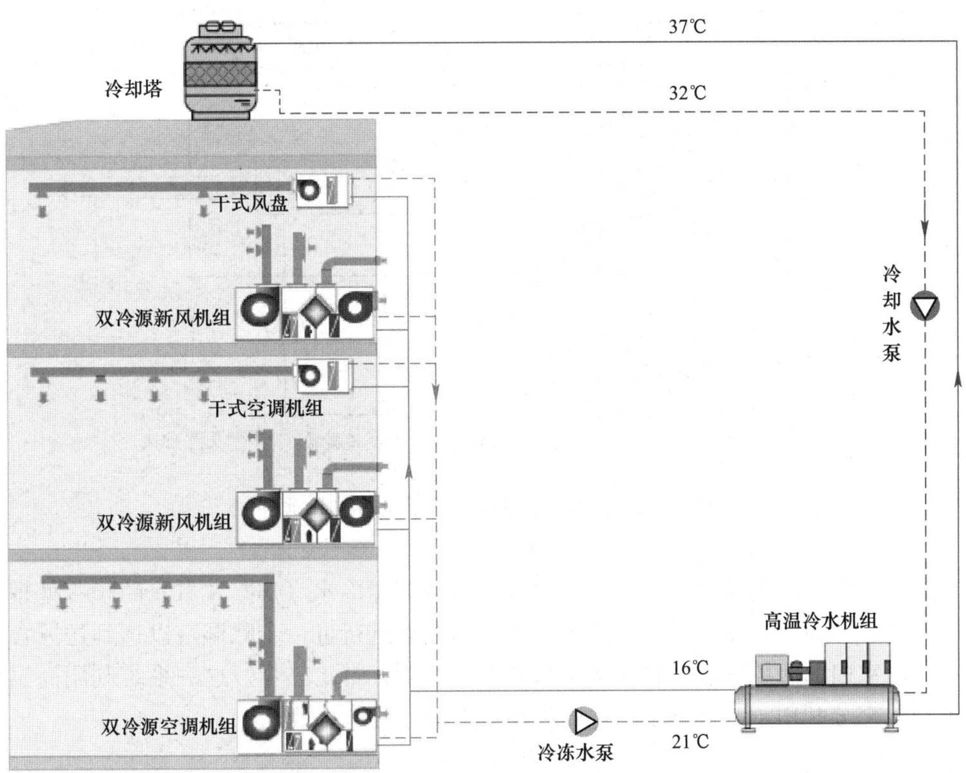

图 3.5.1-1 单冷源温湿度独立控制系统（室内排风）

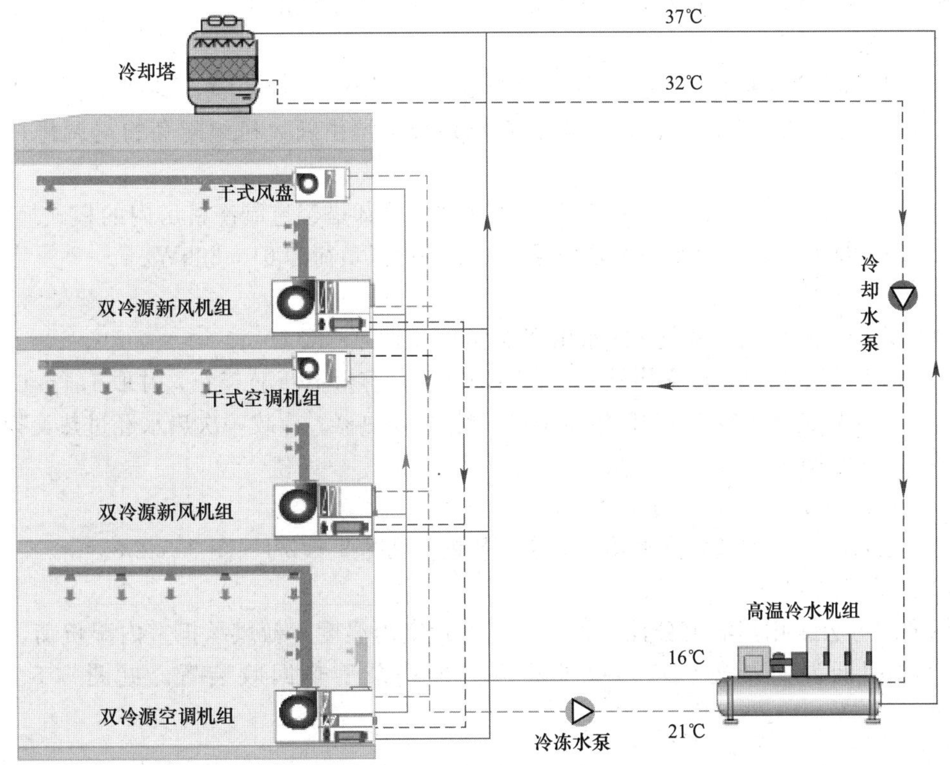

图 3.5.1-2 单冷源温湿度独立控制系统（外接冷却水）

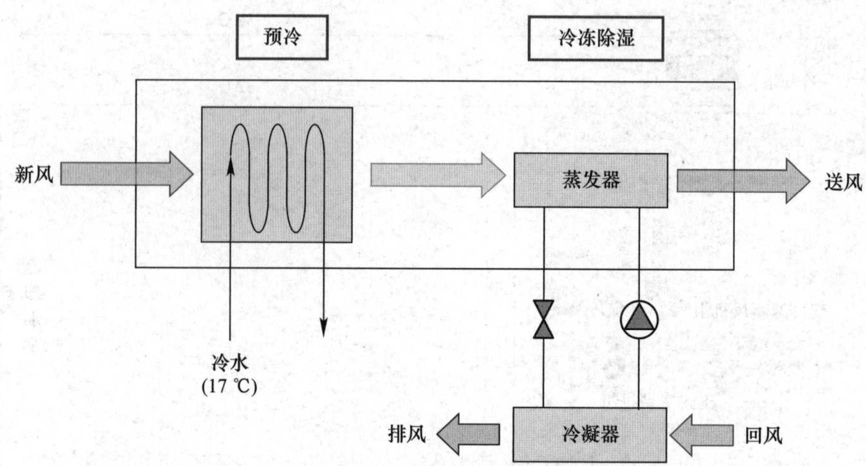

图 3.5.1-3　单冷源温湿度独立控制系统流程

在这种冷却除湿的新风机组中，新风首先经过高温冷水（16℃左右）的预冷处理。经过预冷处理后的新风，再经过独立热泵系统的蒸发器进行进一步除湿，以达到送风含湿量的要求。而室内的回风则经过独立热泵系统的冷凝侧，带走热量。这一系统利用高温冷水进行预冷，充分利用了制取高温冷水的高温冷源效率较高的优点。

3.5.2　系统设计

设计参数、计算负荷同前节，见第 3.4.2 节中第“2)”条。

1）冷源设计。

选用两台高温型冷水机组，单台制冷为 1231kW（350RT），供回水温度为 16/21℃，提供新风预冷及风盘高温冷水。新风系统除湿由新风机组配套的空调排风热泵承担。

为满足内区常年供冷需求，过渡季及冬季利用冷却塔经过制冷机房内的板式换热器，提供 16/21℃冷水，屋顶冷却塔设防冻保护。空调内区负荷为 616.89kW。

2）热源设计。

（1）采用市政热源。市政一次水供回水温度为 130/70℃。

（2）在地下一层设置热交换机房，寒冷地区单台容量不低于 65%，并取 1.1～1.15 的附加系数，设置两台单容量为 1500kW 的空调板式换热器。市政一次热水经过热交换器提供 60/45℃的空调热水。

（3）见图 3.1.2-2、图 3.4.2-2。

3）设置冷/热量计量装置及其自动控制装置。见图 3.5.2-1～图 3.5.2-3。

4）空调末端设计。

标准层办公采用温湿度分控系统，风盘处理室内温度，新风承担室内湿负荷，新风送风口采用低温防结露风口。新风机组自带热泵型热回收装置。见图 3.5.2-4～图 3.5.2-7。

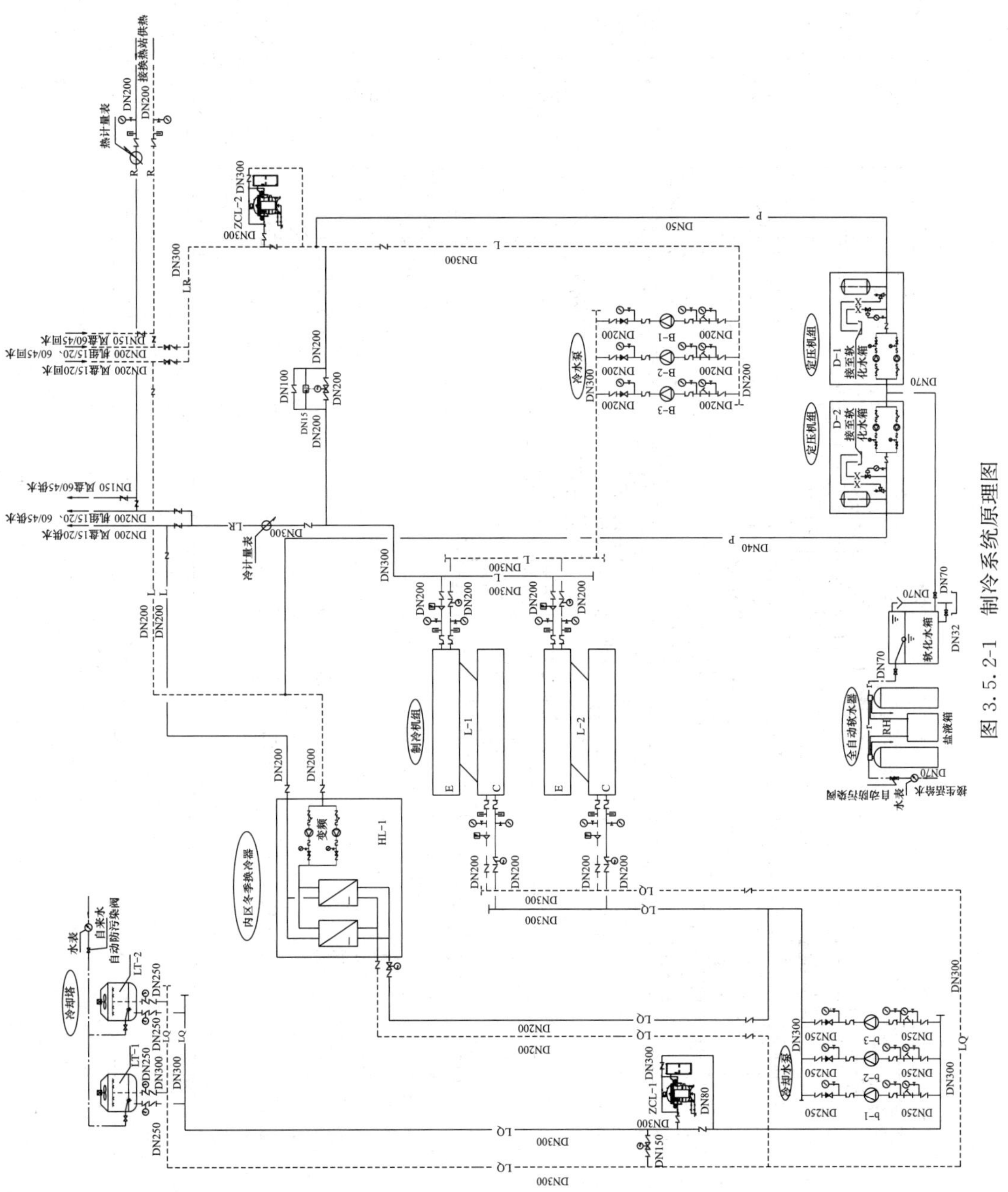

图 3.5.2-1 制冷系统原理图

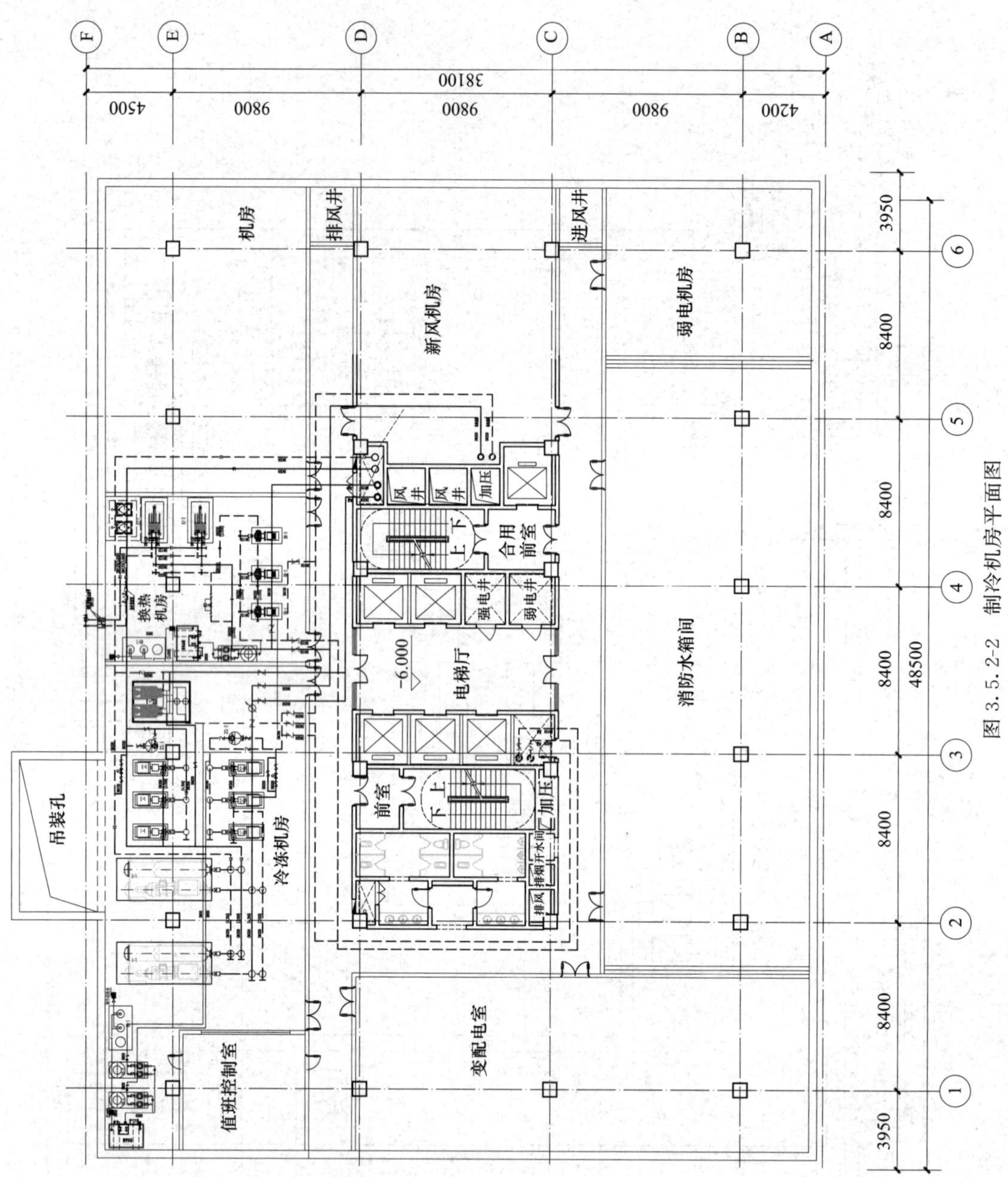

图 3.5.2-2　制冷机房平面图

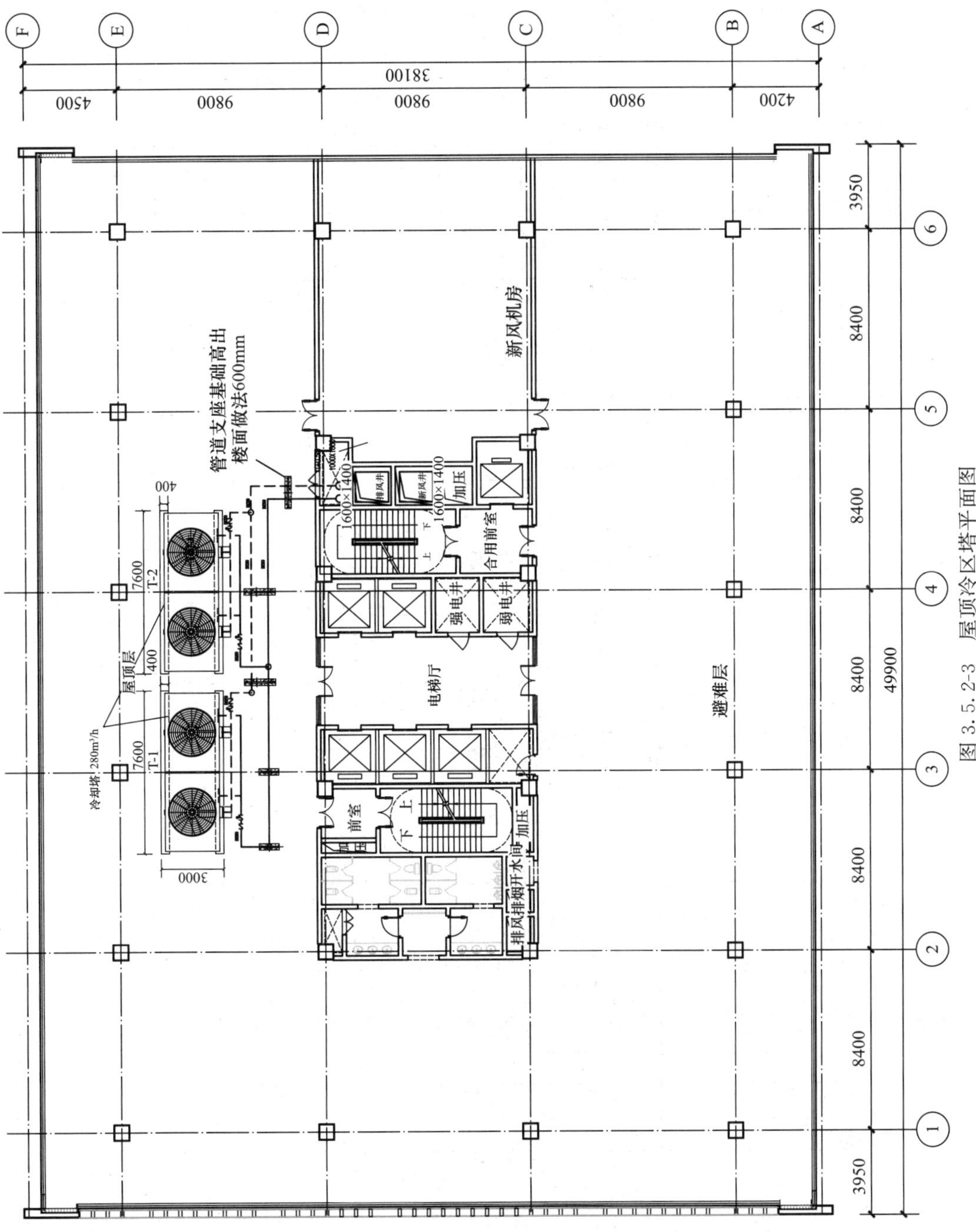

图 3.5.2-3 屋顶冷区塔平面图

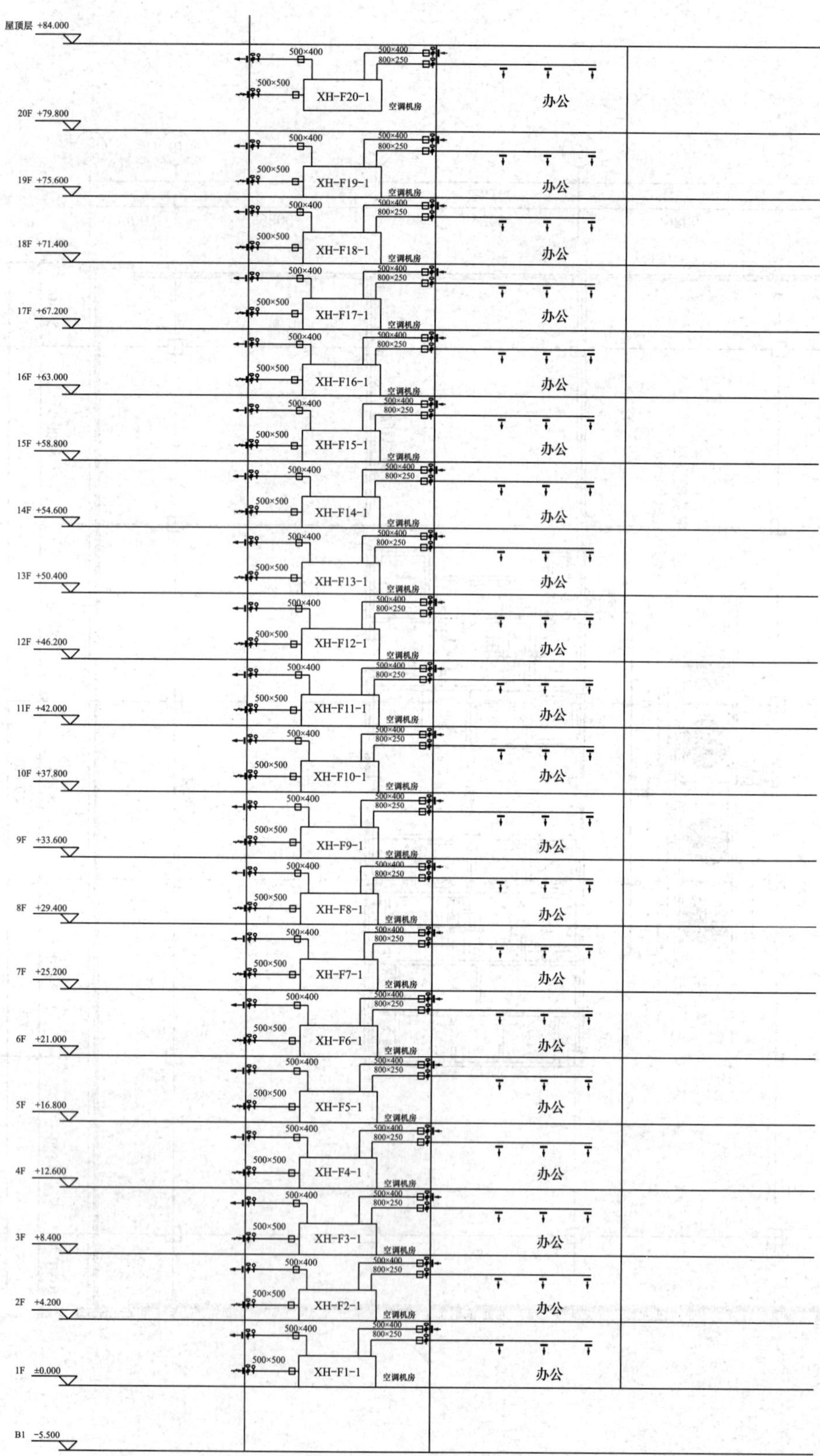

图 3.5.2-4　空调风系统图

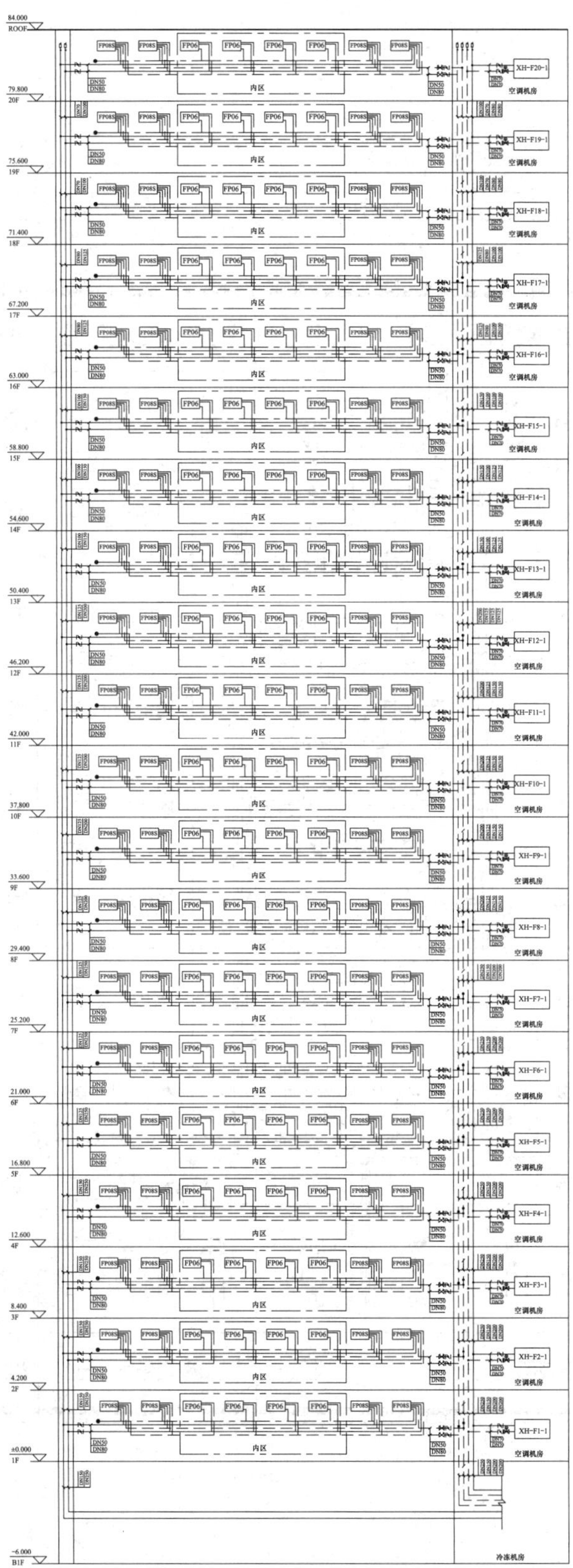

图 3.5.2-5 空调水系统图

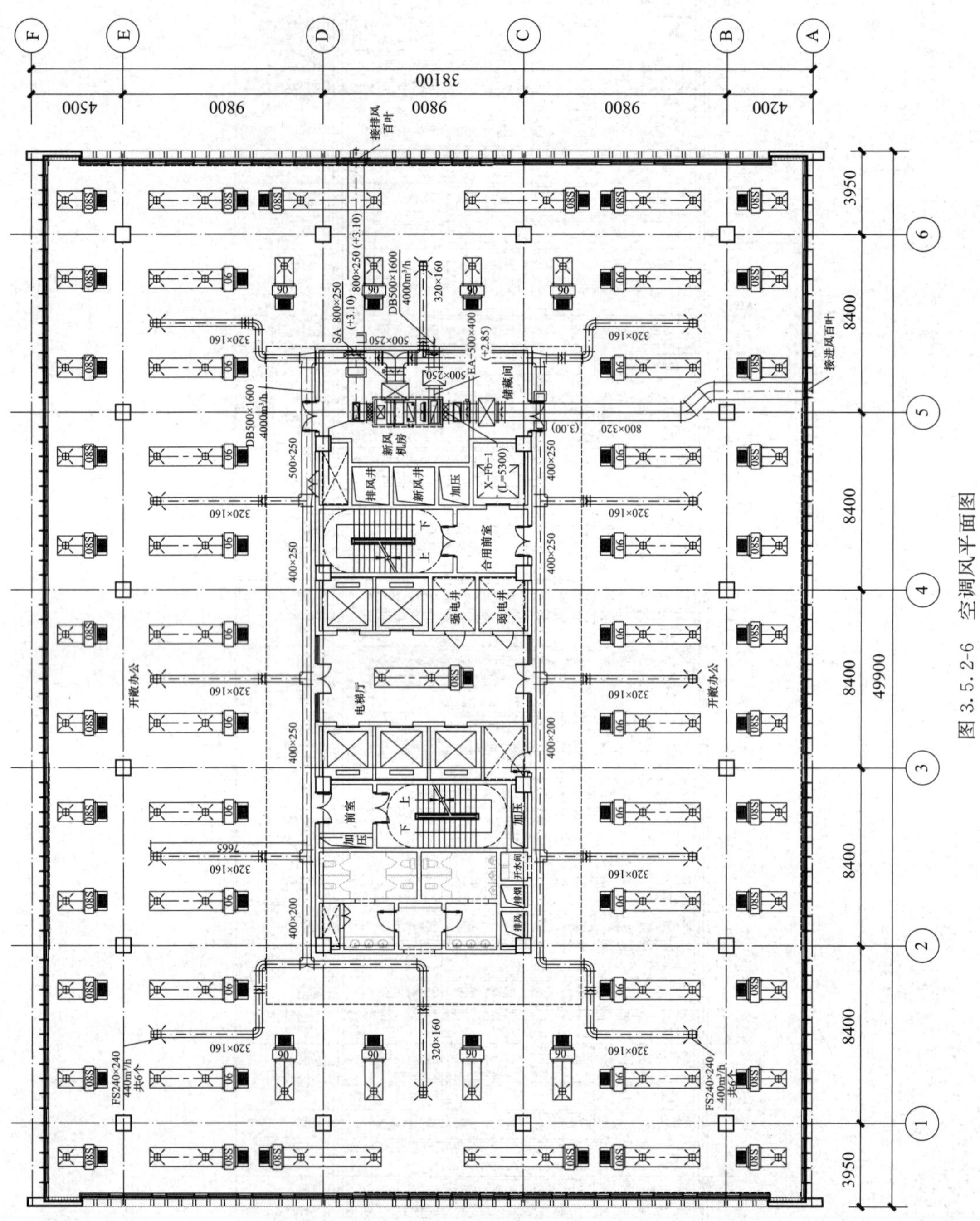

图 3.5.2-6　空调风平面图

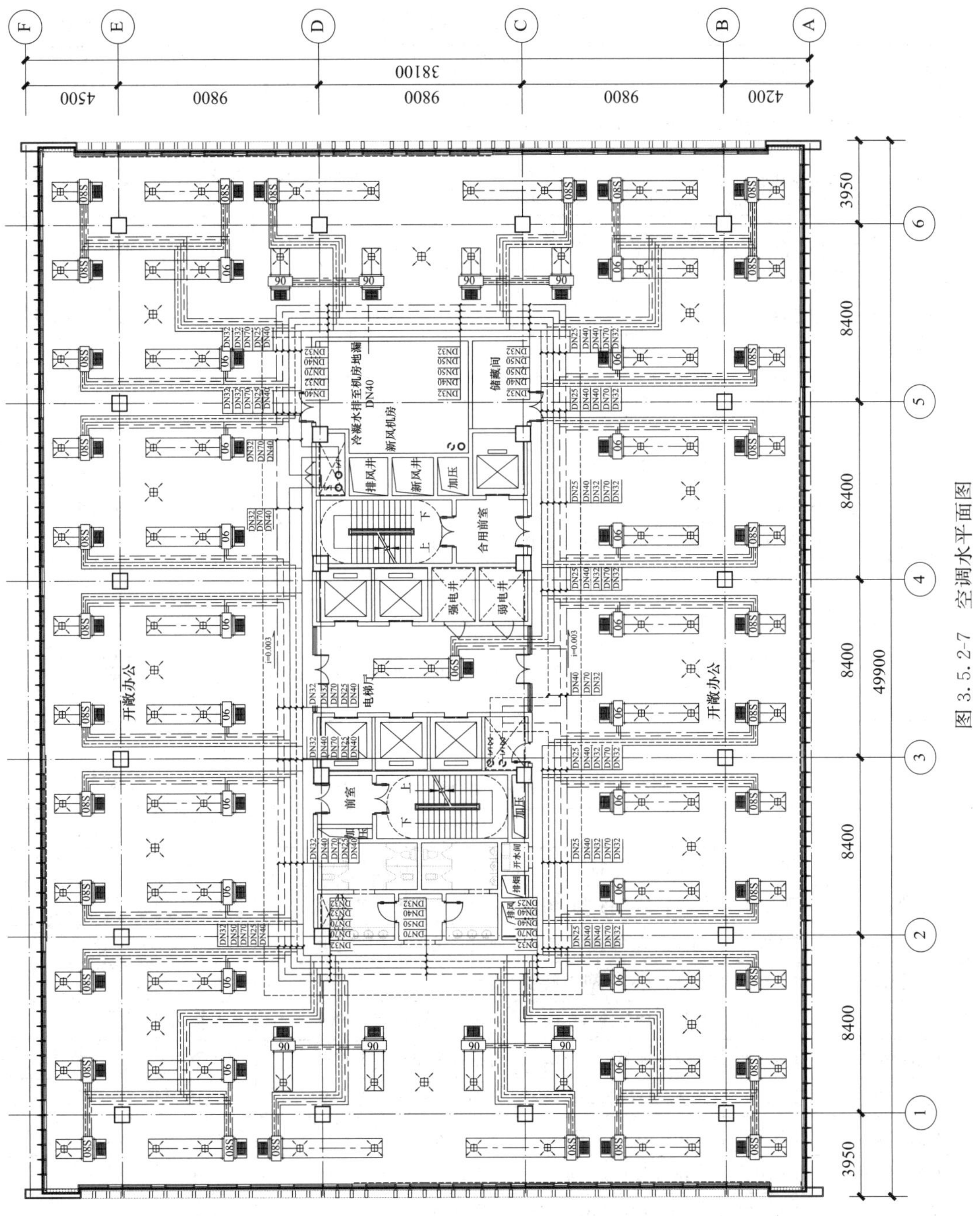

图 3.5.2-7 空调水平面图

3.5.3 设备材料表

1）冷源（表3.5.3-1、表3.5.3-2）

制冷机房主要设备表 **表3.5.3-1**

设备编号	设备名称	性能参数	数量	备注
L-1～2	高温型冷水机组	冷量：350RT；冷水温度：16/21℃；冷却水温度：32/37℃；功率：154kW；工作压力1.6MPa	2个	
B-1～3	冷水循环泵	流量：230m^3/h；扬程：32m；功率：30kW；转速：1450r/min；效率≥75%；工作压力1.6MPa	3个	两用一备
b-1～3	冷却水循环泵	流量：280m^3/h；扬程：30m；功率：37kW；转速：1450r/min；效率≥75%；工作压力1.6MPa	3个	两用一备
DY-1	定压罐	流量：10m^3/h；扬程：110m；功率：5.5kW；转速：1450r/min；效率≥75%；工作压力1.6MPa	1套	定压泵1用1备
DY-2	定压罐	流量：5m^3/h；扬程：110m；功率：4kW；转速：2900r/min；效率≥75%；工作压力1.6MPa	1套	定压泵1用1备
RH-1	软水器	水处理量：3～5m^3/h；功率：0.4kW；双罐双阀；工作压力1.0MPa	1套	自动流量控制型
	软水箱	1800mm×1200mm×1800mm	1个	不锈钢
ZCL-1	全程水处理器	接口尺寸DN300；工作压力1.6MPa	1个	
ZCL-2	全程水处理器	接口尺寸DN300；工作压力1.6MPa	1个	
HL-1	冬季换冷机组	换热量1100kW；一次水温度：13/18℃；二次水温度：15/20℃；工作压力1.6MPa 流量：185m^3/h；扬程：30mH_2O；功率：22kW；转速：1450r/min；效率≥75%；工作压力1.6MPa	1个	整体式换热机组

制冷机房（含冷却水系统）主要材料表 **表3.5.3-2**

材料名称	规格	性能参数	数量	备注
手动碟阀	DN250	阀体：球墨铸铁；阀芯：青铜；工作压力1.6MPa	10个	
手动碟阀	DN300	阀体：球墨铸铁；阀芯：青铜；工作压力1.6MPa	9个	
手动碟阀	DN200	阀体：球墨铸铁；阀芯：青铜；工作压力1.6MPa	26个	
手动碟阀	DN150	阀体：球墨铸铁；阀芯：青铜；工作压力1.6MPa	6个	
电动碟阀	DN200	阀体：球墨铸铁；阀芯：青铜；工作压力1.6MPa	5个	
电动碟阀	DN250	阀体：球墨铸铁；阀芯：青铜；工作压力1.6MPa	4个	
电动调节阀	DN200	阀体：球墨铸铁；阀芯：青铜；工作压力1.6MPa	1个	
橡胶软接头	DN250	工作压力1.6MPa	6个	
橡胶软接头	DN200	工作压力1.6MPa	10个	
Y型除污器	DN250	20目不锈钢孔板；工作压力1.6MPa	3个	
Y型除污器	DN200	20目不锈钢孔板；工作压力1.6MPa	3个	
逆止阀	DN250	阀体：球墨铸铁；阀芯：青铜；工作压力1.6MPa	3个	缓闭静音型
逆止阀	DN200	阀体：球墨铸铁；阀芯：青铜；工作压力1.6MPa	3个	缓闭静音型

续表

材料名称	规格	性能参数	数量	备注
截止阀	DN100	铜质截止阀；工作压力 1.6MPa	2个	
冷量计量表	DN300	工作压力 1.6MPa	1个	超声波型
水量计量表	DN50	工作压力 1.6MPa	1个	超声波型
静态平衡阀	DN200	阀体：球墨铸铁；阀芯：青铜；工作压力 1.6MPa	2个	
镀锌钢管	DN50	工作压力 1.6MPa	55m	
无缝钢管	DN150	工作压力 1.6MPa	2.5m	
无缝钢管	DN200	工作压力 1.6MPa	231m	
无缝钢管	DN250	工作压力 1.6MPa	56m	
无缝钢管	DN300	工作压力 1.6MPa	249m	
橡塑保温管壳	DN150	橡塑保温管壳厚度 40mm	2.5m	
橡塑保温管壳	DN200	橡塑保温管壳厚度 40mm	231m	
橡塑保温管壳	DN250	橡塑保温管壳厚度 40mm	56m	
橡塑保温管壳	DN300	橡塑保温管壳厚度 40mm	79m	

2）换热站

热源设备及材料表同两管制风机盘管＋新风方案，见表 3.1.3-5、表 3.1.3-6。

3）冷却塔（表 3.5.3-3、表 3.5.3-4）

屋面冷却塔主要设备表 **表 3.5.3-3**

设备编号	设备名称	性能参数	数量（个）	备注
T-1～2	横流式冷却塔	流量：280m^3/h；进/出水温度：37/32℃；转速：1500r/min；功率：15kW；工作压力 1.0MPa	2	

单冷源温湿度分控系统风盘设备表 **表 3.5.3-4**

设备编号	设备名称	性能参数	数量（m）	备注
06	两管制盘管	额定风量：1040m^3/h；额定冷量：2020W；出口静压：30Pa；输入功率：110W；冷水温度：16/21℃	560	配置铜质自动排气阀 DN20；铜质电动两通阀 DN20；铜质球阀 DN20；水管接管设置 200mm 橡胶软管；自带温控器；工作压力 1.6MPa
08S	四管制盘管	额定风量：1360m^3/h；额定冷量：4500W；额定热量：6750W；出口静压：30Pa；输入功率：87W	660	

4）水系统（表 3.5.3-5）

单冷源温湿度分控系统风盘材料表 **表 3.5.3-5**

材料名称	规格	性能参数	数量
静态平衡阀	DN80	阀体：球墨铸铁；阀芯：青铜；工作压力 1.6MPa	20个
静态平衡阀	DN50	阀体：球墨铸铁；阀芯：青铜；工作压力 1.6MPa	20个
电动调节阀	DN70	阀体：球墨铸铁；阀芯：青铜；工作压力 1.6MPa	20个

续表

材料名称	规格	性能参数	数量
电磁阀	DN20	铜质阀门	20 个
蝶阀	DN80	阀体：球墨铸铁；阀芯：青铜；工作压力 1.6MPa	40 个
蝶阀	DN70	阀体：球墨铸铁；阀芯：青铜；工作压力 1.6MPa	40 个
蝶阀	DN50	阀体：球墨铸铁；阀芯：青铜；工作压力 1.6MPa	40 个
Y 型过滤器	DN70	40 目；工作压力 1.6MPa	20 个
镀锌钢管	DN20	工作压力 1.6MPa	9150m
镀锌钢管	DN25	工作压力 1.6MPa	7440m
镀锌钢管	DN32	工作压力 1.6MPa	4280m
镀锌钢管	DN40	工作压力 1.6MPa	2240m
镀锌钢管	DN50	工作压力 1.6MPa	840m
镀锌钢管	DN70	工作压力 1.6MPa	1960m
镀锌钢管	DN80	工作压力 1.6MPa	120m
镀锌钢管	DN100	工作压力 1.6MPa	75m
无缝钢管	DN125	工作压力 1.6MPa	75m
无缝钢管	DN150	工作压力 1.6MPa	110m
无缝钢管	DN200	工作压力 1.6MPa	130m
无缝钢管	DN250	工作压力 1.6MPa	80m
橡塑保温管壳	DN20	橡塑保温管壳厚度 10mm	1830m
橡塑保温管壳	DN20	橡塑保温管壳厚度 25mm	7320m
橡塑保温管壳	DN25	橡塑保温管壳厚度 25mm	7440m
橡塑保温管壳	DN32	橡塑保温管壳厚度 10mm	2000m
橡塑保温管壳	DN32	橡塑保温管壳厚度 25mm	2280m
橡塑保温管壳	DN40	橡塑保温管壳厚度 10mm	100m
橡塑保温管壳	DN50	橡塑保温管壳厚度 40mm	840m
橡塑保温管壳	DN70	橡塑保温管壳厚度 40mm	1960m
橡塑保温管壳	DN80	橡塑保温管壳厚度 40mm	120m
橡塑保温管壳	DN100	橡塑保温管壳厚度 40mm	75m
橡塑保温管壳	DN125	橡塑保温管壳厚度 40mm	75m
橡塑保温管壳	DN150	橡塑保温管壳厚度 40mm	110m
橡塑保温管壳	DN200	橡塑保温管壳厚度 40mm	130m
橡塑保温管壳	DN250	橡塑保温管壳厚度 40mm	80m
自动放气阀	DN20	铜质；工作压力 1.6MPa	46 个
多管固定支架			82 个
温度计		工作压力 1.6MPa	40 个
压力表		工作压力 1.6MPa	40 个
橡胶软管	DN70	工作压力 1.6MPa	8m

5）风系统（表3.5.3-6～表3.5.3-8）

单冷源温湿度分控系统新风设备表　　表3.5.3-6

设备编号	设备名称	性能参数	数量（个）	备注
XH-F1～20-1	新风机组	额定风量：5300m^3/h；出口静压：300Pa； 风机功率：2.2kW； 预冷量：58kW； 压缩机制冷量：42kW； 热量：83kW	20	带直膨段（压缩机），内置排风机

单冷源温湿度分控系统新风材料表　　表3.5.3-7

材料名称	规格（mm）	性能参数	数量	备注
镀锌薄钢板风管	200×120	两面镀锌；壁厚0.5mm	32.6m	标准层
	320×160	两面镀锌；壁厚0.5mm	1896m	标准层
	400×200	两面镀锌；壁厚0.6mm	292m	标准层
	400×250	两面镀锌；壁厚0.6mm	613.6m	标准层
	500×250	两面镀锌；壁厚0.75mm	308m	标准层
	800×250	两面镀锌；壁厚0.75mm	56.4m	标准层新风机房
	500×400	两面镀锌；壁厚0.75mm	82m	标准层新风机房
	500×500	两面镀锌；壁厚0.75mm	106.2m	标准层新风机房
	1600×1400	两面镀锌；壁厚1.2mm	180m	风管立管
	1000×1000	两面镀锌；壁厚0.75mm	64.8m	热回收新风机房
	1000×800	两面镀锌；壁厚0.75mm	26m	热回收新风机房
	1000×2000	两面镀锌；壁厚1.2mm	5m	热回收新风机房
	1000×1800	两面镀锌；壁厚1.2mm	3.6m	热回收新风机房
	1600×1000	两面镀锌；壁厚1.2mm	2.5m	热回收新风机房
70℃防火阀	500×400	碳素钢	40个	标准层
	500×500	碳素钢	20个	标准层
	800×250	碳素钢	20个	标准层
	1000×1800	碳素钢	2个	热回收新风机房
	1000×2000	碳素钢	2个	热回收新风机房
	1600×1000	碳素钢	1个	热回收新风机房
	2000×1000	碳素钢	1个	热回收新风机房
开关式电动风阀	500×400	不锈钢	20个	标准层新风机房
	500×500	不锈钢	20个	标准层新风机房
手动调节风阀	320×160	不锈钢	240个	标准层
	500×250	不锈钢	40个	标准层
	500×400	不锈钢	40个	标准层新风机房
	800×250	不锈钢	20个	标准层新风机房

续表

材料名称	规格（mm）	性能参数	数量	备注
金属软连接	ϕ500	碳钢＋不锈钢；长度 300mm	40 个	标准层新风机房
	500×500	碳钢＋不锈钢；长度 300mm	40 个	标准层新风机房
	1000×800	碳钢＋不锈钢；长度 300mm	8 个	热回收新风机房
	1000×1000	碳钢＋不锈钢；长度 300mm	8 个	热回收新风机房
散流器	240×240	铝合金	240 个	标准层
单层百叶	500×1600	铝合金	20 个	标准层
消声器	1000×800	镀锌薄钢板；阻抗复合型	8 个	热回收新风机房
	1000×1000	镀锌薄钢板；阻抗复合型	2 个	热回收新风机房
	1000×2000	镀锌薄钢板；阻抗复合型	2 个	热回收新风机房
联箱	4500×2000×800	镀锌薄钢板	2 个	热回收新风机房

风机盘管风系统末端主要材料表　　表 3.5.3-8

材料名称	规格（mm）	性能参数	数量	备注
镀锌薄钢板风管	900×200	两面镀锌；壁厚 0.75mm	560m	风盘送风
	1200×200	两面镀锌；壁厚 1.0mm	660m	风盘送风
铝箔软管	300×300	长度 500mm	840m	风管接风口
	360×360	长度 500mm	480m	风管接风口
	420×420	长度 500mm	480m	风管接风口
离心玻璃棉保温	900×200	带阻燃玻纤布复合铝箔的离心玻璃棉；厚度 40mm	560 个	风盘送风
	1200×200	带阻燃玻纤布复合铝箔的离心玻璃棉；厚度 40mm	660 个	风盘送风
散流器	300×300	铝合金	840 个	风盘送风
	360×360	铝合金	480 个	风盘送风
	420×420	铝合金	480 个	风盘送风
单层百叶	800×300	铝合金	1220 个	风盘回风
回风箱	900×500×300	镀锌薄钢板	1220 个	风盘回风

3.5.4　初投资

根据方案设计和设备材料表统计，计算空调系统总造价为 18482387.03 元，空调面积单位造价 687.08 元/m²，建筑面积单位造价 507.10 元/m²。其中各分项造价指标见表 3.5.4-1。

单冷源温湿度分控系统方案分项造价指标　　表 3.5.4-1

序号	分项名称	造价（元）	占比（%）	空调面积指标（元/m²）	建筑面积指标（元/m²）
1	制冷机房	2657512.66	14.38	98.79	72.91
1.1	设备	2148983.07	80.86	79.89	58.96
1.2	阀门	215398.38	8.11	8.01	5.91
1.3	管道	273791.21	10.30	10.18	7.51
1.4	保温	19340.00	0.73	0.72	0.53

续表

序号	分项名称	造价（元）	占比（%）	空调面积指标（元/m²）	建筑面积指标（元/m²）
2	冷却塔	418184.70	2.26	15.55	11.47
3	换热机房	266822.64	1.44	9.92	7.32
3.1	设备	117156.2	43.91	4.36	3.21
3.2	阀门	56290.17	21.10	2.09	1.54
3.3	管道	85166.39	31.92	3.17	2.34
3.4	保温	8209.88	3.08	0.31	0.23
4	风系统	5175023.00	28.00	192.38	141.99
4.1	设备	1381483.40	26.70	51.36	37.90
4.2	阀门	135356.36	2.62	5.03	3.71
4.3	风口	27675.40	0.53	1.03	0.76
4.4	风管	3202453.27	61.88	119.05	87.87
4.5	保温	428054.57	8.27	15.91	11.74
5	水系统	6425612.50	34.77	238.87	176.30
5.1	设备	3162485.80	49.22	117.56	86.77
5.2	阀门	846801.74	13.18	31.48	23.23
5.3	管道	2093205.75	32.58	77.81	57.43
5.4	保温	323119.21	5.03	12.01	8.87
6	措施费	2013162.88	10.89	74.84	55.24
7	税金	1526068.65	8.26	56.73	41.87

3.5.5 运行能耗

1. 供冷能耗

1）高温冷水供冷系统

根据建筑逐时冷负荷及空调设备配置参数，实时模拟计算空调系统供冷逐时耗电量，累加得到逐日耗电量。高温冷水供冷系统运行工况参数详见图 3.5.5-1、图 3.5.5-2，计算结果如下：

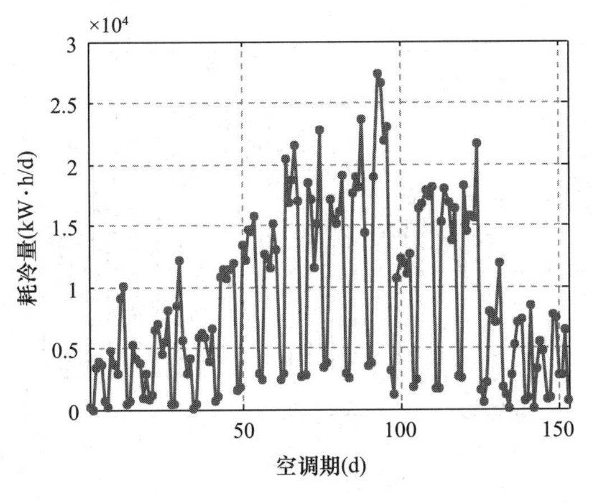

图 3.5.5-1 空调期逐日耗冷量

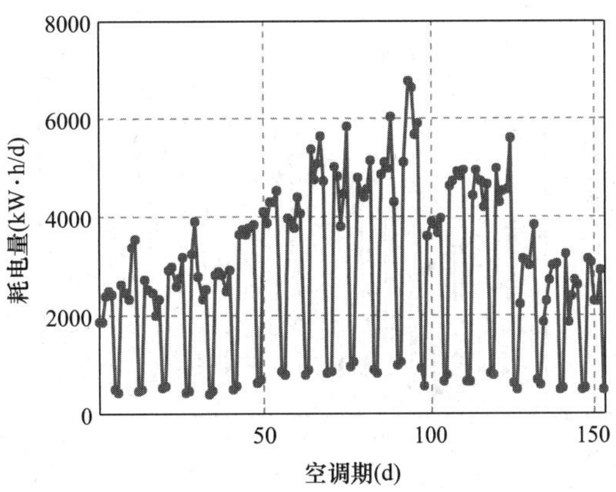

图 3.5.5-2 空调期逐日耗电量

空调期总耗冷量：130.81万kW·h，空调面积冷量指标：48.63kW·h/m^2，建筑面积冷量指标：35.86kW·h/m^2；

空调期总耗电量：44.12万kW·h，空调面积电量指标：16.40kW·h/m^2，建筑面积电量指标：12.10kW·h/m^2。

2）低温冷媒供冷除湿系统

根据建筑逐时冷负荷及空调设备配置参数，实时模拟计算空调系统供冷逐时耗电量，累加得到逐日耗电量。低温冷媒供冷除湿系统运行工况参数详见图3.5.5-3、图3.5.5-4，计算结果如下：

空调期总耗冷量：106.02万kW·h，空调面积冷量指标：39.41kW·h/m^2，建筑面积冷量指标：29.06kW·h/m^2；

空调期总耗电量：27.77万kW·h，空调面积电量指标：10.32kW·h/m^2，建筑面积电量指标：7.61kW·h/m^2。

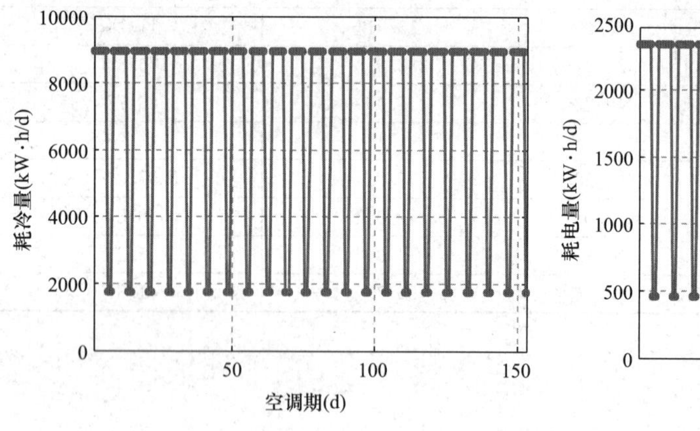

图3.5.5-3　空调期逐日耗冷量

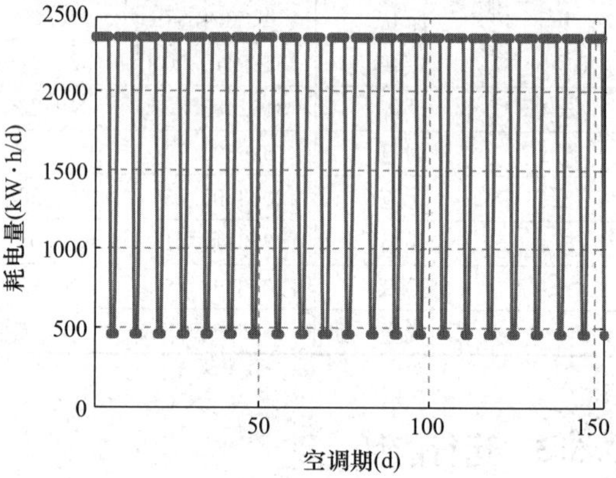

图3.5.5-4　空调期逐日耗电量

3）空调总能耗（高温+低温）

根据建筑逐时冷负荷及空调设备配置参数，实时模拟计算空调系统供冷逐时耗电量，累加得到逐日耗电量。空调系统供冷运行工况参数详见图3.5.5-5、图3.5.5-6，计算结果如下：

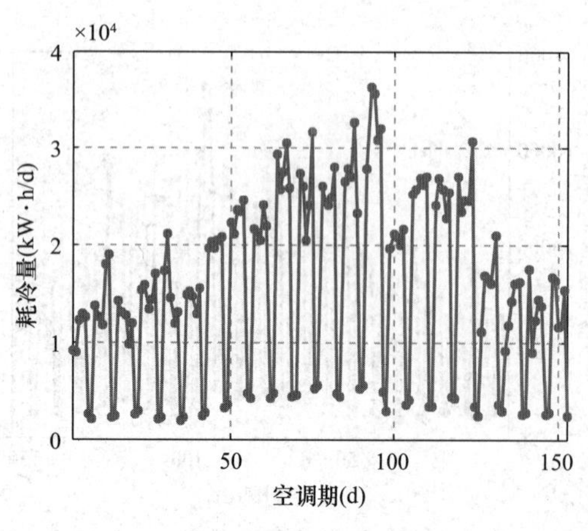

图3.5.5-5　空调期逐日耗冷量

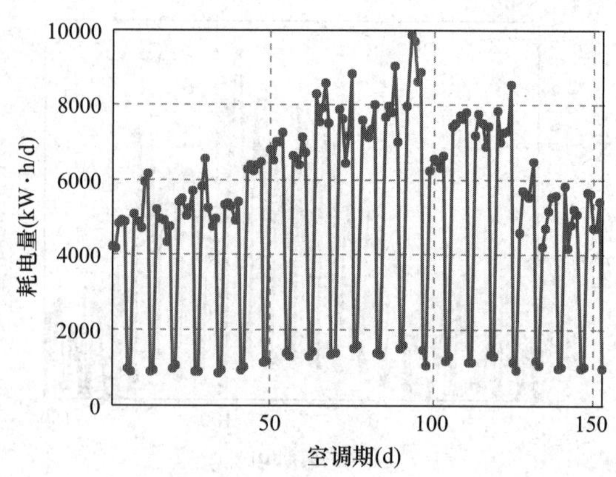

图3.5.5-6　空调期逐日耗电量

空调期总耗冷量：236.83 万 kW・h，空调面积冷量指标：88.04kW・h/m²，建筑面积冷量指标：64.93kW・h/m²；空调期总耗电量：71.89 万 kW・h，空调面积电量指标：26.73kW・h/m²，建筑面积电量指标：19.71kW・h/m²，见表 3.5.5-1。

供冷能耗统计表 **表 3.5.5-1**

耗冷量			耗电量		
总耗冷量（万 kW・h）	空调面积冷量指标（kW・h/m²）	建筑面积冷量指标（kW・h/m²）	总耗电量（万 kW・h）	空调面积电量指标（kW・h/m²）	建筑面积电量指标（kW・h/m²）
236.83	88.04	64.93	71.89	26.73	19.71

其中，冷源总耗电量 22.22 万 kW・h，空调面积电量指标：8.29kW・h/m²，建筑面积电量指标：6.09kW・h/m²；空调末端总耗电量 49.67 万 kW・h，空调面积电量指标：18.46kW・h/m²，建筑面积电量指标：13.62kW・h/m²，见表 3.5.5-2。

分项供冷耗电量统计表 **表 3.5.5-2**

冷源耗电量			末端耗电量		
总耗电量（万 kW・h）	空调面积电量指标（kW・h/m²）	建筑面积电量指标（kW・h/m²）	总耗电量（万 kW・h）	空调面积电量指标（kW・h/m²）	建筑面积电量指标（kW・h/m²）
22.22	8.29	6.09	49.67	18.46	13.62

2. 供热能耗

根据建筑逐时热负荷及空调设备配置参数，实时模拟计算空调系统供热逐时耗热量、耗电量，累加得到逐日耗热量、耗电量。空调系统供热运行工况参数详见图 3.5.5-7、图 3.5.5-8，计算结果如下：

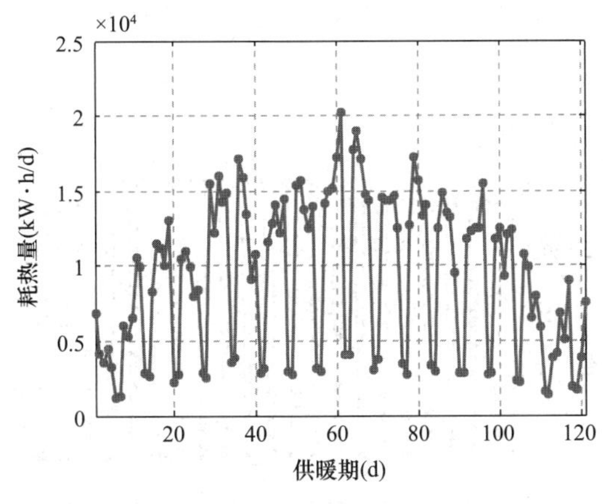

图 3.5.5-7 供暖期逐日耗热量

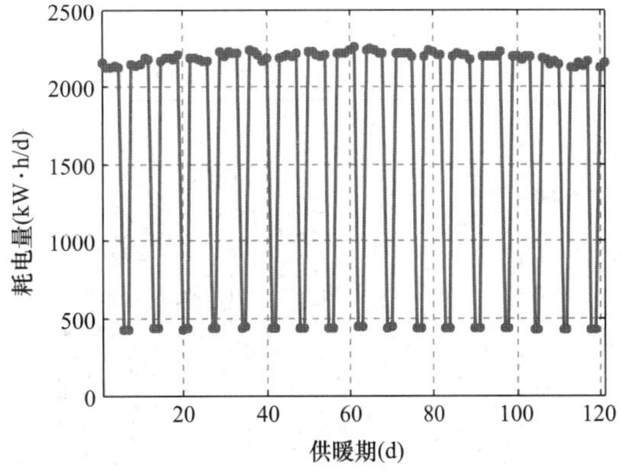

图 3.5.5-8 供暖期逐日耗电量

供暖期总耗热量：110.63 万 kW・h，空调面积热量指标：41.13kW・h/m²，建筑面积热量指标：30.33kW・h/m²；供暖期总耗电量：20.54 万 kW・h，空调面积电量指标：7.64kW・h/m²，建筑面积电量指标：5.63kW・h/m²，见表 3.5.5-3。

供热能耗统计表　　　　表 3.5.5-3

耗热量			耗电量		
总耗热量（万 kW·h）	空调面积热量指标（$kW\cdot h/m^2$）	建筑面积热量指标（$kW\cdot h/m^2$）	总耗电量（万 kW·h）	空调面积电量指标（$kW\cdot h/m^2$）	建筑面积电量指标（$kW\cdot h/m^2$）
110.63	41.13	30.33	20.54	7.64	5.63

其中热源总耗电量：2.21 万 kW·h，空调面积电量指标：0.82$kW\cdot h/m^2$，建筑面积电量指标：0.61$kW\cdot h/m^2$；末端总耗电量：18.33 万 kW·h，空调面积电量指标：6.81$kW\cdot h/m^2$，建筑面积电量指标：5.03$kW\cdot h/m^2$，见表 3.5.5-4。

分项供热耗电量统计表　　　　表 3.5.5-4

热源耗电量			末端耗电量		
总耗电量（万 kW·h）	空调面积电量指标（$kW\cdot h/m^2$）	建筑面积电量指标（$kW\cdot h/m^2$）	总耗电量（万 kW·h）	空调面积电量指标（$kW\cdot h/m^2$）	建筑面积电量指标（$kW\cdot h/m^2$）
2.21	0.82	0.61	18.33	6.81	5.03

3.5.6 运行费用

1. 供冷费用

根据各时刻峰谷电价，计算系统逐时电费，累加得到逐日电费。空调系统供冷运行逐日费用见图 3.5.6-1～图 3.5.6-3，计算结果如下：

高温冷水系统空调期运行费用：46.68 万元，空调面积费用指标：17.35 元/m^2，建筑面积费用指标：12.80 元/m^2；

低温冷媒系统空调期运行费用：28.49 万元，空调面积费用指标：10.59 元/m^2，建筑面积费用指标：7.81 元/m^2；

空调期总运行费用为：75.17 万元，空调面积费用指标：27.94 元/m^2，建筑面积费用指标：20.61 元/m^2。

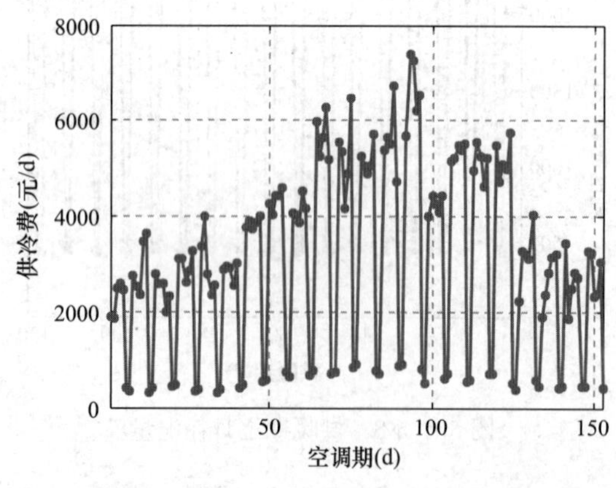

图 3.5.6-1　高温冷水系统逐日供冷费

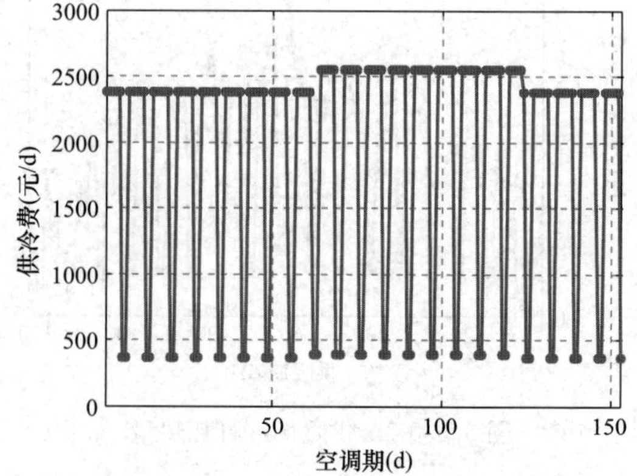

图 3.5.6-2　低温冷媒系统逐日供冷费

2. 供热费用

根据市政热价及各时刻峰谷电价，计算系统逐时热费、电费，累加得到逐日热费、电费，汇总热费和电费之和即为总供热费。空调系统供冷、供热运行逐日费用见图 3.5.6-4，计算结果如下：

供暖期总运行费用为：108.68 万元，空调面积费用指标：40.40 元/m^2，建筑面积费用指标：29.79 元/m^2。

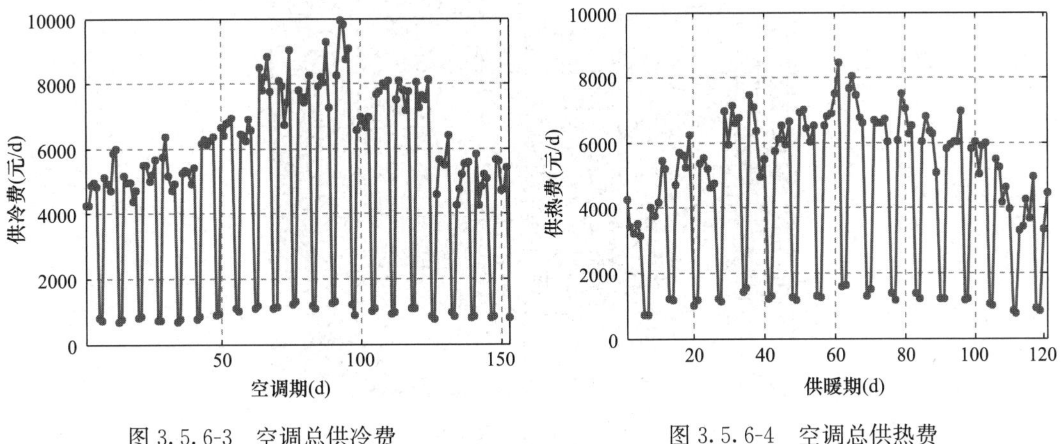

图 3.5.6-3 空调总供冷费

图 3.5.6-4 空调总供热费

3. 全年总费用

全年总运行费用为：183.85 万元，空调面积费用指标：68.35 元/m^2，建筑面积费用指标：50.40 元/m^2。

3.6 多联式空调（热泵）机组＋新风方案

多联式空调（热泵）机组，一台或数台室外机可连接多台不同或相同形式、容量的直接蒸发式室内机和直接蒸发式新风机组构成的单一制冷（制热）循环系统，它可以向一个或数个区域提供处理后的空气。

多联式空调（热泵）机组以其室内机种类多、布局灵活、自控程度高、便于物业管理、可分期安装等优势，在办公、商铺等公共建筑中占比逐年上升，近些年也应用在超高层建筑、商业综合体。热泵充分利用空气源，其无污染、利用可再生能源的特性，也是节能环保政策推荐的空调形式之一。多联式空调（热泵）机组室内机对空气的处理过程与风机盘管类似，通过过滤、冷/热处理，为室内人员提供一个舒适的温湿度环境。配套设置的新风＋排风系统，负责处理室外新风，维持室内空气的清新度和排除异味。

3.6.1 系统介绍

多联机空调（热泵）机组，夏季根据需要可承担全部室内负荷＋新风负荷，也可以只承担室内负荷。在寒冷地区及以南区域，冬季可独立承担相应的热负荷，严寒地区可承担过渡季节的热负荷。

1. 系统构成

多联式空调（热泵）机组由室内机（风机＋表冷器＋膨胀阀）、室外机（冷凝器＋压缩机+控制配电箱）、温控器、冷媒管路（气管+液管+控制线）组成。新风+排风系统由新风机组、排风机、配电控制箱、水阀（关断阀+电动调节阀）、电动开关风阀组成。见图 3.6.1-1～图 3.6.1-3。

图 3.6.1-1　多联式空调（热泵）机组室外机构造

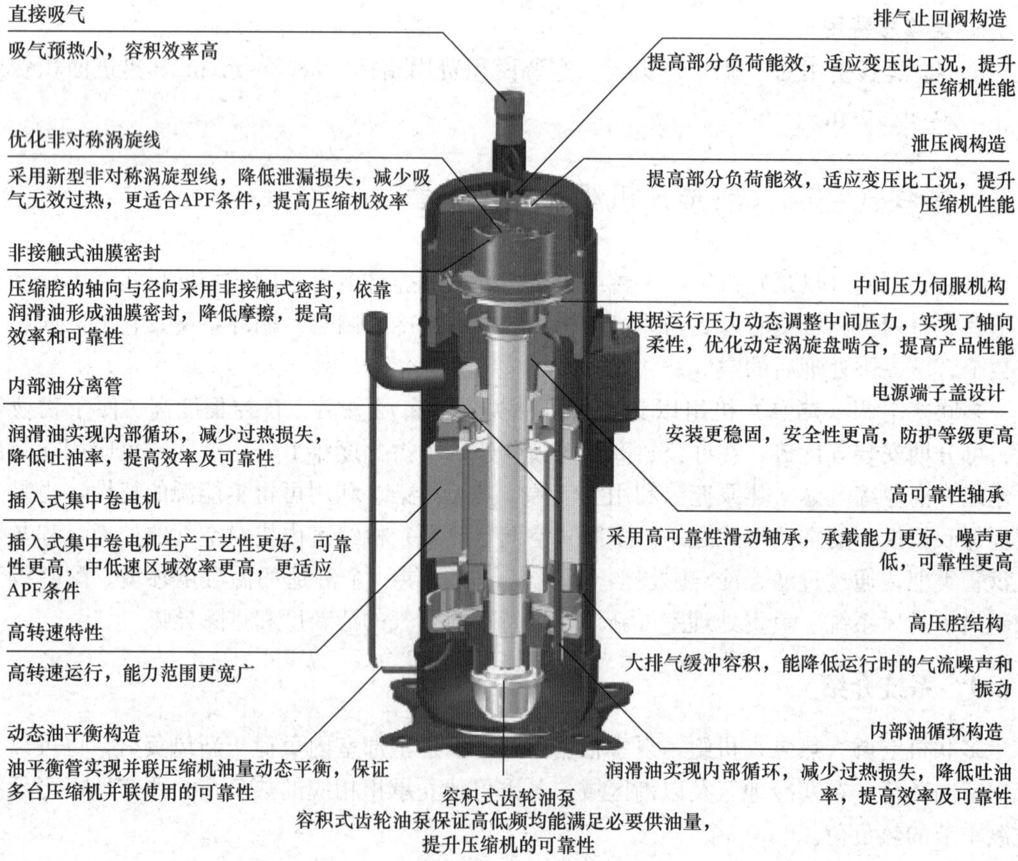

直接吸气

吸气预热小，容积效率高

优化非对称涡旋线

采用新型非对称涡旋型线，降低泄漏损失，减少吸气无效过热，更适合APF条件，提高压缩机效率

非接触式油膜密封

压缩腔的轴向与径向采用非接触式密封，依靠润滑油形成油膜密封，降低摩擦，提高效率和可靠性

内部油分离管

润滑油实现内部循环，减少过热损失，降低吐油率，提高效率及可靠性

插入式集中卷电机

插入式集中卷电机生产工艺性更好，可靠性更高，中低速区域效率更高，更适应APF条件

高转速特性

高转速运行，能力范围更宽广

动态油平衡构造

油平衡管实现并联压缩机油量动态平衡，保证多台压缩机并联使用的可靠性

排气止回阀构造

提高部分负荷能效，适应变压比工况，提升压缩机性能

泄压阀构造

提高部分负荷能效，适应变压比工况，提升压缩机性能

中间压力伺服机构

根据运行压力动态调整中间压力，实现了轴向柔性，优化动定涡旋盘啮合，提高产品性能

电源端子盖设计

安装更稳固，安全性更高，防护等级更高

高可靠性轴承

采用高可靠性滑动轴承，承载能力更好、噪声更低，可靠性更高

高压腔结构

大排气缓冲容积，能降低运行时的气流噪声和振动

内部油循环构造

润滑油实现内部循环，减少过热损失，降低吐油率，提高效率及可靠性

容积式齿轮油泵

容积式齿轮油泵保证高低频均能满足必要供油量，提升压缩机的可靠性

图 3.6.1-2　多联式空调（热泵）机组压缩机构造

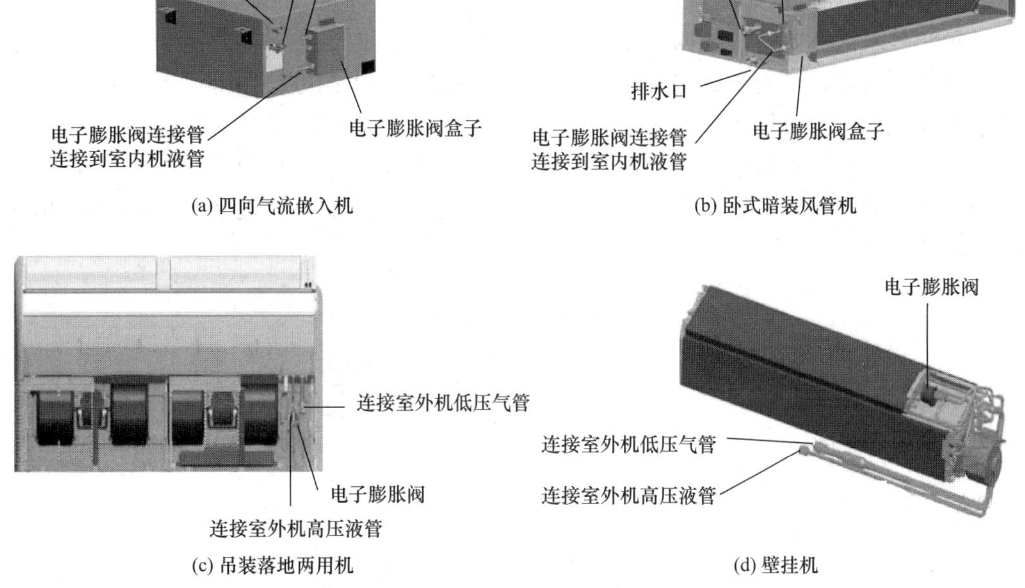

图 3.6.1-3　多联式空调（热泵）机组室内机构造

1）多联式空调（热泵）机组的工作原理。

（1）制冷工况

设置在室外机内部的压缩机将从气管回流的低压冷媒压缩后，变成高温高压（温度高达 100℃）的气体排出，高温高压的冷媒气体流经冷凝器，热量经铜管及翅片对流传导到空气。此时，在风扇的作用下，大量的室外环境空气流过冷凝器外表面，把冷媒散发出的热量带走。而冷却下来的冷媒，在压力的持续作用下变成液态，通过液管送入室内机。

高压液体在室内机内经膨胀阀后成为低压液体，进入蒸发器，由于蒸发器的压力骤然降低，液态的冷媒在此迅速蒸发变成气态，同时温度下降至－30～－20℃，向周围吸收大量的热量。与此同时，流经蒸发器的室内空气释放热量、降低温度后回到室内。随后，吸收了一定热能的冷媒通过气管回流到压缩机，进入下一个循环。

（2）制热工况

在室外机内冷媒管路上增加四通转向阀，使低压的冷媒的循环顺序逆转，造成蒸发器和冷凝器位置互换，从而达到从室外空气中吸热、向室内空气放热的效果。

（3）三管制

三管制多联式空调机组，又称为热回收型多联式空调机组。其冷媒管道在原有的低压气管和液管的基础上，增加了一根从压缩机出口引出的高压气管（有的品牌称其为高低压管），室内机同时与高压气管和低压气管连接，通过电磁阀控制连通或关断。当高压气管与室内机连通时，此台室内机为冷凝器，向室内供热；当低压气管与室内机连通时，室内机为表冷器，向室内供冷。

若室内的供冷和供热需求相同，压缩机出来的高压气态冷媒会直接供到制热室内机；

而后，高压液态冷媒再供到制冷的室内机，低压气态冷媒最后回到压缩机；这时，室外机换热器处于关闭状态，相当于热量从制冷室内机抽到制热室内机，从而实现热量的回收；此时，压缩机运行频率降低，最终达到节能目的。当冷、热需求不一致时，室外机作为冷凝器或蒸发器予以补充。

三管制多联式空调系统与四管制风机盘管相似，其同时制冷和制热的特点能够满足不同房间的使用需求，适用于存在明显内外分区（如进深较大的办公区等）或对室内温度控制要求较高的场所（如五星级酒店客房等）。见图 3.6.1-4、图 3.6.1-5。

三管制的室外机可以搭配普通双管制的室内机，但此时室内机只能是与室外机同步的供冷或供热；只有同时搭配三管制的室外机和三管制的室内机，才能实现不同室内机的供冷或供热切换。

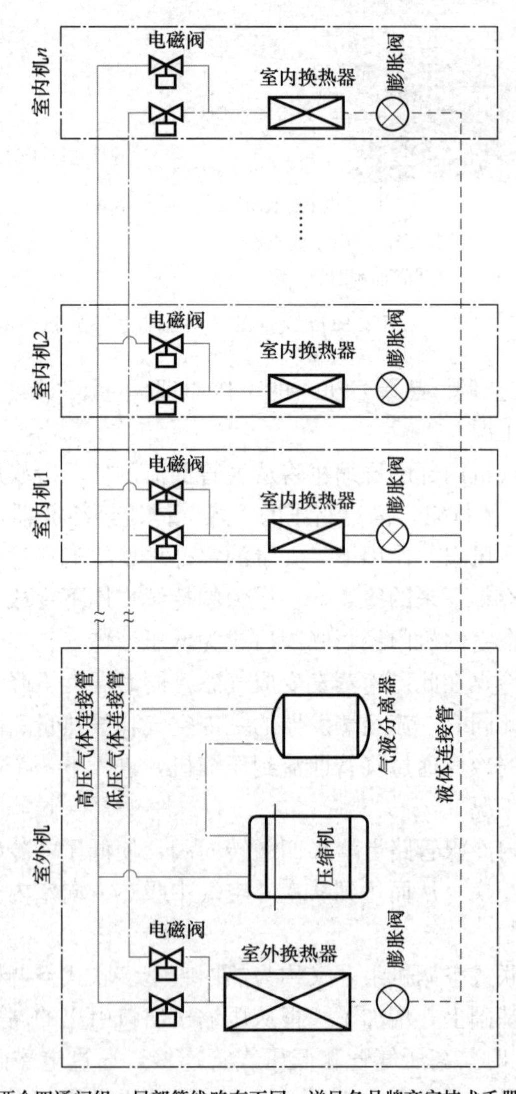

注：两个电磁阀组也可以是两个四通阀组，局部管线略有不同，详见各品牌商家技术手册。

图 3.6.1-4　三管制多联式空调机组原理图

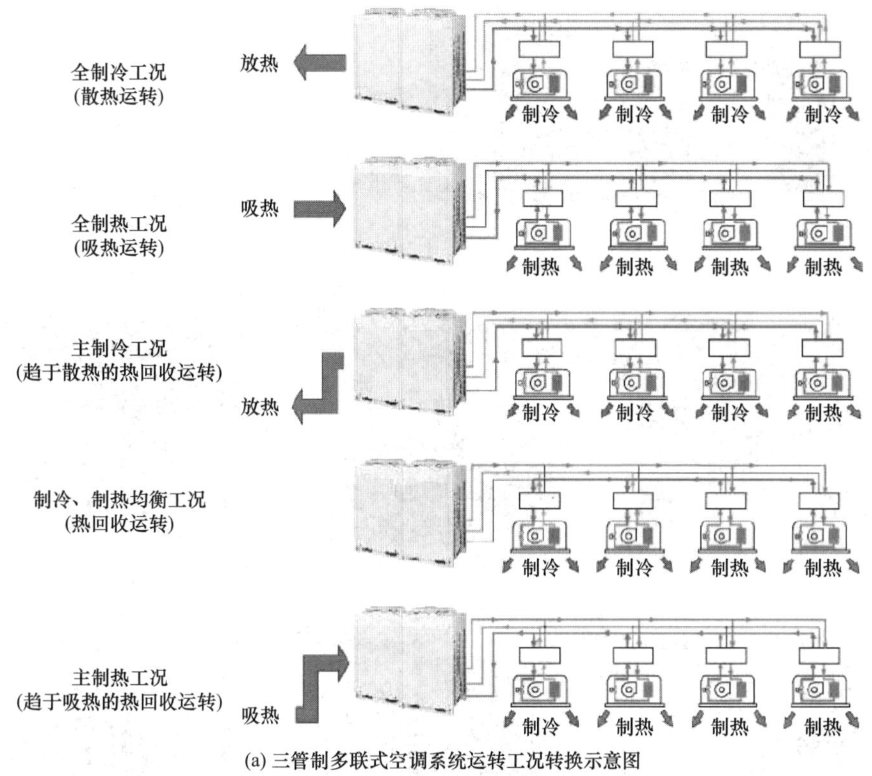

(a) 三管制多联式空调系统运转工况转换示意图

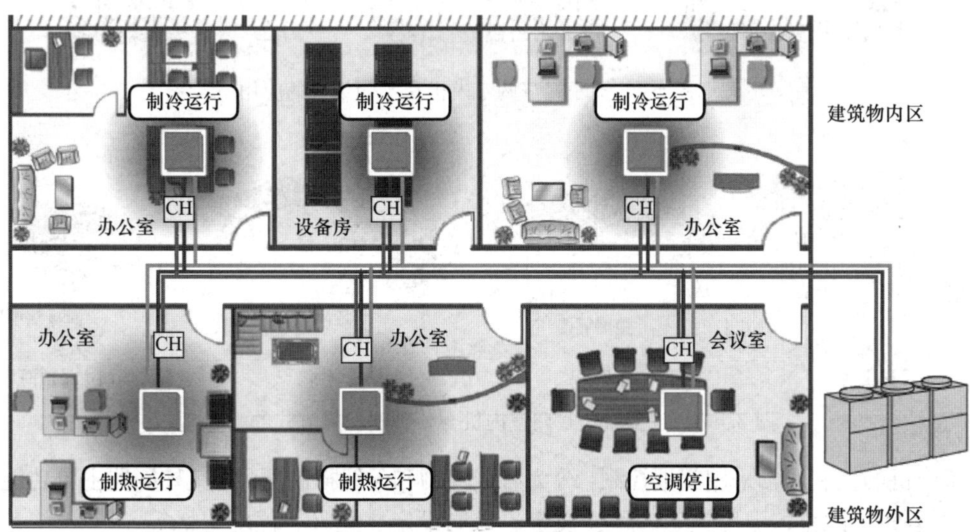

(b) 三管制多联式空调系统平面布局示意图

图 3.6.1-5 三管制多联式空调系统运转工况示意图

（4）室内种类

室内机形式多样，如嵌入式（单向气流、双向气流、四向/环绕气流）、风管机（低/中/高静压、低噪、超薄等）、壁挂式、落地式（明装、暗装）或吸顶落地两用等，适用于各种场合和不同的装修风格。见图 3.6.1-6、图 3.6.1-7。

图 3.6.1-6　多联式空调室内机在不同场合的应用

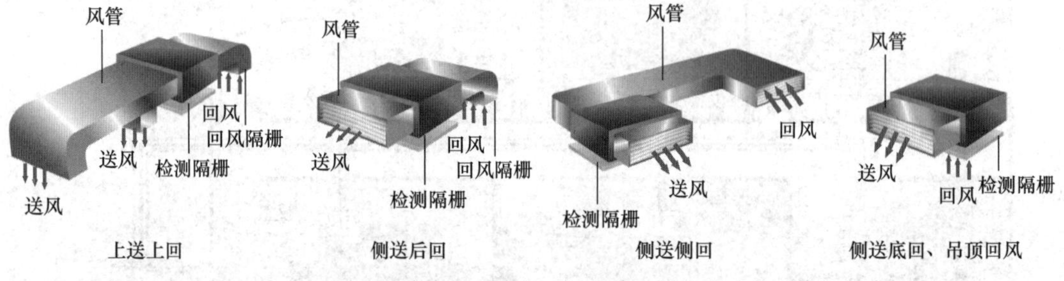

图 3.6.1-7　多联式空调室内机与各种送回风方式的配合

室内机的控制通常采用就地控制，分为有线控制和无线控制两种。其控制器主要功能为：

① 运转、停止、温度设定、风速设定、风向设定、睡眠、停电记忆等；

② 制冷、制热、自动、送风、除湿、[地暖、供暖（带热水盘管)] 模式转换；

③ 液晶屏幕显示运转情况；

④ 温度调节，定时开关机功能；

⑤ 故障代码显示功能；

⑥ 过滤网清洗提示功能；

⑦ 背光显示，夜间操作方便；

⑧ 针对酒店等场所，可订制客房门卡与室内机接口相连，插上门卡后，可自由控制

室内机；门卡取下时，室内机延迟自动关机。

风速设定使室内人员可根据自身的感受来手动控制风机的转速，从而控制送风量，使室内人员处于比较舒适的环境，减少吹风感和室内冷热不平衡感。控制器内设置室内温度检测探头，可根据设定温度与检测温度的比较、运算，控制膨胀阀的开关，从而控制室内机的供能能力，达到恒温/恒湿（夏季）的目的。见图 3.6.1-8。

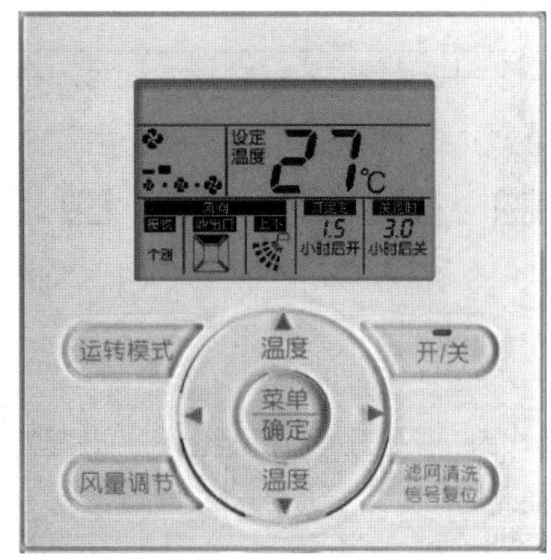

图 3.6.1-8　多联式空调室内机控制面板

(5) 多联式空调（热泵）机组的控制系统

多联式空调系统可根据需要设置集成控制器，控制多套多联式空调（热泵）机组的预设参数、运行状态、故障报警、能耗统计等。其主要功能可根据需要选取下面列出功能中的几项：

① 空调开关机、运转、并可监控运转状态；

② 监视室内机的故障代码；

③ 监视和设定室内机的温度；

④ 监视和切换运转模式；

⑤ 遥控器权限设定；

⑥ 服务监控；

⑦ 机组根据设定自动运转；

⑧ 用户空调控制器屏蔽功能；

⑨ 自由分组、分区管理；

⑩ 完善的日程管理功能；

⑪ 历史数据记录；

⑫ 周/月/年的日程控制功能；

⑬ 单台或者集中运转、停止、温度设定、模式转换等功能；

⑭ 火警、门锁、故障等连锁控制；

⑮ 具有图形化可视界面；

⑯ 电费计量及分摊；

⑰ 带有转换器的闭式网关或国际通用标准协议的开放式网关。见图 3.6.1-9、图 3.6.1-10。

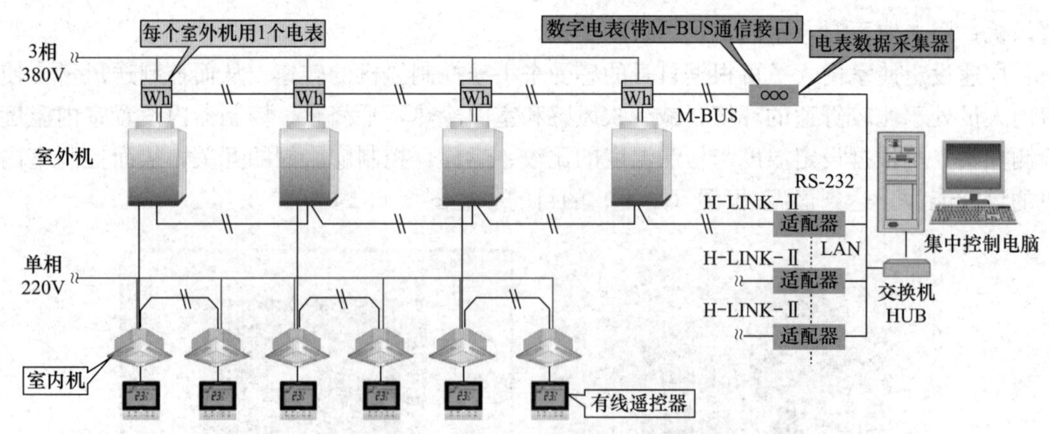

图 3.6.1-9　多联机电费分户计量系统

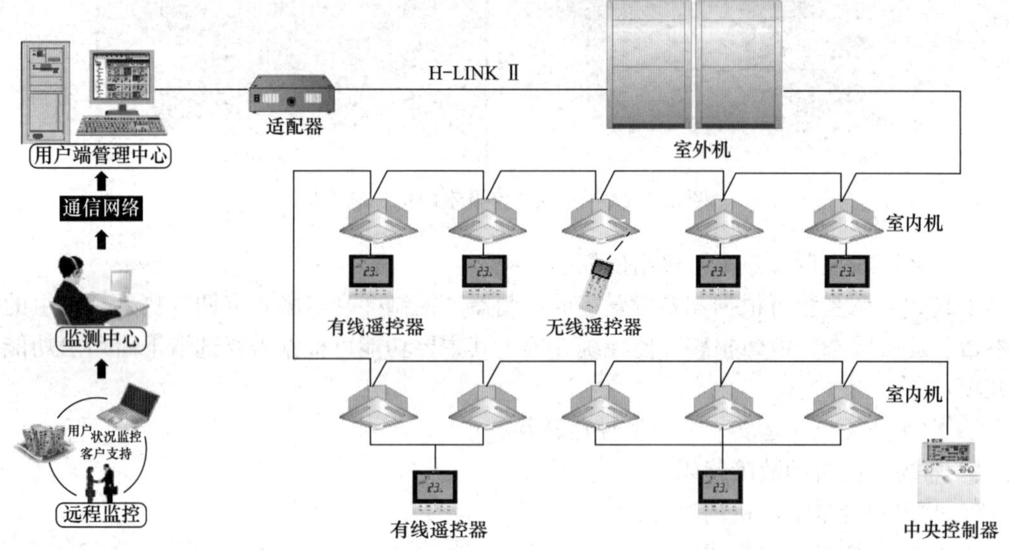

图 3.6.1-10　多联机管理系统

2）新风机组的构成与工作原理详见第 3.1.1 节。

2. 多联式空调（热泵）机组的特点

1）优点

（1）直接相变传热，减少传热环节和能量输配系统能耗，整体性能较高。

（2）部分负荷时，能效高，部分型号的 *IPLV*（综合部分负荷性能系数）高达 10，*APF*（全年性能系数）在 5.70。

（3）南方地区，多联式空调机组可以独立承担夏季供冷和冬季供热，节省设备投资费用。

（4）冷媒管路，管径小，无坡度、放气、泄水等需求，占用吊顶高度少，节约楼层高度；施工难度低，物业维修工作量小。

（5）风冷式多联式空调机组无室内设备房，水源式多联式空调机组的机房占地面积小于水系统，并可分散在各楼层，充分利用核心筒的边角区域。

（6）室内机种类多，业主选择的自由度更高，更好适应精装修需求。

（7）冷媒即使出现泄漏，也会汽化在空气中，不会对室内人员、设备、设施等造成伤害，尤其适用于憎水房间，例如档案室、电气用房、小型数据机房等。

(8) 室内、外机之间组合灵活，更适合需要二次装修的区域，例如租赁型办公、商铺等。

(9) 冬季，三管制多联式空调机组能够在内、外区之间进行热回收，降低空调系统总耗电。

(10) 自控程度高，物业、业主管理方便。配置中央控制系统，还可实现物业的统一管理、电费计量等功能。

2) 缺点

(1) 造价偏高，高于常规冷水系统。

(2) 服务半径在 200m 以内，大中型建筑需要多处设置室外机位。

(3) 额定能效比低于常规水冷机组，一般在 3～4 左右。

(4) 冬季室外气温偏低地区，如严寒地区，不能独立承担供热。南方湿度大的地区，存在室外机结霜现象，融霜时影响供热效果。

(5) 不适用于高大空间、人员密度大的场所空调系统集中管理和运行时间相对固定的建筑。如多层通高的政府部门办事大厅、办公楼入口大堂，使用时间短暂但集中的大型展览建筑、会议中心、体育场馆比赛和观众厅等。

(6) 多联式空调系统的控制系统是相对封闭的，没有 DDC 系统开放性高。与非多联式空调系统设备、不同品牌多联式空调系统之间均难以实现连锁关系。

(7) 出现故障时，需要由经过相关培训的人员进行维修。

3. 与风机盘管系统对比情况

具体对比表见表 3.6.1-1。

多联式空调（热泵）机组和常规水冷机组+风机盘管对比表　　　表 3.6.1-1

项目	多联式空调（热泵）机组	常规冷源（水冷机组+冷却塔）+风机盘管
工作原理	室外机通过冷媒管道把冷/热量输送到室内机，由其对室内空气进行降温除湿或加热处理后送回室内，从而调整室内温湿度环境	冷源（制冷机组）通过冷水管道把冷量输送到风机盘管，由其对室内空气进行降温除湿处理后送回室内，从而调整室内温湿度环境
新风处理	较简单 新风室内机处理风量不超过 $3000m^3/h$，只有冷/热处理，无过滤、加湿功能，5℃以下不能运行	风机盘管不能处理新风
对建筑外立面的影响	室外机的设置位置受服务半径影响，可能需要多处室外机位。 在超高层建筑中，需要分段划分系统，室外机可能设置在设备层或每层的设备区，建筑外立面对应区域更换为百页等形式，对其有一定的影响	室外只有冷却塔，集中放置在屋顶或地面
机房面积	无设备机房	较大的设备机房
系统形式	简单	复杂
初投资	较高	较低
服务半径	受限	无限制
COP 值	低	高
IPLV	高	低
制热能力	热泵机组可以制热，南方地区能够承担冬季全部供热需求	无
节水性	无冷却塔，无飘水问题，节水	冷却塔不可或缺，水散失无法避免

续表

项目	多联式空调（热泵）机组	常规冷源（水冷机组+冷却塔）+风机盘管
使用灵活性	高 按照使用功能、楼层等划分多个子系统，每个系统可根据需求独立运行	较差 整栋建筑共用一个冷源，只有少量风机盘管需要使用时，整个系统需要以最小装机配置运行
运行费用	满负荷时：低 低负荷时：高	满负荷时：高 低负荷时：低
维护保养	简单，自控程度高	较为烦琐，需要定时巡检
机型	中小机型	大中小机型，在大型建筑中更有优势
备用性	室外机为多模块拼装形式，局部故障时，其他模块可以正常运行	出现故障，整机停机

3.6.2 系统设计

1. 冷热负荷统计

根据第1.3节计算结果，统计两管制风机盘管系统冷热负荷，见表3.6.2-1。

冷热负荷统计表　　表3.6.2-1

建筑面积（空调面积，m^2）	冷负荷（kW）	建筑面积冷指标（空调面积冷指标，W/m^2）	热负荷（kW）	建筑面积热指标（空调面积热指标，W/m^2）
36477 （26900）	3233.4	88.6 （120.2）	2049	56.2 （76.2）

2. 冷热源系统设计

1）冷源：

（1）多联式空调（热泵）机组承担夏季室内负荷和新风负荷。

（2）每层设置44742W（60HP）和46233.4W（62HP）多联式空调（热泵）机组各1套，室外机布置在地面和屋顶，通过管井连接到各层室内机。

2）热源：

（1）多联式空调（热泵）机组承担冬季室内负荷。

（2）在地下一层设置热交换机房，设置两台单容量为1100kW的空调板式换热器，将市政一次热水经过热交换器提供60/45℃的空调热水。

（3）换热机房内设置热计量装置及自动控制系统。

（4）见图3.6.2-1、图3.6.2-2。

3. 冷媒系统

1）为避免多联式空调（热泵）机组的室外机长期处于较低负荷，室内机按照东西两部分划分。

2）冷媒立管分东西两组，分别设置在新风机房和管井间。

4. 新风系统（与风机盘管系统相同）

1）新风机组位于每层新风机房内，为当前层服务，夏季仅做初、中效过滤处理，冬季初、中效过滤、加热、加湿处理。加湿采用湿膜加湿方式。

2）空调风系统采用热回收式新风系统，每层均设置一台直流式新风机组，同时设置一台排风风机，两设备均设置于本层新风机房内。在屋顶层和地下一层新风机房内分别设

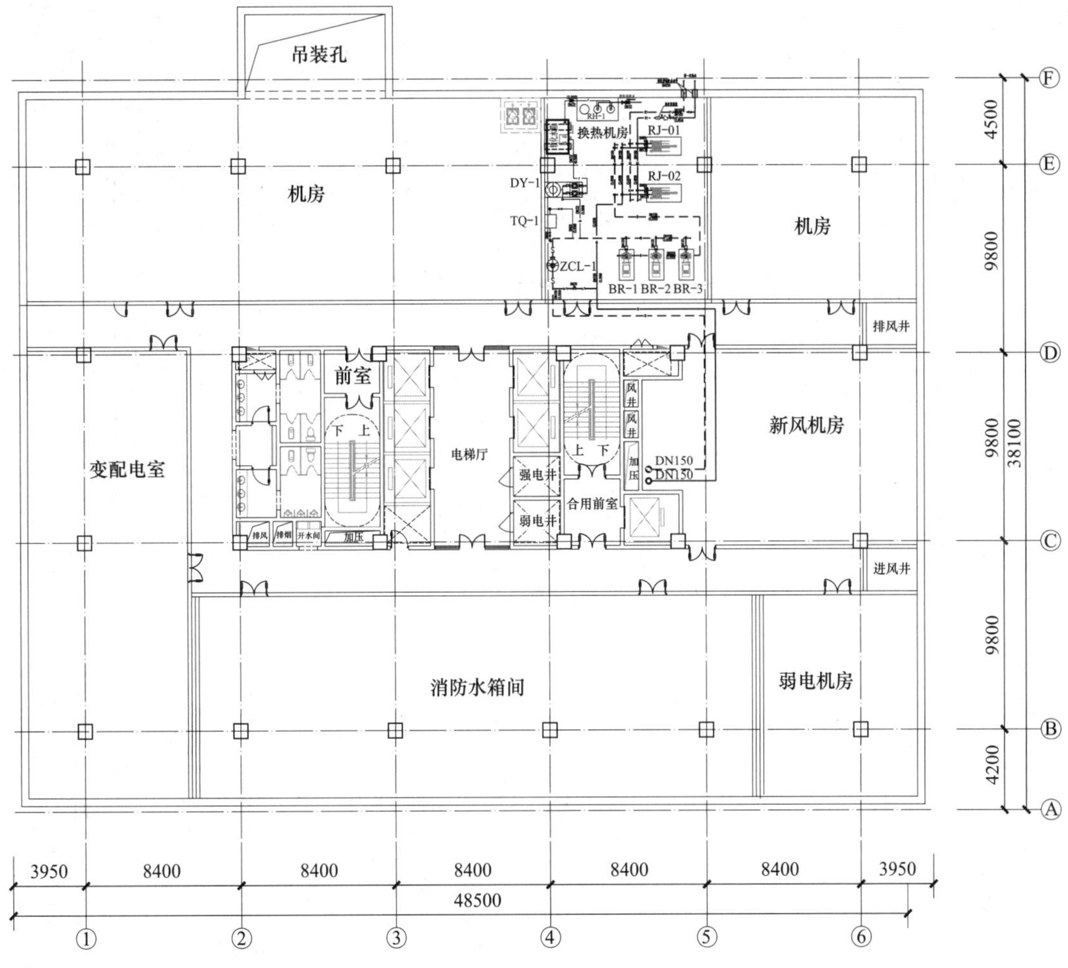

图 3.6.2-1 热交换系统原理图

置两台热管式热回收式新风机组，回收排风中的冷（热）量用于冷却（加热）新风，以达到节能的效果，其中设置于屋顶层的热回收机组服务于 F11～F20 层办公，设置于地下一层的热回收机组服务于 F1～F10 层办公。

3）见“3.1.2 系统设计”节。

5. 多联机方案 1（风管式）

1）室内机采用卧式暗装风管机，其风平面布局与两管制风机盘管类似，见图 3.1.2-7，冷媒平面图见图 3.6.2-3。

2）室外机平面布局见图 3.6.2-4。

3）系统图见图 3.6.2-5。

6. 多联机方案 2（嵌入式）

1）室内机采用四向气流嵌入机，其冷媒平面图见图 3.6.2-6。

2）风平面布局见图 3.6.2-7。

3）室外机平面布局与方案 1 相同，见图 3.6.2-4。

4）系统图见图 3.6.2-8。

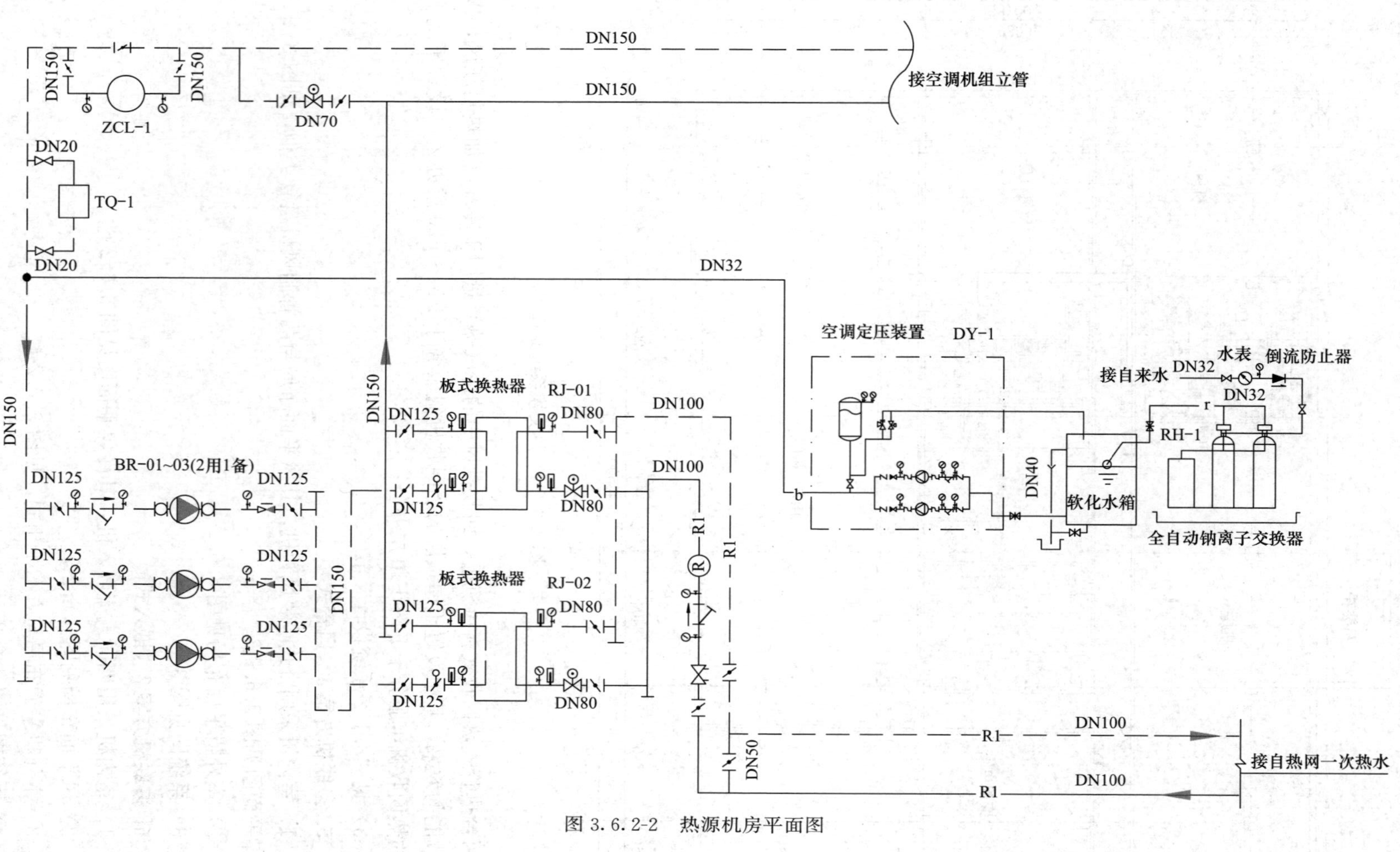

图 3. 6. 2-2　热源机房平面图

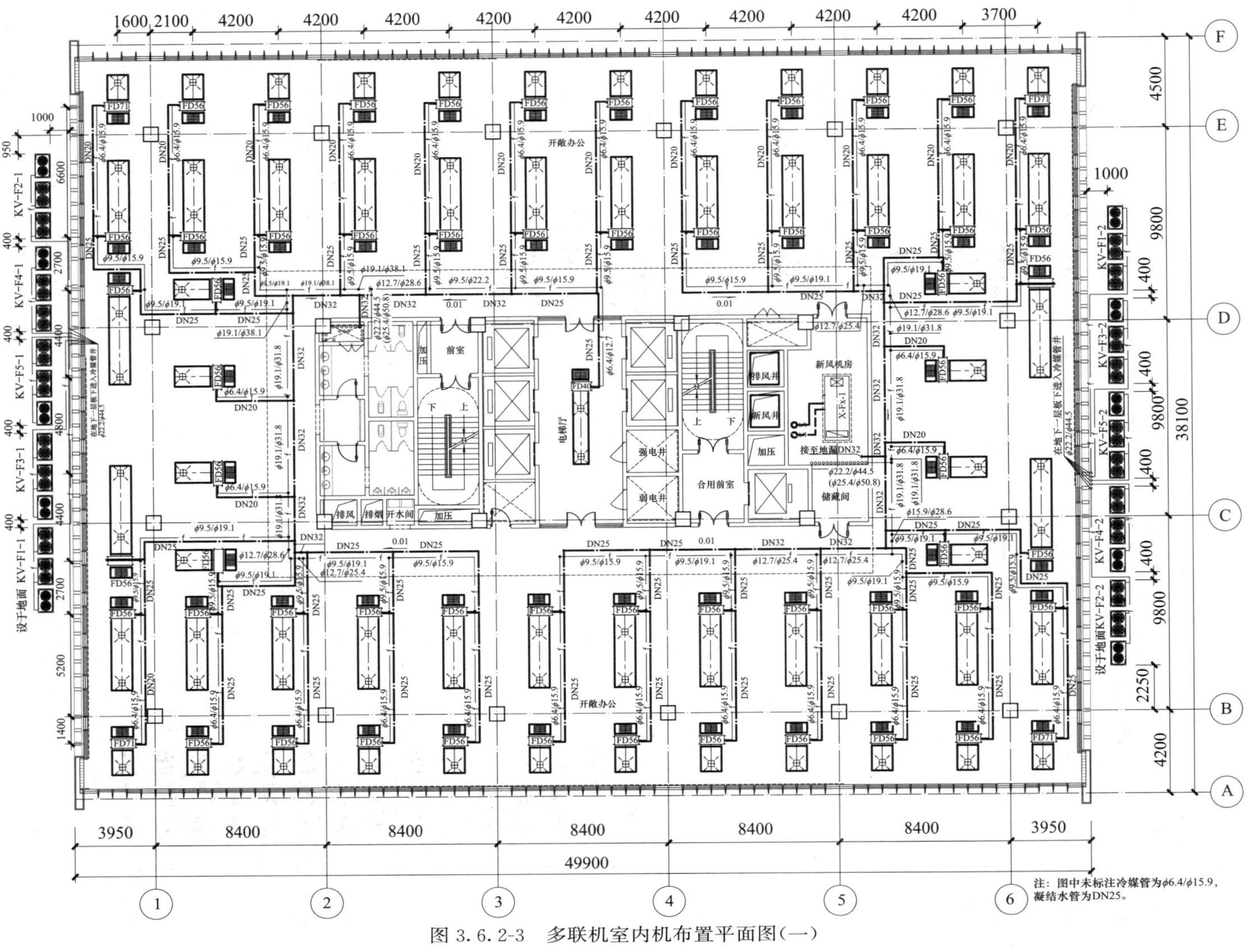

图 3.6.2-3 多联机室内机布置平面图(一)

注：图中未标注冷媒管为φ6.4/φ15.9，凝结水管为DN25。

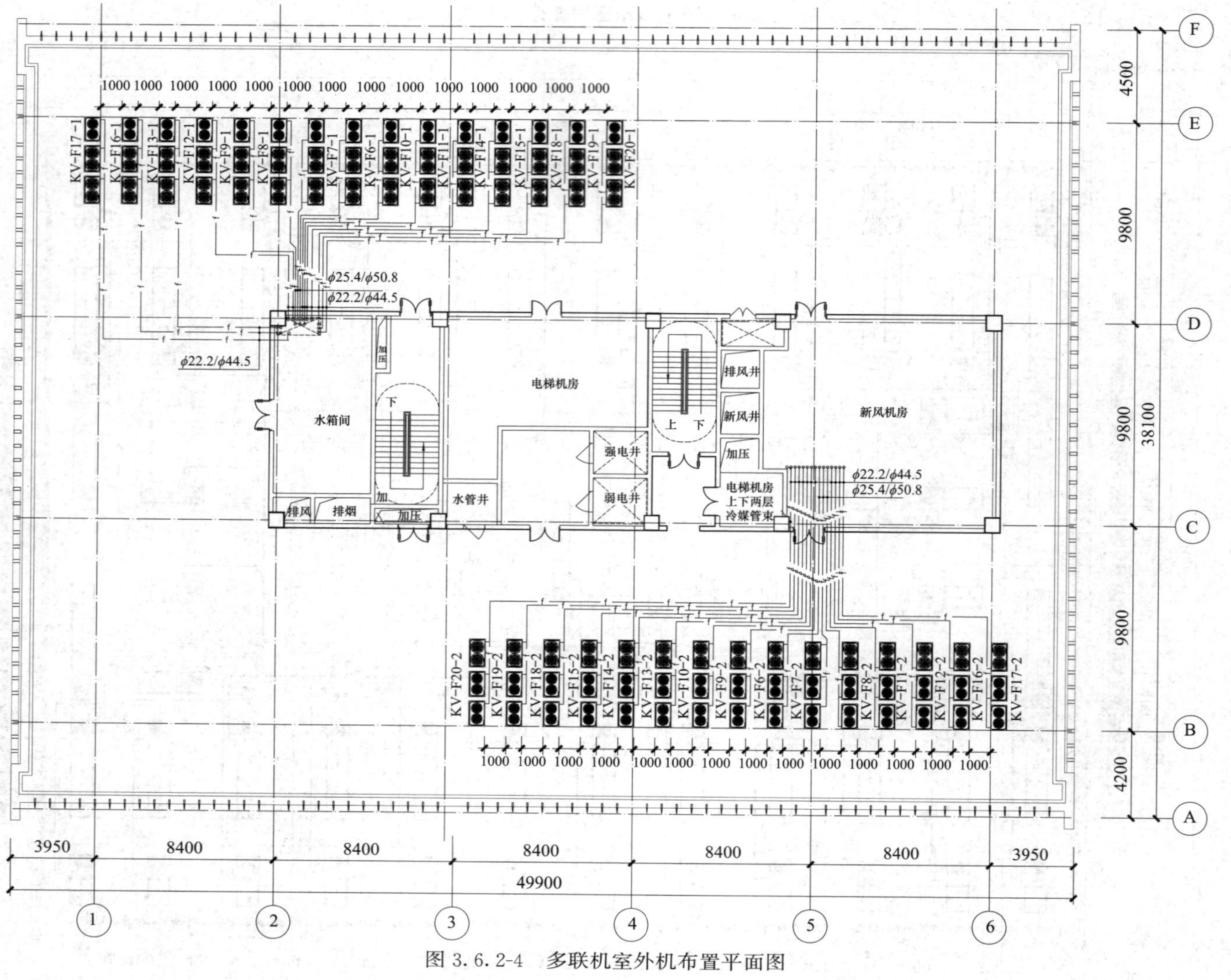

图 3.6.2-4　多联机室外机布置平面图

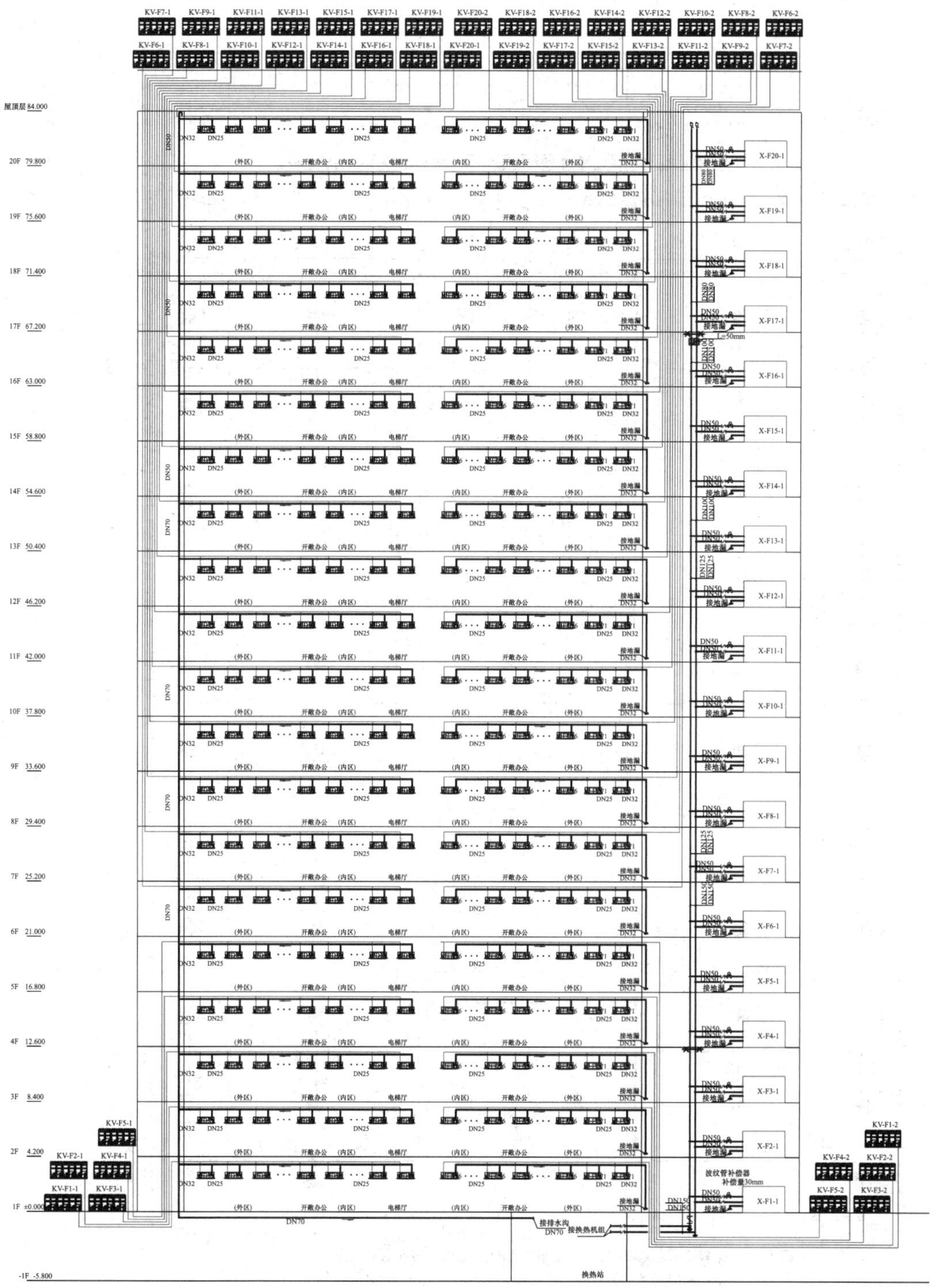

图 3.6.2-5 多联机冷媒管和新风机组水管系统图（一）

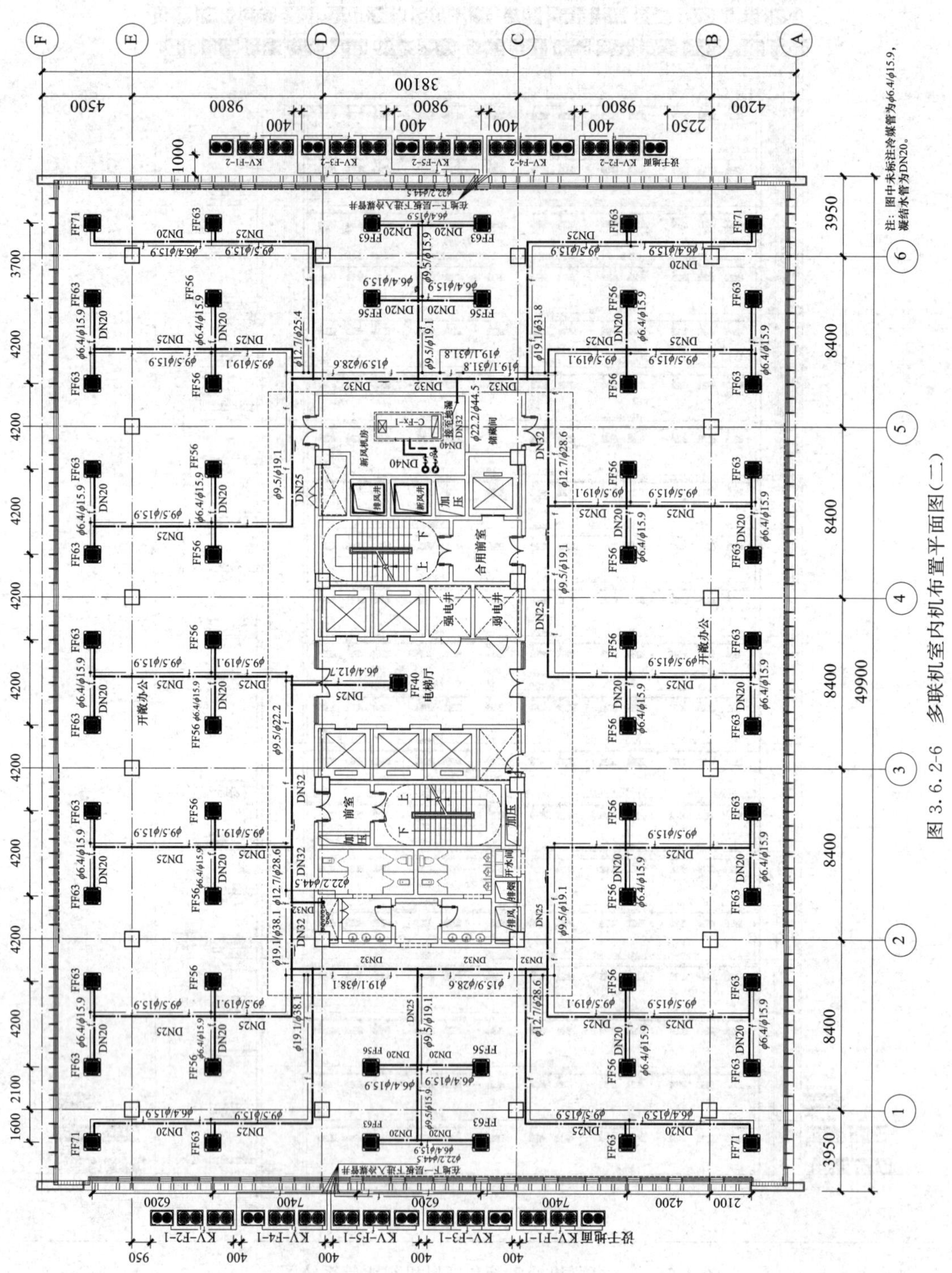

图 3.6.2-6 多联机室内机布置平面图(二)

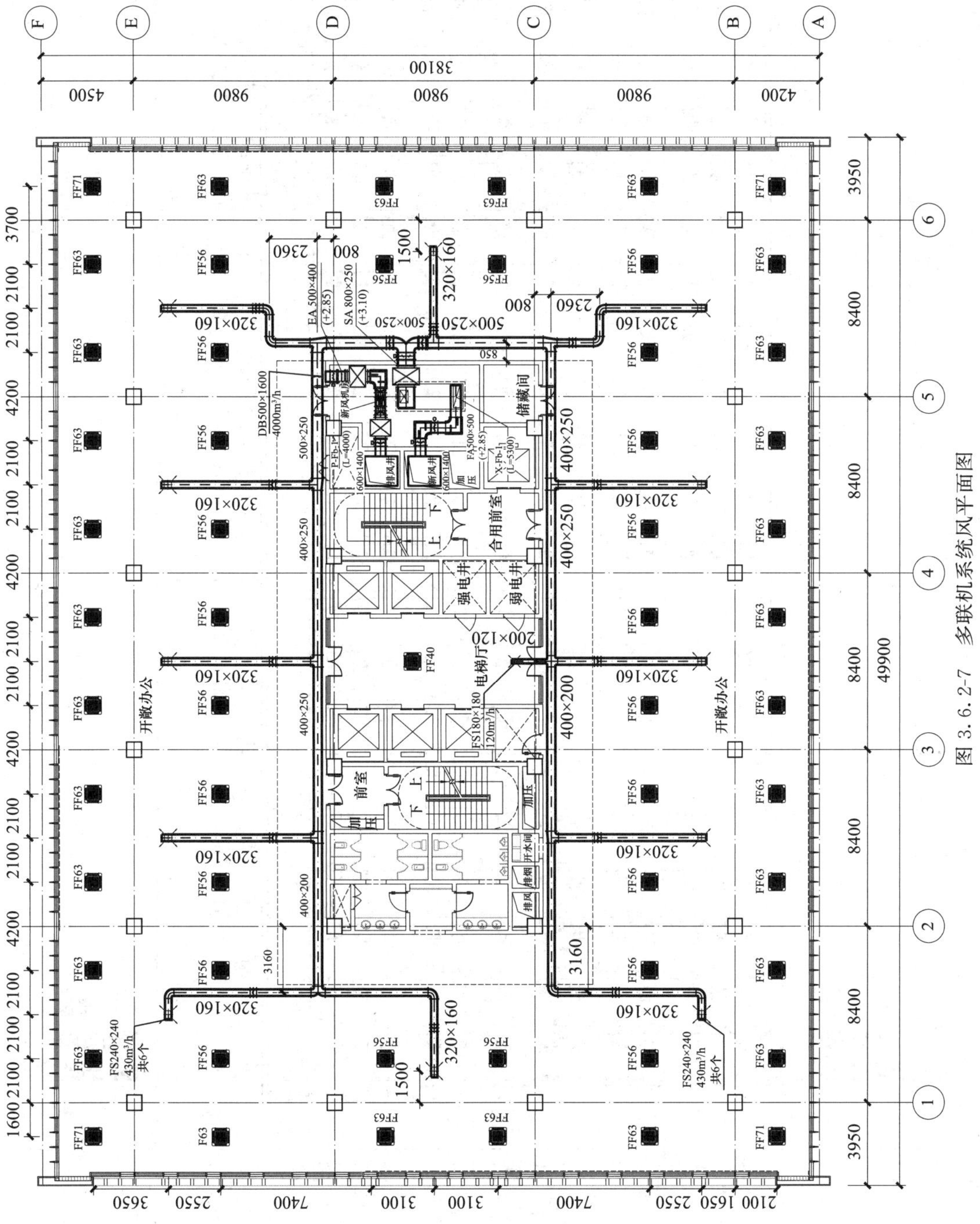

图 3.6.2-7 多联机系统风平面图

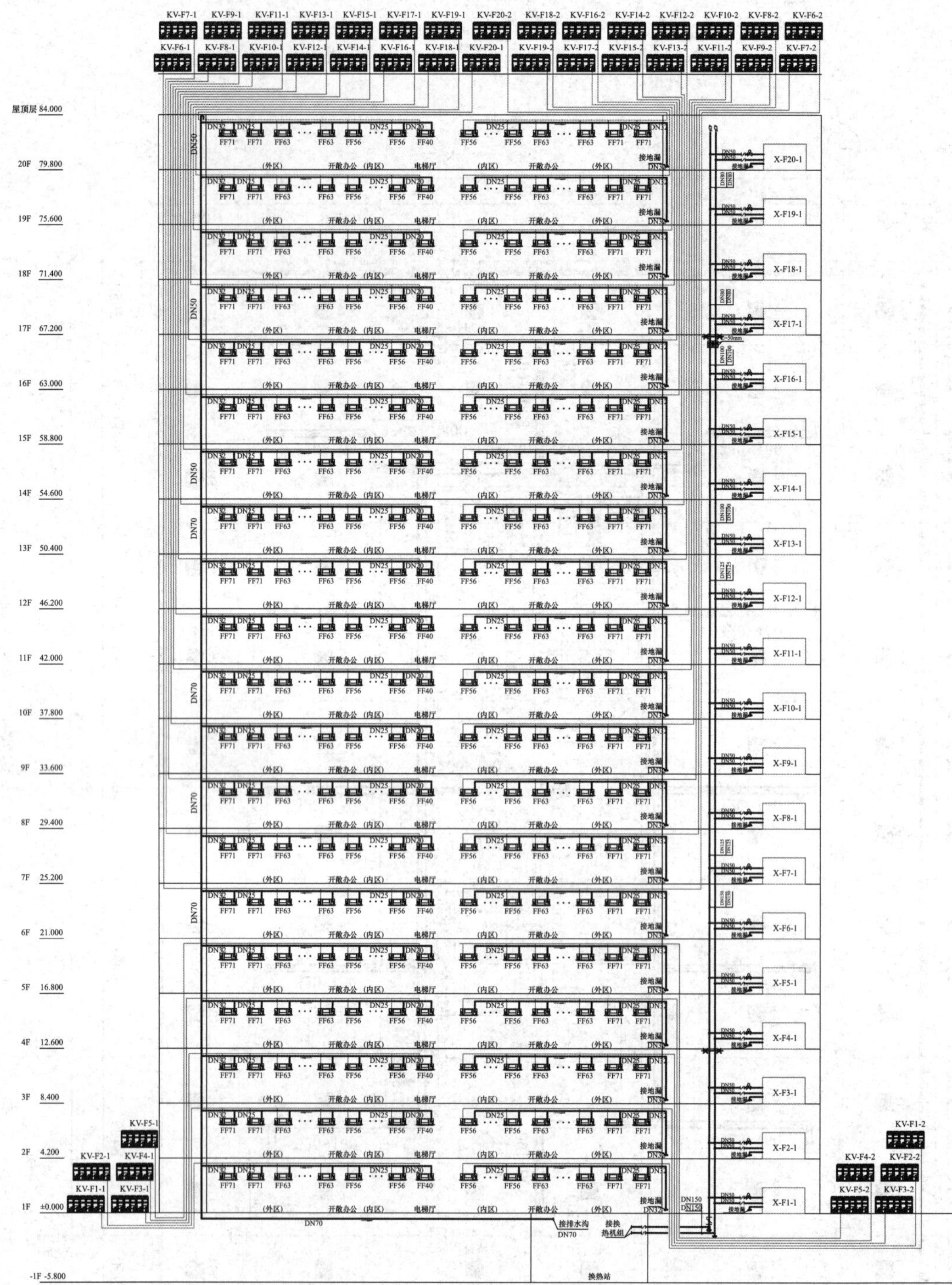

图 3.6.2-8 多联机冷媒管和新风机组水管系统图（二）

3.6.3 设备材料表

1. 多联机方案 1（风管式）

1）多联机系统（表 3.6.3-1、表 3.6.3-2）

主要设备表　　　　**表 3.6.3-1**

设备编号	设备名称	主要性能参数	数量	备注
KV-F1～20-1	多联式空调（热泵）机组室外机	冷量：173.4kW 功率：47.4kW/380V 热量：194.5kW 功率：47.3kW/380V APF：4.76	20个	
KV-F1～20-2	多联式空调（热泵）机组室外机	冷量：169.5kW 功率：44.1kW/380V 热量：189.0kW 功率：45.9kW/380V APF：4.8	20个	
FD-40	多联式空调（热泵）机组室内机	标准型超薄风管机 高档风量：720m^3/h 机外余压：30Pa 冷量：4.0kW 热量：4.5kW 功率：93W/220V	20个	自带液晶屏式有线遥控器
FD-56	多联式空调（热泵）机组室内机	标准型超薄风管机 高档风量：810m^3/h 机外余压：30Pa 冷量：5.6kW 热量：6.3kW 功率：180W/220V	1120个	自带液晶屏式有线遥控器
FD-71	多联式空调（热泵）机组室内机	标准型超薄风管机 高档风量：1080m^3/h 机外余压：30Pa 冷量：7.1kW 热量：8.0kW 功率：196W/220V	80个	自带液晶屏式有线遥控器
	分户计费系统		1套	

多联式空调（热泵）机组材料表　　　　**表 3.6.3-2**

材料名称	规格型号	数量	备注
冷媒紫铜管	ϕ6.4×0.8mm	4047.40m	
	ϕ9.52×0.8mm	3053.02m	
	ϕ12.7×0.8mm	435.06m	
	ϕ15.88×1.0mm	5846.64m	
	ϕ19.05×1.0mm	1758.06m	
	ϕ22.23×1.0mm	1327.57m	
	ϕ25.4×1.0mm	592.99m	
	ϕ28.58×1.0mm	201.96m	
	ϕ31.8×1.1mm	456.00m	
	ϕ38.1×1.4mm	165.04m	
	ϕ44.5×1.5mm	1243.57m	
	ϕ50.8×1.5mm	392.65m	

续表

材料名称	规格型号	数量	备注
橡塑保温管壳	φ6.4×保温厚度 15mm	4047.40m	
	φ9.52×保温厚度 15mm	3053.02m	
	φ12.7×保温厚度 15mm	435.06m	
	φ15.88×保温厚度 19mm	5846.64m	
	φ19.05×保温厚度 19mm	1758.06m	
	φ22.23×保温厚度 19mm	1327.57m	
	φ25.4×保温厚度 19mm	592.99m	
	φ28.58×保温厚度 19mm	201.96m	
	φ31.8×保温厚度 19mm	456.00m	
	φ38.1×保温厚度 25mm	165.04m	
	φ44.5×保温厚度 25mm	1243.57m	
	φ50.8×保温厚度 25mm	392.65m	
冷媒分歧、汇总管	铜管 φ15.88	500 套	
	铜管 φ19.05	240 套	
	铜管 φ22.23	20 套	
	铜管 φ25.4	60 套	
	铜管 φ28.58	80 套	
	铜管 φ31.8	140 套	
	铜管 φ38.1	100 套	
	铜管 φ44.5	68 套	
	铜管 φ50.8	12 套	
回油弯	气管，φ50.8×1.5mm	21 个	
冷媒	R410A	5000kg	
电源线		2440m	
空调信号线 内外机连接用	双芯多股护套软线 RVV-2×1.0	9759.99m	
空调屏蔽线 控制器用	双芯多股屏蔽护套软线 RVVP-2×1.0	4520m	
空调外机的槽钢基础制作及安装	10 号槽钢	169.6m	

2）热源（表 3.6.3-3、表 3.6.3-4）

新风系统换热机房主要设备表　　**表 3.6.3-3**

设备编号	设备名称	性能参数	数量（个）	备注
RJ-1～2	水-水板式换热器	换热量 1100kW 一次水温度：130/70℃ 二次水温度：60/45℃ 工作压力 1.6MPa	2	
BR-1～3	热水循环泵	流量：$55m^3/h$，扬程：$26mH_2O$ 功率：5.5kW，转速：1450r/min 效率≥75%，工作压力 1.6MPa	3	变频 两用一备

续表

设备编号	设备名称	性能参数	数量（个）	备注
ZCL-1	全程水处理器	接口尺寸 DN150 处理水量 110m^3/h 工作压力 1.6MPa	1	防腐、防垢、超级净化
TQ-1	真空脱气机	最大处理系统容量 100m^3 工作压力 1.6MPa	1	
DY-1	定压罐	总容积：3.46m^3， 调节容积：1.2m^3 定压补水泵参数： 流量：1m^3/h，扬程：110mH_2O 功率：0.75kW，转速：2900r/min 效率≥70%，工作压力 1.6MPa	1	定压泵一用一备
RH-1	软水器	水处理量：1m^3/h，功率：0.4kW 双罐单阀，工作压力：1.0MPa	1	自动流量控制型
	软水箱	1800mm×1200mm×1800mm	1	不锈钢

换热机房主要材料表　　表 3.6.3-4

材料名称	规格	性能参数	数量	备注
热计量表	DN100	工作压力 1.6MPa	1 个	超声波型
手动碟阀	DN150	阀体：球墨铸铁；阀芯：青铜；工作压力 1.6MPa	3 个	
手动碟阀	DN125	阀体：球墨铸铁；阀芯：青铜；工作压力 1.6MPa	10 个	
手动碟阀	DN100	阀体：球墨铸铁；阀芯：青铜；工作压力 1.6MPa	2 个	
手动碟阀	DN80	阀体：球墨铸铁；阀芯：青铜；工作压力 1.6MPa	4 个	
手动碟阀	DN70	阀体：球墨铸铁；阀芯：青铜；工作压力 1.6MPa	2 个	
手动碟阀	DN50	阀体：球墨铸铁；阀芯：青铜；工作压力 1.6MPa	1 个	
电动碟阀	DN125	阀体：球墨铸铁；阀芯：青铜；工作压力 1.6MPa	2 个	
电动调节阀	DN80	阀体：球墨铸铁；阀芯：青铜；工作压力 1.6MPa	2 个	
电动调节阀	DN70	阀体：球墨铸铁；阀芯：青铜；工作压力 1.6MPa	1 个	
橡胶软接头	DN125	工作压力 1.6MPa；工作压力 1.6MPa	10 个	
橡胶软接头	DN80	工作压力 1.6MPa；工作压力 1.6MPa	4 个	
Y 型除污器	DN125	60 目不锈钢孔板；工作压力 1.6MPa	3 个	
Y 型除污器	DN100	60 目不锈钢孔板；工作压力 1.6MPa	1 个	
逆止阀	DN150	阀体：球墨铸铁；阀芯：青铜；工作压力 1.6MPa	3 个	缓闭静音型
截止阀	DN20	铜质截止阀；工作压力 1.6MPa	2 个	
截止阀	DN32	铜质截止阀；工作压力 1.6MPa	2 个	
静态平衡阀	DN100	阀体：球墨铸铁；阀芯：青铜；工作压力 1.6MPa	1 个	
热镀锌钢管	DN20	工作压力 1.6MPa	6m	
热镀锌钢管	DN32	工作压力 1.6MPa	6m	
热镀锌钢管	DN70	工作压力 1.6MPa	6m	
无缝钢管	DN80	工作压力 1.6MPa	18m	

续表

材料名称	规格	性能参数	数量	备注
无缝钢管	DN100	工作压力 1.6MPa	19m	
无缝钢管	DN125	工作压力 1.6MPa	33m	
无缝钢管	DN150	工作压力 1.6MPa	75m	
铝箔离心玻璃棉管壳	DN80	铝箔离心玻璃棉管壳厚度 60mm	18m	
铝箔离心玻璃棉管壳	DN100	铝箔离心玻璃棉管壳厚度 60mm	19m	
橡塑保温管壳	DN70	橡塑保温管壳厚度 40mm	6m	
橡塑保温管壳	DN125	橡塑保温管壳厚度 40mm	33m	
橡塑保温管壳	DN150	橡塑保温管壳厚度 40mm	75m	

3）水系统（表 3.6.3-5）

空调水系统管道材料表　　**表 3.6.3-5**

材料名称	规格	性能参数	数量	备注
电动调节阀	DN50	阀体：球墨铸铁；阀芯：青铜；工作压力；1.6MPa	20 个	
电磁阀	DN20	铜质阀门	20 个	
蝶阀	DN50	阀体：球墨铸铁；阀芯：青铜；工作压力；1.6MPa	40 个	
Y 型过滤器	DN50	40 目；工作压力 1.6MPa	20 个	
自动放气阀	DN20	铜质阀门	2 个	立管
温度计		工作压力 1.6MPa	40 个	新风机房
压力表		工作压力 1.6MPa	40 个	新风机房
镀锌钢管	DN25		7714.5m	冷凝水管
	DN32		975.5m	冷凝水管
	DN50		29m	冷凝水立管
	DN70		34.2m	冷凝水立管
	DN50	工作压力 1.6MPa	96m	新风机组支路
无缝钢管	DN80	工作压力 1.6MPa	25.2m	新风机组立管
	DN100	工作压力 1.6MPa	33.6m	新风机组立管
	DN125	工作压力 1.6MPa	25.2m	新风机组立管
	DN150	工作压力 1.6MPa	40m	新风机组立管
橡塑保温管壳	DN25	橡塑保温管壳厚度 10mm	7714.5m	冷凝水管
	DN32	橡塑保温管壳厚度 10mm	975.5m	冷凝水管
	DN50	橡塑保温管壳厚度 10mm	29m	冷凝水立管
	DN70	橡塑保温管壳厚度 10mm	34.2m	冷凝水立管
	DN50	橡塑保温管壳厚度 30mm	96m	新风机组支路
	DN80	橡塑保温管壳厚度 40mm	25.2m	新风机组立管
	DN100	橡塑保温管壳厚度 40mm	33.6m	新风机组立管
	DN125	橡塑保温管壳厚度 40mm	25.2m	新风机组立管
	DN150	橡塑保温管壳厚度 40mm	40m	新风机组立管

续表

材料名称	规格	性能参数	数量	备注
自动放气阀	DN20	铜质；工作压力 1.6MPa	2 个	新风机组立管
多管固定支架		两管固定支架	2 个	新风机组立管
波纹补偿器	DN100	补偿量 50mm；工作压力 1.6MPa	2 个	新风机组立管
温度计		工作压力 1.6MPa	40 个	新风机组支路
压力表		工作压力 1.6MPa	40 个	新风机组支路
橡胶软接头	DN50	工作压力 1.6MPa	40 个	新风机组支路

4）风系统（表 3.6.3-6、表 3.6.3-7）

主要设备表　　表 3.6.3-6

设备编号	设备名称	性能参数	数量（个）	备注
XH-B1-1、2 XH-R-1、2	热回收新风机组	送风机： 风量：26500m^3/h，机外余压：550Pa 功率：15kW/380V 排风机： 风量：20000m^3/h，机外余压：500Pa 功率：15kW/380V 显热回收效率：≥70%	4	与两管制风盘系统相同
X-F1～20-1	组合式新风机组	送风量：5300m^3/h，机外余压：400Pa 热量：82kW，加湿量：30kg/h 功率：2.2kW/380V	20	无冷量
P-F1～20-1	混流式排风机	风量：4000m^3/h，全压：350Pa 功率：0.75kW/380V 转速：1450r/min	20	与两管制风盘系统相同

多联式空调（热泵）机组室内机送/回风口规格参数表　　表 3.6.3-7

序号	室内机编号	送风形式及送风口尺寸			送风接管尺寸（mm×mm）	回风接管尺寸（mm×mm）
1	FD-40	下送风	方形散流器	2 个 240mm×240mm	750×130	780×160
2	FD-56	下送风	方形散流器	1 个 300mm×300mm 或 2 个 240mm×240mm	1020×130	1050×160
3	FD-71	下送风	方形散流器	1 个 360mm×360mm	1020×130	1050×160

注：1. 回风口尺寸均为 800mm×300mm；
2. 回风口形式为可开启，带金属过滤网，单层固定百叶；回风口要求开启灵活，过滤器拆卸方便；
3. 进、出风管分别设置 100mm 保温软管。

新风系统风管材料表与两管制风机盘管+新风系统相同，见表 3.1.3-10、表 3.6.3-8。

多联式空调（热泵）机组室内机送/回风管材料表　　表 3.6.3-8

材料名称	规格（mm×mm）	性能参数	数量	备注
镀锌薄钢板风管	750×130	两面镀锌；壁厚 0.75mm	72m	室内机送风管
	1020×130	两面镀锌；壁厚 0.75mm	2912m	室内机送风管
	780×160	两面镀锌；壁厚 0.75mm	12m	室内机回风管
	1050×160	两面镀锌；壁厚 0.75mm	600m	室内机回风管

续表

材料名称	规格（mm×mm）	性能参数	数量	备注
离心玻璃棉保温	750×130	带阻燃玻纤布复合铝箔的离心玻璃棉；厚度40mm	72m	室内机送风管
	1020×130	带阻燃玻纤布复合铝箔的离心玻璃棉；厚度40mm	2912m	室内机送风管
	780×160	带阻燃玻纤布复合铝箔的离心玻璃棉；厚度40mm	12m	室内机回风管
	1050×160	带阻燃玻纤布复合铝箔的离心玻璃棉；厚度40mm	600m	室内机回风管
铝箔保温软管	750×130	30mm离心玻璃棉，长度100mm	20个	室内机接送风管
	1020×130	30mm离心玻璃棉，长度100mm	1200个	室内机接送风管
	780×160	30mm离心玻璃棉，长度100mm	20个	室内机接回风管
	1050×160	30mm离心玻璃棉，长度100mm	1200个	室内机接回风管
	240×240	30mm离心玻璃棉，长度500mm	580个	送风管接风口
	300×300	30mm离心玻璃棉，长度500mm	640个	送风管接风口
	360×360	30mm离心玻璃棉，长度500mm	80个	送风管接风口
	800×300	30mm离心玻璃棉，长度500mm	1220个	回风管接风口
散流器	240×240	铝合金	580个	室内机送风口
	300×300	铝合金	640个	室内机送风口
	360×360	铝合金	80个	室内机送风口
单层百叶	800×300	铝合金	1220个	室内机回风口

2. 多联机方案2（嵌入式）

1）多联机系统（表3.6.3-9、表3.6.3-10）

多联式空调（热泵）机组主要设备表 **表3.6.3-9**

KV-F1～20-1	多联式空调（热泵）机组室外机	冷量：173.4kW 功率：47.4kW/380V 热量：194.5kW 功率：47.3kW/380V APF：4.76	20个	
KV-F1～20-2	多联式空调（热泵）机组室外机	冷量：169.5kW 功率：44.1kW/380V 热量：189.0kW 功率：45.9kW/380V APF：4.8	20个	
FF-45	多联式空调（热泵）机组室内机	四向出风嵌入机 高档风量：1140m^3/h 冷量：4.0kW 热量：4.5kW 功率：93W/220V	20个	自带液晶屏式有线遥控器
FF-56	多联式空调（热泵）机组室内机	四向出风嵌入机 高档风量：1140m^3/h 冷量：5.6kW 热量：6.3kW 功率：180W/220V	480个	自带液晶屏式有线遥控器

续表

FF-63	多联式空调（热泵）机组室内机	四向出风嵌入机 高档风量：$1560m^3/h$ 冷量：6.3kW 热量：7.1kW 功率：180W/220V	560个	自带液晶屏式有线遥控器
FF-71	多联式空调（热泵）机组室内机	四向出风嵌入机 高档风量：$1620m^3/h$ 冷量：7.1kW 热量：8.0kW 功率：196W/220V	80个	自带液晶屏式有线遥控器
	分户计费系统		1套	

多联式空调（热泵）机组材料表 **表3.6.3-10**

材料名称	规格型号	数量
冷媒紫铜管	ϕ6.4×0.8mm	2925.30m
	ϕ9.52×0.8mm	3935.80m
	ϕ12.7×0.8mm	324.70m
	ϕ15.88×1.0mm	5435.00m
	ϕ19.05×1.0mm	1858.40m
	ϕ22.23×1.0mm	1403.57m
	ϕ25.4×1.0mm	415.25m
	ϕ28.58×1.0mm	478.20m
	ϕ31.8×1.1mm	134.20m
	ϕ38.1×1.4mm	282.00m
	ϕ44.5×1.5mm	1243.57m
	ϕ50.8×1.5mm	392.65m
橡塑保温管壳	ϕ6.4×保温厚度15mm	2925.30m
	ϕ9.52×保温厚度15mm	3935.80m
	ϕ12.7×保温厚度15mm	324.70m
	ϕ15.88×保温厚度19mm	5435.00m
	ϕ19.05×保温厚度19mm	1858.40m
	ϕ22.23×保温厚度19mm	1403.57m
	ϕ25.4×保温厚度19mm	415.25m
	ϕ28.58×保温厚度19mm	478.20m
	ϕ31.8×保温厚度19mm	134.20m
	ϕ38.1×保温厚度25mm	282.00m
	ϕ44.5×保温厚度25mm	1243.57m
	ϕ50.8×保温厚度25mm	392.65m

续表

材料名称	规格型号	数量
冷媒分歧管、汇总管	铜管 ϕ15.88	500套
	铜管 ϕ19.05	240套
	铜管 ϕ22.23	20套
	铜管 ϕ25.4	60套
	铜管 ϕ28.58	80套
	铜管 ϕ31.8	140套
	铜管 ϕ38.1	100套
	铜管 ϕ44.5	68套
	铜管 ϕ50.8	12套
回油弯	气管，ϕ50.8×1.5mm	21个
冷媒	R410A	5000kg
电源线		2440m
空调信号线 内外机连接用	双芯多股护套软线 RVV-2×1.0	9414.33m
空调屏蔽线 控制器用	双芯多股屏蔽护套软线 RVVP-2×1.0	4520m
空调外机的槽钢基础制作及安装	10号槽钢	169.6m

2）热源

与多联机方案1相同，见表3.6.3-3、表3.6.3-4。

3）水系统（表3.6.3-11）

空调水系统管道材料表 **表3.6.3-11**

材料名称	规格	性能参数	数量	备注
电动调节阀	DN50	阀体：球墨铸铁；阀芯：青铜；工作压力1.6MPa	20个	
电磁阀	DN20	铜质阀门	20个	
蝶阀	DN50	阀体：球墨铸铁；阀芯：青铜；工作压力1.6MPa	40个	
Y型过滤器	DN50	40目；工作压力1.6MPa	20个	
自动放气阀	DN20	铜质阀门	2个	立管
温度计		工作压力1.6MPa	40个	新风机房
压力表		工作压力1.6MPa	40个	新风机房
镀锌钢管	DN25		359m	冷凝水管
	DN32		1034.8m	冷凝水管
	DN50		29m	冷凝水立管
	DN70		34.2m	冷凝水立管
	DN50	工作压力1.6MPa	96m	新风机组支路
无缝钢管	DN80	工作压力1.6MPa	25.2m	新风机组立管
	DN100	工作压力1.6MPa	33.6m	新风机组立管
	DN125	工作压力1.6MPa	25.2m	新风机组立管
	DN150	工作压力1.6MPa	40m	新风机组立管

续表

材料名称	规格	性能参数	数量	备注
橡塑保温管壳	DN25	橡塑保温管壳厚度 10mm	359m	冷凝水管
	DN32	橡塑保温管壳厚度 10mm	1034.8m	冷凝水管
	DN50	橡塑保温管壳厚度 10mm	29m	冷凝水立管
	DN70	橡塑保温管壳厚度 10mm	34.2m	冷凝水立管
	DN50	橡塑保温管壳厚度 30mm	96m	新风机组支路
	DN80	橡塑保温管壳厚度 40mm	25.2m	新风机组立管
	DN100	橡塑保温管壳厚度 40mm	33.6m	新风机组立管
	DN125	橡塑保温管壳厚度 40mm	25.2m	新风机组立管
	DN150	橡塑保温管壳厚度 40mm	40m	新风机组立管
自动放气阀	DN20	铜质；工作压力 1.6MPa	2 个	新风机组立管
多管固定支架		两管固定支架	2 个	新风机组立管
波纹补偿器	DN100	补偿量 50mm；工作压力 1.6MPa	2 个	新风机组立管
温度计		工作压力 1.6MPa	40 个	新风机组支路
压力表		工作压力 1.6MPa	40 个	新风机组支路
橡胶软接头	DN50	工作压力 1.6MPa	40 个	新风机组支路

4）风系统

与多联机方案 1 相同，见表 3.6.3-6、表 3.1.3-10。

3.6.4 初投资

1. 多联机（风管式）方案

根据方案设计和设备材料表统计，计算空调系统总造价为 22238977.83 元，空调面积单位造价 826.73 元/m^2，建筑面积单位造价 609.67 元/m^2。其中，各分项造价指标见表 3.6.4-1。

多联机（风管式）方案分项造价指标　　表 3.6.4-1

序号	分项名称	造价（元）	占比（%）	空调面积指标（元/m^2）	建筑面积指标（元/m^2）
1	多联机	11733242.50	52.76	436.18	321.66
1.1	设备	7324861.40	62.43	272.30	200.81
1.2	冷媒管	1453408.69	12.39	54.03	39.84
1.3	风管	1703083.00	14.52	63.31	46.69
1.4	风口	326413.80	2.78	12.13	8.95
1.5	保温	925475.61	7.89	34.40	25.37
2	换热机房	253544.74	1.14	9.43	6.95
2.1	设备	134295.59	52.97	4.99	3.68
2.2	阀门	69637.61	27.47	2.59	1.91
2.3	管道	42623.08	16.81	1.58	1.17

续表

序号	分项名称	造价（元）	占比（%）	空调面积指标（元/m²）	建筑面积指标（元/m²）
2.4	保温	6988.46	2.76	0.26	0.19
3	风系统	5272260.34	23.71	195.99	144.54
3.1	设备	1216354.60	23.07	45.22	33.35
3.2	阀门	135573.36	2.57	5.04	3.72
3.3	风口	367121.60	6.96	13.65	10.06
3.4	风管	2459067.62	46.64	91.42	67.41
3.5	保温	1094143.16	20.75	40.67	30.00
4	水系统	829856.36	3.73	30.85	22.75
4.1	阀门	96539.10	11.63	3.59	2.65
4.2	管道	689221.28	83.05	25.62	18.89
4.3	保温	44095.98	5.31	1.64	1.21
5	措施费	2313828.01	10.40	86.02	63.43
6	税金	1836245.88	8.26	68.26	50.34

2. 多联机（嵌入式）方案

根据方案设计和设备材料表统计，计算空调系统总造价为18413610.60元，空调面积单位造价684.52元/m²，建筑面积单位造价504.80元/m²。其中，各分项造价指标见表3.6.4-2。

多联机（嵌入式）方案分项造价指标 **表3.6.4-2**

序号	分项名称	造价（元）	占比（%）	空调面积指标（元/m²）	建筑面积指标（元/m²）
1	多联机	9299829.61	50.51	345.72	254.95
1.1	设备	7904484.00	85.00	293.85	216.70
1.2	冷媒管	1395345.61	15.00	51.87	38.25
2	换热机房	253544.74	1.38	9.43	6.95
2.1	设备	134295.59	52.97	4.99	3.68
2.2	阀门	69637.61	27.47	2.59	1.91
2.3	管道	42623.08	16.81	1.58	1.17
2.4	保温	6988.46	2.76	0.26	0.19
3	风系统	5272260.34	28.63	195.99	144.54
3.1	设备	1216354.60	23.07	45.22	33.35
3.2	阀门	135573.36	2.57	5.04	3.72
3.3	风口	367121.60	6.96	13.65	10.06
3.4	风管	2459067.62	46.64	91.42	67.41
3.5	保温	1094143.16	20.75	40.67	30.00
4	水系统	370336.79	2.01	13.77	10.15
4.1	阀门	96539.10	26.07	3.59	2.65
4.2	管道	260212.29	70.26	9.67	7.13
4.3	保温	13585.40	3.67	0.51	0.37

续表

序号	分项名称	造价（元）	占比（%）	空调面积指标（元/m²）	建筑面积指标（元/m²）
5	措施费	1697249.25	9.22	63.09	46.53
6	税金	1520389.87	8.26	56.52	41.68

3.6.5 运行能耗

1. 供冷能耗

根据建筑逐时冷负荷及空调设备配置参数，实时模拟计算空调系统供冷逐时耗电量，累加得到逐日耗电量。空调系统供冷运行工况参数详见图 3.6.5-1、图 3.6.5-2，计算结果如下：

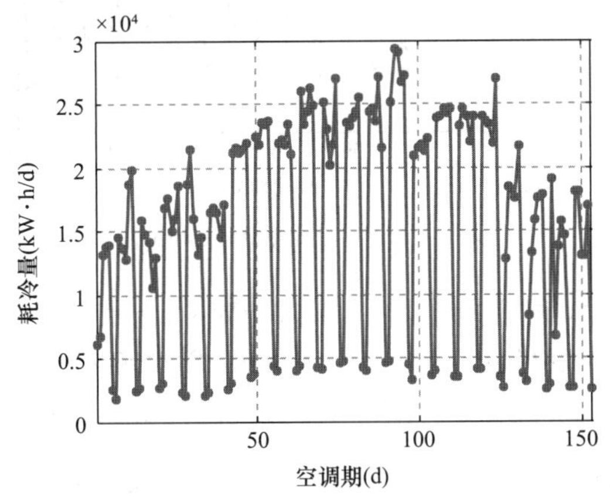

图 3.6.5-1 空调期逐日耗冷量

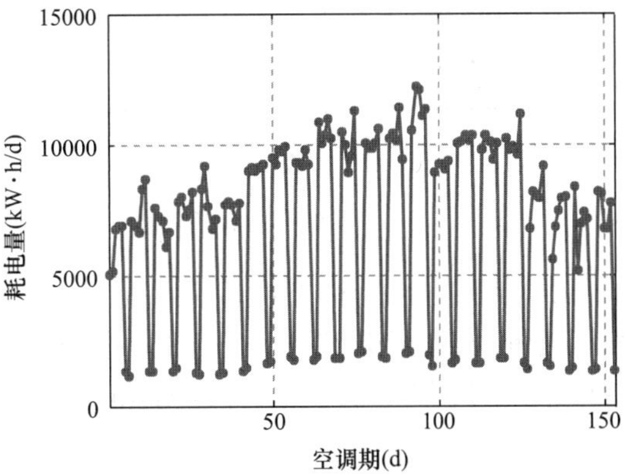

图 3.6.5-2 空调期逐日耗电量

空调期总耗冷量：232.9 万 kW·h，空调面积冷量指标：86.58kW·h/m²，建筑面积冷量指标：63.85kW·h/m²；空调期总耗电量：103.45 万 kW·h，空调面积电量指标：38.46kW·h/m²，建筑面积电量指标：28.36kW·h/m²，见表 3.6.5-1。

供冷能耗统计表 **表 3.6.5-1**

耗冷量			耗电量		
总耗冷量（万 kW·h）	空调面积冷量指标（kW·h/m²）	建筑面积冷量指标（kW·h/m²）	总耗电量（万 kW·h）	空调面积电量指标（kW·h/m²）	建筑面积电量指标（kW·h/m²）
232.9	86.58	63.85	103.45	38.46	28.36

其中，冷源总耗电量：60.45 万 kW·h，空调面积电量指标：22.45kW·h/m²，建筑面积电量指标：16.57kW·h/m²；空调末端总耗电量：43.00 万 kW·h，空调面积电量指标：15.99kW·h/m²，建筑面积电量指标：11.79kW·h/m²，见表 3.6.5-2。

分项供冷耗电量统计表 **表 3.6.5-2**

冷源耗电量			末端耗电量		
总耗电量（万 kW·h）	空调面积电量指标（kW·h/m²）	建筑面积电量指标（kW·h/m²）	总耗电量（万 kW·h）	空调面积电量指标（kW·h/m²）	建筑面积电量指标（kW·h/m²）
60.45	22.45	16.57	43.00	15.99	11.79

2. 供热能耗

根据建筑逐时热负荷及空调设备配置参数，实时模拟计算空调系统供热逐时耗热量、耗电量，累加得到逐日耗热量、耗电量。空调系统供热运行工况参数详见图 3.6.5-3、图 3.6.5-4，计算结果如下：

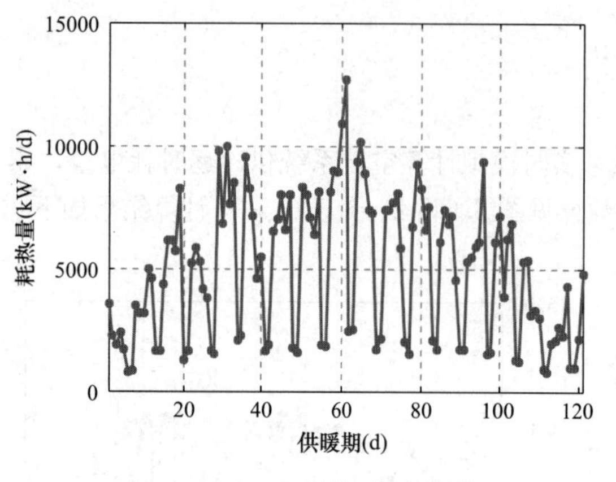

图 3.6.5-3　供暖期逐日耗热量

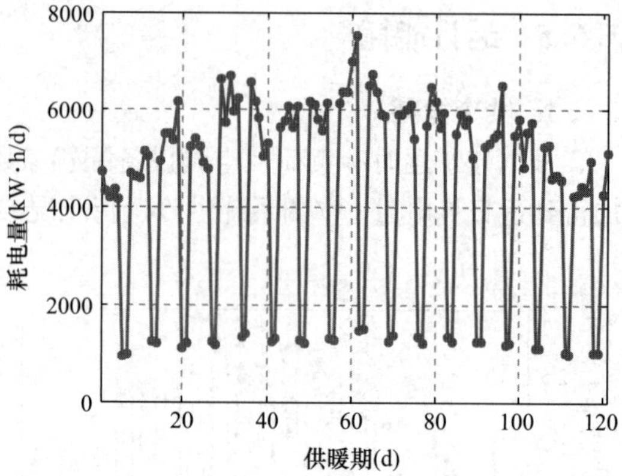

图 3.6.5-4　供暖期逐日耗电量

供暖期总耗热量：59.35 万 kW・h，空调面积热量指标：22.06 kW・h/m²，建筑面积热量指标：16.27kW・h/m²；供暖期总耗电量：52.27 万 kW・h，空调面积电量指标：19.43 kW・h/m²，建筑面积电量指标：14.33 kW・h/m²，见表 3.6.5-3。

供热能耗统计表　　**表 3.6.5-3**

耗热量			耗电量		
总耗热量（万 kW・h）	空调面积热量指标（kW・h/m²）	建筑面积热量指标（kW・h/m²）	总耗电量（万 kW・h）	空调面积电量指标（kW・h/m²）	建筑面积电量指标（kW・h/m²）
59.35	22.06	16.27	52.27	19.43	14.33

其中，热源总耗电量：52.27 万 kW・h，空调面积电量指标：19.43kW・h/m²，建筑面积电量指标：14.33kW・h/m²；末端总耗电量：34.01 万 kW・h，空调面积电量指标：12.64kW・h/m²，建筑面积电量指标：9.32kW・h/m²，见表 3.6.5-4。

分项供热耗电量统计表　　**表 3.6.5-4**

热源耗电量			末端耗电量		
总耗电量（万 kW・h）	空调面积电量指标（kW・h/m²）	建筑面积电量指标（kW・h/m²）	总耗电量（万 kW・h）	空调面积电量指标（kW・h/m²）	建筑面积电量指标（kW・h/m²）
52.27	19.43	14.33	34.01	12.64	9.32

3.6.6 运行费用

1. 供冷费用

根据建筑逐时冷负荷及空调设备配置参数，实时模拟计算空调系统供冷逐时耗电量，累加得到逐日耗电量；根据各时刻峰谷电价，计算系统逐时电费，累加得到逐日电费。空调系统供冷费用参数详见图 3.6.6-1，计算结果如下：

空调期供冷运行费用为 108.34 万元，空调面积供冷费指标 40.28 元/m^2，建筑面积供冷费指标 29.7 元/m^2。

2. 供热费用

根据建筑逐时热负荷及空调设备配置参数，实时模拟计算空调系统供热逐时耗热量、耗电量，累加得到逐日耗热量、耗电量；根据各时刻峰谷电价，计算系统逐时电费，累加得到逐日电费，汇总即为年总供热费。空调系统供热费用参数详见图 3.6.6-2，计算结果如下：

供暖期运行费用为 50.32 万元，空调面积供热费指标 18.71 元/m^2，建筑面积供热费指标 13.79 元/m^2。

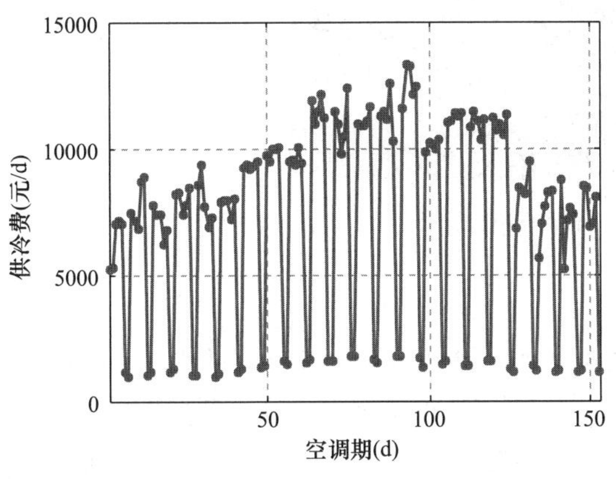

图 3.6.6-1　空调期逐日供冷费

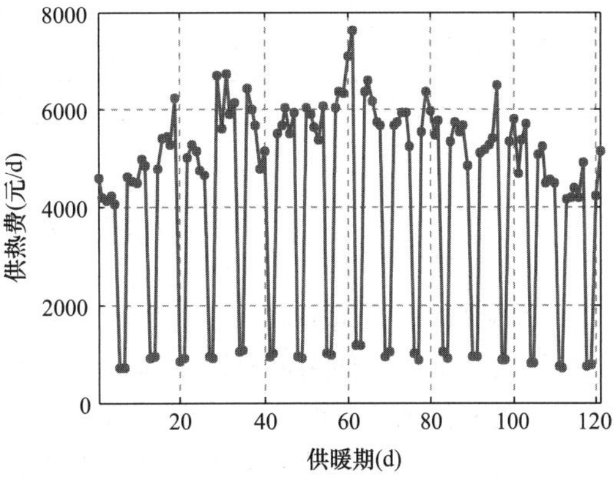

图 3.6.6-2　供暖期逐日供热费

3. 全年总费用

全年总运行费用为：158.66 万元，空调面积运行费用指标 58.98 元/m^2，建筑面积运行费用指标 43.5 元/m^2。

3.7　内外分区变风量系统（外区末端再热）

变风量空调系统早在 20 世纪 60 年代，在欧、美、日等一些发达国家和地区广泛应用，具有使用灵活、环境舒适、运行节能等特点。变风量系统运行控制较为复杂，在国内早期工程项目中应用并不广泛。随着行业对空气品质要求的提高，对空调节能问题的重视，以及计算机技术在空调控制系统上的充分应用，变风量空调系统逐渐成为办公、商业、高大空间等场所的主要空调形式之一。

3.7.1　系统介绍

1. 系统构成

变风量空调系统主要由 VAV 变风量 box 和 VAV 变风量空调机组组成。见图 3.7.1-1。

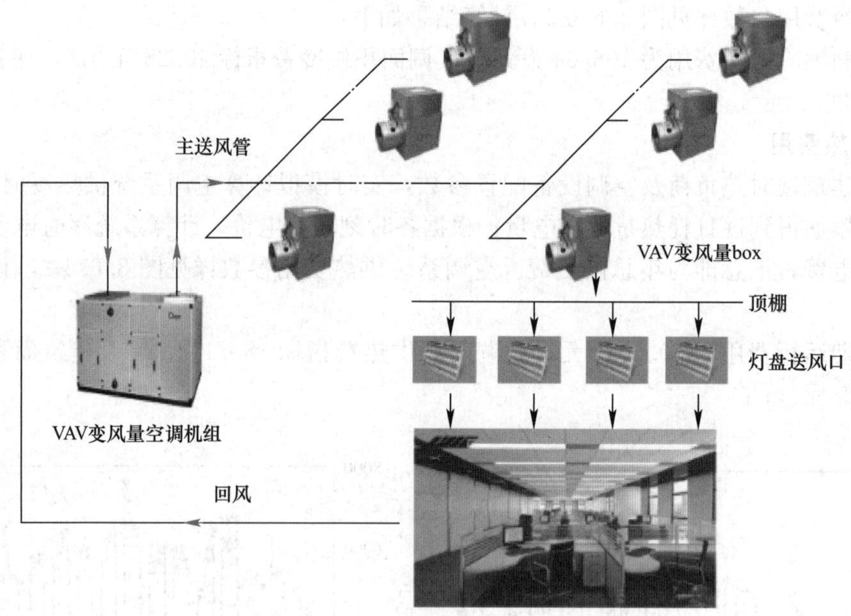

图 3.7.1-1 变风量空调系统原理示意图

1）VAV 变风量 box

目前，工程中使用最普遍的是单风道压力无关型 VAV 变风量 box，主要由箱体、控制器、风速传感器、温度传感器、电动调节风阀组成。通过改变空气流通截面积达到调节送风量的目的，是一种节流型变风量末端装置。电动调节风阀由室内温度控制器控制，控制风阀执行元件的启动和关闭，由速度控制器（或流量测量装置）进行辅控制，控制送入室内的风量，使送风量与室内负荷相匹配，可根据需求，在外区 VAV 变风量 box 上加设再热盘管。见图 3.7.1-2。

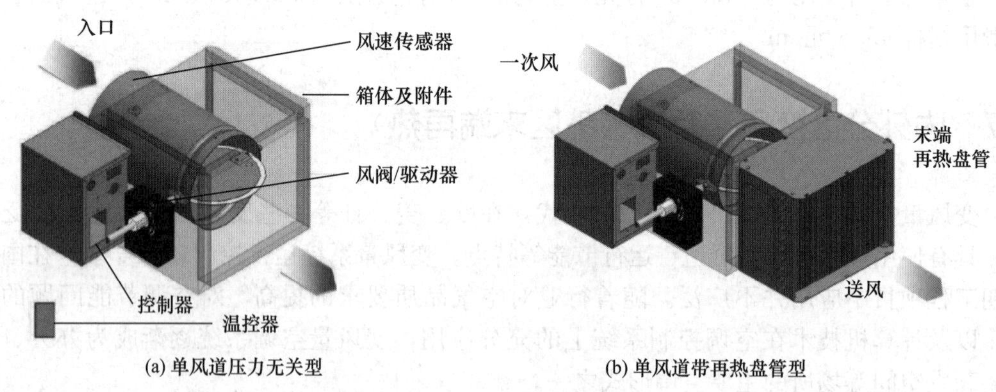

图 3.7.1-2 VAV 变风量 box 构成

2）VAV 变风量空调机组

VAV 变风量空调机组的送风机采用变频调速装置，使其送风量变化与送至各房间送风量变化相适应。见图 3.7.1-3。

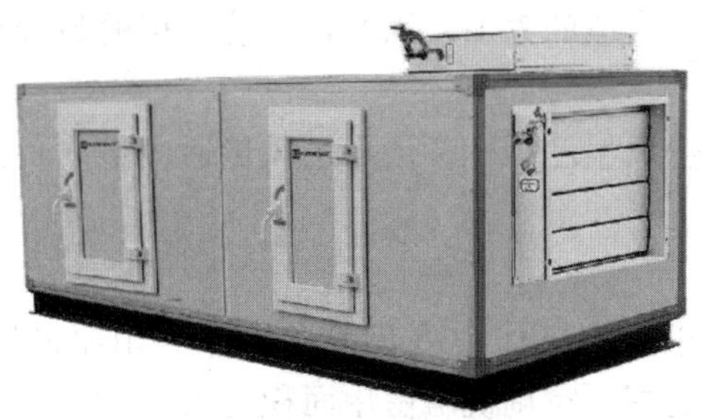

图 3.7.1-3 VAV 变风量空调机组

2. 风量控制

变风量系统送入室内空气的温湿度不变，由送入室内的风量来调节室内的温度。因此，变风量系统的风量控制尤为重要。一般风平衡控制主要采用两种方法：静压法和总风量法。见图 3.7.1-4。

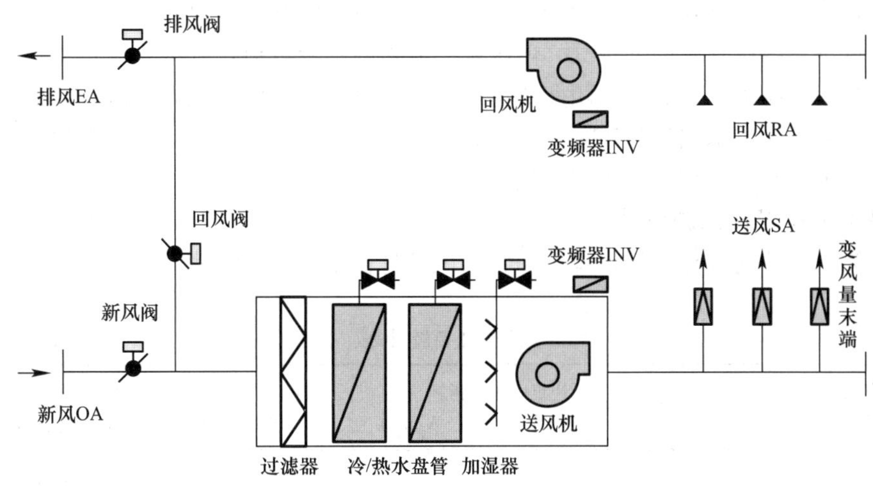

图 3.7.1-4 VAV 变风量空调系统原理图

1）静压法

在空调系统送风主管上，设置压力传感器，一般设置在距离最远端 1/3 处，系统初调节平衡后，该处静压值为设定值。当负荷发生变化后，各末端送风量随之变化，该处静压值为测量值。根据测量值与设定值偏差，调节变风量机组送风机转速，改变系统风量。

2）总风量法

总风量法需要变风量机组控制器收集系统负担所有末端 box 送风量参数，并计算总风量。根据总风量对应的风机转速，调整变风量空调机组送风机转速，使之匹配。

3. 系统特点

1）优点：

（1）变风量空调系统属于全空气空调系统，与风机盘管系统相比，变风量末端不产生冷凝水，空气质量更优。

（2）变风量空调系统负担不同朝向房间时，最大负荷为同一时刻各朝向累加的最大值，而非各朝向不同时刻最大值的累加。因此，系统负担的最大负荷较风机盘管系统减少10%～20%。

(3) 变风量空调系统送风温度不变，依靠送风量适应室内负荷需求，送回风机变频调节，节能效果明显。

2) 缺点：

(1) 变风量空调系统采用空气作为冷热输送媒介，相比采用水为媒介的风机盘管系统，吊顶内空间高度要求更高，空调机房占用面积更大。

(2) 变风量空调系统送风距离受送风量影响，如采用普通双层百叶送风口，会造成送风不均匀，局部过冷或过热，降低室内舒适性。

(3) 变风量空调系统风平衡调节相比风机盘管水系统难度更大，更不易于平衡。

3.7.2 系统设计

内外区变风量系统，在空调区域内外区分别设置变风量系统。夏季内外区变风量系统新回风混合冷却后，送入室内，消除室内冷负荷；冬季内外区变风量系统新回风混合加热后，送入低于室内设计温度的空气，内区系统消除内区冷负荷，外区系统根据不同时段朝向冷热负荷变化需求，开启或关闭变风量末端加热盘管。如外区变风量系统北面供热负荷不足时，开启变风量末端加热装置，补充热量；南面因日照充足，室内温度过高时，关闭变风量末端加热装置，加大末端送风量，消除余热。

1. 冷热负荷及冷热源设计

根据第1.3节的计算结果，统计两管制风机盘管系统冷热负荷，见表3.7.2-1。

冷热负荷统计表 **表3.7.2-1**

空调建筑面积（空调面积，m^2）	冷负荷（kW）	建筑面积冷指标（空调面积冷指标，W/m^2）	热负荷（kW）	建筑面积热指标（空调面积热指标，W/m^2）
36477 (26900)	3233.4	88.6 (120.2)	2049	56.2 (76.2)

2. 冷热源系统设计

1) 冷源设计。

(1) 采用电制冷水冷冷水机组。考虑同时使用率95%，选用3台单台容量为300RT(1055kW) 水冷螺杆式冷水机组。制冷机房设置于地下1层，地面标高为－5.4m；冷却塔设置于屋顶，屋顶标高为84.0m，冬季不供冷。

(2) 空调冷冻水的供回水温度为7/12℃，冷却水进/出水温度为32/37℃。

(3) 冷冻水采用一级泵变频系统，供回水总管设压差传感器控制水泵转速，同时设置电动压差调节阀，用于冷水机组最小水量时的旁通水量调节。

(4) 设置分集水器，按照风机盘管及空调机组分别设置空调水环路；

(5) 空调水系统设置2管制水系统运行。冬夏季节的冷热水转换，设在制冷机房的冷热水分、集水器上。

(6) 见图3.7.2-1、图3.7.2-3。

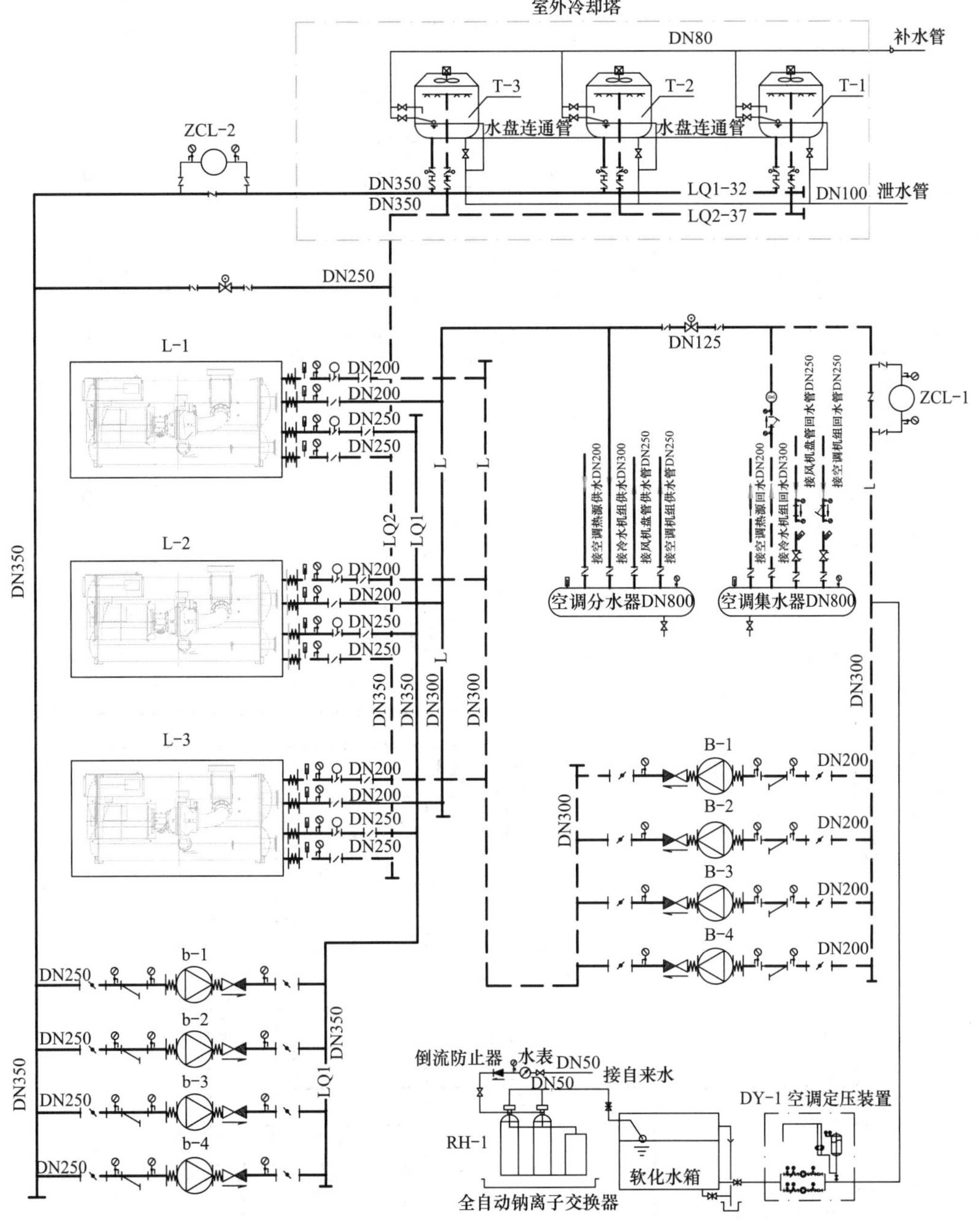

图 3.7.2-1 冷源系统原理图

2）热源设计。

（1）采用市政热源水。市政一次水供回水温度为 130/70℃。

（2）在地下一层设置热交换机房，寒冷地区单台容量不低于 65%，并取 1.1～1.15 的附加系数，设置 2 台单台容量为 1500kW 的空调板式换热器。将市政一次热水经过热交换器提供 60/45℃的空调热水。

（3）见图 3.7.2-2、图 3.7.2-3。

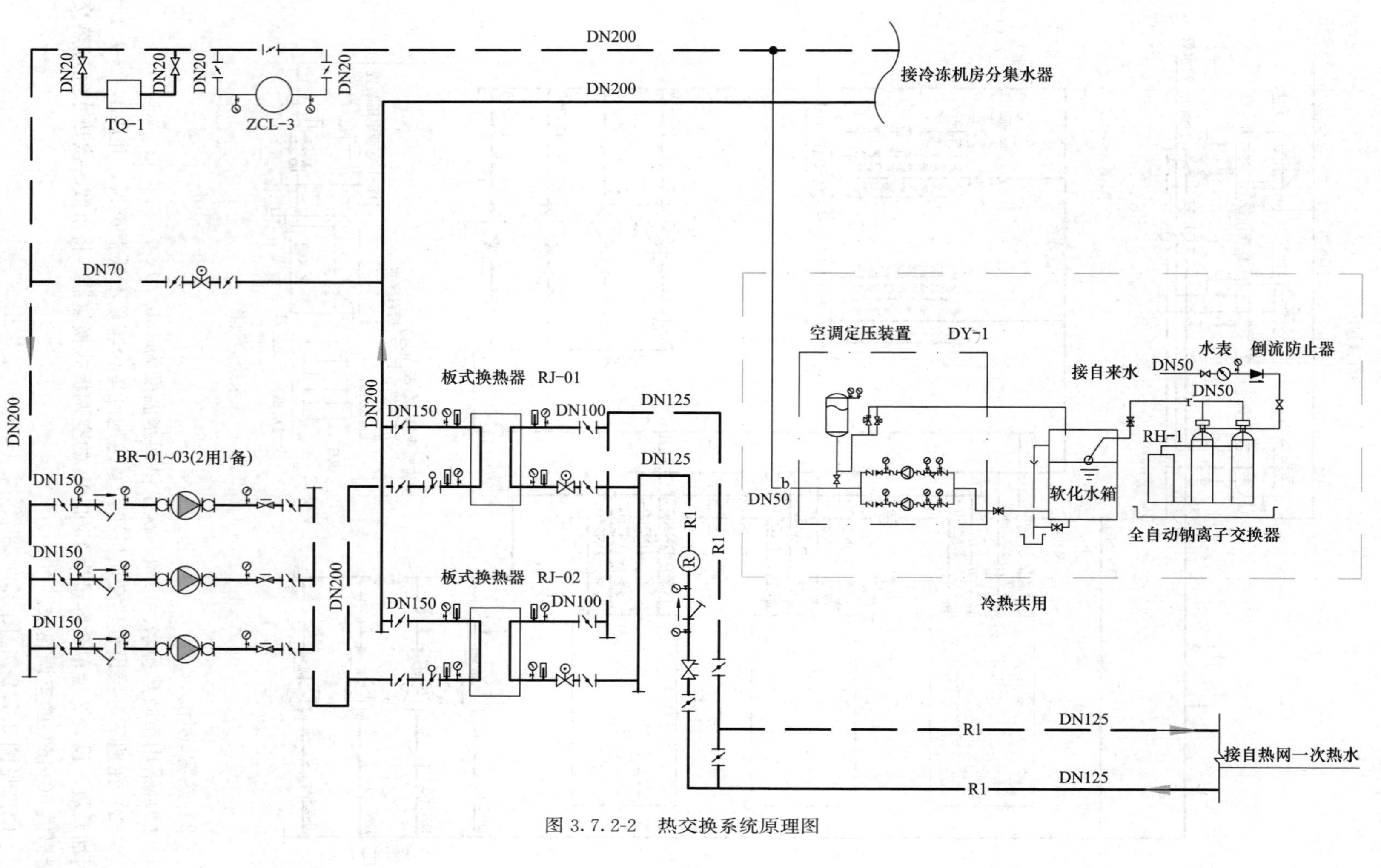

图 3.7.2-2 热交换系统原理图

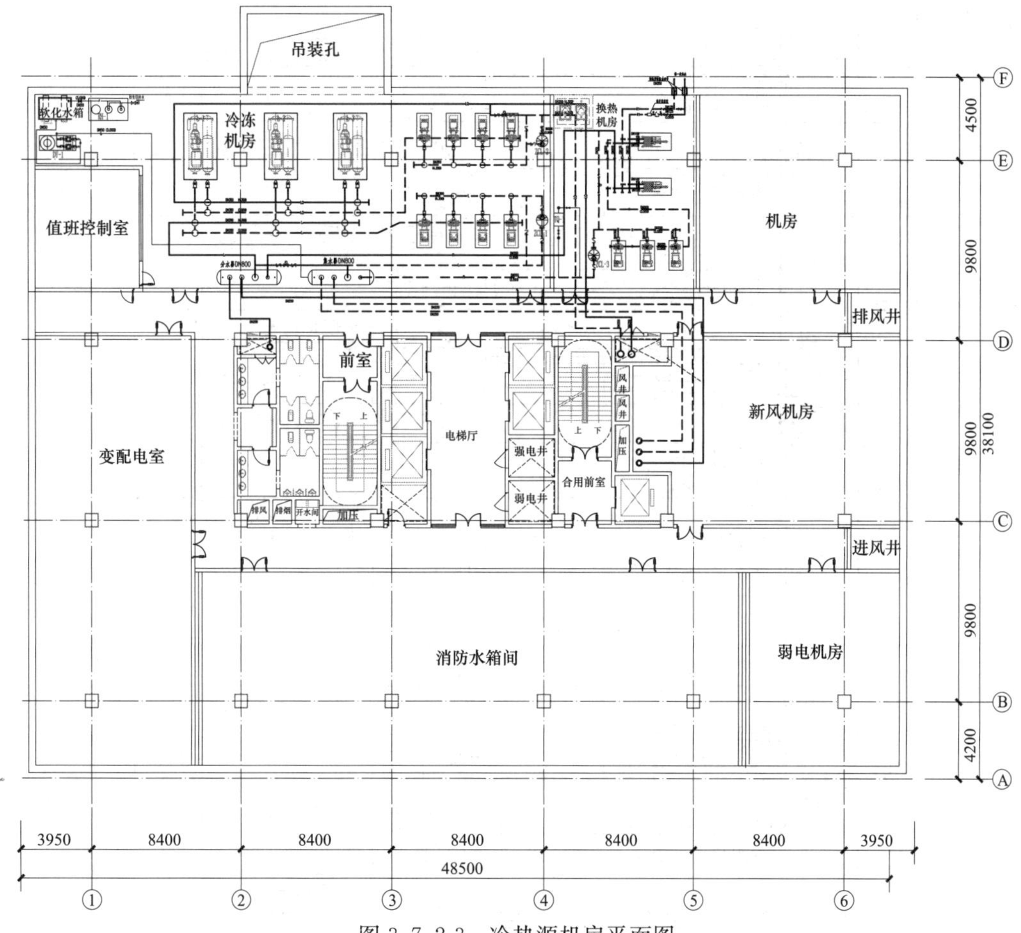

图 3.7.2-3　冷热源机房平面图

3）设置冷/热量计量装置及其自动控制装置。

3. 空调水系统

1）空调水系统采用竖向异程、水平同程系统。

2）VAV 末端 box 加热盘管每层水平分支管的回水管上设静态平衡阀。

3）VAV 末端 box 加热盘管回水管上均设电动两通阀；VAV 变风量空调机组回水管均设动态电动调节阀。

4）加湿采用湿膜加湿方式。

5）空调水系统见图 3.7.2-4。

4. 空调风系统

1）VAV 变风量空调机组位于每层空调机房内，内外区机组分开设置。内区空调机组（K-F1-20-1）对应配空调回风机（KH-F1～20-1），风机均变频，末端配变风量单风道压力无关型 VAV 变风量 box；外区空调机组（K-F1～20-2）对应配空调回风机（KH-F1～20-2），风机均变频，末端配变风量单风道压力无关型 VAV 变风量 box（带加热装置）。

2）每层 VAV 变风量空调机组的新风从本层室外直接送入机组，排风经竖井集中排至避难层室外。新风管道和排风竖井均按过渡季消除室内余热所需风量设置。

3）标准层空调平面见图 3.7.2-5。

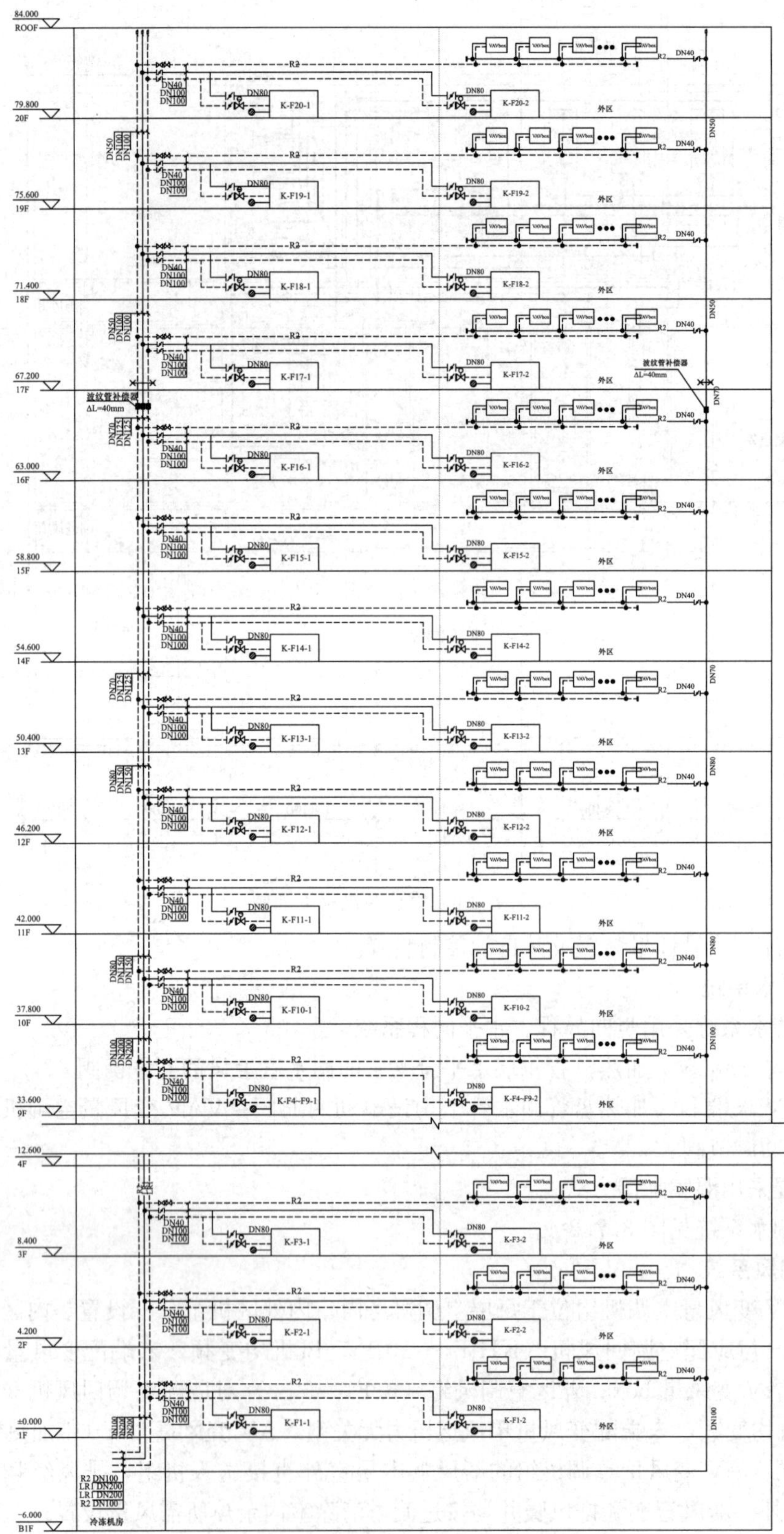

图 3.7.2-4　空调水系统图

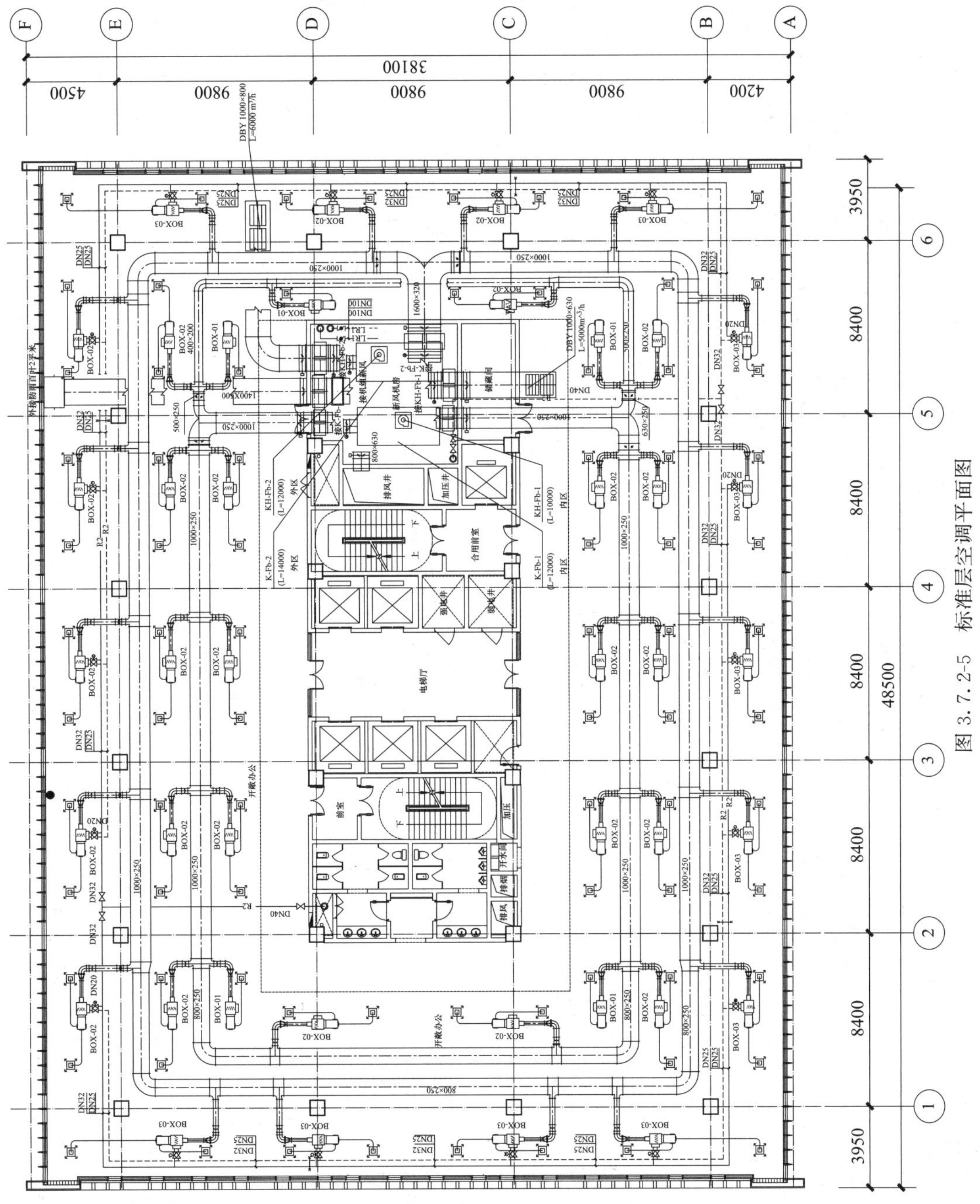

图 3.7.2-5 标准层空调平面图

4）空调风系统图见图 3.7.2-6。

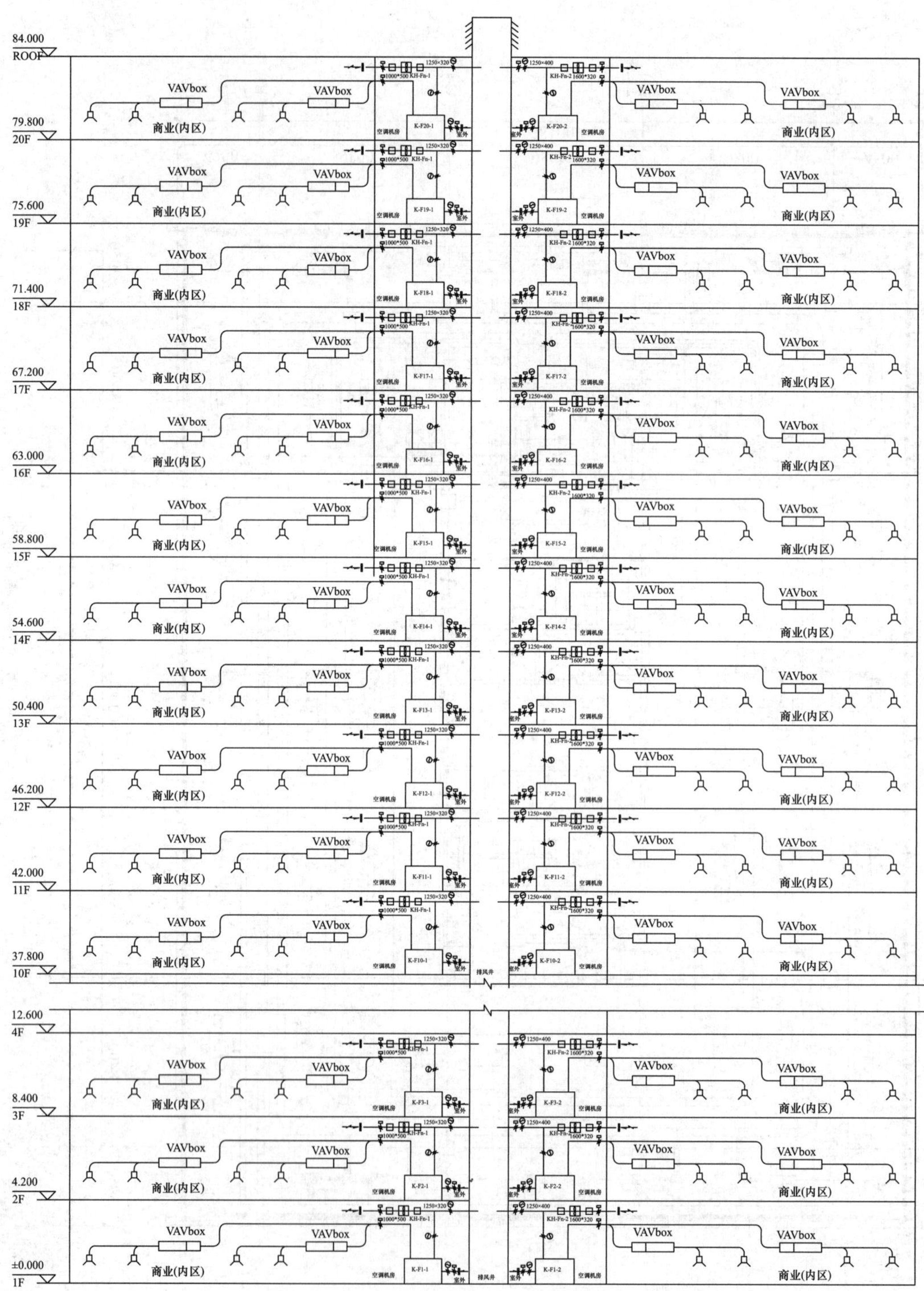

图 3.7.2-6 空调风系统图

3.7.3 设备材料表

1）冷源

制冷机房设备及材料表同两管制风机盘管＋新风系统，见表 3.1.3-1、表 3.1.3-2。

2）冷却塔

冷却塔设备表同两管制风机盘管＋新风系统，见表 3.1.3-3、表 3.1.3-4。

3）热源

换热站设备及材料表同两管制风机盘管＋新风系统，见表 3.1.3-5、表 3.1.3-6。

4）水系统（表 3.7.3-1）

变风量系统主要材料表（水系统） 表 3.7.3-1

材料名称	规格	性能参数	数量	单位
电动调节阀	DN80	阀体：球墨铸铁；阀芯：青铜；工作压力 1.6MPa	60	个
静态平衡阀	DN125	阀体：球墨铸铁；阀芯：青铜；工作压力 1.6MPa	20	个
电磁阀	DN20	铜质阀门	20	个
Y 型过滤器	DN70	40 目；工作压力 1.6MPa	20	个
蝶阀	DN80	阀体：球墨铸铁；阀芯：青铜；工作压力 1.6MPa	80	个
蝶阀	DN100	阀体：球墨铸铁；阀芯：青铜；工作压力 1.6MPa	40	个
波纹管补偿器	DN70	补偿量 50mm；工作压力 1.6MPa	2	个
波纹管补偿器	DN125	补偿量 50mm；工作压力 1.6MPa	2	个
镀锌钢管	DN20	工作压力 1.6MPa	720	m
镀锌钢管	DN25	工作压力 1.6MPa	3600	m
镀锌钢管	DN32	工作压力 1.6MPa	3200	m
镀锌钢管	DN40	工作压力 1.6MPa	560	m
镀锌钢管	DN80	工作压力 1.6MPa	160	m
镀锌钢管	DN100	工作压力 1.6MPa	120	m
镀锌钢管	DN50	工作压力 1.6MPa	40	m
镀锌钢管	DN70	工作压力 1.6MPa	35	m
镀锌钢管	DN100	工作压力 1.6MPa	40	m
无缝钢管	DN125	工作压力 1.6MPa	35	m
无缝钢管	DN150	工作压力 1.6MPa	24	m
无缝钢管	DN200	工作压力 1.6MPa	84	m
截止阀	DN20	工作压力 1.6MPa	360	个
截止阀	DN32	工作压力 1.6MPa	80	个
截止阀	DN40	工作压力 1.6MPa	40	个
橡塑保温管壳	DN20	橡塑保温管壳厚度 10mm	720	m
橡塑保温管壳	DN25	橡塑保温管壳厚度 25mm	3600	m
橡塑保温管壳	DN32	橡塑保温管壳厚度 25mm	3200	m
橡塑保温管壳	DN40	橡塑保温管壳厚度 25mm	560	m

续表

材料名称	规格	性能参数	数量	单位
橡塑保温管壳	DN80	橡塑保温管壳厚度 40mm	160	m
橡塑保温管壳	DN100	橡塑保温管壳厚度 40mm	120	m
橡塑保温管壳	DN50	橡塑保温管壳厚度 40mm	40	m
橡塑保温管壳	DN70	橡塑保温管壳厚度 40mm	35	m
橡塑保温管壳	DN100	橡塑保温管壳厚度 40mm	40	m
橡塑保温管壳	DN125	橡塑保温管壳厚度 40mm	35	m
橡塑保温管壳	DN150	橡塑保温管壳厚度 40mm	24	m
橡塑保温管壳	DN200	橡塑保温管壳厚度 40mm	84	m
自动排气阀	DN50	铜质；工作压力 1.6MPa	2	个
自动排气阀	DN80	铜质；工作压力 1.6MPa	80	个
自动排气阀	DN100	铜质；工作压力 1.6MPa	2	个
温度计		工作压力 1.6MPa	40	个
压力表		工作压力 1.6MPa	40	个

5）风系统（表 3.7.3-2、表 3.7.3-3）

变风量系统主要设备表 **表 3.7.3-2**

设备编号	设备名称	性能参数	数量（个）	备注
K-F1～20-1	卧式空调机组	风量 12000m^3/h，机外余压 350Pa 冷负荷：80kW，热负荷：35kW 功率：7.5kW/380V，新风可调范围 20%～80%	20	内区空调机组，变频
KH-F1～20-1	低噪混流式风机箱	风量 10000m^3/h，全压 300Pa 功率：2.2kW/380V，转速 960r/min	20	内区空调回风机，变频
K-F1～20-2	卧式空调机组	风量 14000m^3/h，机外余压 350Pa 冷负荷：120kW，热负荷：105kW 功率：7.5kW/380V，新风可调范围 20%～80%	20	外区空调机组，变频
KH-F1～20-2	低噪混流式风机箱	风量 12000m^3/h，全压 300Pa 功率：3.0kW/380V，转速 960r/min	20	外区空调回风机，变频
BOX-01	变风量单风道型末端装置	压力无关型 风量 68～595m^3/h	100	
BOX-02	变风量单风道型末端装置	压力无关型 风量 101～850m^3/h	520	
BOX-03	变风量单风道型末端装置	压力无关型 风量 180～1530m^3/h	220	

变风量系统主要材料表（风系统） **表 3.7.3-3**

材料名称	规格（mm）	性能参数	数量	备注
镀锌薄钢板风管	400×200	两面镀锌；壁厚 0.6mm	210m	标准层送风
镀锌薄钢板风管	500×250	两面镀锌；壁厚 0.75mm	210m	标准层送风

续表

材料名称	规格（mm）	性能参数	数量	备注
镀锌薄钢板风管	800×250	两面镀锌；壁厚 0.75mm	1400m	标准层送风
镀锌薄钢板风管	1000×250	两面镀锌；壁厚 0.75mm	3400m	标准层送风
镀锌薄钢板风管	1600×320	两面镀锌；壁厚 1.2mm	60m	标准层送风
镀锌薄钢板风管	1250×320	两面镀锌；壁厚 1.0mm	240m	标准层回风
镀锌薄钢板风管	1250×400	两面镀锌；壁厚 1.0mm	300m	标准层回风
镀锌薄钢板风管	800×630	两面镀锌；壁厚 0.75mm	280m	标准层机房
镀锌薄钢板风管	1400×500	两面镀锌；壁厚 0.75mm	400m	标准层机房
70℃防火阀	1000×250	碳素钢	40 个	标准层
70℃防火阀	1250×320	碳素钢	20 个	标准层
70℃防火阀	1250×400	碳素钢	20 个	标准层
70℃防火阀	1600×320	碳素钢	20 个	标准层
70℃防火阀	800×630	碳素钢	20 个	标准层
70℃防火阀	1400×500	碳素钢	20 个	标准层
电动调节风阀	800×630	不锈钢，电压 24V	20 个	标准层机房
电动调节风阀	1250×320	不锈钢，电压 25V	20 个	标准层机房
电动调节风阀	1250×400	不锈钢，电压 26V	20 个	标准层机房
电动调节风阀	1600×320	不锈钢，电压 27V	20 个	标准层机房
电动调节风阀	500×500	不锈钢，电压 28V	40 个	标准层机房
手动调节风阀	500×250	不锈钢	20 个	标准层
手动调节风阀	630×250	不锈钢	20 个	标准层
手动调节风阀	1000×250	不锈钢	80 个	标准层
金属软连接	Φ800	碳钢+不锈钢；长度 300mm	80 个	标准层机房
金属软连接	500×500	碳钢+不锈钢；长度 300mm	40 个	标准层机房
金属软连接	800×630	碳钢+不锈钢；长度 300mm	80 个	标准层机房
单层百叶	1000×630	铝合金	40 个	标准层回风
单层百叶	1000×800	铝合金	40 个	标准层回风
消声器	800×630	阻抗复合型，有效长度为 0.9m	20 个	标准层机房
消声器	1000×250	阻抗复合型，有效长度为 0.9m	40 个	标准层机房
消声器	1250×320	阻抗复合型，有效长度为 0.9m	20 个	标准层机房
消声器	1250×400	阻抗复合型，有效长度为 0.9m	20 个	标准层机房
消声器	1600×320	阻抗复合型，有效长度为 0.9m	20 个	标准层机房
消声器	1400×500	阻抗复合型，有效长度为 0.9m	20 个	标准层机房
联箱	1000×1000×500	镀锌薄钢板	20 个	标准层机房
镀锌薄钢板风管	200×200	壁厚 0.5mm	300m	VAV 变风量 box 支管
镀锌薄钢板风管	250×200	壁厚 0.5mm	1560m	VAV 变风量 box 支管
镀锌薄钢板风管	320×250	壁厚 0.5mm	660m	VAV 变风量 box 支管

续表

材料名称	规格（mm）	性能参数	数量	备注
手动调节风阀	200×200	不锈钢	100个	VAV变风量box支管
手动调节风阀	250×200	不锈钢	520个	VAV变风量box支管
手动调节风阀	320×250	不锈钢	220个	VAV变风量box支管
软管	ϕ127	金属软管	300m	VAV末端
软管	ϕ152	金属软管	1560m	VAV末端
软管	ϕ203	金属软管	660m	VAV末端
box配套多出口静压箱	200×200×1000	箱内吸声材料采用离心玻璃棉，厚度50mm	100个	VAV末端
box配套多出口静压箱	250×200×1000	箱内吸声材料采用离心玻璃棉，厚度50mm	520个	VAV末端
box配套多出口静压箱	320×250×1000	箱内吸声材料采用离心玻璃棉，厚度50mm	220个	VAV末端
风口处静压箱	400×400×400	箱内吸声材料采用离心玻璃棉，厚度50mm	1580个	VAV末端
方形散流器	180×180	铝合金	100个	VAV末端
方形散流器	240×240	铝合金	1040个	VAV末端
方形散流器	300×300	铝合金	440个	VAV末端

3.7.4 初投资

根据方案设计和设备材料表统计，计算空调系统总造价为1859869.64元，空调面积单位造价738.29元/m^2，建筑面积单位造价544.45元/m^2。其中，各分项造价指标见表3.7.4-1。

内外分区变风量方案分项造价指标 **表3.7.4-1**

序号	分项名称	造价（元）	占比（%）	空调面积指标（元/m^2）	建筑面积指标（元/m^2）
1	制冷机房	2647629.48	13.33	98.42	72.58
1.1	设备	1792412.62	67.70	66.63	49.14
1.2	阀门	298406.98	11.27	11.09	8.18
1.3	管道	529914.30	20.01	19.70	14.53
1.4	保温	26895.58	1.02	1.00	0.74
2	冷却塔	906261.38	4.56	33.69	24.84
3	换热机房	266822.64	1.34	9.92	7.31
3.1	设备	117156.20	43.91	4.36	3.21
3.2	阀门	56290.17	21.10	2.09	1.54
3.3	管道	85166.39	31.92	3.17	2.33
3.4	保温	8209.88	3.08	0.31	0.23
4	风系统	10882232.27	54.80	404.54	298.33
4.1	设备	5979229.00	54.94	222.28	163.92
4.2	阀门	372779.60	3.43	13.86	10.22
4.3	风口	159041.20	1.46	5.91	4.36

续表

序号	分项名称	造价（元）	占比（%）	空调面积指标（元/m²）	建筑面积指标（元/m²）
4.4	风管	4227436.07	38.85	157.15	115.89
4.5	保温	143746.40	1.32	5.34	3.94
5	水系统	1228498.15	6.19	45.67	33.68
5.1	阀门	399728.92	32.54	14.86	10.96
5.2	管道	710739.13	57.85	26.42	19.48
5.3	保温	118030.10	9.61	4.39	3.24
6	措施费	2288619.97	11.52	85.08	62.74
7	税金	1639805.75	8.26	60.96	44.95

3.7.5　运行能耗

1. 供冷能耗

1）空调外区

根据建筑逐时冷负荷及空调设备配置参数，实时模拟计算空调系统供冷逐时耗电量，累加得到逐日耗电量。本项目空调外区建筑面积为 11780.00m²，空调系统供冷运行工况参数详见图 3.7.5-1、图 3.7.5-2，计算结果如下：

总耗冷量：110.96 万 kW·h，空调面积冷量指标：94.20kW·h/m²；

总耗电量：53.04 万 kW·h，空调面积电量指标：45.02kW·h/m²。

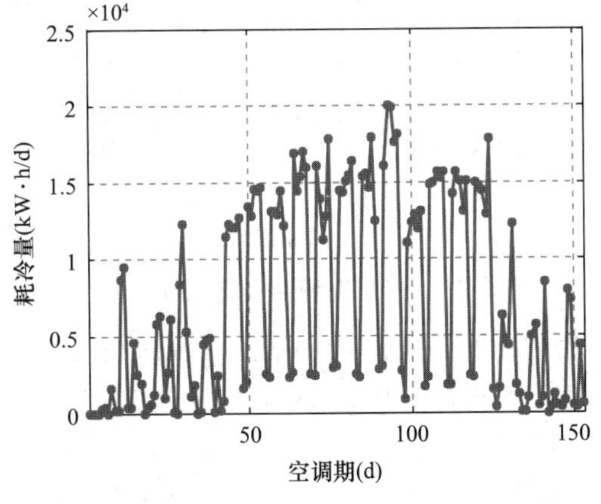

图 3.7.5-1　空调期逐日耗冷量

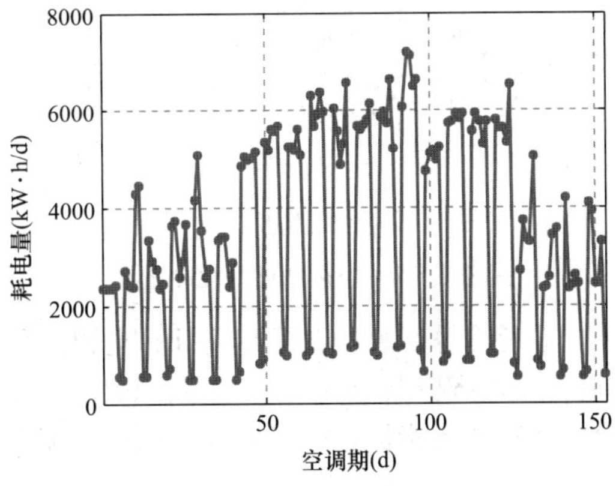

图 3.7.5-2　空调期逐日耗电量

2）空调内区

根据建筑逐时冷负荷及空调设备配置参数，实时模拟计算空调系统供冷逐时耗电量，累加得到逐日耗电量。本项目空调内区建筑面积为 15120.00m²，空调系统供冷运行工况参数详见图 3.7.5-3、图 3.7.5-4，计算结果如下：

总耗冷量：98.72 万 kW·h，空调面积冷量指标：65.29kW·h/m²；

总耗电量：48.29 万 kW·h，空调面积电量指标：31.94kW·h/m²；

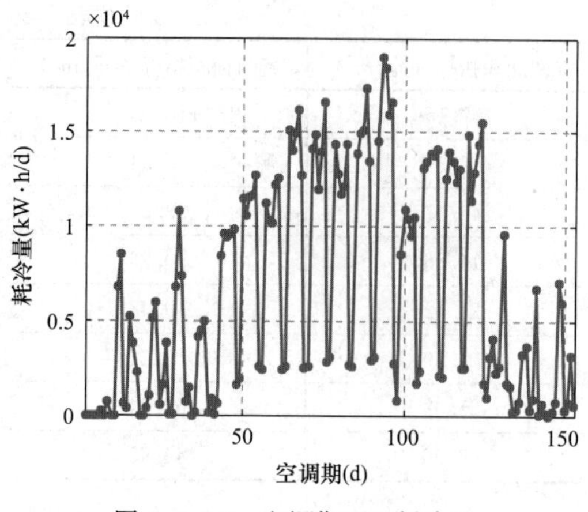

图 3.7.5-3　空调期逐日耗冷量

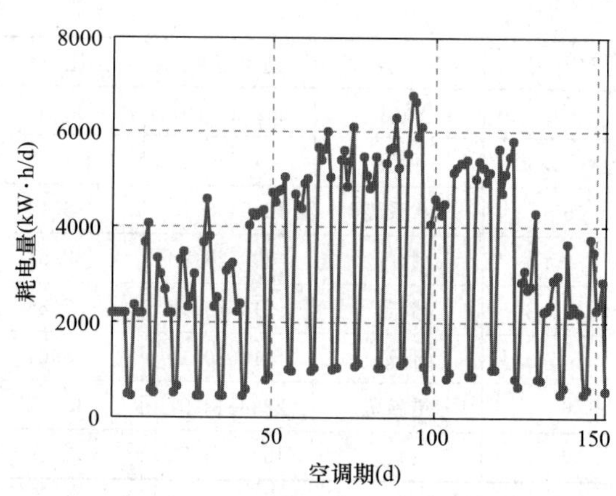

图 3.7.5-4　空调期逐日耗电量

3）空调总能耗（外区＋内区）

根据建筑逐时冷负荷及空调设备配置参数，实时模拟计算空调系统供冷逐时耗电量，累加得到逐日耗电量。空调系统供冷运行工况参数详见图 3.7.5-5、图 3.7.5-6，计算结果如下：

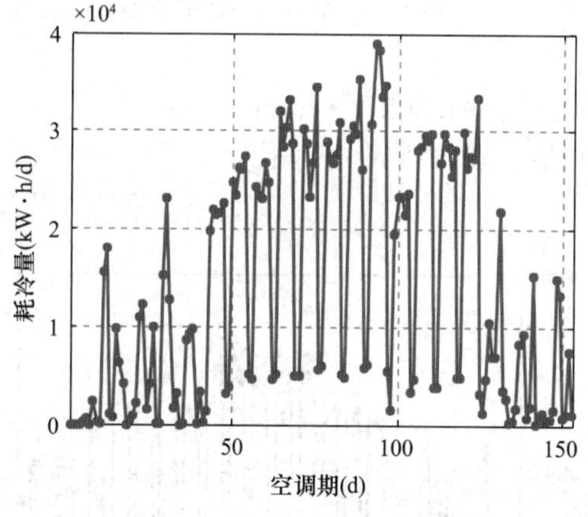

图 3.7.5-5　空调期逐日耗冷量

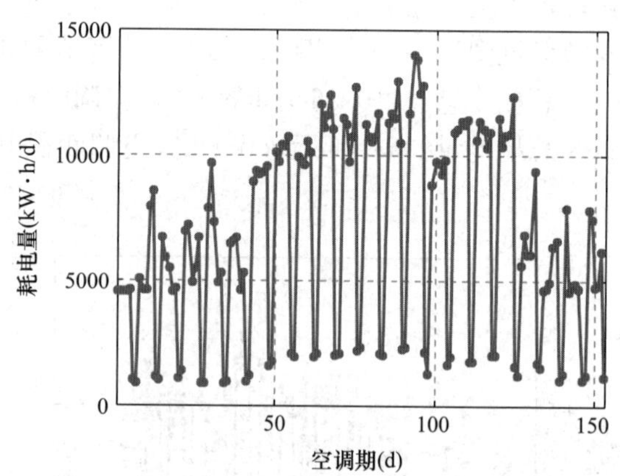

图 3.7.5-6　空调期逐日耗电量

总耗冷量：209.69 万 kW·h，空调面积冷量指标：77.95kW·h/m²，建筑面积冷量指标：57.49kW·h/m²；总耗电量：101.33 万 kW·h，空调面积电量指标：37.67kW·h/m²，建筑面积电量指标：27.78kW·h/m²，见表 3.7.5-1。

供冷能耗统计表　　　　**表 3.7.5-1**

耗冷量			耗电量		
总耗冷量（万 kW·h）	空调面积冷量指标（kW·h/m²）	建筑面积冷量指标（kW·h/m²）	总耗电量（万 kW·h）	空调面积电量指标（kW·h/m²）	建筑面积电量指标（kW·h/m²）
209.69	77.95	57.49	101.33	37.67	27.78

其中，冷源总耗电量：47.28 万 kW·h/年，空调面积电量指标：17.58kW·h/m²，建筑面积电量指标：12.96kW·h/m²；空调末端总耗电量 54.05 万 kW·h，空调面积电量指标：20.09kW·h/m²，建筑面积电量指标：14.82kW·h/m²，见表 3.7.5-2。

分项供冷耗电量统计表 **表 3.7.5-2**

冷源耗电量			末端耗电量		
总耗电量（万 kW·h）	空调面积电量指标（kW·h/m²）	建筑面积电量指标（kW·h/m²）	总耗电量（万 kW·h）	空调面积电量指标（kW·h/m²）	建筑面积电量指标（kW·h/m²）
47.28	17.58	12.96	54.05	20.09	14.82

2. 供热能耗

根据建筑逐时热负荷及空调设备配置参数，实时模拟计算空调系统供热逐时耗热量、耗电量，累加得到逐日耗热量、耗电量。空调系统供热运行工况参数详见图 3.7.5-7、图 3.7.5-8，计算结果如下：

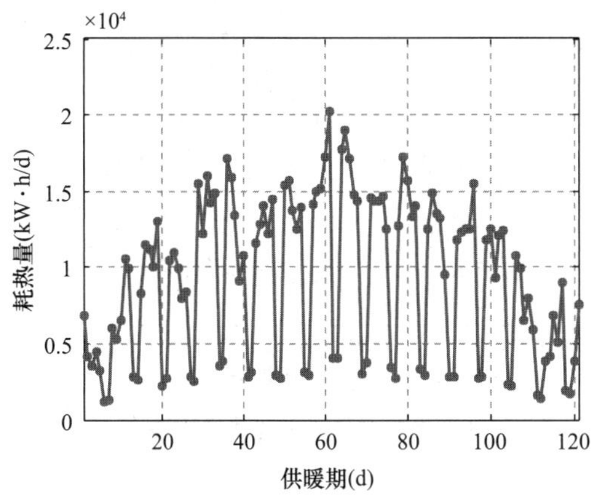

图 3.7.5-7 供暖期逐日耗热量

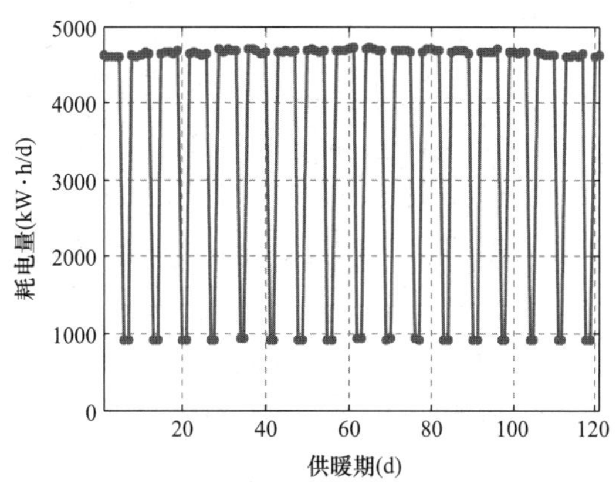

图 3.7.5-8 供暖期逐日耗电量

总耗热量：110.63 万 kW·h，空调面积热量指标：41.13kW·h/m²，建筑面积热量指标：30.33kW·h/m²；总耗电量：43.67 万 kW·h，空调面积电量指标：16.23kW·h/m²，建筑面积电量指标：11.97kW·h/m²，见表 3.7.5-3。

供热能耗统计表 **表 3.7.5-3**

耗热量			耗电量		
总耗热量（万 kW·h）	空调面积热量指标（kW·h/m²）	建筑面积热量指标（kW·h/m²）	总耗电量（万 kW·h）	空调面积电量指标（kW·h/m²）	建筑面积电量指标（kW·h/m²）
110.63	41.13	30.33	43.67	16.23	11.97

其中，热源总耗电量：2.21 万 kW·h，空调面积电量指标：0.82kW·h/m²，建筑面积电量指标：0.61kW·h/m²；末端总耗电量：41.46 万 kW·h，空调面积电量指标：15.41kW·h/m²，建筑面积电量指标：11.37kW·h/m²，见表 3.7.5-4。

分项供热耗电量统计表 **表 3.7.5-4**

热源耗电量			末端耗电量		
总耗电量（万 kW·h）	空调面积电量指标（kW·h/m²）	建筑面积电量指标（kW·h/m²）	总耗电量（万 kW·h）	空调面积电量指标（kW·h/m²）	建筑面积电量指标（kW·h/m²）
2.21	0.82	0.61	41.46	15.41	11.37

3.7.6 运行费用

1. 供冷费用

根据建筑逐时冷负荷及空调设备配置参数，实时模拟计算空调系统供冷逐时耗电量，累加得到逐日耗电量；根据各时刻峰谷电价，计算系统逐时电费，累加得到逐日电费。空调系统供冷、供热运行逐日费用详见图 3.7.6-1～图 3.7.6-4，计算结果如下：

供冷运行费用：106.32 万元，空调面积费用指标：39.52 元/m²，建筑面积费用指标：29.15 元/m²。

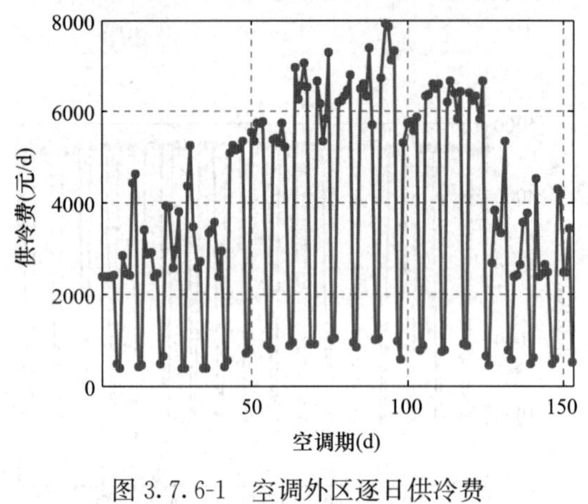

图 3.7.6-1 空调外区逐日供冷费

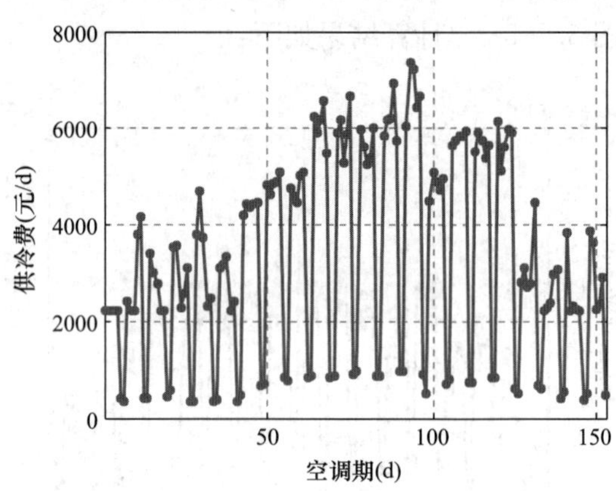

图 3.7.6-2 空调内区逐日供冷费

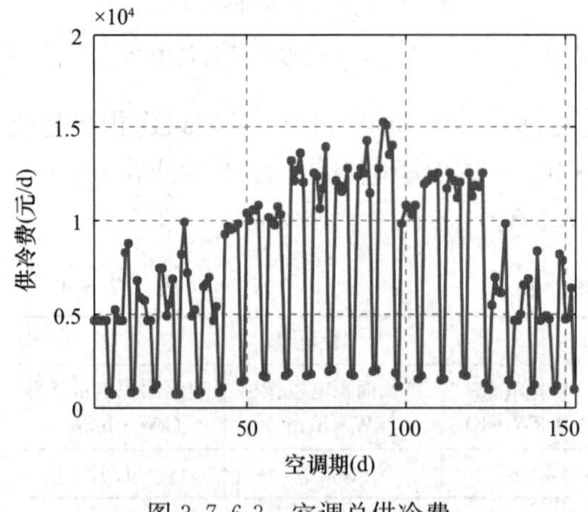

图 3.7.6-3 空调总供冷费

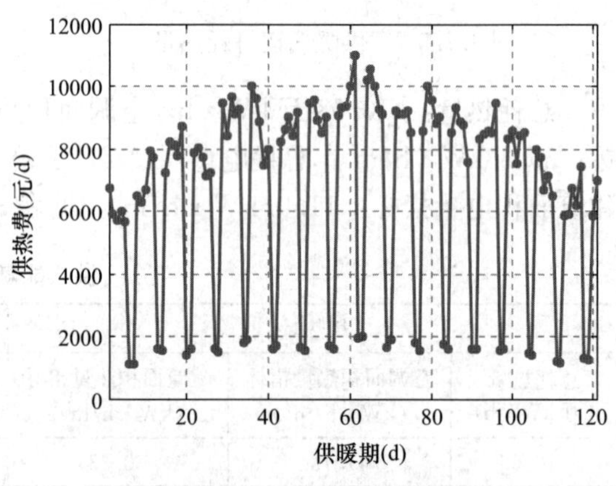

图 3.7.6-4 空调总供热费

2. 供热费用

根据建筑逐时热负荷及空调设备配置参数，实时模拟计算空调系统供热逐时耗热量、耗电量，累加得到逐日耗热量、耗电量；根据市政热价及各时刻峰谷电价，计算系统逐时热费、电费，累加得到逐日热费、电费，汇总热费和电费之和即为总供热费。

供热运行费用：131.74 万元，空调面积费用指标：48.97 元/m²，建筑面积费用指标：36.12 元/m²。

3. 全年总费用

全年总运行费用：238.06 万元，空调面积费用指标：88.50 元/m²，建筑面积费用指标：65.26 元/m^2。

3.8　内外不分区变风量系统（外区四管制风盘）

该系统是风机盘管与变风量系统混合应用，与风机盘管加新风系统相比，变风量空调系统具有室内空气品质好，部分负荷时风机可变速调节和可利用室外低温风冷却（尤其过渡季和冬季内区）节能等特点。并且利用四管制风机盘管系统外区可同时供冷供热的特点，弥补变风量系统各个朝向外区冷热负荷需求不同的缺陷。

3.8.1　系统介绍

四管制风机盘管系统同第 3.3.1 节，变风量系统同第 3.7.1 节。

3.8.2　系统设计

该系统外区采用四管制风机盘管，变风量系统按朝向东南和西北独立设置。夏季变风量系统新回风混合冷却后，送入室内，负担新风、内区冷负荷及部分外区冷负荷；冬季变风量系统新回风混合加热后，送入低于室内设计温度的空气，负担新风和内区冷负荷。外区的四管制风机盘管系统，夏季供冷，冬季根据外区不同时段朝向负荷变化需求，供热或供冷。

1. 冷热负荷

根据第 1.3 节的计算结果，统计四管制风机盘管系统冷热负荷，见表 3.8.2-1。

冷热负荷统计表　　表 3.8.2-1

空调面积 (m^2)	冷负荷 (kW)	冷指标 (W/m^2)	热负荷 (kW)	热指标 (W/m^2)	冬季内区冷负荷 (kW)	冬季内区冷指标 (W/m^2)
26900	3233.4	120.2	2049	76.2	616.89	40.8

2. 冷热源设计

1）冷源设计

（1）采用电制冷水冷冷水机组。选用 3 台单台容量为 300RT 水冷螺杆式冷水机组。制冷机房设置于地下 1 层，地面标高为－5.4m；冷却塔设置在屋顶，屋顶标高为 84.0m。

（2）空调冷水的供回水温度为 7/12℃，冷却水进/出水温度为 32/37℃。冬季采用冷却塔供冷，设冬季换冷板换，冷却水供回水温度为 7/12℃，冷水供回水温度为 8/13℃。

（3）冷水采用一级泵变频变流量系统，供回水总管设压差传感器控制水泵转速，同时设置电动压差调节阀，用于冷水机组最小水量时的旁通水量调节。设置分集水器，按照风机盘管及空调机组分别设置空调水环路；通过供回水的压差控制水泵转速。

（4）风机盘管水系统设置四管制水系统运行，空调机组水系统设置两管制水系统运行。

（5）空调机组水系统两管制运行。冬夏季节的冷热水转换设在空调机组冷热水主管上。

（6）见图 3.8.2-1，图 3.8.2-3。

2）热源设计

（1）采用市政热源水。市政一次水供回水温度为 130/70℃。

（2）在地下一层设置热交换机房，设置两台单台容量为 1500kW 的空调板式换热器。

将市政一次热水经过热交换器，提供60/45℃的空调热水。

（3）见图3.8.2-2、图3.8.2-3。

3）设置冷/热量计量装置及其自动控制装置。

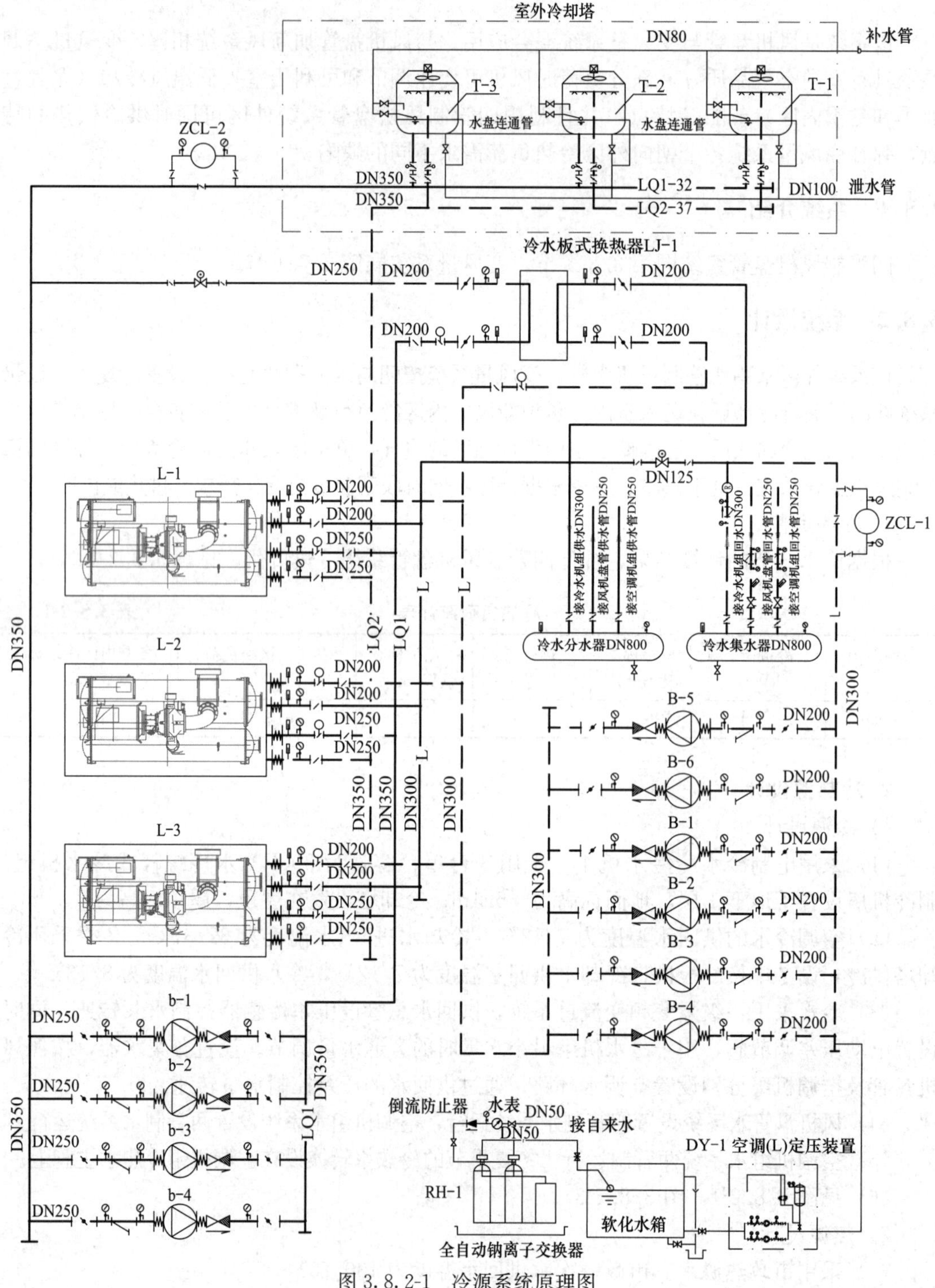

图3.8.2-1　冷源系统原理图

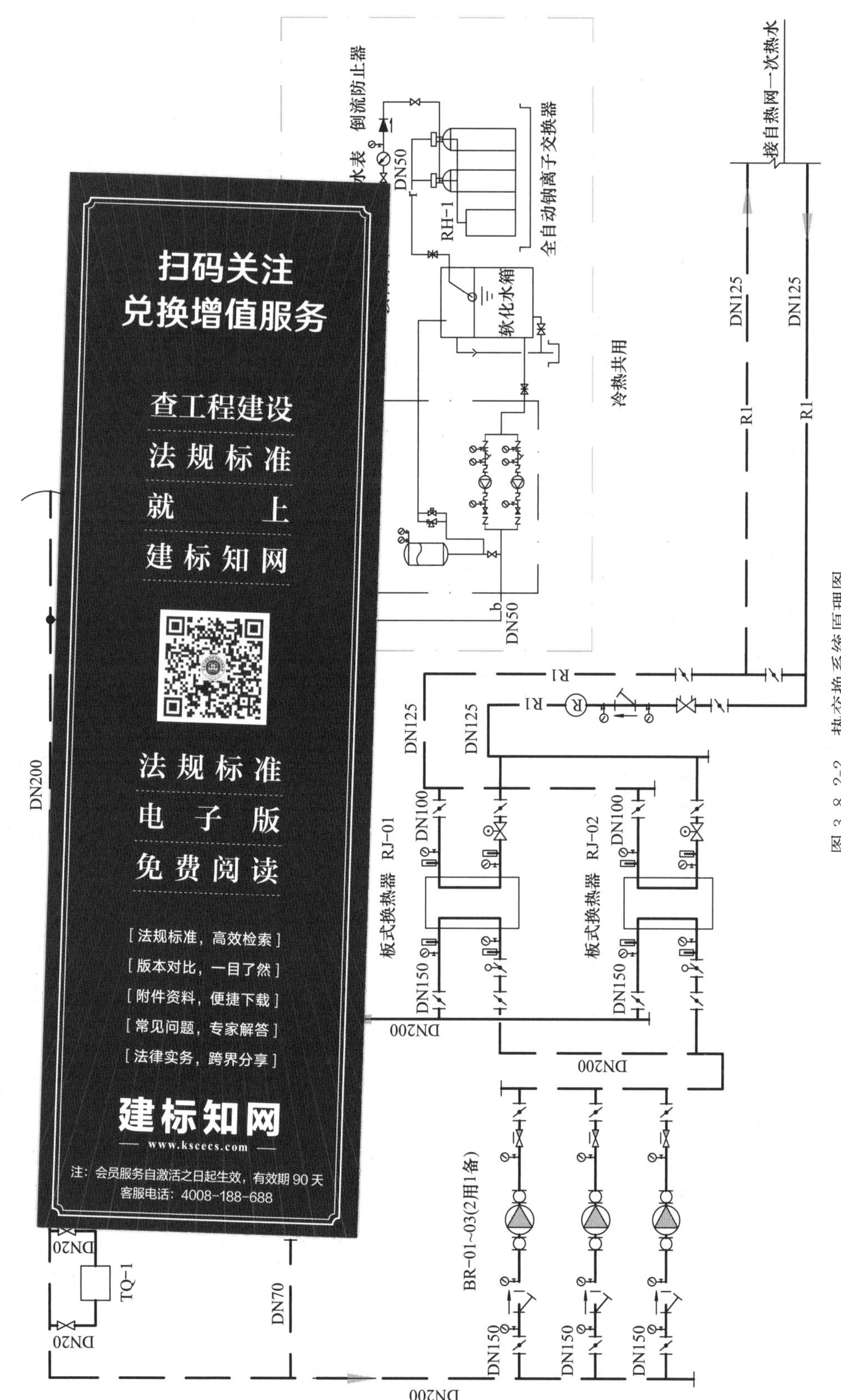

图 3.8.2-2　热交换系统原理图

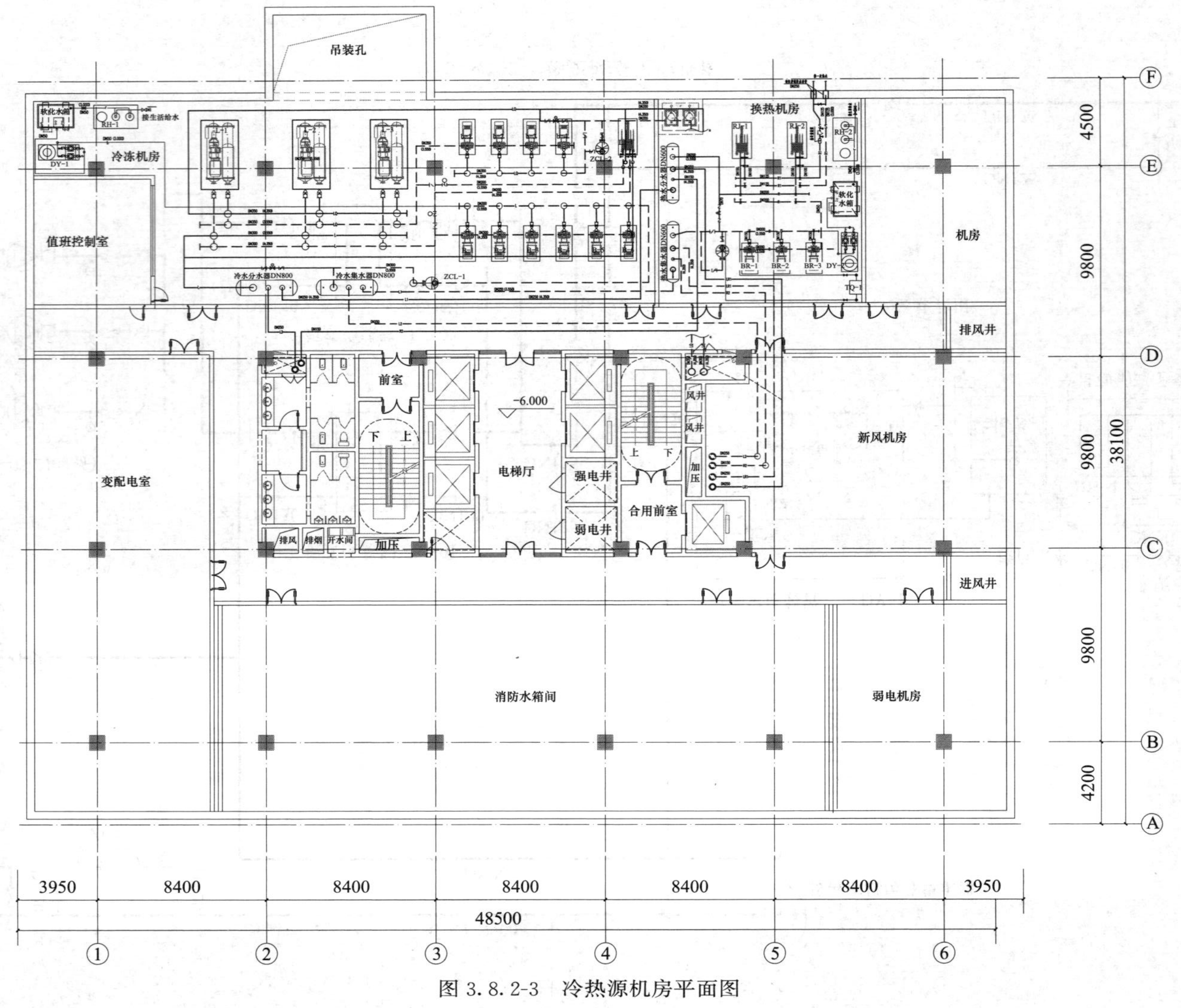

图 3.8.2-3　冷热源机房平面图

3. 空调水系统设计

1）空调水系统采用竖向异程、水平同程系统。

2）风机盘管每层的水平分支管回水管上设静态平衡阀。

3）风机盘管回水管上均设电动两通阀；VAV 变风量空调机组回水管均设动态电动调节阀。

4）加湿采用湿膜加湿方式。

5）空调水平面见图 3.8.2-4。

6）空调水系统见图 3.8.2-5。

4. 空调风系统

1）VAV 变风量空调机组位于每层空调机房内。内区空调机组（K-F1～20-1，2）对应配空调回风机（KH-F1～20-1，2），风机均变频，末端配变风量单风道压力无关型 VAVbox 。

2）每层 VAV 变风量空调机组的新风从本层室外直接送入机组，排风经竖井集中排至避难层室外。新风管道和排风竖井均按过渡季消除室内余热所需风量设置。

3）标准层空调风平面见图 3.8.2-6。

4）空调风系统见图 3.8.2-7。

3.8.3 设备材料表

1）冷源

制冷机房设备及材料表同分区两管制风机盘管＋新风系统，见表 3.2.3-1、表 3.2.3-2。

2）冷却塔

冷却塔设备及材料表同分区两管制风机盘管＋新风系统，见表 3.2.3-3、表 3.2.3-4。

3）热源

换热站设备及材料表同两管制风机盘管＋新风系统，详见表 3.1.3-5、表 3.1.3-6。

4）水系统（表 3.8.3-1）

5）风系统（表 3.8.3-2、表 3.8.3-3）

3.8.4 初投资

根据方案设计和设备材料表统计，计算空调系统总造价为 21602668.85 元，空调面积单位造价 803.07 元/m^2，建筑面积单位造价 592.23 元/m^2。其中，各分项造价指标见表 3.8.4-1。

3.8.5 运行能耗

1. 供冷能耗

1）空调外区

根据建筑逐时冷负荷及空调设备配置参数，实时模拟计算空调系统供冷逐时耗电量，累加得到逐日耗电量。本项目空调外区建筑面积为 11780m^2，空调系统供冷运行工况参数详见图 3.8.5-1、图 3.8.5-2，计算结果如下：

总耗冷量：112.58 万 kW・h，空调面积冷量指标：95.57kW・h/m^2；

总耗电量：32.29 万 kW・h，空调面积电量指标：27.41kW・h/m^2；

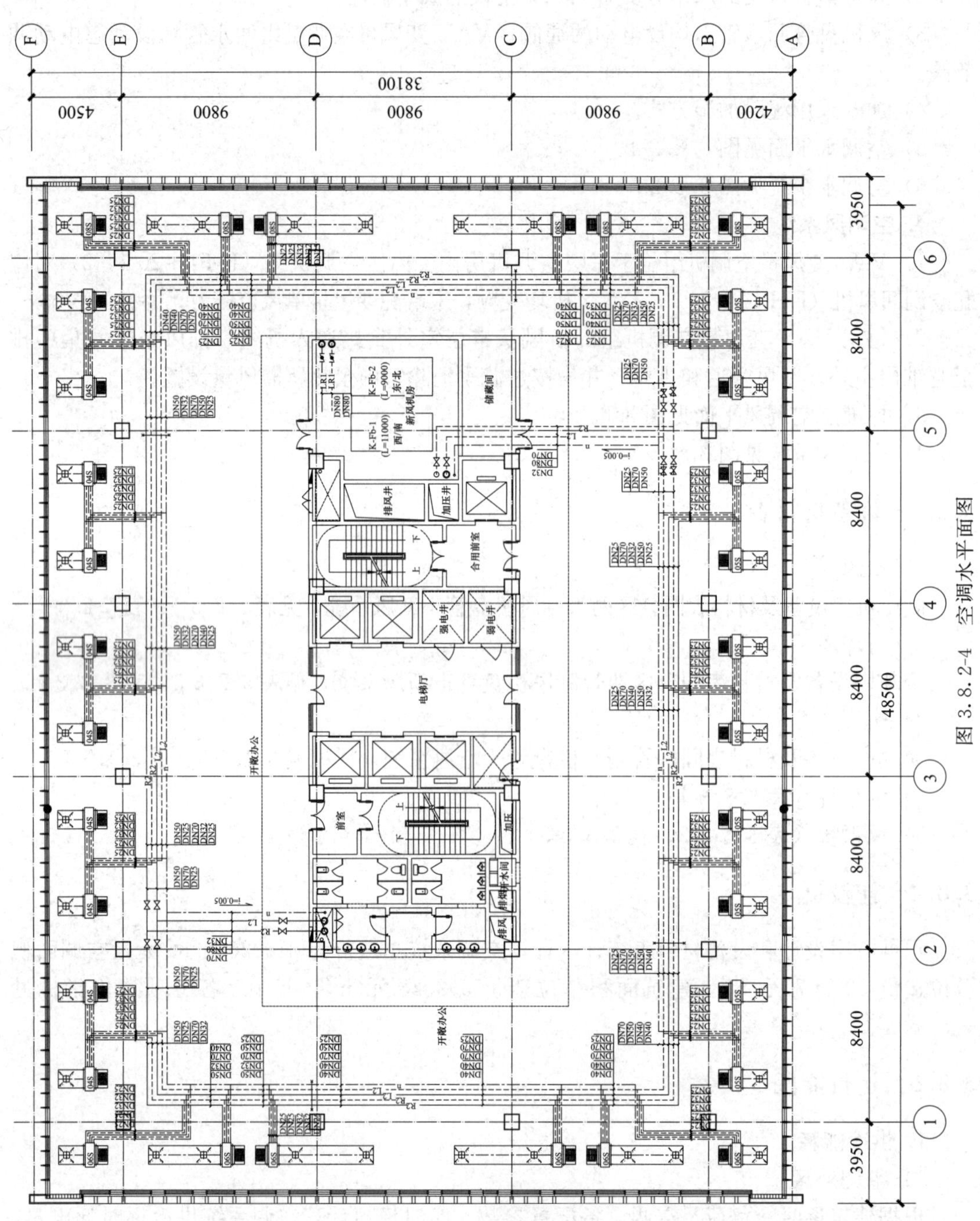

图 3.8.2-4 空调水平面图

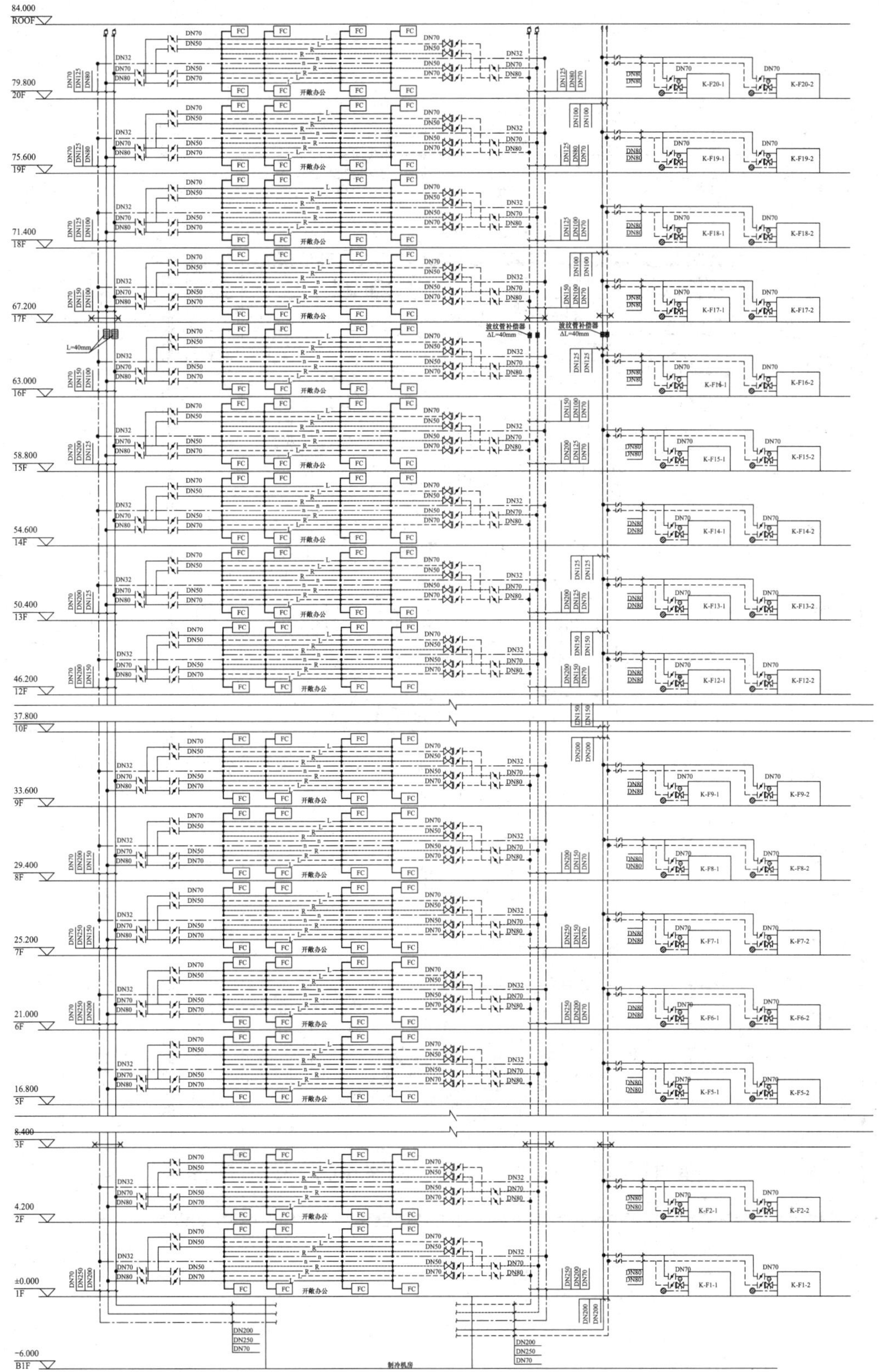

图 3.8.2-5　空调水系统图

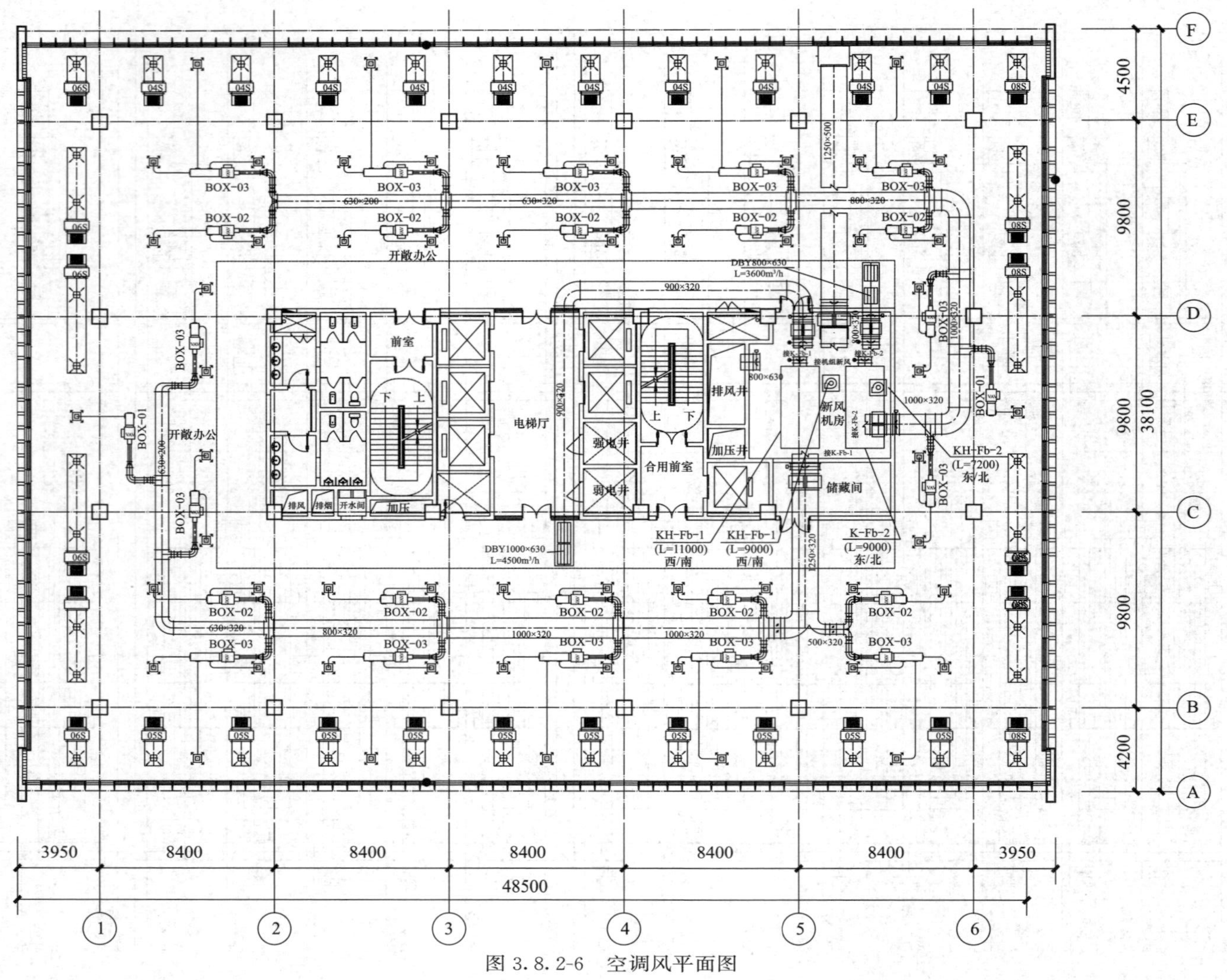

图 3. 8. 2-6 空调风平面图

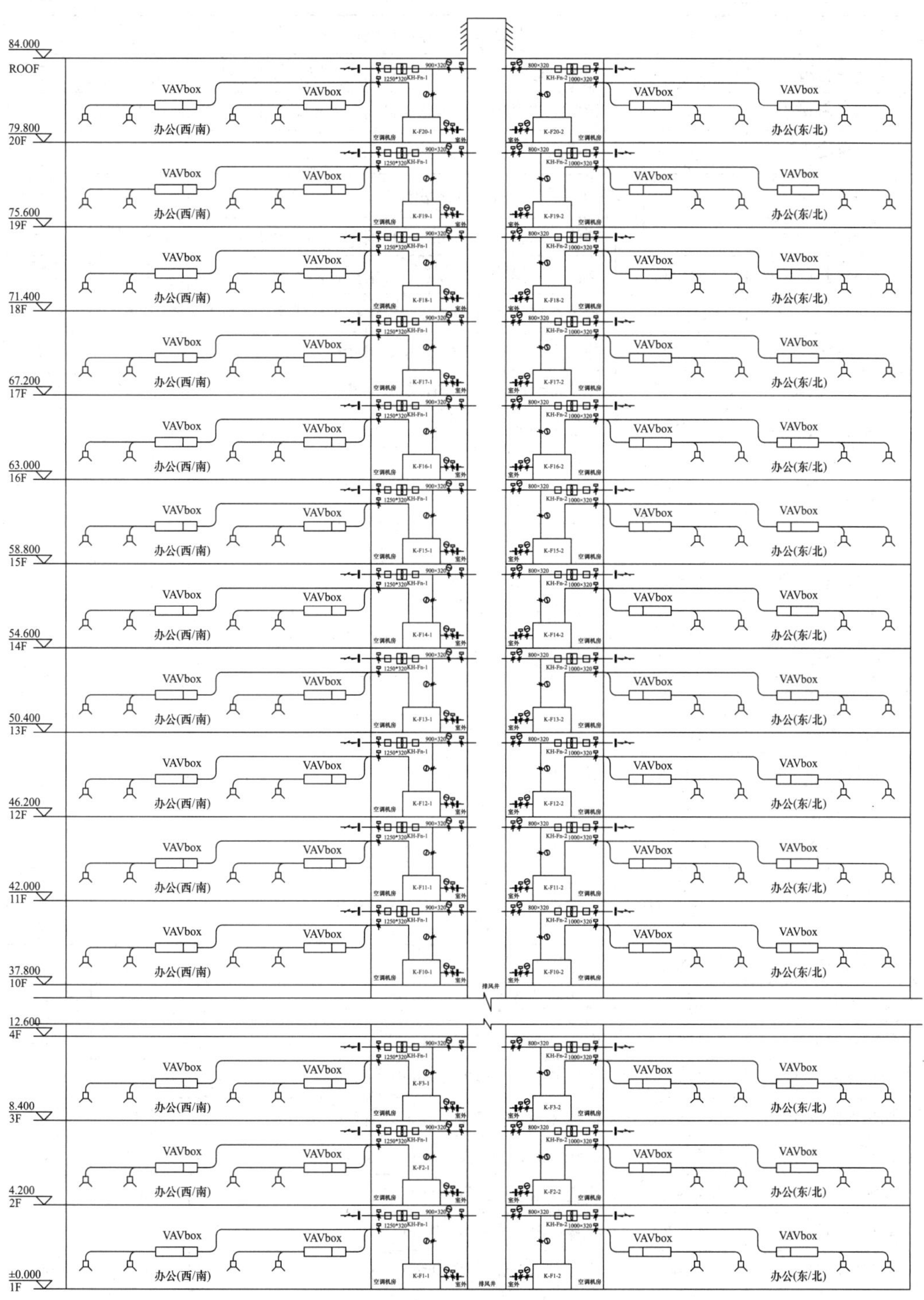

图 3.8.2-7 空调风系统图

变风量系统主要材料表（水系统） 表3.8.3-1

材料名称	规格	性能参数	数量	单位
电动调节阀	DN70	阀体：球墨铸铁；阀芯：青铜；工作压力1.6MPa	40	个
静态平衡阀	DN50	阀体：球墨铸铁；阀芯：青铜；工作压力1.6MPa	20	个
静态平衡阀	DN70	阀体：球墨铸铁；阀芯：青铜；工作压力1.6MPa	20	个
电磁阀	DN20	铜质阀门	20	个
Y型过滤器	DN70	40目；工作压力1.6MPa	20	个
蝶阀	DN50	阀体：球墨铸铁；阀芯：青铜；工作压力1.6MPa	40	个
蝶阀	DN80	阀体：球墨铸铁；阀芯：青铜；工作压力1.6MPa	120	个
蝶阀	DN100	阀体：球墨铸铁；阀芯：青铜；工作压力1.6MPa	80	个
波纹管补偿器	DN100	补偿量50mm；工作压力1.6MPa	2	个
波纹管补偿器	DN125	补偿量50mm；工作压力1.6MPa	2	个
波纹管补偿器	DN150	补偿量50mm；工作压力1.6MPa	2	个
镀锌钢管	DN20	工作压力1.6MPa	2400	m
镀锌钢管	DN25	工作压力1.6MPa	4540	m
镀锌钢管	DN32	工作压力1.6MPa	2440	m
镀锌钢管	DN40	工作压力1.6MPa	2600	m
镀锌钢管	DN50	工作压力1.6MPa	2640	m
镀锌钢管	DN70	工作压力1.6MPa	1600	m
镀锌钢管	DN70	工作压力1.6MPa	160	m
镀锌钢管	DN80	工作压力1.6MPa	520	m
镀锌钢管	DN100	工作压力1.6MPa	40	m
无缝钢管	DN125	工作压力1.6MPa	35	m
无缝钢管	DN150	工作压力1.6MPa	24	m
无缝钢管	DN200	工作压力1.6MPa	84	m
截止阀	DN20	工作压力1.6MPa	400	个
截止阀	DN25	工作压力1.6MPa	240	个
橡塑保温管壳	DN20	橡塑保温管壳厚度10mm	2400	m
橡塑保温管壳	DN25	橡塑保温管壳厚度25mm	4540	m
橡塑保温管壳	DN32	橡塑保温管壳厚度25mm	2440	m
橡塑保温管壳	DN40	橡塑保温管壳厚度25mm	2600	m
橡塑保温管壳	DN50	橡塑保温管壳厚度40mm	2640	m
橡塑保温管壳	DN70	橡塑保温管壳厚度40mm	1600	m
橡塑保温管壳	DN70	橡塑保温管壳厚度40mm	160	m
橡塑保温管壳	DN80	橡塑保温管壳厚度40mm	520	m
橡塑保温管壳	DN100	橡塑保温管壳厚度40mm	40	m
橡塑保温管壳	DN125	橡塑保温管壳厚度40mm	35	m
橡塑保温管壳	DN150	橡塑保温管壳厚度40mm	24	m

续表

材料名称	规格	性能参数	数量	单位
橡塑保温管壳	DN200	橡塑保温管壳厚度 40mm	84	m
自动排气阀	DN70	铜质；工作压力 1.6MPa	80	个
自动排气阀	DN80	铜质；工作压力 1.6MPa	2	个
自动排气阀	DN100	铜质；工作压力 1.6MPa	2	个
自动排气阀	DN125	铜质；工作压力 1.6MPa	2	个
温度计		工作压力 1.6MPa	40	个
压力表		工作压力 1.6MPa	40	个

变风量系统主要设备表　　表 3.8.3-2

设备编号	设备形式	设备参数	数量（个）	备注
K-F1～20-1	卧式空调机组	风量 11000m^3/h，机外余压 350Pa 冷负荷：88kW，热负荷：39kW 功率：7.5kW/380V 新风可调范围 25%～50%	20	内区空调机组，变频
KH-F1～20-1	低噪混流式风机箱	风量 9000m^3/h，全压 300Pa 功率：2.2kW/380V， 转速 960r/min	20	内区空调机组，变频
K-F1～20-2	卧式空调机组	风量 9000m^3/h，机外余压 350Pa 冷负荷：72kW，热负荷：31kW 功率：5.5kW/380V 新风可调范围 20%～40%	20	内区空调机组，变频
KH-F1～20-2	低噪混流式风机箱	风量 7200m^3/h，全压 300Pa 功率：1.5kW/380V， 转速 960r/min	20	内区空调机组，变频
FP04S	卧式暗装风机盘管	高档风量 680m^3/h，机外余压 30Pa 功率 72W/220V，冷量 3.6kW，热量 5.4kW	200	外区
FP05S	卧式暗装风机盘管	高档风量 680m^3/h，机外余压 30Pa 功率 72W/220V，冷量 3.6kW，热量 5.4kW	200	外区
FP06S	卧式暗装风机盘管	高档风量 680m^3/h，机外余压 30Pa 功率 72W/220V，冷量 3.6kW，热量 5.4kW	120	外区
FP08S	卧式暗装风机盘管	高档风量 850m^3/h，机外余压 30Pa 功率 87W/220V，冷量 4.5kW，热量 6.75kW	120	外区
BOX-01	变风量单风道型末端装置	压力无关型，风量 68～595m^3/h	20	
BOX-02	变风量单风道型末端装置	压力无关型，风量 101～850m^3/h	400	
BOX-03	变风量单风道型末端装置	压力无关型，风量 180～1530m^3/h	340	

变风量系统主要材料表（风系统）　　表 3.8.3-3

材料名称	规格（mm）	性能参数	数量（个）	备注
镀锌薄钢板风管	500×320	两面镀锌；壁厚 0.75m	40	标准层送风
镀锌薄钢板风管	630×320	两面镀锌；壁厚 0.75m	680	标准层送风
镀锌薄钢板风管	800×320	两面镀锌；壁厚 0.75m	560	标准层送风

续表

材料名称	规格（mm）	性能参数	数量（个）	备注
镀锌薄钢板风管	1000×320	两面镀锌；壁厚0.75m	600	标准层送风
镀锌薄钢板风管	1250×320	两面镀锌；壁厚1.0mm	160	标准层送风
镀锌薄钢板风管	800×320	两面镀锌；壁厚0.75m	220	标准层回风
镀锌薄钢板风管	900×320	两面镀锌；壁厚0.75m	660	标准层回风
镀锌薄钢板风管	800×630	两面镀锌；壁厚0.75m	280	标准层空调机房
镀锌薄钢板风管	1250×500	两面镀锌；壁厚0.75m	400	标准层空调机房
70℃防火阀	1000×320	碳素钢	20	标准层
70℃防火阀	1250×320	碳素钢	20	标准层
70℃防火阀	800×320	碳素钢	20	标准层
70℃防火阀	900×320	碳素钢	20	标准层
70℃防火阀	800×630	碳素钢	20	标准层
70℃防火阀	1250×500	碳素钢	20	标准层
电动调节风阀	1000×320	不锈钢；电压24V	20	标准层空调机房
电动调节风阀	1250×320	不锈钢；电压24V	20	标准层空调机房
电动调节风阀	800×320	不锈钢；电压24V	20	标准层空调机房
电动调节风阀	900×320	不锈钢；电压24V	20	标准层空调机房
电动调节风阀	500×500	不锈钢；电压24V	40	标准层空调机房
手动调节风阀	500×320	不锈钢	20	标准层
止回阀	1000×320	不锈钢	20	标准层
金属软连接	Φ630	碳钢+不锈钢；长度300mm	80	标准层新风机房
金属软连接	500×500	碳钢+不锈钢；长度300mm	40	标准层新风机房
金属软连接	630×630	碳钢+不锈钢；长度300mm	80	标准层新风机房
单层百叶	800×630	铝合金	40	标准层回风
单层百叶	1000×630	铝合金	40	标准层回风
消声器	1000×320	阻抗复合型，有效长度0.9m	20	标准层新风机房
消声器	1250×320	阻抗复合型，有效长度0.9m	20	标准层新风机房
消声器	800×320	阻抗复合型，有效长度0.9m	20	标准层新风机房
消声器	900×320	阻抗复合型，有效长度0.9m	20	标准层新风机房
消声器	800×630	阻抗复合型，有效长度0.9m	20	标准层新风机房
消声器	1250×500	阻抗复合型，有效长度0.9m	20	标准层新风机房
联箱	1000×1000×500	镀锌薄钢板	20	标准层新风机房
镀锌薄钢板风管	200×200	壁厚0.5mm	200	VAV box 支管
镀锌薄钢板风管	250×200	壁厚0.5mm	1560	VAV box 支管
镀锌薄钢板风管	320×250	壁厚0.5mm	700	VAV box 支管
风量调节阀	200×200	不锈钢	120	VAV 末端
风量调节阀	250×200	不锈钢	400	VAV 末端

续表

材料名称	规格（mm）	性能参数	数量（个）	备注
风量调节阀	320×250	不锈钢	340	VAV 末端
软管	ϕ127	金属软管	200	VAV 末端
软管	ϕ152	金属软管	1560	VAV 末端
软管	ϕ203	金属软管	660	VAV 末端
box 配套多出口静压箱	200×200×1000	箱内吸声材料采用离心玻璃棉，厚度 50mm	40	VAV 末端
box 配套多出口静压箱	250×200×1000	箱内吸声材料采用离心玻璃棉，厚度 50mm	400	VAV 末端
box 配套多出口静压箱	320×250×2000	箱内吸声材料采用离心玻璃棉，厚度 50mm	340	VAV 末端
风口处静压箱	400×400×400	箱内吸声材料采用离心玻璃棉，厚度 50mm	1760	VAV 末端
方形散流器	180×180	铝合金	40	VAV 末端
方形散流器	240×240	铝合金	1040	VAV 末端
方形散流器	300×300	铝合金	440	VAV 末端
镀锌薄钢板风管	500×200	两面镀锌；壁厚 0.75m	480	风盘送风
镀锌薄钢板风管	700×200	两面镀锌；壁厚 0.75m	576	风盘送风
镀锌薄钢板风管	900×200	两面镀锌；壁厚 0.75m	96	风盘送风
铝箔软管	240×240	长度 500mm	160	风管接风口
铝箔软管	300×300	长度 500mm	400	风管接风口
铝箔软管	320×320	长度 500mm	160	风管接风口
散流器	240×240	铝合金	160	风盘送风
散流器	300×300	铝合金	400	风盘送风
散流器	320×320	铝合金	160	风盘送风
单层百叶	800×300	铝合金	640	风盘回风
回风箱	900×500×300	镀锌薄钢板	640	风盘回风

内外不分区变风量方案分项造价指标　　　　表 3.8.4-1

序号	分项名称	造价（元）	占比（%）	空调面积指标（元/m^2）	建筑面积指标（元/m^2）
1	制冷机房	2660970.04	12.32	98.92	72.95
1.1	设备	1920221.61	72.16	71.38	52.64
1.2	阀门	340871.24	12.81	12.67	9.34
1.3	管道	373996.66	14.05	13.90	10.25
1.4	保温	25880.53	0.97	0.96	0.71
2	冷却塔	916254.78	4.24	34.06	25.12
3	换热机房	266822.64	1.24	9.92	7.31
3.1	设备	117156.20	43.91	4.36	3.21
3.2	阀门	56290.17	21.10	2.09	1.54
3.3	管道	85166.39	31.92	3.17	2.33
3.4	保温	8209.88	3.08	0.31	0.23
4	风系统	9532874.28	44.13	354.38	261.34
4.1	设备	5198353.60	54.53	193.25	142.51

续表

序号	分项名称	造价（元）	占比（%）	空调面积指标（元/m²）	建筑面积指标（元/m²）
4.2	阀门	313544.40	3.29	11.66	8.60
4.3	风口	329644.80	3.46	12.25	9.04
4.4	风管	3433295.52	36.02	127.63	94.12
4.5	保温	258035.96	2.71	9.59	7.07
5	水系统	4105298.16	19.00	152.61	112.54
5.1	设备	1511768.80	36.82	56.20	41.44
5.2	阀门	833359.10	20.30	30.98	22.85
5.3	管道	1481450.10	36.09	55.07	40.61
5.4	保温	278720.16	6.79	10.36	7.64
6	措施费	2336742.35	10.82	86.87	64.06
7	税金	1783706.60	8.26	66.31	48.90

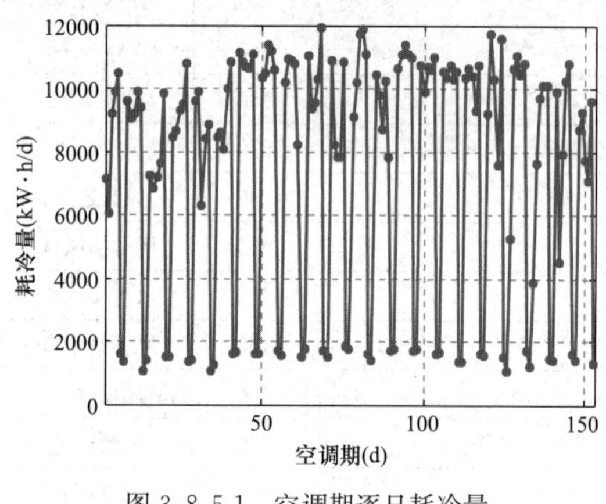

图 3.8.5-1　空调期逐日耗冷量

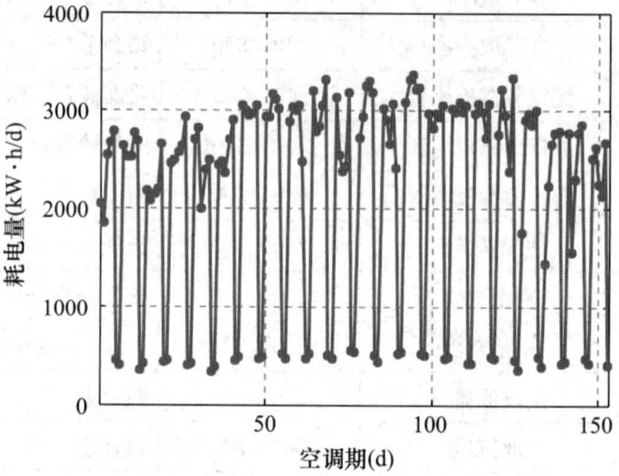

图 3.8.5-2　空调期逐日耗电量

2）空调内区

根据建筑逐时冷负荷及空调设备配置参数，实时模拟计算空调系统供冷逐时耗电量，累加得到逐日耗电量。本项目空调内区建筑面积为 15120m²，空调系统供冷运行工况参数详见图 3.8.5-3、图 3.8.5-4，计算结果如下：

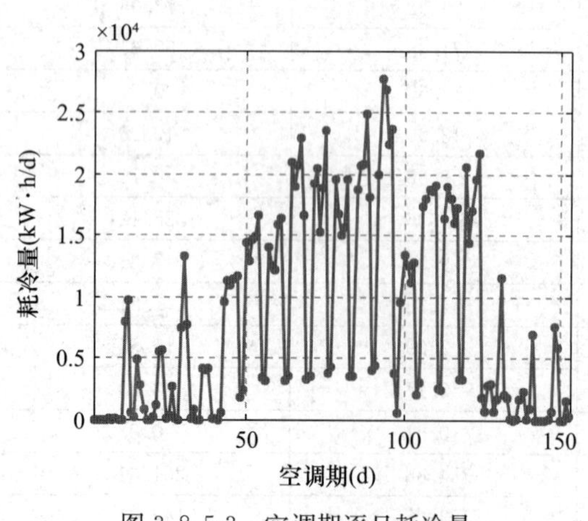

图 3.8.5-3　空调期逐日耗冷量

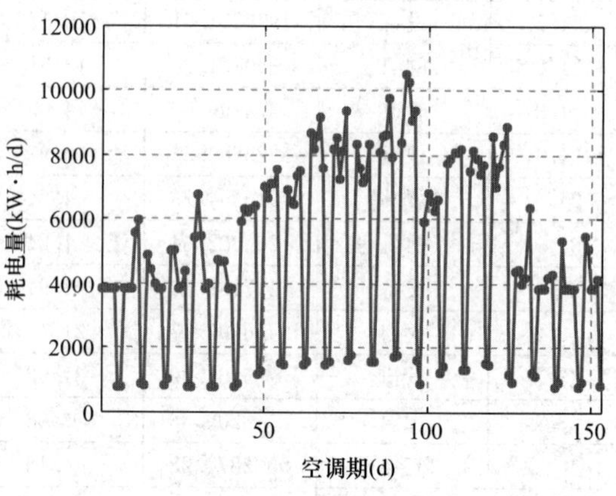

图 3.8.5-4　空调期逐日耗电量

总耗冷量：124.43 万 kW·h，空调面积冷量指标：82.29kW·h/m²；

总耗电量：73.29 万 kW·h，空调面积电量指标：48.47kW·h/m²。

3）空调总能耗（外区＋内区）

根据建筑逐时冷负荷及空调设备配置参数，实时模拟计算空调系统供冷逐时耗电量，累加得到逐日耗电量。空调系统供冷运行工况参数详见图 3.8.5-5、图 3.8.5-6，计算结果如下。

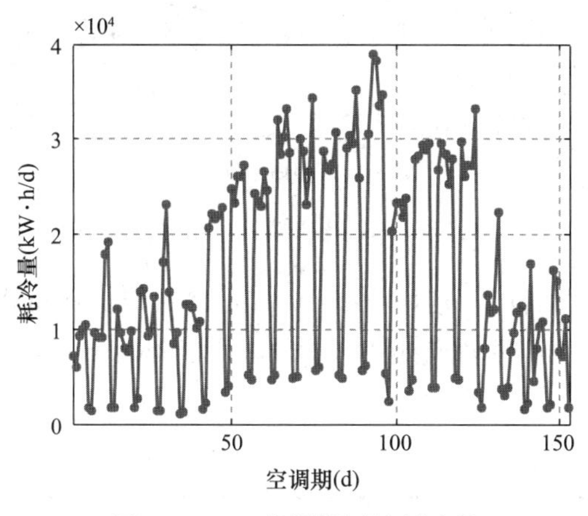

图 3.8.5-5 空调期逐日耗冷量

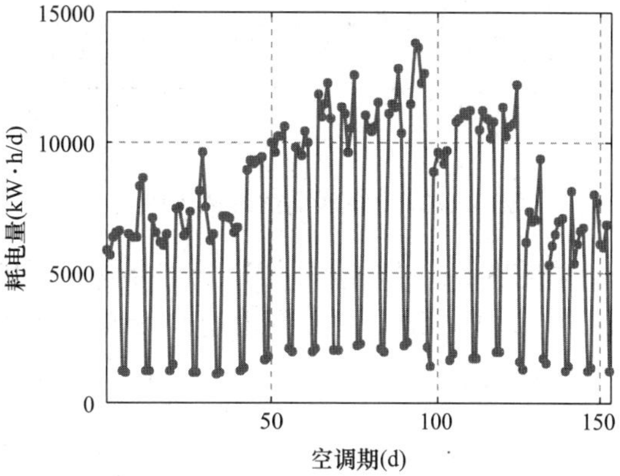

图 3.8.5-6 空调期逐日耗电量

总耗冷量：237.01 万 kW·h，空调面积冷量指标：88.11kW·h/m²，建筑面积冷量指标：64.98kW·h/m²；总耗电量：105.57 万 kW·h，空调面积电量指标：39.25kW·h/m²，建筑面积电量指标：28.94kW·h/m²，见表 3.8.5-1。

供冷能耗统计表 **表 3.8.5-1**

耗冷量			耗电量		
总耗冷量（万 kW·h）	空调面积冷量指标（kW·h/m²）	建筑面积冷量指标（kW·h/m²）	总耗电量（万 kW·h）	空调面积电量指标（kW·h/m²）	建筑面积电量指标（kW·h/m²）
237.01	88.11	64.98	105.57	39.25	28.94

其中，冷源总耗电量：52.94 万 kW·h/年，空调面积电量指标：19.68kW·h/m²，建筑面积电量指标：14.51kW·h/m²；空调末端总耗电量 52.63 万 kW·h，空调面积电量指标：19.57kW·h/m²，建筑面积电量指标：14.43kW·h/m²，见表 3.8.5-2。

分项供冷耗电量统计表 **表 3.8.5-2**

冷源耗电量			末端耗电量		
总耗电量（万 kW·h）	空调面积电量指标（kW·h/m²）	建筑面积电量指标（kW·h/m²）	总耗电量（万 kW·h）	空调面积电量指标（kW·h/m²）	建筑面积电量指标（kW·h/m²）
52.94	19.68	14.51	52.63	19.57	14.43

2. 供热能耗

根据建筑逐时热负荷及空调设备配置参数，实时模拟计算空调系统供热逐时耗热量、耗电量，累加得到逐日耗热量、耗电量。空调系统供热运行工况参数详见图 3.8.5-7、图 3.8.5-8，计算结果如下：

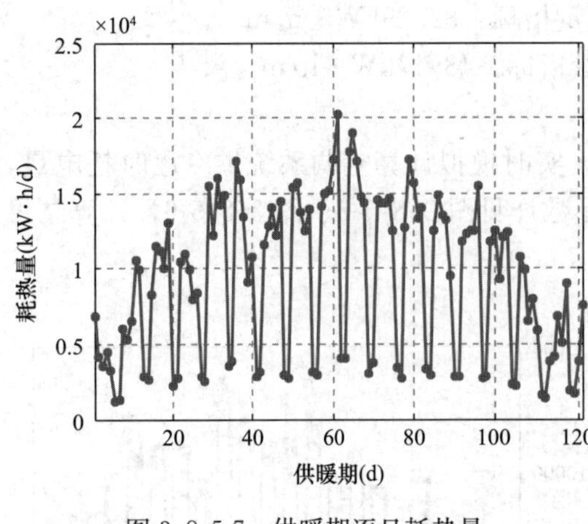

图 3.8.5-7 供暖期逐日耗热量

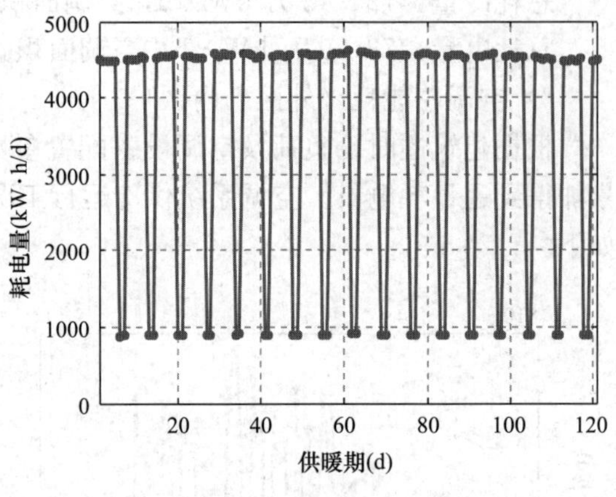

图 3.8.5-8 供暖期逐日耗电量

总耗热量：110.63万kW·h，空调面积热量指标：41.13kW·h/m^2，建筑面积热量指标：30.33kW·h/m^2；总耗电量：42.55万kW·h，空调面积电量指标：15.82kW·h/m^2，建筑面积电量指标：11.66kW·h/m^2，见表3.8.5-3。

供热能耗统计表 **表3.8.5-3**

耗热量			耗电量		
总耗热量（万kW·h）	空调面积热量指标（kW·h/m^2）	建筑面积热量指标（kW·h/m^2）	总耗电量（万kW·h）	空调面积电量指标（kW·h/m^2）	建筑面积电量指标（kW·h/m^2）
110.63	41.13	30.33	42.55	15.82	11.66

其中，热源总耗电量：2.21万kW·h，空调面积电量指标：0.82kW·h/m^2，建筑面积电量指标：0.61kW·h/m^2；末端总耗电量：40.34万kW·h，空调面积电量指标：15.00kW·h/m^2，建筑面积电量指标：11.06kW·h/m^2，见表3.8.5-4。

分项供热耗电量统计表 **表3.8.5-4**

热源耗电量			末端耗电量		
总耗电量（万kW·h）	空调面积电量指标（kW·h/m^2）	建筑面积电量指标（kW·h/m^2）	总耗电量（万kW·h）	空调面积电量指标（kW·h/m^2）	建筑面积电量指标（kW·h/m^2）
2.21	0.82	0.61	40.34	15.00	11.06

3.8.6 运行费用

1. 供冷费用

根据建筑逐时冷负荷及空调设备配置参数，实时模拟计算空调系统供冷逐时耗电量，累加得到逐日耗电量；根据各时刻峰谷电价，计算系统逐时电费，累加得到逐日电费。空调系统供冷运行逐日费用详见图3.8.6-1～图3.8.6-3，计算结果如下：

供冷运行费用：110.63万元，空调面积费用指标：41.13元/m^2，建筑面积费用指标：30.33元/m^2。

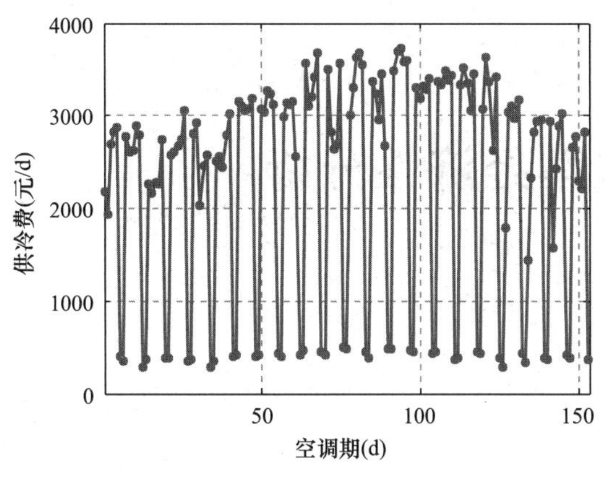

图 3.8.6-1　空调外区逐日供冷费

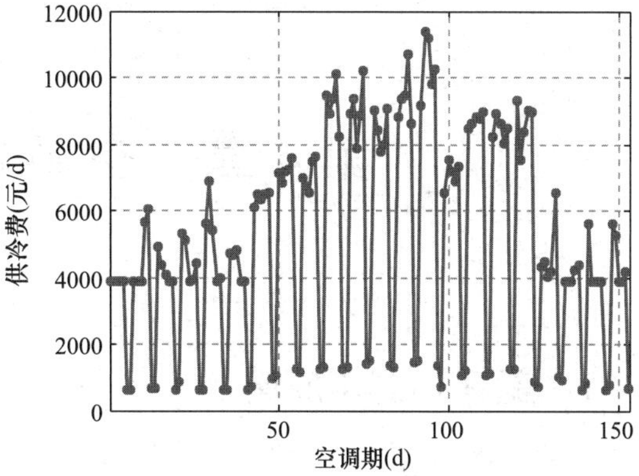

图 3.8.6-2　空调内区逐日供冷费

2. 供热费用

根据建筑逐时热负荷及空调设备配置参数，实时模拟计算空调系统供热逐时耗热量、耗电量，累加得到逐日耗热量、耗电量；根据市政热价及各时刻峰谷电价，计算系统逐时热费、电费，累加得到逐日热费、电费，汇总热费和电费之和即为总供热费。空调系统供热运行逐日费用详见图 3.8.6-4，计算结果如下：

供热运行费用：130.62 万元，空调面积费用指标：48.56 元/m²，建筑面积费用指标：35.81 元/m²。

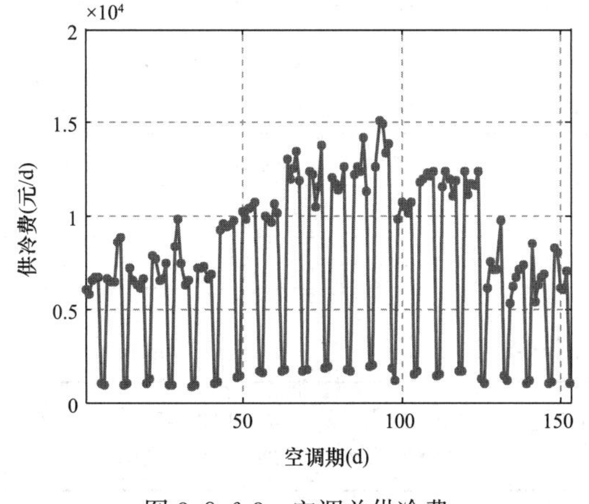

图 3.8.6-3　空调总供冷费

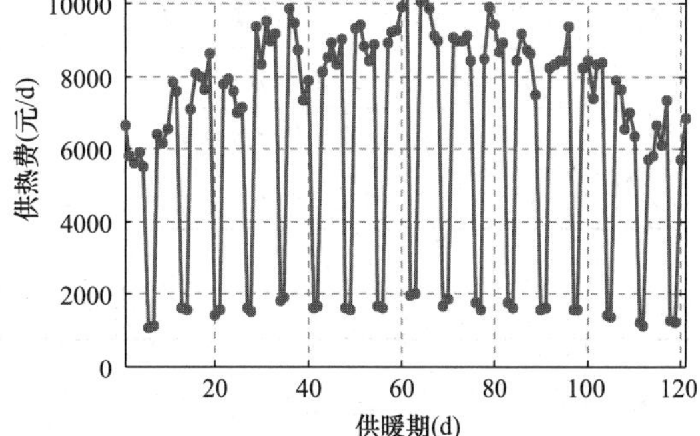

图 3.8.6-4　空调总供热费

3. 全年总费用

全年总运行费用：241.25 万元，空调面积费用指标：89.68 元/m²，建筑面积费用指标：66.14 元/m²。

第 4 章　空调方案经济性分析

4.1　能耗和碳排放量

4.1.1　运行能耗

1. 供冷能耗（表 4.1.1-1、表 4.1.1-2）

供冷耗冷量汇总表　　表 4.1.1-1

序号	方案名称	耗冷量（万 kW・h/年）	空调面积指标（kW・h/m²）	建筑面积指标（kW・h/m²）	比值（%）
方案一	两管制风盘＋新风	229.38	85.27	62.88	100.00
方案二	分区两管制风盘＋新风	229.38	85.27	62.88	100.00
方案三	四管制风盘＋新风	229.38	85.27	62.88	100.00
方案四	双冷源温湿度分控风机盘管＋新风	231.17	85.94	63.37	100.78
方案五	单冷源温湿度分控风机盘管＋新风	236.83	88.04	64.93	103.25
方案六	多联机＋新风方案	232.91	86.58	63.85	101.54
方案七	内外分区变风量（外区末端再热）	209.69	77.95	57.49	91.42
方案八	内外不分区变风量（外区四管制风盘）	237.01	88.11	64.98	103.33

供冷耗电量汇总表　　表 4.1.1-2

序号	方案名称	耗电量（万 kW・h/年）	空调面积指标（kW・h/m²）	建筑面积指标（kW・h/m²）	比值（%）
方案一	两管制风盘＋新风	90.02	33.46	24.68	100.00
方案二	分区两管制风盘＋新风	90.02	33.46	24.68	100.00
方案三	四管制风盘＋新风	90.02	33.46	24.68	100.00
方案四	双冷源温湿度分控风机盘管＋新风	83.37	30.99	22.86	92.61
方案五	单冷源温湿度分控风机盘管＋新风	71.89	26.72	19.71	79.70
方案六	多联机＋新风	103.45	38.46	28.36	114.92
方案七	内外分区变风量（外区末端再热）	101.33	37.67	27.78	112.56
方案八	内外不分区变风量（外区四管制风盘）	105.57	39.25	28.94	117.27

2. 供热能耗（表 4.1.1-3、表 4.1.1-4）

供热耗热量汇总表 **表 4.1.1-3**

序号	方案名称	耗热量（万 kW·h/年）	空调面积指标（kW·h/m^2）	建筑面积指标（kW·h/m^2）	比值（%）
方案一	两管制风盘＋新风	59.35	22.06	16.27	100.00
方案二	分区两管制风盘＋新风	59.35	22.06	16.27	100.00
方案三	四管制风盘＋新风	59.35	22.06	16.27	100.00
方案四	双冷源温湿度分控风机盘管＋新风	59.35	22.06	16.27	100.00
方案五	单冷源温湿度分控风机盘管＋新风	110.63	41.13	30.33	186.40
方案六	多联机＋新风	59.35	22.06	16.27	100.00
方案七	内外分区变风量（外区末端再热）	110.63	41.13	30.33	186.40
方案八	内外不分区变风量（外区四管制风盘）	110.63	41.13	30.33	186.40

供热耗电量汇总表 **表 4.1.1-4**

序号	方案名称	耗电量（万 kW·h/年）	空调面积指标（kW·h/m^2）	建筑面积指标（kW·h/m^2）	比值（%）
方案一	两管制风盘＋新风	26.92	10.01	7.38	100.00
方案二	分区两管制风盘＋新风	33.83	12.58	9.27	125.67
方案三	四管制风盘＋新风	33.83	12.58	9.27	125.67
方案四	双冷源温湿度分控风机盘管＋新风	33.83	12.58	9.27	125.67
方案五	单冷源温湿度分控风机盘管＋新风	20.54	7.64	5.63	76.30
方案六	多联机＋新风	52.27	19.43	14.33	194.17
方案七	内外分区变风量（外区末端再热）	43.67	16.23	11.97	162.22
方案八	内外不分区变风量（外区四管制风盘）	42.55	15.82	11.66	158.06

3. 总耗电量（表 4.1.1-5）

总耗电量汇总表 **表 4.1.1-5**

序号	方案名称	耗电量（万 kW·h/年）	空调面积指标（kW·h/m^2）	建筑面积指标（kW·h/m^2）	比值（%）
方案一	两管制风盘＋新风	116.94	43.47	32.06	100.00
方案二	分区两管制风盘＋新风	123.85	46.04	33.95	105.91
方案三	四管制风盘＋新风	123.85	46.04	33.95	105.91
方案四	双冷源温湿度分控风机盘管＋新风	121.58	45.20	33.33	103.97
方案五	单冷源温湿度分控风机盘管＋新风	95.84	35.63	26.27	81.96
方案六	多联机＋新风	155.72	57.89	42.69	133.16
方案七	内外分区变风量（外区末端再热）	145.00	53.90	39.75	124.00
方案八	内外不分区变风量（外区四管制风盘）	148.12	55.06	40.61	126.66

4.1.2　运行碳排放量（表 4.1.2-1）

全年运行碳排放量汇总表　　表 4.1.2-1

序号	方案名称	碳排放量（tCO_2）	空调面积指标（$kgCO_2/m^2$）	建筑面积指标（$kgCO_2/m^2$）	比值（%）
方案一	两管制风盘＋新风	836.65	31.10	22.94	100.00
方案二	分区两管制风盘＋新风	877.00	32.60	24.04	104.82
方案三	四管制风盘＋新风	877.00	32.60	24.04	104.82
方案四	双冷源温湿度分控风机盘管＋新风	838.17	31.16	22.98	100.18
方案五	单冷源温湿度分控风机盘管＋新风	826.45	30.72	22.66	98.78
方案六	多联机＋新风	1063.08	39.52	29.14	127.06
方案七	内外分区变风量（外区末端再热）	1133.41	42.13	31.07	135.47
方案八	内外不分区变风量（外区四管制风盘）	1151.63	42.81	31.57	137.65

注：本表排放因子电力取 0.5839tCO_2/(MW・h)；热力取 0.2592tCO_2/(MW・h)。

4.2　经济分析

4.2.1　初投资（表 4.2.1-1）

初投资汇总表　　表 4.2.1-1

序号	方案名称	总投资（万元）	空调面积指标（元/m^2）	建筑面积指标（元/m^2）	比值（%）
方案一	两管制风盘＋新风	1838.61	683.50	504.46	100.00
方案二	分区两管制风盘＋新风	1912.66	711.02	524.78	104.03
方案三	四管制风盘＋新风	2050.29	762.19	562.54	111.51
方案四	双冷源温湿度分控风机盘管＋新风	1982.30	736.91	543.89	107.81
方案五	单冷源温湿度分控风机盘管＋新风	1848.24	687.08	507.10	100.52
方案六 1	多联机（风管式）＋新风	2223.90	826.73	610.17	120.96
方案六 2	多联机（嵌入式）＋新风	1841.36	684.52	505.22	100.15
方案七	内外分区变风量（外区末端再热）	1985.99	738.29	544.90	108.02
方案八	内外不分区变风量（外区四管制风盘）	2160.27	803.07	592.71	117.49

4.2.2　运行费用（表 4.2.2-1～表 4.2.2-3）

全年运行费用汇总表　　表 4.2.2-1

序号	方案名称	运行费用（万元）	空调面积指标（元/m^2）	建筑面积指标（元/m^2）	比值（%）
方案一	两管制风盘＋新风	190.79	70.93	52.31	100.00
方案二	分区两管制风盘＋新风	197.68	73.49	54.19	103.61
方案三	四管制风盘＋新风	197.68	73.49	54.19	103.61
方案四	双冷源温湿度分控风机盘管＋新风	190.32	70.75	52.18	99.75
方案五	单冷源温湿度分控风机盘管＋新风	183.85	68.35	50.40	96.36

续表

序号	方案名称	运行费用（万元）	空调面积指标（元/m^2）	建筑面积指标（元/m^2）	比值（%）
方案六	多联机＋新风	158.66	58.98	43.50	83.16
方案七	内外分区变风量（外区末端再热）	238.06	88.50	65.26	124.78
方案八	内外不分区变风量（外区四管制风盘）	241.25	89.68	66.14	126.45

供冷运行费用汇总表 **表 4.2.2-2**

序号	方案名称	运行费用（万元）	空调面积指标（元/m^2）	建筑面积指标（元/m^2）	比值（%）
方案一	两管制风盘＋新风	94.20	35.02	25.82	100.00
方案二	分区两管制风盘＋新风	94.20	35.02	25.82	100.00
方案三	四管制风盘＋新风	94.20	35.02	25.82	100.00
方案四	双冷源温湿度分控风机盘管＋新风	86.84	32.28	23.81	92.19
方案五	单冷源温湿度分控风机盘管＋新风	75.17	27.94	20.61	79.80
方案六	多联机＋新风	108.34	40.28	29.70	115.01
方案七	内外分区变风量（外区末端再热）	106.32	39.52	29.15	112.87
方案八	内外不分区变风量（外区四管制风盘）	110.63	41.13	30.33	117.44

供热运行费用汇总表 **表 4.2.2-3**

序号	方案名称	运行费用（万元）	空调面积指标（元/m^2）	建筑面积指标（元/m^2）	比值（%）
方案一	两管制风盘＋新风	96.59	35.91	26.48	100.00
方案二	分区两管制风盘＋新风	103.48	38.47	28.37	107.13
方案三	四管制风盘＋新风	103.48	38.47	28.37	107.13
方案四	双冷源温湿度分控风机盘管＋新风	103.48	38.47	28.37	107.13
方案五	单冷源温湿度分控风机盘管＋新风	108.68	40.40	29.79	112.52
方案六	多联机＋新风	50.32	18.71	13.79	52.10
方案七	内外分区变风量（外区末端再热）	131.74	48.97	36.12	136.39
方案八	内外不分区变风量（外区四管制风盘）	130.62	48.56	35.81	135.23

4.2.3 全生命期费用

机电系统按25年生命期计算，见表4.2.3-1、图4.2.3-1。

全生命期费用汇总表 **表 4.2.3-1**

序号	方案名称	初投资（万元）	运行费用（万元）	生命期费用			比值（%）
				总费用（万元）	空调面积指标（元/m^2）	建筑面积指标（元/m^2）	
方案一	两管制风盘＋新风	1838.61	190.79	6608.36	2456.64	1811.65	100.00
方案二	分区两管制风盘＋新风	1912.66	197.68	6854.66	2548.20	1879.17	103.73
方案三	四管制风盘＋新风	2050.29	197.68	6992.29	2599.36	1916.90	105.81
方案四	双冷源温湿度分控风机盘管＋新风	1982.30	190.32	6740.30	2505.69	1847.82	102.00

续表

序号	方案名称	初投资（万元）	运行费用（万元）	生命期费用			比值（%）
				总费用（万元）	空调面积指标（元/m²）	建筑面积指标（元/m²）	
方案五	单冷源温湿度分控风机盘管＋新风	1848.24	183.85	6444.49	2395.72	1766.73	97.52
方案六 1	多联机（风管式）＋新风	2223.90	158.66	6190.40	2301.26	1697.07	93.68
方案六 2	多联机（嵌入式）＋新风	1841.36	158.66	5807.86	2159.06	1592.20	87.89
方案七	内外分区变风量（外区末端再热）	1985.99	238.06	7937.49	2950.74	2176.03	120.11
方案八	内外不分区变风量（外区四管制风盘）	2160.27	241.25	8191.52	3045.17	2245.67	123.96

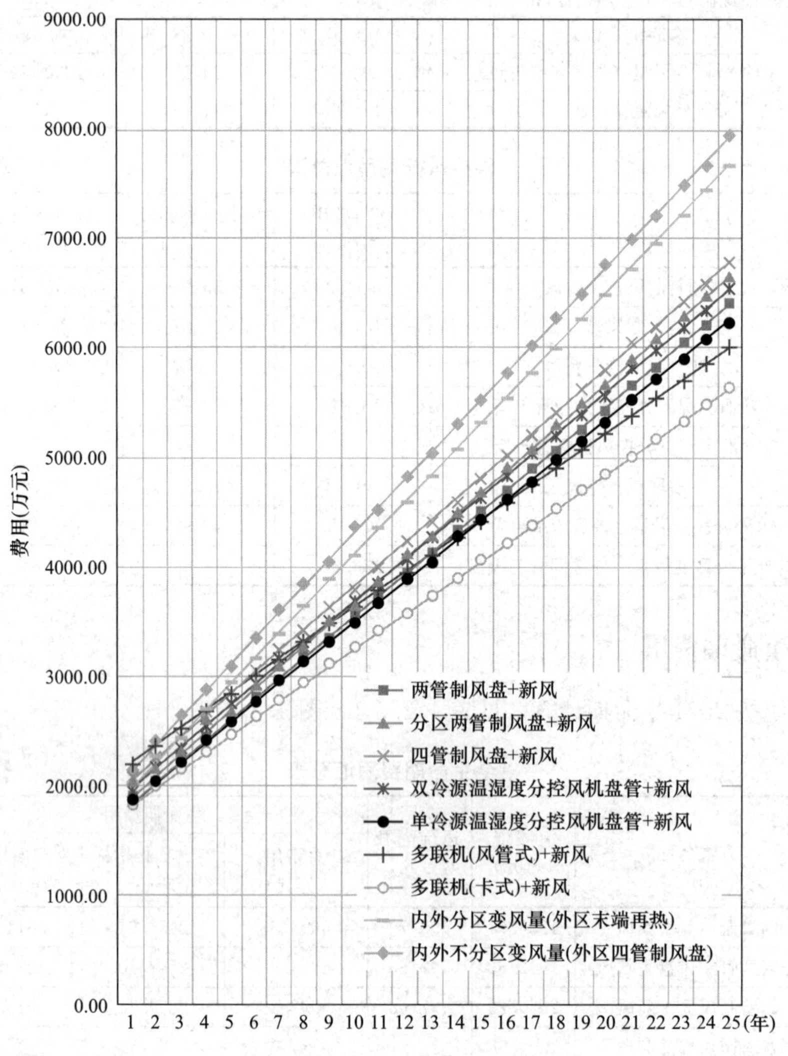

图 4.2.3-1　全生命期费用曲线

4.3 面积指标汇总

4.3.1 单位空调面积指标汇总（表 4.3.1-1）

单位空调面积汇总表

表 4.3.1-1

序号	方案名称	初投资（元/m^2）	供冷			供热			碳排量（kg/m^2）	总耗电量（kW·h/m^2）	总运行费（元/m^2）	生命期费用（元/m^2）
			耗冷量（kW·h/m^2）	耗电量（kW·h/m^2）	运行费（元/m^2）	耗热量（kW·h/m^2）	耗电量（kW·h/m^2）	运行费（元/m^2）				
方案一	两管制风盘＋新风	683.50	85.27	33.46	35.02	22.06	10.01	35.91	31.10	43.47	70.93	2456.64
方案二	分区两管制风盘＋新风	711.02	85.27	33.46	35.02	22.06	12.58	38.47	32.60	46.04	73.49	2548.20
方案三	四管制风盘＋新风	762.19	85.27	33.46	35.02	22.06	12.58	38.47	32.60	46.04	73.49	2599.36
方案四	双冷源温湿度分控风机盘管＋新风	736.91	85.94	30.99	32.28	22.06	12.58	38.47	31.16	45.20	70.75	2505.69
方案五	单冷源温湿度分控风机盘管＋新风	687.08	88.04	26.72	27.94	41.13	7.64	40.40	30.72	35.63	68.35	2395.72
方案六 1	多联机＋新风（风管式）	826.73	86.58	38.46	40.28	22.06	19.43	18.71	39.52	57.89	58.98	2301.26
方案六 2	多联机＋新风（嵌入式）	684.52										2159.06
方案七	内外分区变风量（外区末端再热）	738.29	77.95	37.67	39.52	41.13	16.23	48.97	42.13	53.90	88.50	2950.74
方案八	内外不分区变风量（外区四管制风盘）	803.07	88.11	39.25	41.13	41.13	15.82	48.56	42.81	55.06	89.68	3045.17

4.3.2 单位建筑面积指标汇总（表 4.3.2-1）

单位建筑面积汇总表

表 4.3.2-1

<table>
<tr><th rowspan="2">序号</th><th rowspan="2">方案名称</th><th rowspan="2">初投资（元/m²）</th><th colspan="3">供冷</th><th colspan="3">供热</th><th rowspan="2">碳排量（kg/m²）</th><th rowspan="2">总耗电量（kW·h/m²）</th><th rowspan="2">总运行费（元/m²）</th><th rowspan="2">生命期费用（元/m²）</th></tr>
<tr><th>耗冷量（kW·h/m²）</th><th>耗电量（kW·h/m²）</th><th>运行费（元/m²）</th><th>耗热量（kW·h/m²）</th><th>耗电量（kW·h/m²）</th><th>运行费（元/m²）</th></tr>
<tr><td>方案一</td><td>两管制风盘＋新风</td><td>504.46</td><td>62.88</td><td>24.68</td><td>25.82</td><td>16.27</td><td>7.38</td><td>26.48</td><td>22.94</td><td>32.06</td><td>52.31</td><td>1811.65</td></tr>
<tr><td>方案二</td><td>分区两管制风盘＋新风</td><td>524.78</td><td>62.88</td><td>24.68</td><td>25.82</td><td>16.27</td><td>9.27</td><td>28.37</td><td>24.04</td><td>33.95</td><td>54.19</td><td>1879.17</td></tr>
<tr><td>方案三</td><td>四管制风盘＋新风</td><td>562.54</td><td>62.88</td><td>24.68</td><td>25.82</td><td>16.27</td><td>9.27</td><td>28.37</td><td>24.04</td><td>33.95</td><td>54.19</td><td>1916.90</td></tr>
<tr><td>方案四</td><td>双冷源温湿度分控风机盘管＋新风</td><td>543.89</td><td>63.37</td><td>22.86</td><td>23.81</td><td>16.27</td><td>9.27</td><td>28.37</td><td>22.98</td><td>33.33</td><td>52.18</td><td>1847.82</td></tr>
<tr><td>方案五</td><td>单冷源温湿度分控风机盘管＋新风</td><td>507.10</td><td>64.93</td><td>19.71</td><td>20.61</td><td>30.33</td><td>5.63</td><td>29.79</td><td>22.66</td><td>26.27</td><td>50.40</td><td>1766.73</td></tr>
<tr><td>方案六 1</td><td>多联机＋新风（风管式）</td><td>610.17</td><td rowspan="2">63.85</td><td rowspan="2">28.36</td><td rowspan="2">29.70</td><td rowspan="2">16.27</td><td rowspan="2">14.33</td><td rowspan="2">13.79</td><td rowspan="2">29.14</td><td rowspan="2">42.69</td><td rowspan="2">43.50</td><td>1697.07</td></tr>
<tr><td>方案六 2</td><td>多联机＋新风（嵌入式）</td><td>505.22</td><td>1592.20</td></tr>
<tr><td>方案七</td><td>内外分区变风量（外区末端再热）</td><td>544.90</td><td>57.49</td><td>27.78</td><td>29.15</td><td>30.33</td><td>11.97</td><td>36.12</td><td>31.07</td><td>39.75</td><td>65.26</td><td>2176.03</td></tr>
<tr><td>方案八</td><td>内外不分区变风量（外区四管制风盘）</td><td>592.71</td><td>64.98</td><td>28.94</td><td>30.33</td><td>30.33</td><td>11.66</td><td>35.81</td><td>31.57</td><td>40.61</td><td>66.14</td><td>2245.67</td></tr>
</table>

第 5 章　空调方案工程案例

5.1　某总部办公楼空调方案设计

5.1.1　项目概况

该项目位于北京市，用地面积 21103.2m²。总建筑面积 21.85 万 m²，地上建筑面积 15.5 万 m²，地下建筑面积 6.35 万 m²。A 座建筑地上 45 层，主体高度 200m，B 座建筑地上 32 层，主体高度 150m。主要功能为办公、会议和商业。该项目设计完成时间 2021 年，建筑效果图见图 5.1.1-1。

图 5.1.1-1　建筑效果图

其中，A 座塔楼空调面积 64255m²，建筑面积 82000m²；B 座塔楼空调面积 40430m²，建筑面积 58000m²。

A、B 两座塔楼分别设置冷热源，末端分别选择：温湿度分控系统、变风量系统、四管制风机盘管、两管制风机盘管、分区两管制风机盘管、多联机系统作分析对比。包括空调冷源至末端的空调预算，不含地下室及裙房所有系统，不含通风、防排烟系统。A 座及裙房、B 座分别设置冷源。

5.1.2　两管制风机盘管空调方案

1. 设计参数（表 5.1.2-1）

设 计 参 数　　**表 5.1.2-1**

房间名称	室内温度（℃）		相对湿度（%）		新风量 [m³/(h·人)]	噪声标准 [dB(A)]
	夏季	冬季	夏季	冬季		
办公	24	22	55	40	50	45

冷负荷、热负荷见表 5.1.2-2、表 5.1.2-3。

冷　负　荷　　**表 5.1.2-2**

项目	空调面积 (m²)	冷负荷指标 (W/m²)	冷负荷 (kW)	建筑面积 (m²)	建筑面积指标 (W/m²)	内区冷负荷指标 (W/m²)	内区冷负荷 (kW)
地下及裙房	17339	291	5037	95000	53	95	85(D 座)
厨房			577				

续表

项目	空调面积（m^2）	冷负荷指标（W/m^2）	冷负荷（kW）	建筑面积（m^2）	建筑面积指标（W/m^2）	内区冷负荷指标（W/m^2）	内区冷负荷（kW）
A塔	64255	131	8431	82000	103	85	2340
A塔及裙房合计	81594	165	13468	177000	76	85.4	2460
B塔	40430	129	5203	58000	90	85	1650
大楼合计	122024	153	18671	235000	79	85.2	4110

热　负　荷　　表5.1.2-3

项目	空调面积（m^2）	空调热负荷指标（W/m^2）	空调热负荷（kW）	建筑面积（m^2）	建筑面积指标（W/m^2）
地下及裙房	17339	206	3566	95000	38
厨房			2599		
A塔	64255	86	5508	82000	67
A塔及裙房合计	81594	143	11673	177000	66
B塔	40430	96	3882	58000	67
大楼合计	122004	127	15555	235000	66

2. 冷热源设计

A塔及裙房设一套冷源系统，B塔单独设一套冷源系统。制冷机房设在B塔地下五层，两层通高。

1）A塔冷源

（1）采用部分负荷冰蓄冷系统，内融冰主机上游串联方式，设置一台基载冷机。

（2）主机：选用3台双工况冷水机组，白天供冷夜间制冰，单台制冷量为2813kW（800RT）；单台制冰量为1863kW（530RT），制冰温度−5.6℃，选用一台基载冷机，制冷量为1582kW（450RT）。

（3）采用34套380型蓄冰钢盘管，布置在混凝土水槽中，总储冷量为12920RTh。

（4）乙二醇系统采用膨胀罐定压方式，空调水系统采用隔膜式膨胀罐定压。

（5）冷却塔设置在B座塔楼屋面，塔楼内区设置冬季供冷。

（6）补水采用软化水，设置软水器，冷冻水处理采用电子物理处理方式，设置综合水处理器。冷却水采用电子物理处理方式并设置投药装置。

（7）为满足本工程空调内区常年供冷需求，过渡季及冬季利用冷却塔经过设置于制冷机房内的板式热交换器换热交换后，向空调系统提供供回水温度为9/14℃的冷水。系统单设冷冻水循环泵，冬季用冷却塔设置防冻保护。空调内区负荷为2425kW。

2）B塔冷源

（1）采用常规电制冷，选用三台冷水机组，两大一小，分别为2110kW（600RT）离心机组两台、1055kW（300RT）螺杆机组一台。最大时刻制冷量5275kW，满足负荷需要。

(2) 空调水系统采用膨胀罐定压。

(3) 冷却塔设置在B座塔楼屋面，塔楼内区设置冬季供冷。

(4) 补水采用软化水，设置软水器，冷冻水处理采用电子物理处理方式，设置综合水处理器。冷却水采用电子物理处理方式并设置投药装置。

(5) 为满足本工程空调内区常年供冷需求，过渡季及冬季利用冷却塔经过设置于制冷机房内的板式热交换机组换热交换后，向空调系统提供供回水温度为9/14℃的冷水。屋顶冷却塔冬季设置防冻保护。空调内区负荷为1650kW。

3) 热源

(1) 采用城市热力管网，热媒为高温热水，供回水温度为120/60℃。

(2) A塔及裙房、B塔、大堂地板供暖分别设三个换热系统。

3. 空调末端设计

1) A塔及裙房采用二级泵两管制变水量系统，一级泵定流量，二级泵变流量，水系统供回水总管设压差旁通。空调水系统异程布置。

2) 二级泵分三组：裙房及地下、低区办公、高区办公，分别设置冷热计量。空调冷水供回水温度为5/11℃。

3) 采用两管制变水量异程水系统。供回水总管设压差旁通。冷源侧定流量，负荷侧变流量。

4) A塔及裙房、B塔空调水系统均分高、低两个区。

5) A塔24层以下为低区，25层及以上为高区，高区换热器设在24层避难层（高度为98.85m）的热交换机房内。低区系统高度121.0m，工作压力1.60MPa。高区系统高度99m，工作压力1.40MPa。

6) B塔18层以下为低区，19层及以上为高区，高区换热器设在18层避难层（高度为75.9m）的热交换机房内。低区系统高度96.7m，工作压力1.40MPa。高区系统高度66.6m，工作压力1.20MPa。

7) 空调热水由市政热力提供，冷热水通过设置冬、夏季节转换阀，实现夏季送冷水、冬季送热水。

8) 夏季低区空调冷水供回水温度为5/11℃，冬季低区空调热水供回水温度为65/50℃；高区经换冷（换热）后提供冷水供回水温度为6/12℃，热水供回水温度为60/45℃；冬、夏高区分设板式换热器及循环水泵。

9) 风机盘管采用温控三速开关配电动两通阀控制室内温度。

10) 空调机组、新风机组采用带比例积分温控电动两通阀控制调节，主供水管与主回水管之间设自力式压差平衡阀。

11) 标准层办公采用两管制风盘加新风系统。每层新风设置电动调节风阀，可根据本层CO_2浓度调整开度，避难层和屋顶集中设置热回收新风机组。

见图5.1.2-1～图5.1.2-11。

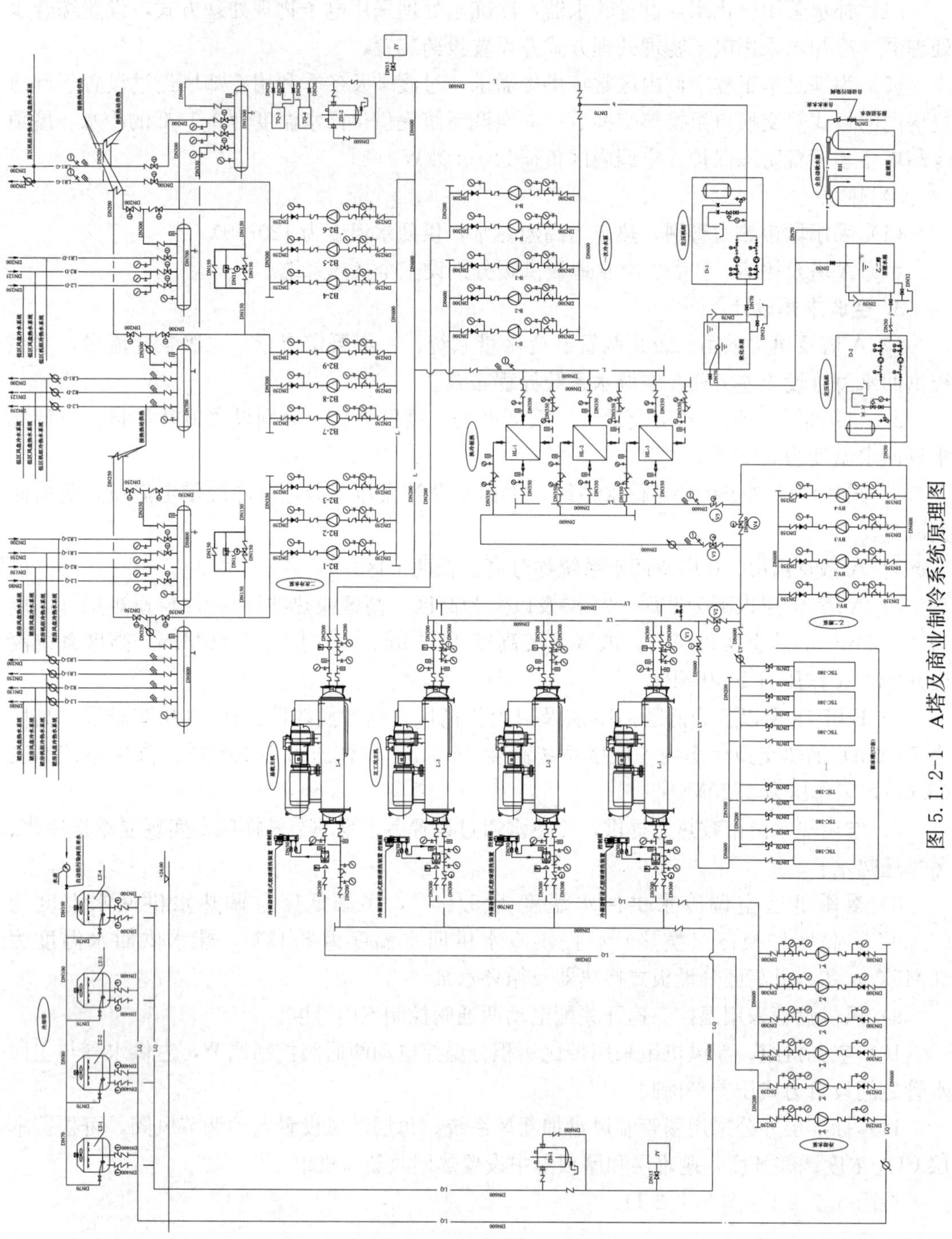

图 5.1.2-1　A塔及商业制冷系统原理图

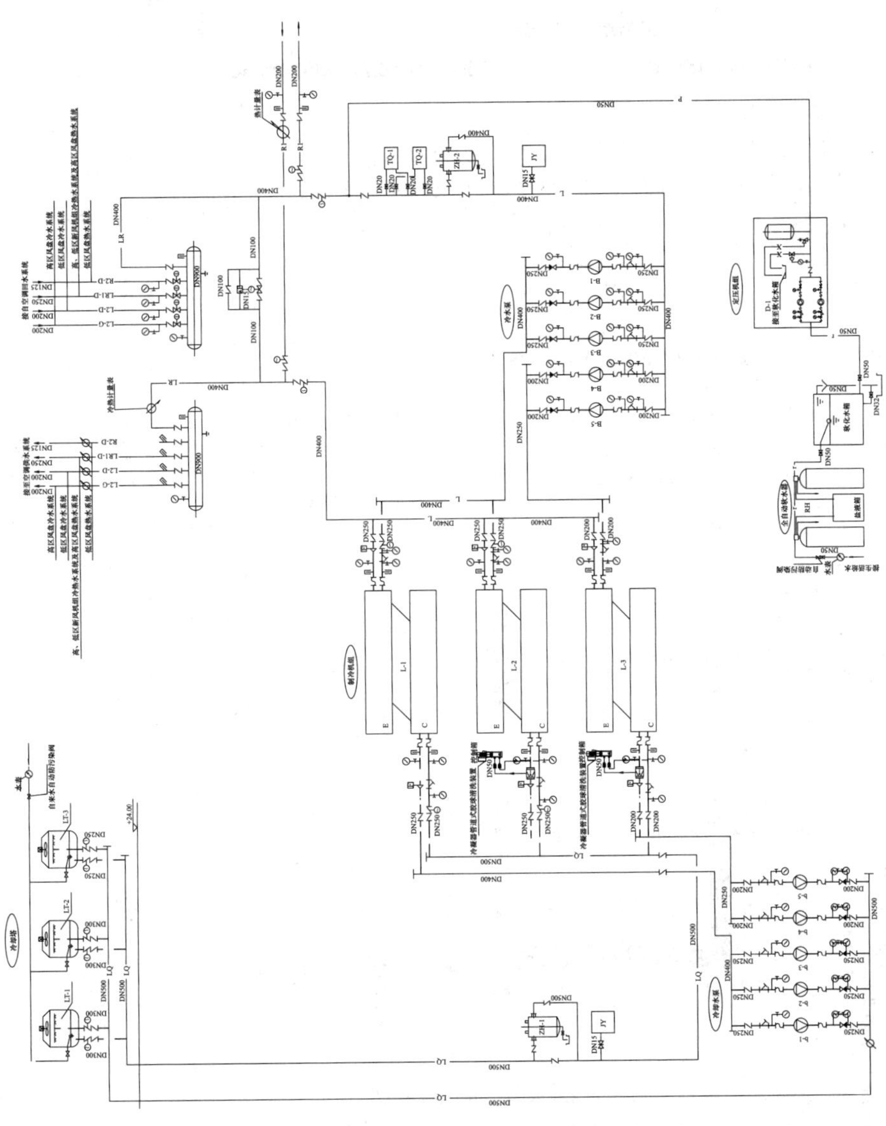

图 5.1.2-2 B塔制冷系统原理图

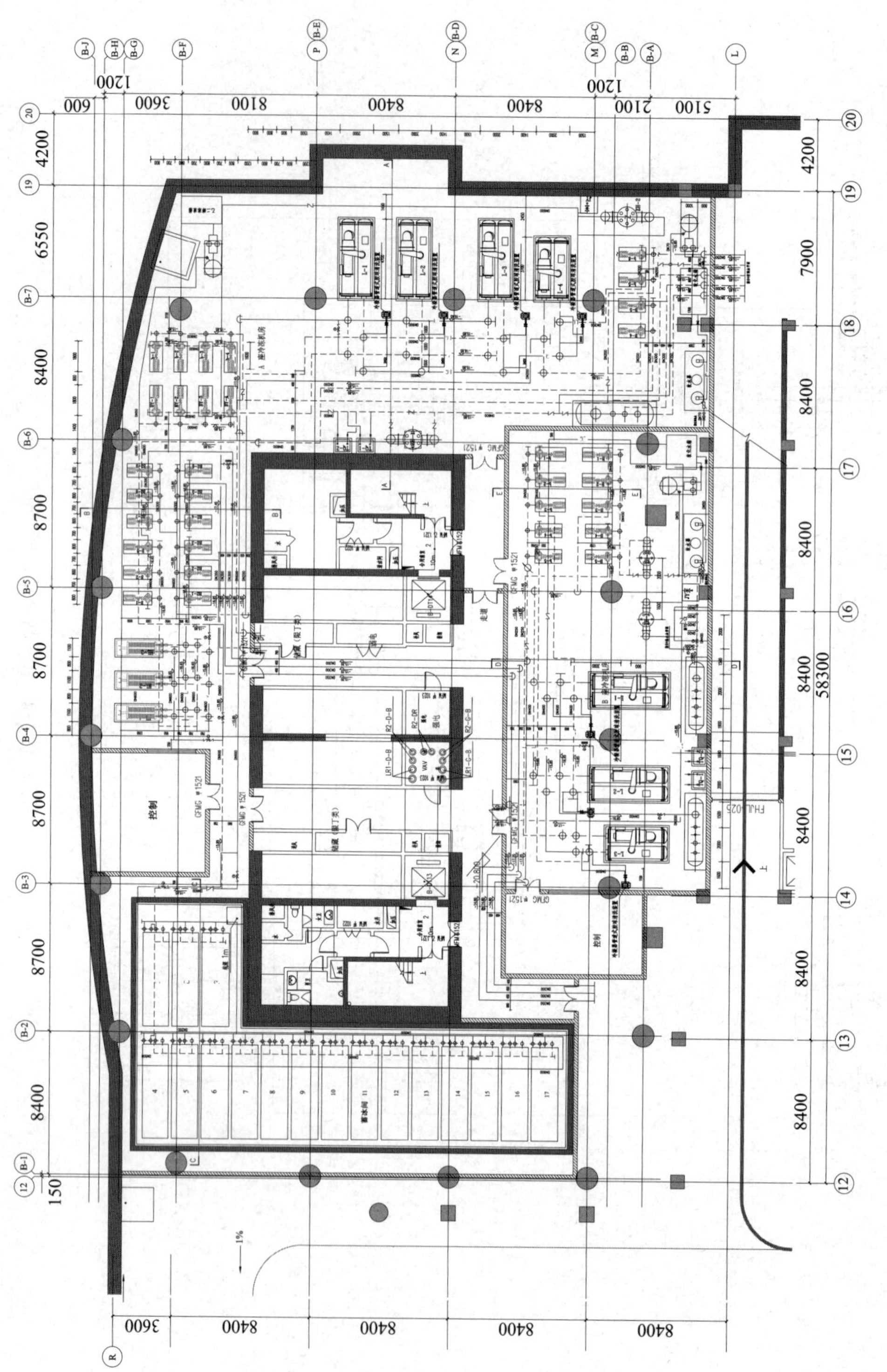

图 5.1.2-3　制冷机房平面图

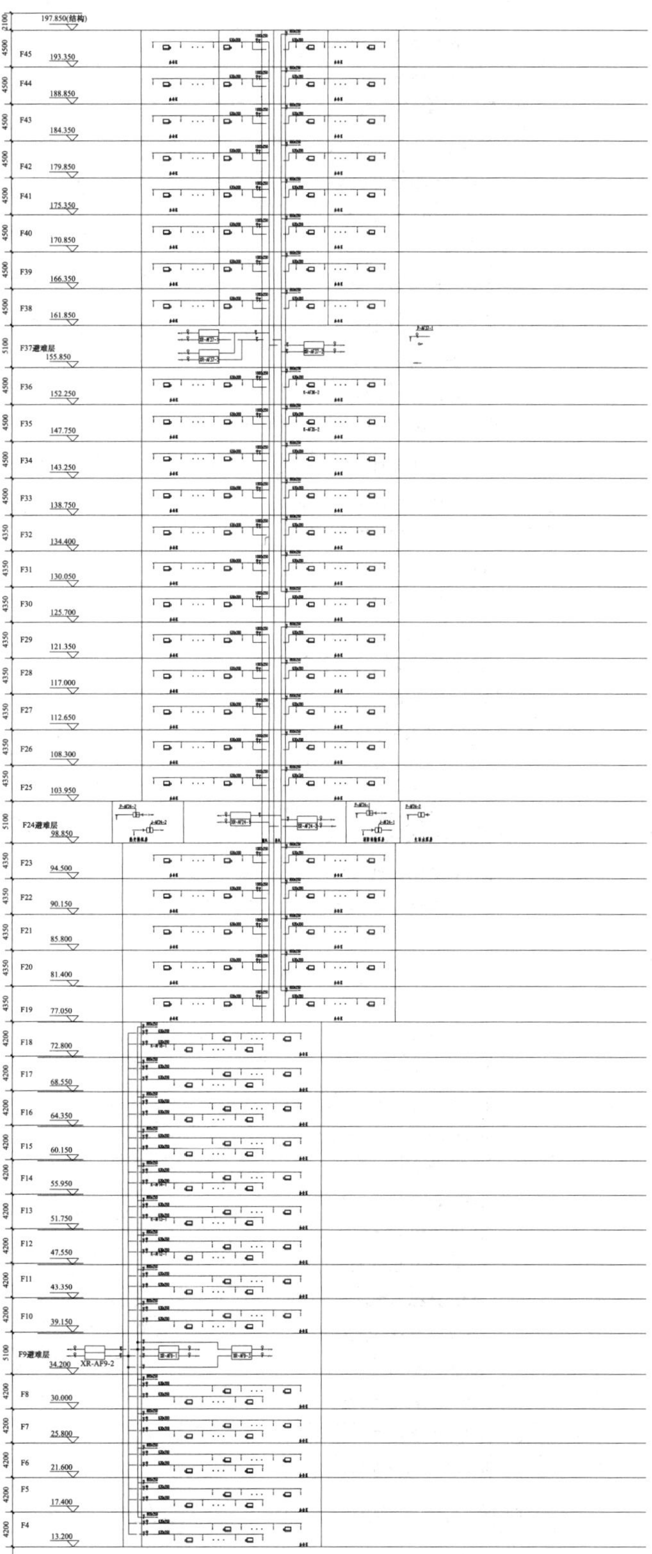

图 5.1.2-4 A 座空调风系统图

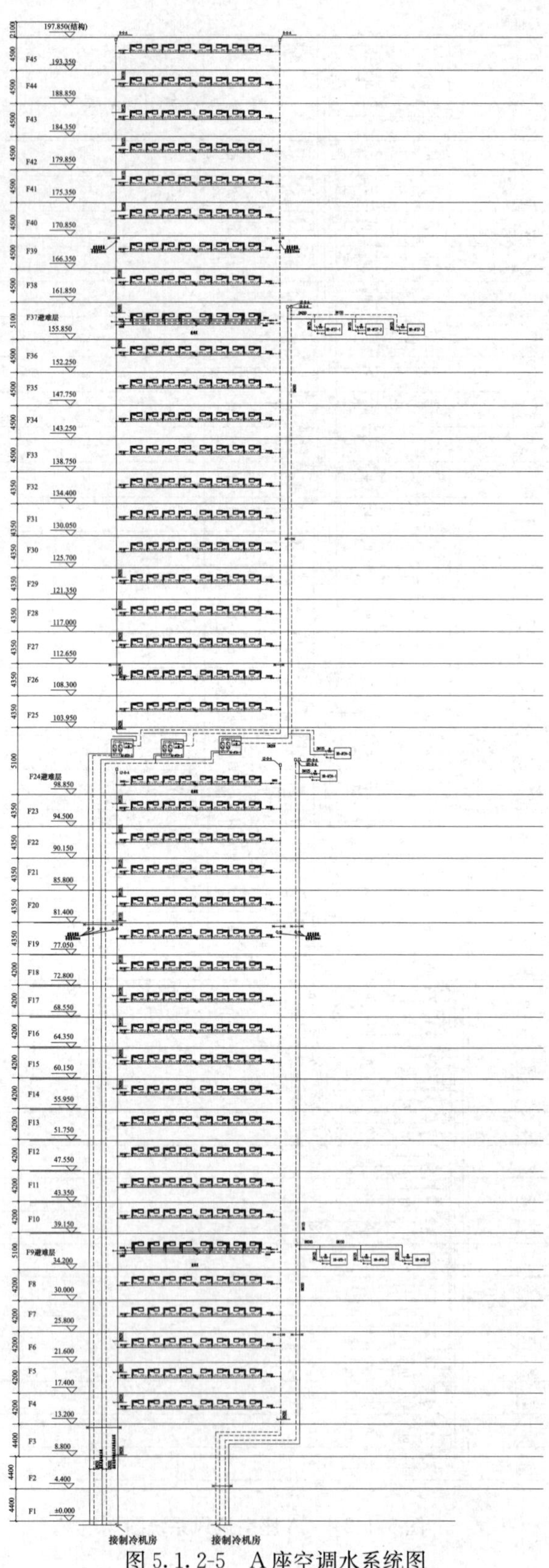

图 5.1.2-5　A座空调水系统图

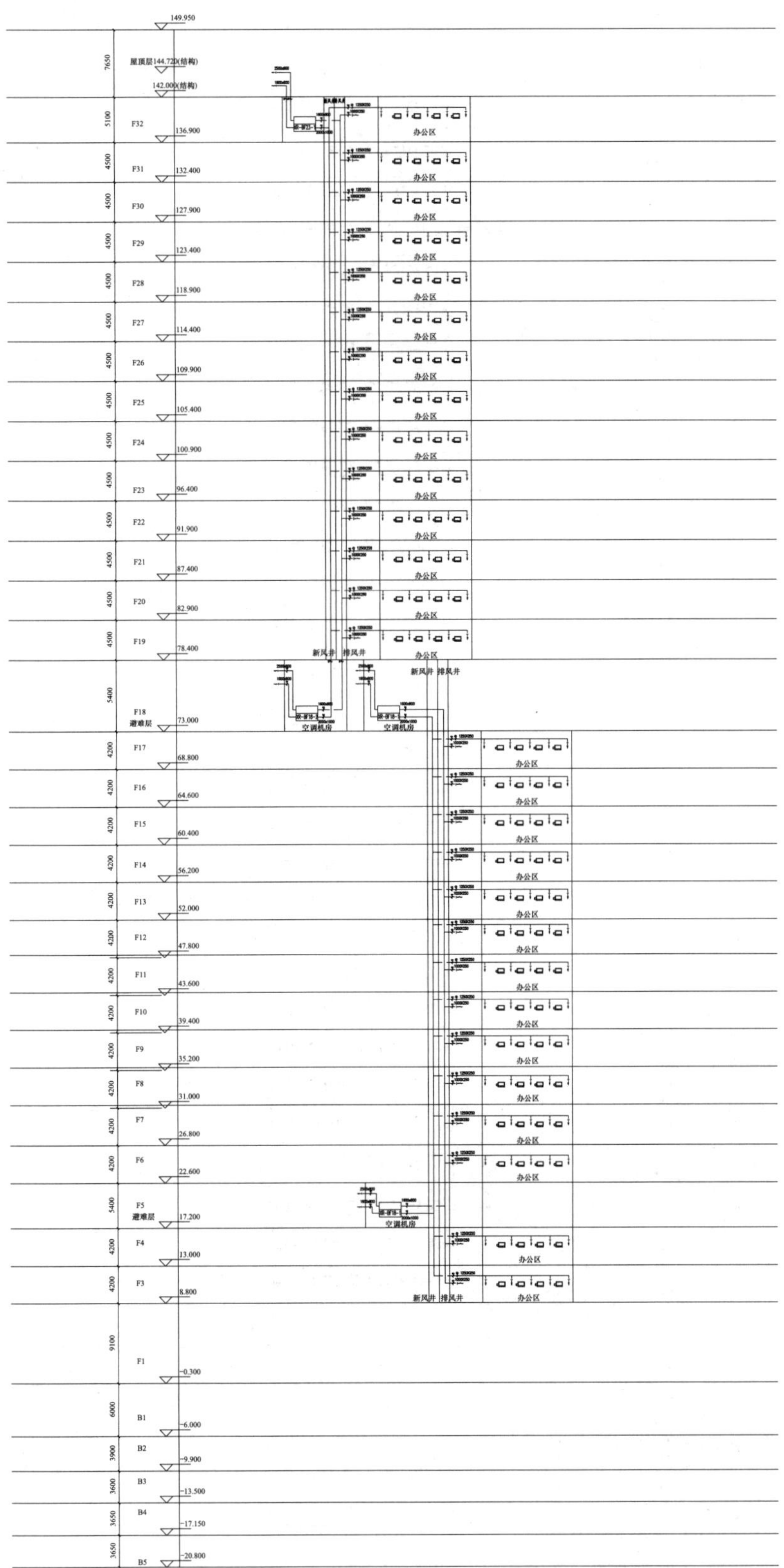

图 5.1.2-6 B座空调风系统图

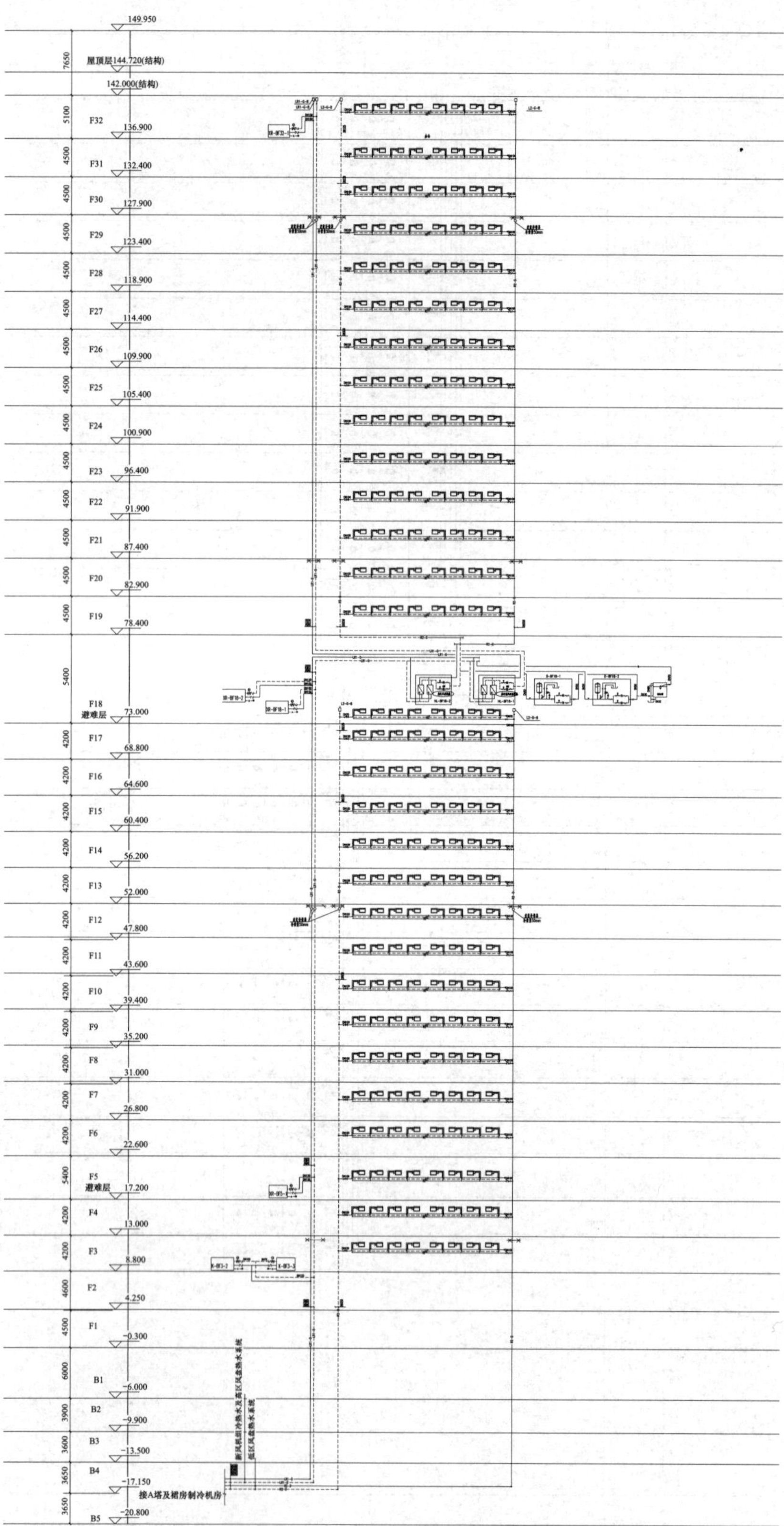

图 5.1.2-7　B 座空调水系统图

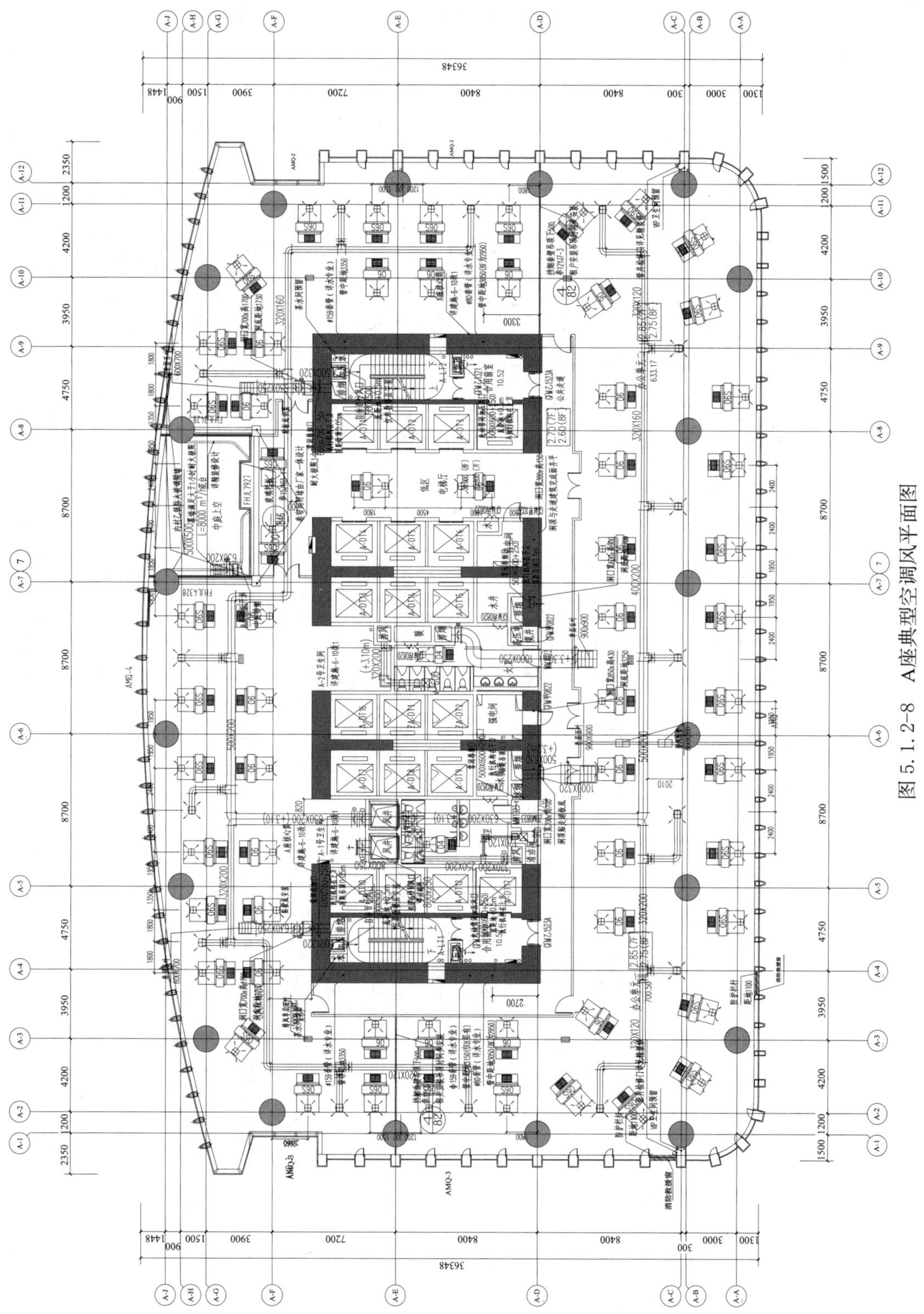

图 5.1.2-8 A座典型空调风平面图

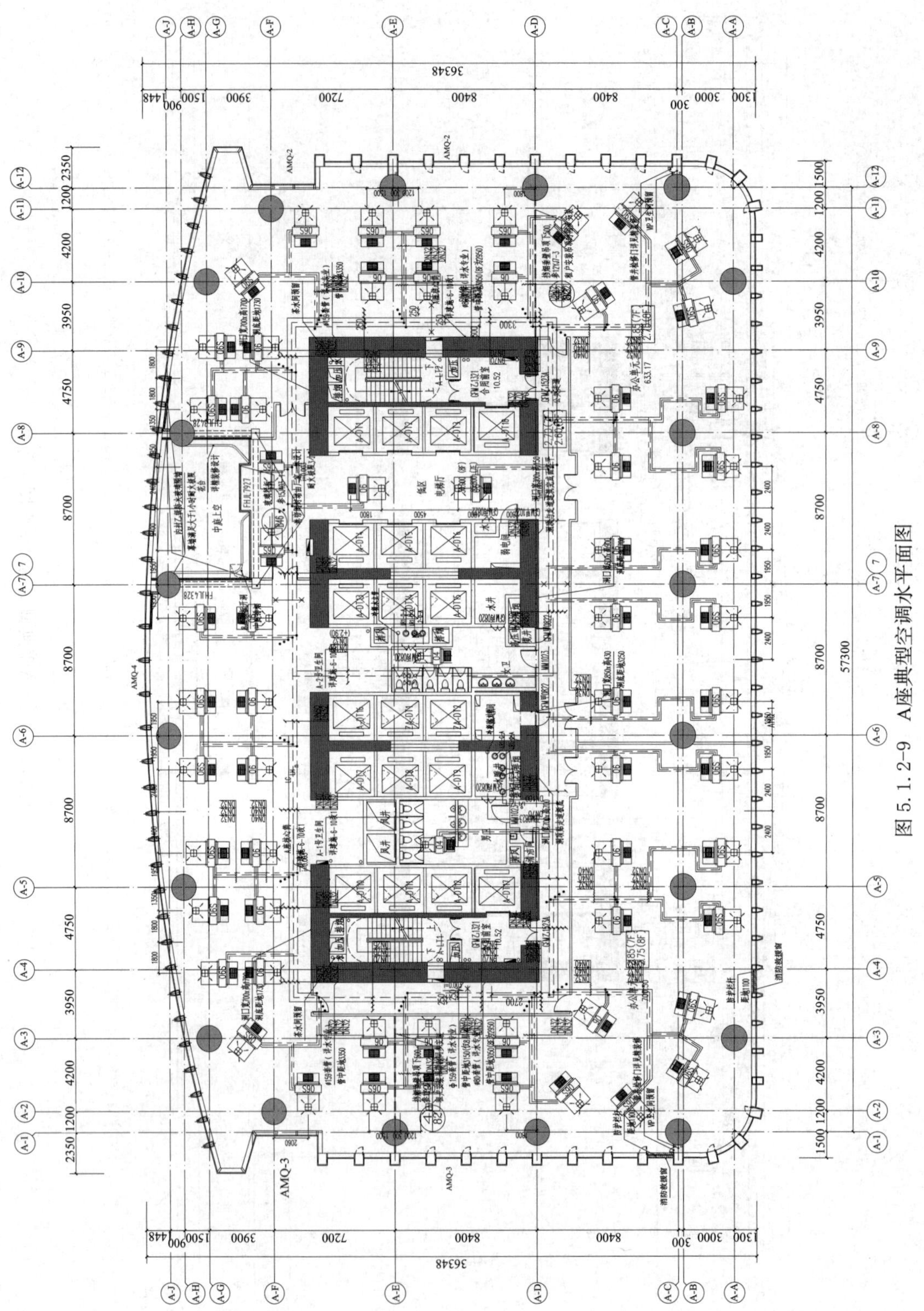

图 5. 1. 2-9　A座典型空调水平面图

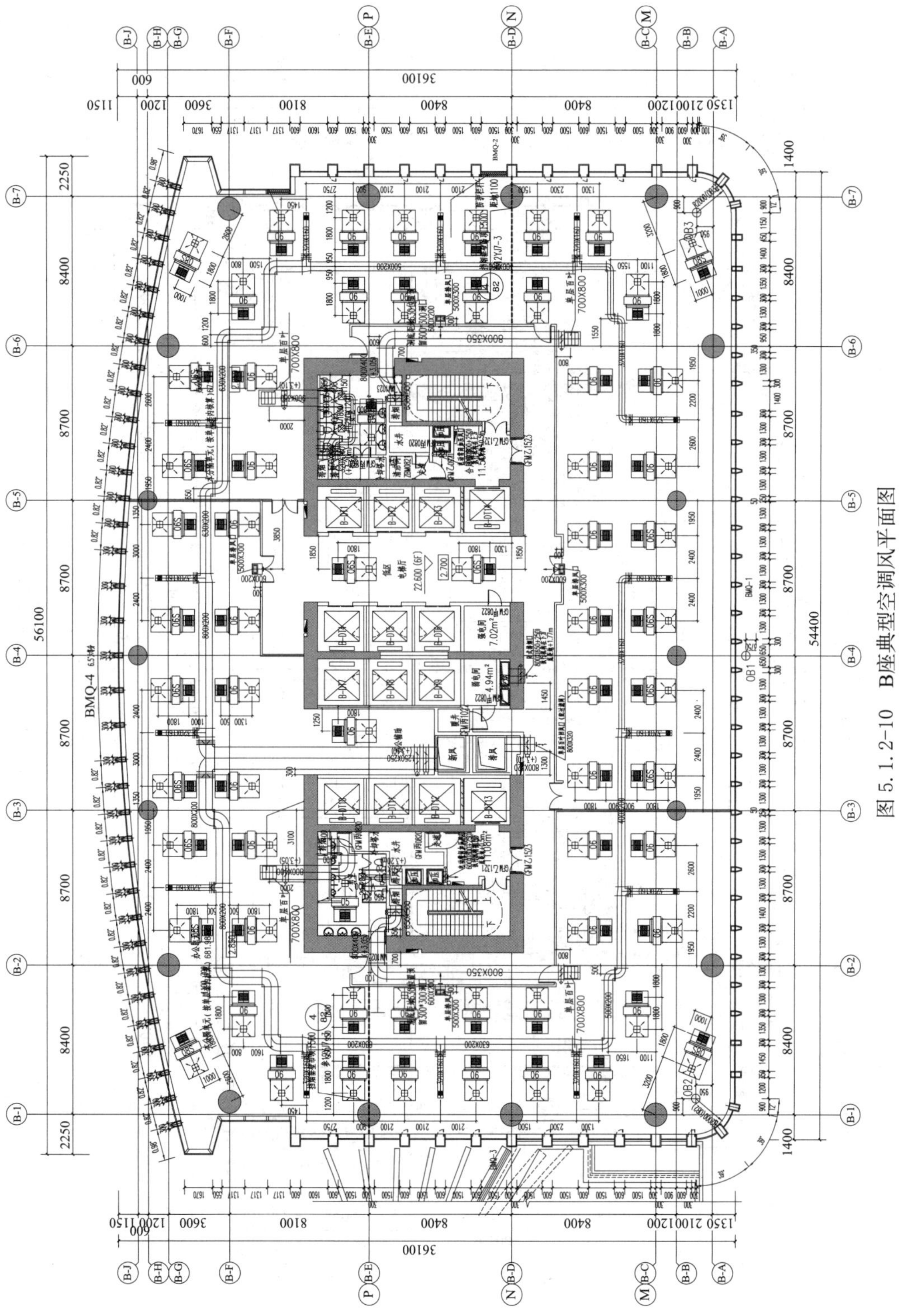

图 5.1.2-10 B座典型空调风平面图

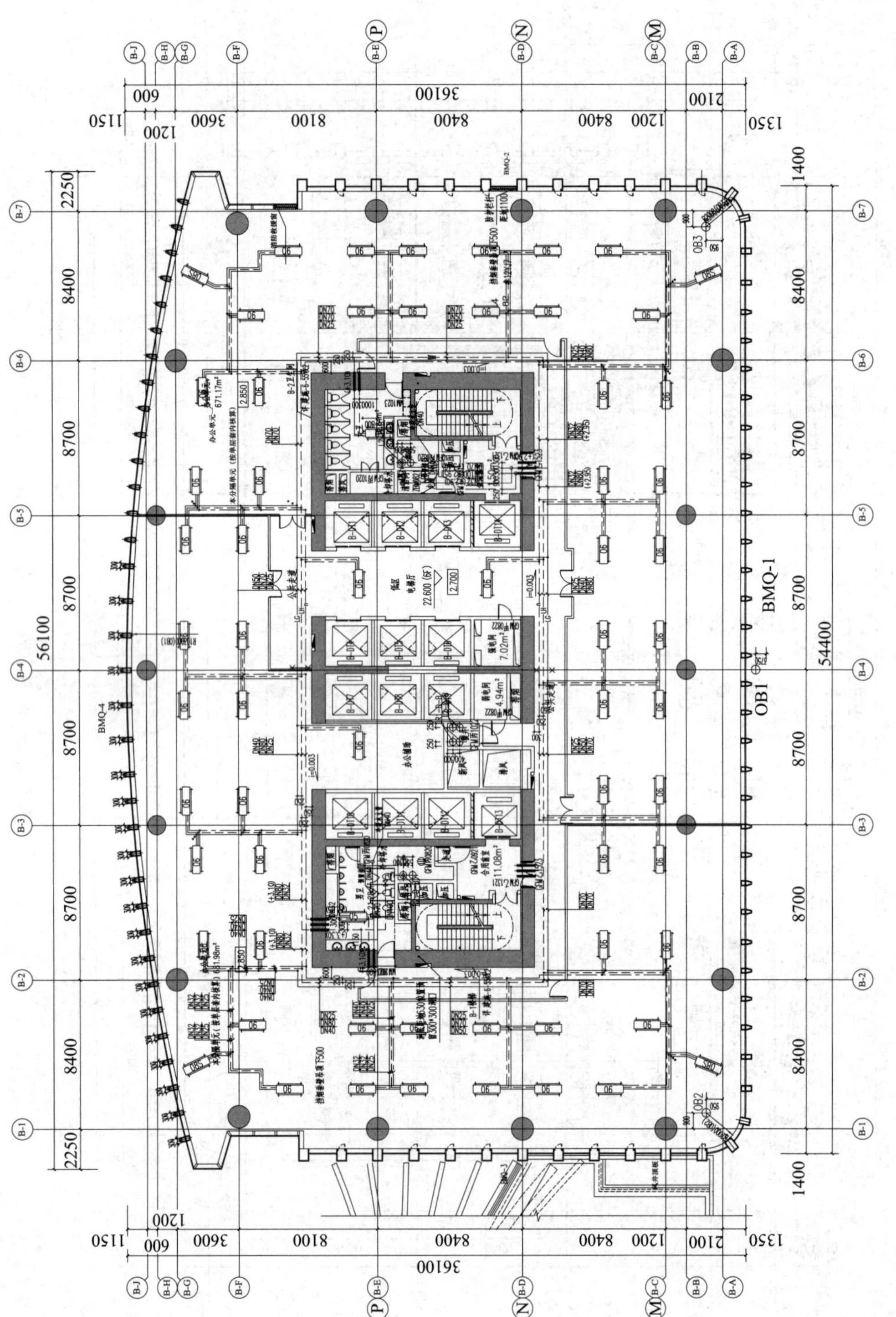

图 5.1.2-11　B座典型空调水平面图

4. 主要设备表（表 5.1.2-4～表 5.1.2-6）

A 塔及裙房制冷机房主要设备表　　表 5.1.2-4

设备编号	设备名称	性能参数	数量	备注
L-1～3	双工况离心冷水机组	冷量：制冷 800RT/制冰 521RT；冷水温度：制冷 5/10℃，制冰－5.6/－2.25℃；冷却水温度：制冷 32/37℃，制冰 30/33.5℃；功率：550kW；工作压力 1.6MPa	3 个	
L-4	基载离心式冷水机组	冷量：450RT；冷水温度：5/12℃；冷却水温度：32/37℃；功率：287kW；工作压力 1.6MPa	1 个	
B-1～3	蓄冷冷水泵	流量：680m^3/h；扬程：15m；功率：55kW；转速：1450r/min；效率≥75%；工作压力 1.6MPa	3 个	三用
B-4～5	基载冷水泵	流量：240m^3/h；扬程：15m；功率：18.5kW；转速：1450r/min；效率≥75%；工作压力 1.6MPa	2 个	一用一备
b-1～4	冷却水泵	流量：660m^3/h；扬程：32m；功率：90kW；转速：1450r/min；效率≥75%；工作压力 1.6MPa	4 个	三用一备
b-5～6	基载冷却水泵	流量：360m^3/h；扬程：32m；功率：45kW；转速：1450r/min；效率≥75%；工作压力 1.6MPa	2 个	一用一备
BY-1～4	乙二醇泵	流量：570m^3/h；扬程：30m；功率：75kW；转速：1450r/min；效率≥75%；工作压力 1.6MPa	4 个	三用一备
B2-1～3	二级冷水泵	流量：380m^3/h；扬程：25m；功率：37kW；转速：1450r/min；效率≥75%；工作压力 1.6MPa	3 个	二用一备
B2-4～6	二级冷水泵	流量：300m^3/h；扬程：30m；功率：37kW；转速：1450r/min；效率≥75%；工作压力 1.6MPa	3 个	二用一备
B2-7～9	二级冷水泵	流量：340m^3/h；扬程：25m；功率：37kW；转速：1450r/min；效率≥75%；工作压力 1.6MPa	3 个	二用一备
D-1	定压补水机组	流量：15m^3/h；扬程：135m；功率：7.5kW；转速：2900r/min；工作压力 1.6MPa	1 套	补水泵一用一备
D-2	定压补水机组	流量：5m^3/h；扬程：25m；功率：1.1kW；转速：2900r/min；工作压力 1.6MPa	1 套	补水泵一用一备
DY-AF24-1	定压补水机组	流量：1.1m^3/h；扬程：70m；功率：0.55kW；转速：2900r/min；工作压力 1.6MPa	1 套	补水泵一用一备
DY-AF24-2，3	定压补水机组	流量：2m^3/h；扬程：105m；功率：1.1kW；转速：2900r/min；工作压力 1.6MPa	2 套	补水泵一用一备
TSC-380	蓄冰盘管	潜热蓄冷：380RTH 蓄冰工况进出水温：－5.6/－2.3℃ 工作压力 1.0MPa	34 个	
HL-1～3	板换	换热量：4900kW 一次水温：3/10℃，二次水温：5/11℃ 工作压力 1.6MPa	3 个	

续表

设备编号	设备名称	性能参数	数量	备注
HJ-AF24-1	板式换冷/热机组	换冷/热量：1340/1850kW 一次水温：5/11℃；65/50℃ 二次水温：6/12℃；60/45℃ 工作压力1.6MPa 流量：105m³/h；扬程：28m；功率：11kW；转速：1450r/min；	1个	两台循环泵；两台板式换热器
HJ-AF24-2	板式换热机组	换热量：740kW 一次水温：65/50℃，二次水温：60/45℃ 工作压力1.6MPa 流量：23m³/h；扬程：30m；功率：3kW；转速：1450r/min；	1个	两台循环泵；两台板式换热器
HJ-AF24-3	板式换冷/热机组	换冷/热量：2470/1100kW 一次水温：5/11℃；9/14℃ 二次水温：6/12℃；10/15℃ 工作压力1.6MPa 流量：200m³/h；扬程：30m；功率：22kW；转速：1450r/min；	1个	两台循环泵；两台板式换热器
	乙二醇储液箱	1800mm×1200mm×1200mm	1个	
RH-1	软水器	水处理量：15～20m³/h；功率：0.4kW；双罐双阀；工作压力0.3MPa	1套	自动流量控制型
	软水箱	1500mm×1500mm×2000mm	1个	不锈钢
	软水箱	2400mm×1600mm×1500mm	1个	不锈钢
ZH-1	全程水处理器	接口尺寸DN600；工作压力1.6MPa	1个	
ZH-2	全程水处理器	接口尺寸DN600；工作压力1.6MPa	1个	
TQ	真空脱气机	水量：4t/h；电量：2.0kW；工作压力1.6MPa	2个	

B塔制冷机房主要设备表 **表5.1.2-5**

设备编号	设备名称	性能参数	数量	备注
L-1、2	离心式冷水机组	冷量：制冷600RT；冷水温度：制冷5/11℃；冷却水温度：制冷32/37℃；功率：390kW；工作压力2.0MPa	2个	
L-3	螺杆式冷水机组	冷量：300RT；冷水温度：5/11℃；冷却水温度：32/37℃；功率：205kW；工作压力2.0MPa	1个	
B-1～3	冷水泵	流量：330m³/h；扬程：30m；功率：55kW；转速：1450r/min；效率≥75%；工作压力1.6MPa	3个	二用一备
b-1～3	冷却水泵	流量：480m³/h；扬程：32m；功率：75kW；转速：1450r/min；效率≥75%；工作压力1.6MPa	3个	二用一备
b-4～5	冷却水泵	流量：240m³/h；扬程：32m；功率：30kW；转速：1450r/min；效率≥75%；工作压力1.6MPa	2个	一用一备
D-1	定压补水机组	流量：10m³/h；扬程：110m；功率：5.5kW；转速：2900r/min；工作压力1.6MPa	1套	补水泵一用一备

续表

设备编号	设备名称	性能参数	数量	备注
D-BF18-1	定压补水机组	流量：1m^3/h；扬程：75m；功率：0.55kW；转速：2900r/min；工作压力 1.6MPa	1套	补水泵一用一备
D-BF18-2	定压补水机组	流量：0.5m^3/h；扬程：75m；功率：0.37kW；转速：2900r/min；工作压力 1.6MPa	1套	补水泵一用一备
HJ-BF18-1	板式换冷/热机组	换冷/热量：600/900kW 一次水温：5/11℃；65/50℃ 二次水温：6/12℃；60/45℃ 流量：48m^3/h；扬程：30m；功率：5.5kW；转速：1450r/min；工作压力 1.6MPa	1个	两台循环泵；两台板式换热器
HJ-AF24-2	板式换热机组	换热量：540kW 一次水温：65/50℃，二次水温：60/45℃ 流量：17m^3/h；扬程：25m；功率：2.2kW；转速：1450r/min；工作压力 1.6MPa	1个	两台循环泵；两台板式换热器
RH-1	软水器	水处理量：15～20m^3/h；功率：0.4kW；双罐双阀；工作压力 0.3MPa	1套	自动流量控制型
	软水箱	1500mm×1500mm×2000mm	1个	不锈钢
	软水箱	2400mm×1600mm×1500mm	1个	不锈钢
ZH-1	全程水处理器	接口尺寸 DN500；工作压力 1.6MPa	1个	
ZH-2	全程水处理器	接口尺寸 DN400；工作压力 1.6MPa	1个	
TQ-1～2	真空脱气机	水量：4T/h 电量：2.0kW　工作压力 1.6MPa	2个	
JY	全自动智能控制加药装置	Q=3.8～12.1L/H 处理循环水量：7800m^3/h	1个	

热回收新风机组性能参数表　　　　**表 5.1.2-6**

设备编号	设备名称	性能参数	数量（个）	备注
XR-AF9-1～3 XR-AF24-1～2 XR-AF37-1～3	转轮热回收新风机组	额定风量：30000/22500m^3/h 出口静压：400/300Pa 风机功率：18.5/15kW 冷量：247kW；热量：429kW	8	
XR-BF5-1 XR-BF18-1，2 XR-BF32-1	转轮热回收新风机组	额定风量：42000/32000m^3/h 出口静压：400/300Pa 风机功率：30/22kW 冷量：302kW；热量：546kW	4	

5.1.3 四管制风机盘管空调方案

1. 设计参数

空调室内设计参数见表 5.1.3-1。

空调室内设计参数　　表5.1.3-1

房间名称	室内温度（℃）		相对湿度（%）		新风量[m³/(h·人)]	噪声标准[dB(A)]
	夏季	冬季	夏季	冬季		
办公	24	22	55	40	50	45

冷负荷、热负荷见表5.1.3-2、表5.1.3-3。

冷　负　荷　　表5.1.3-2

	空调面积(m^2)	冷负荷指标(W/m^2)	冷负荷(kW)	建筑面积(m^2)	建筑面积指标(W/m^2)	内区冷负荷指标(W/m^2)	内区冷负荷(kW)
地下及裙房	17339	291	5037	95000	53	95	85(D座)
厨房			577				
A塔	64255	131	8431	82000	103	85	2340
A塔及裙房合计	81594	165	13468	177000	76	85.4	2460
B塔	40430	129	5203	58000	90	85	1650
大楼合计	122024	153	18671	235000	79	85.2	4110

热　负　荷　　表5.1.3-3

	空调面积(m^2)	空调热负荷指标(W/m^2)	空调热负荷(kW)	建筑面积(m^2)	建筑面积指标(W/m^2)
地下及裙房	17339	206	3566	95000	38
厨房			2599		
A塔	64255	86	5508	82000	67
A塔及裙房合计	81594	143	11673	177000	66
B塔	40430	96	3882	58000	67
大楼合计	122004	127	15555	235000	66

2. 冷热源设计

A塔及裙房设一套冷源系统，B塔单独设一套冷源系统。制冷机房设在B塔地下五层，两层通高。AB塔办公采用四管制风机盘管系统。D座采用两管制风机盘管系统。

1）A塔冷源

① 采用部分负荷冰蓄冷系统，内融冰主机上游串联方式，设置一台基载冷机。

② 主机：选用3台双工况冷水机组，白天供冷夜间制冰，单台制冷量为2813kW（800RT）；单台制冰量为1863kW（530RT），制冰温度−5.6℃，选用一台基载冷机，制冷量为1582kW（450RT）。冷机选型详见日负荷平衡表。

③ 采用34套380型蓄冰钢盘管，布置在混凝土水槽中，总储冷量为12920RT·h。

④ 乙二醇系统采用膨胀罐定压方式，空调水系统采用隔膜式膨胀罐定压。

⑤ 冷却塔设置在B座塔楼屋面，塔楼内区设置冬季供冷。

⑥ 补水采用软化水，设置软水器，冷冻水处理采用电子物理处理方式，设置综合水处理器。冷却水采用电子物理处理方式并设置投药装置。

⑦ 为满足本工程空调内区常年供冷需求，过渡季及冬季利用冷却塔经过设置于制冷机房内的板式热交换器换热交换后，向空调系统提供供回水温度为9/14℃的冷水。系统单设冷冻水循环泵，冬季用冷却塔设置防冻保护。空调内区负荷为2425kW。

2）B塔冷源

① 采用常规电制冷，选用三台冷水机组，两大一小，分别为2110kW（600RT）离心机组两台、1055kW（300RT）螺杆机组一台。最大时刻制冷量5275kW，满足负荷需要。

② 空调水系统采用膨胀罐定压。

③ 冷却塔设置在B座塔楼屋面，塔楼内区设置冬季供冷。

④ 补水采用软化水，设置软水器，冷冻水处理采用电子物理处理方式，设置综合水处理器。冷却水采用电子物理处理方式并设置投药装置。

⑤ 为满足本工程空调内区常年供冷需求，过渡季及冬季利用冷却塔经过设置于制冷机房内的板式热交换机组换热交换后，向空调系统提供供回水温度为9/14℃的冷水。屋顶冷却塔冬季设置防冻保护。空调内区负荷为1650kW。

3）热源

① 采用城市热力管网，热媒为高温热水，供回水温度为120/60℃。

② A塔及裙房、B塔、大堂地板供暖分别设三个换热系统。

3. 空调末端设计

1）A塔及裙房采用二级泵两管制变水量系统，一级泵定流量，二级泵变流量，水系统供回水总管设压差旁通。空调水系统异程布置。

2）二级泵分三组：裙房及地下、低区办公、高区办公，分别设置冷热计量。空调冷水供回水温度为5/11℃。

3）采用两管制变水量异程水系统。供回水总管设压差旁通。冷源侧为定流量，负荷侧为变流量。

4）A塔及裙房、B塔空调水系统均分高、低2个区。

5）A塔24层以下为低区，25层及以上为高区，高区换热器设在24层避难层（高度为98.85m）的热交换机房内。低区系统高度121.0m，工作压力：1.60MPa。高区系统高度99m，工作压力：1.40MPa。

6）B塔18层以下为低区，19层及以上为高区，高区换热器设在18层避难层（高度为75.9m）的热交换机房内。低区系统高度96.7m，工作压力：1.40MPa。高区系统高度66.6m，工作压力：1.20MPa。

7）空调热水由市政热力提供，冷热水通过设置冬夏季节转换阀，实现夏季送冷水、冬季送热水。

8）夏季低区空调冷水供回水温度为5/11℃，冬季低区空调热水供回水温度为65/50℃；高区经换冷（换热）后提供冷水供回水温度为6/12℃，热水供回水温度为60/45℃；冬夏高区分设板式换热器及循环水泵。

9）风机盘管采用温控三速开关配电动两通阀控制室内温度。

10）空调机组、新风机组采用带比例积分温控电动两通阀控制调节，主供水管与主回水管之间应设自力式压差平衡阀。

11）标准层办公采用四管制风盘加新风系统。外区四管制风盘，内区两管制风盘，每层新风设置电动调节风阀，可根据本层CO_2浓度调整开度，避难层和屋顶集中设置热回收新风机组。

见图5.1.3-1～图5.1.3-11。

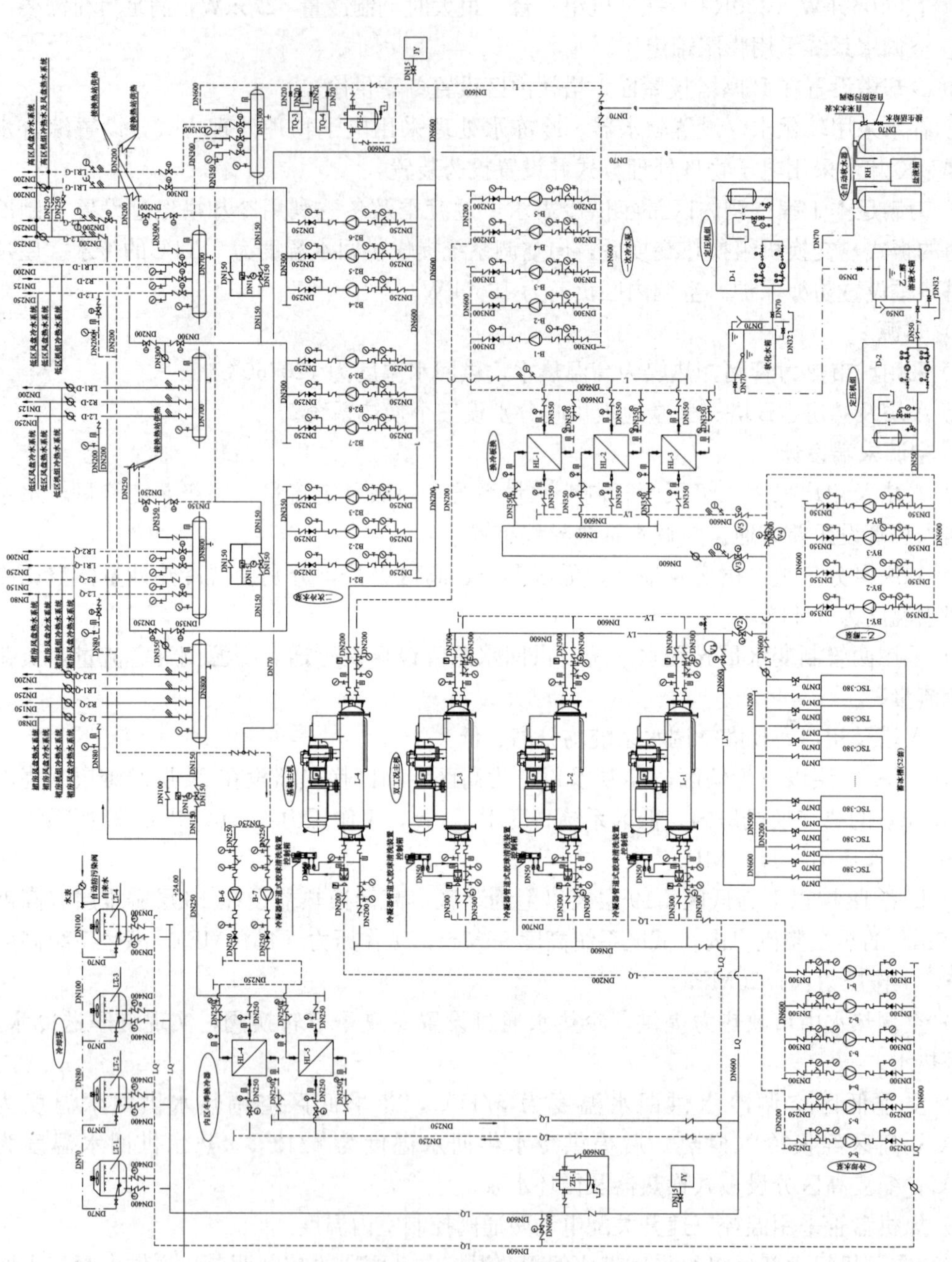

图 5.1.3-1　A塔及商业制冷系统原理图

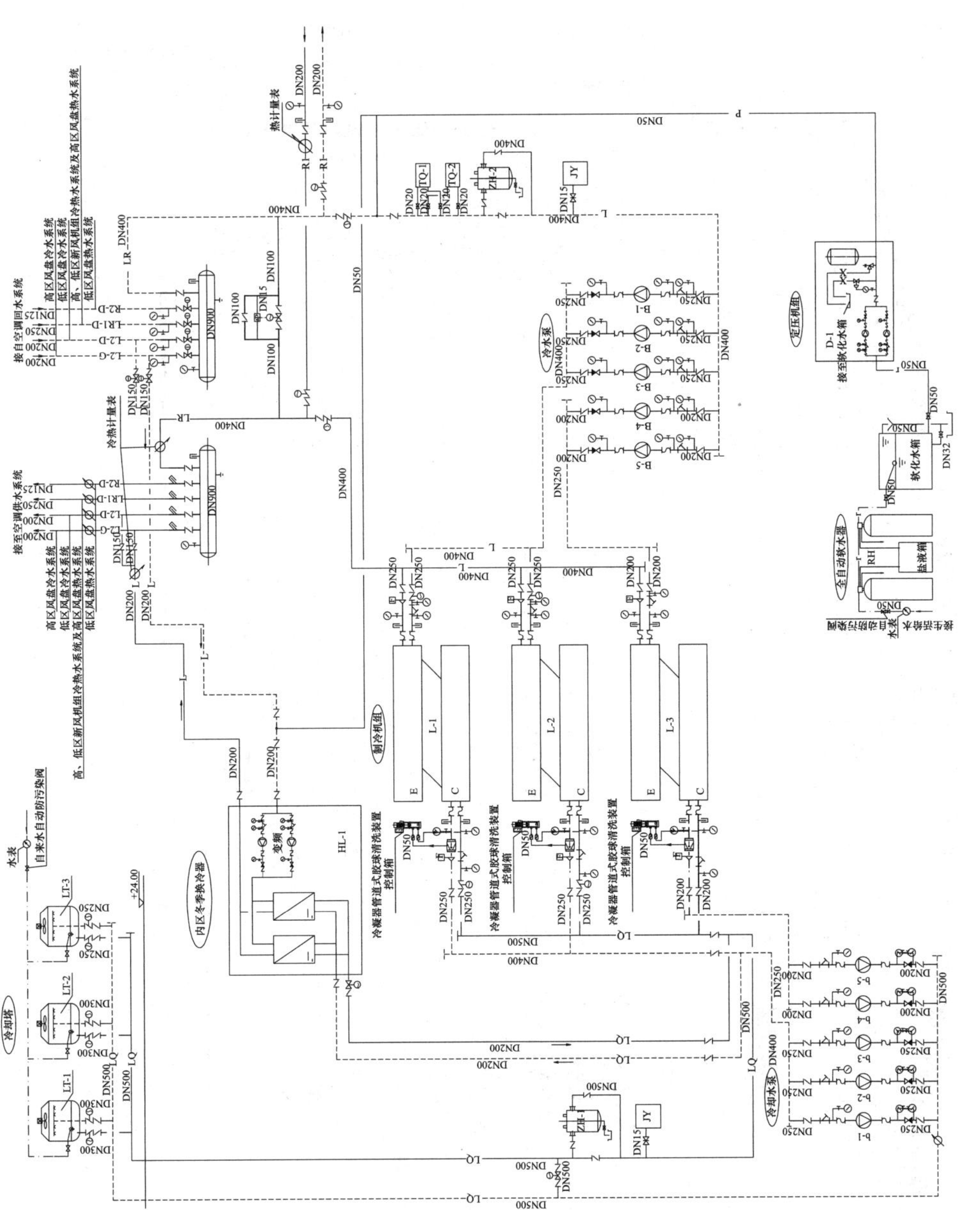

图 5.1.3-2 B塔制冷系统原理图

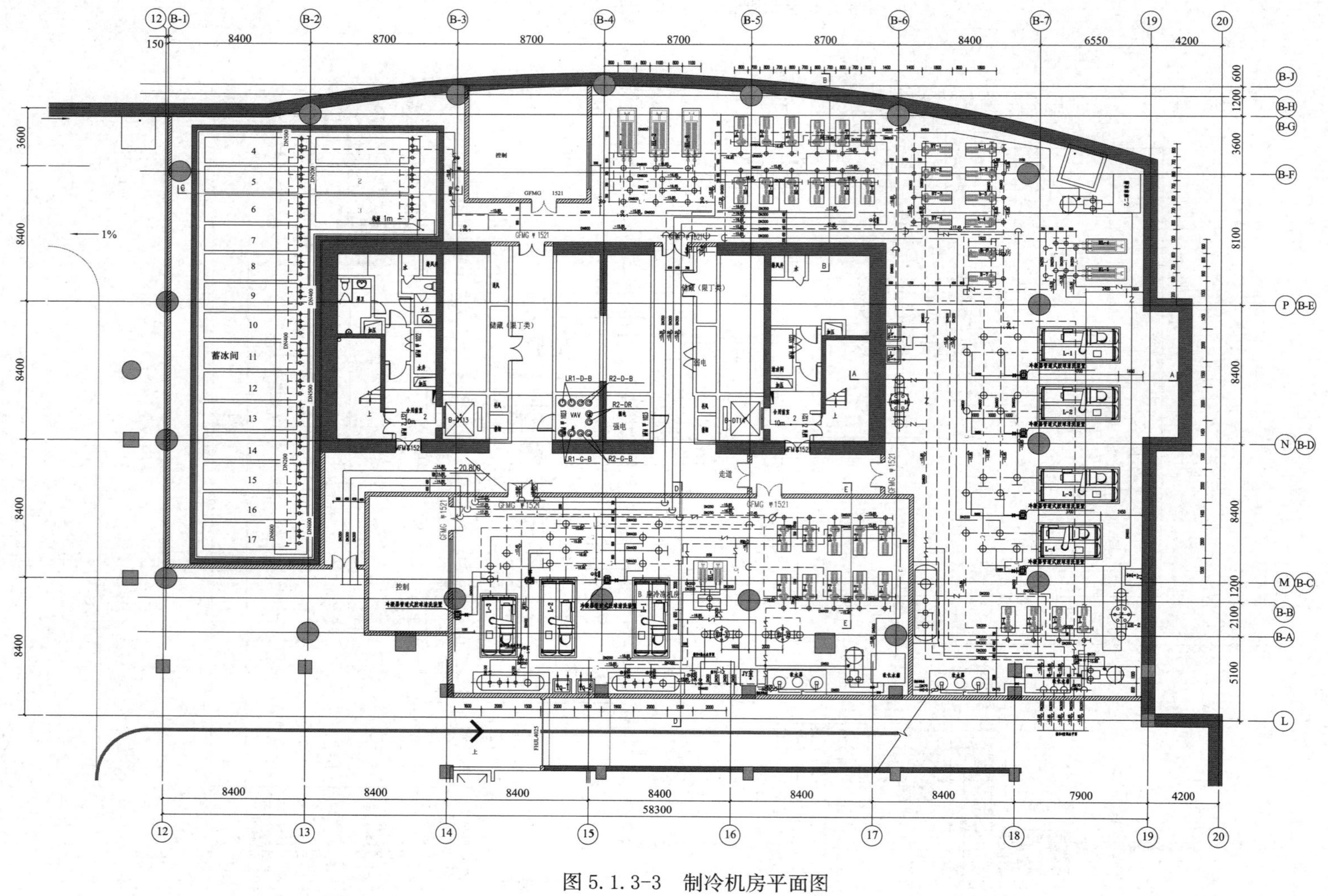

图 5.1.3-3　制冷机房平面图

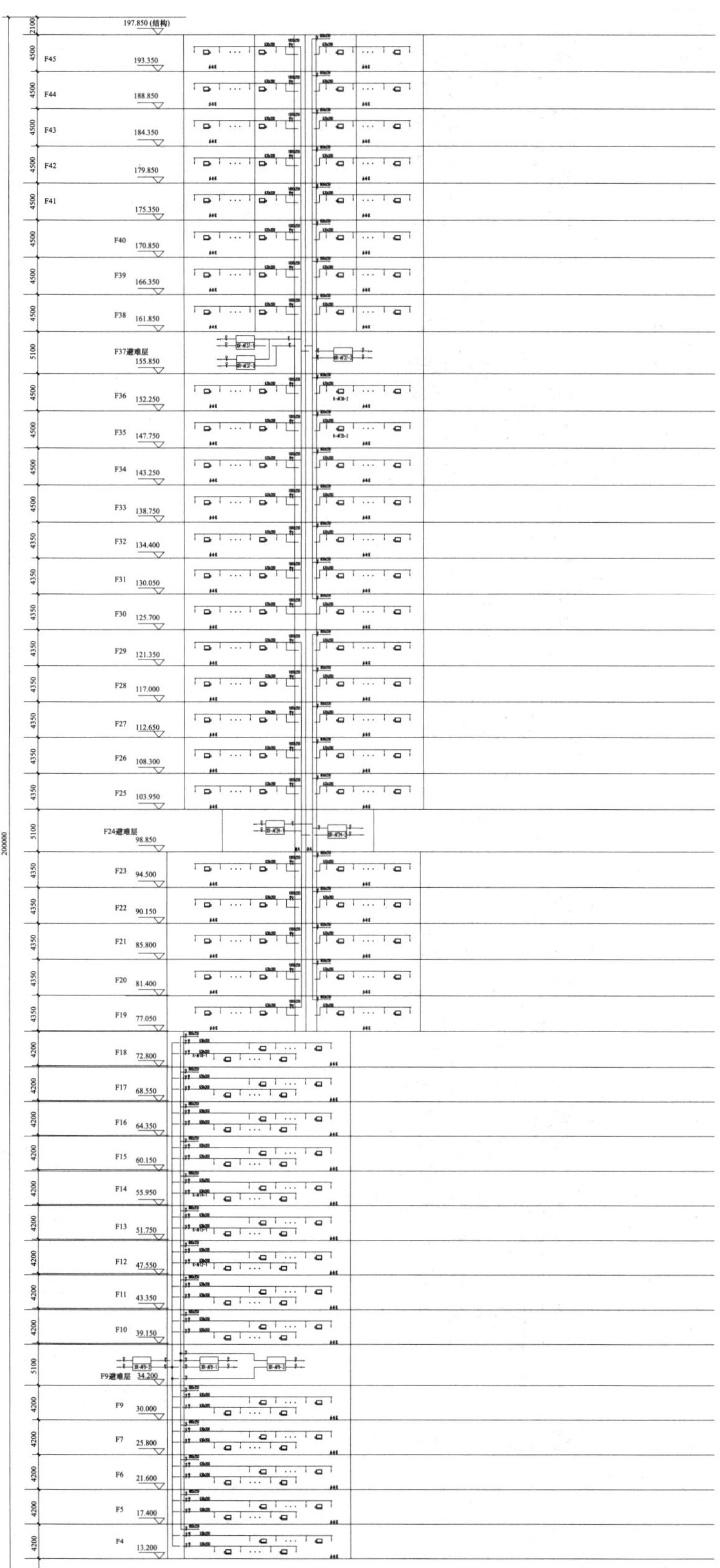

图 5.1.3-4　A 座空调风系统图

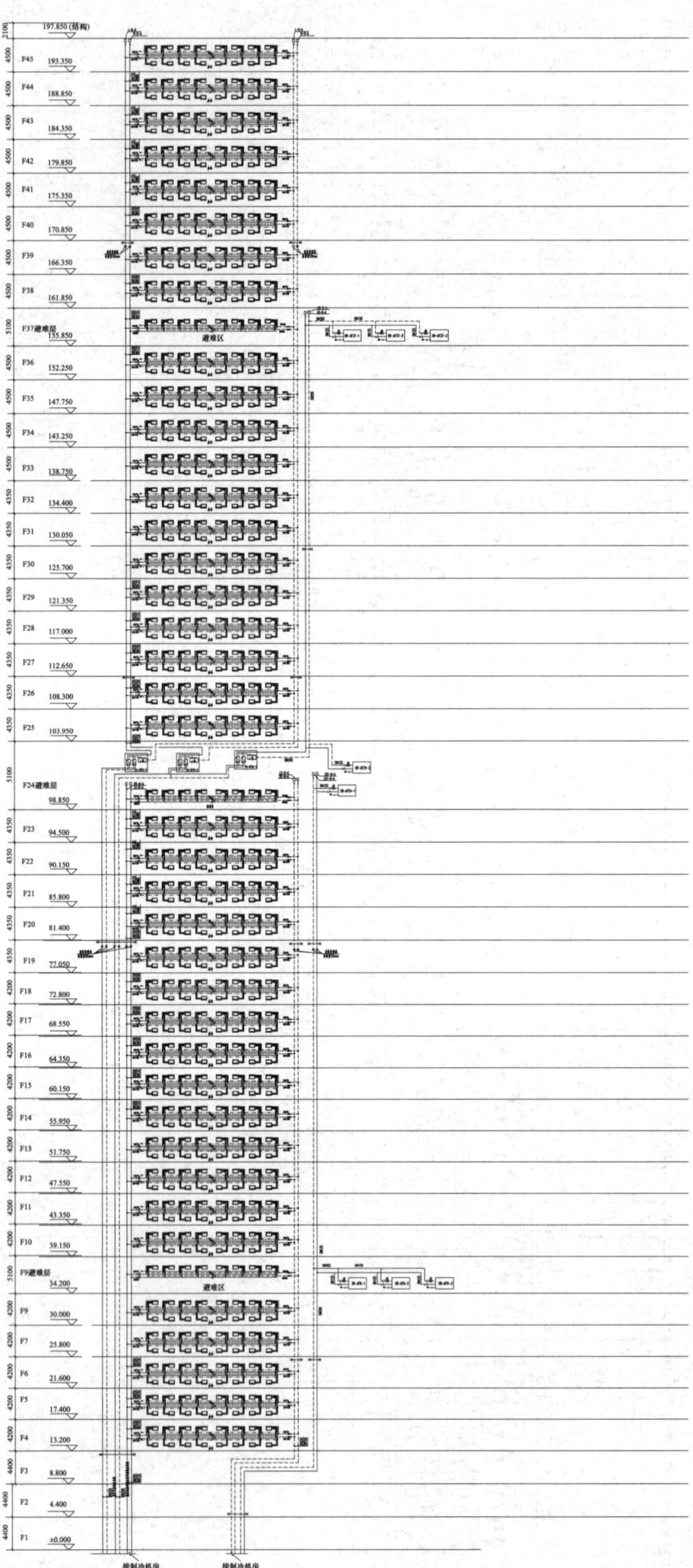

图 5.1.3-5 A座空调水系统图

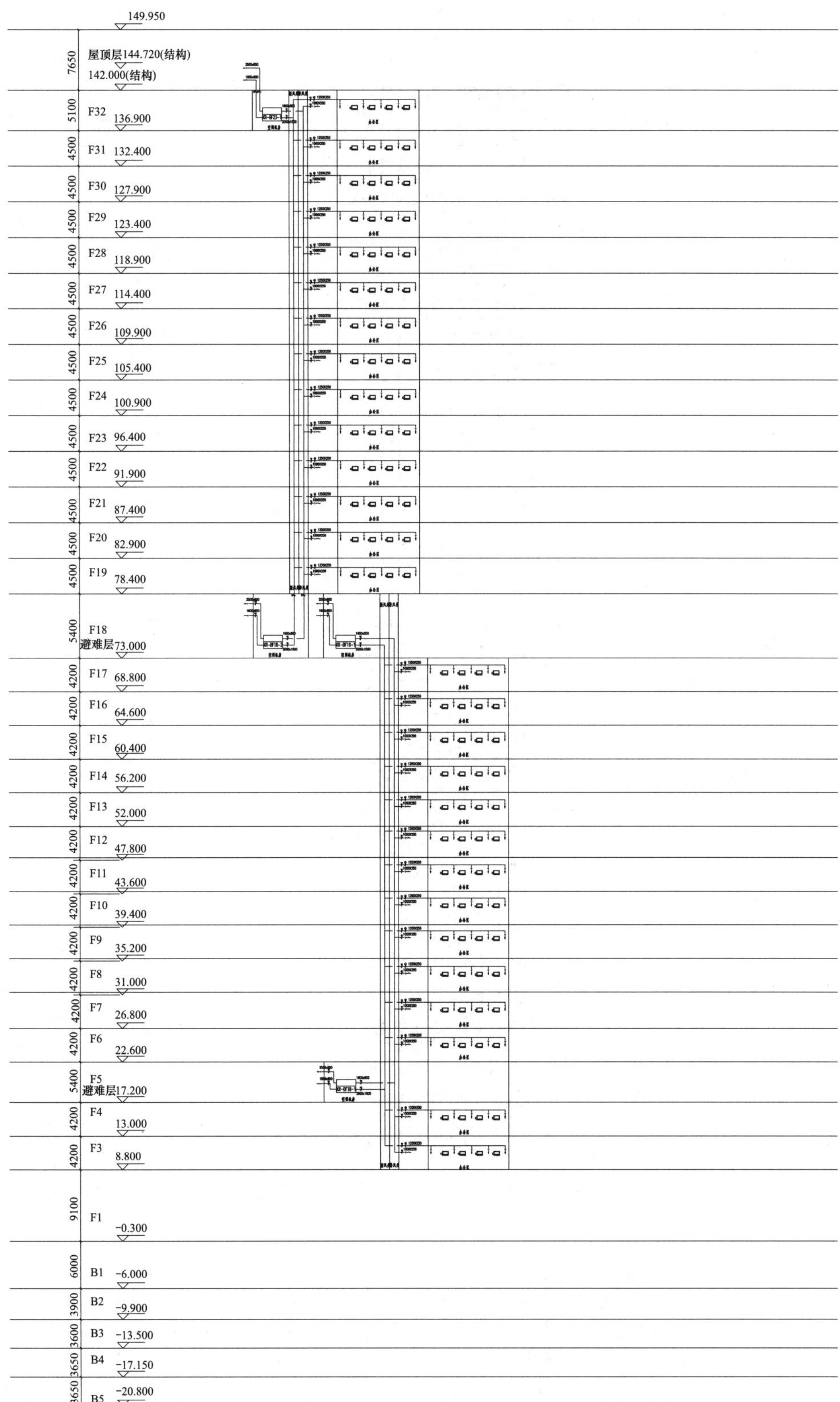

图 5.1.3-6 B座空调风系统图

图 5.1.3-7　B座空调水系统图

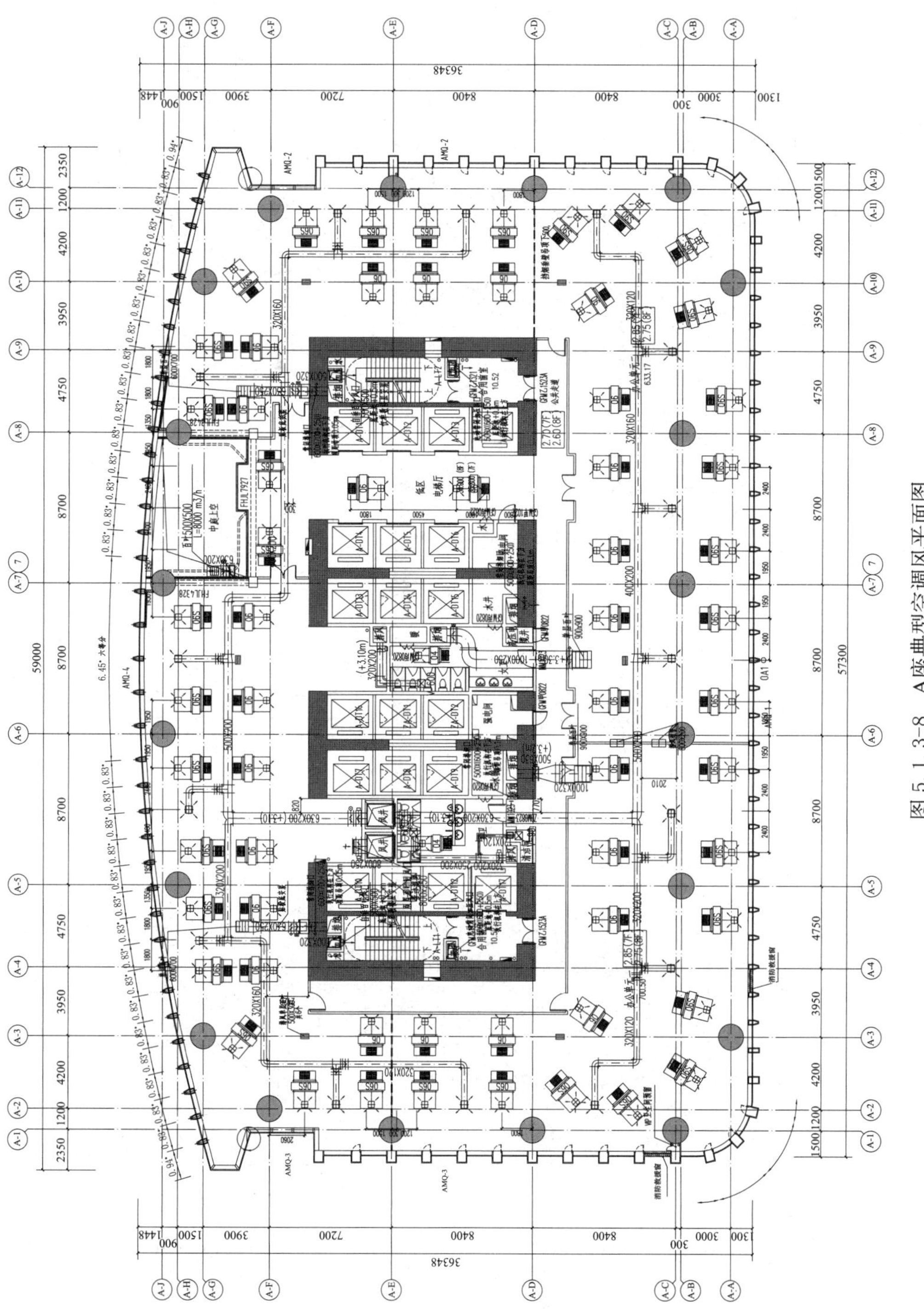

图 5.1.3-8 A座典型空调风平面图

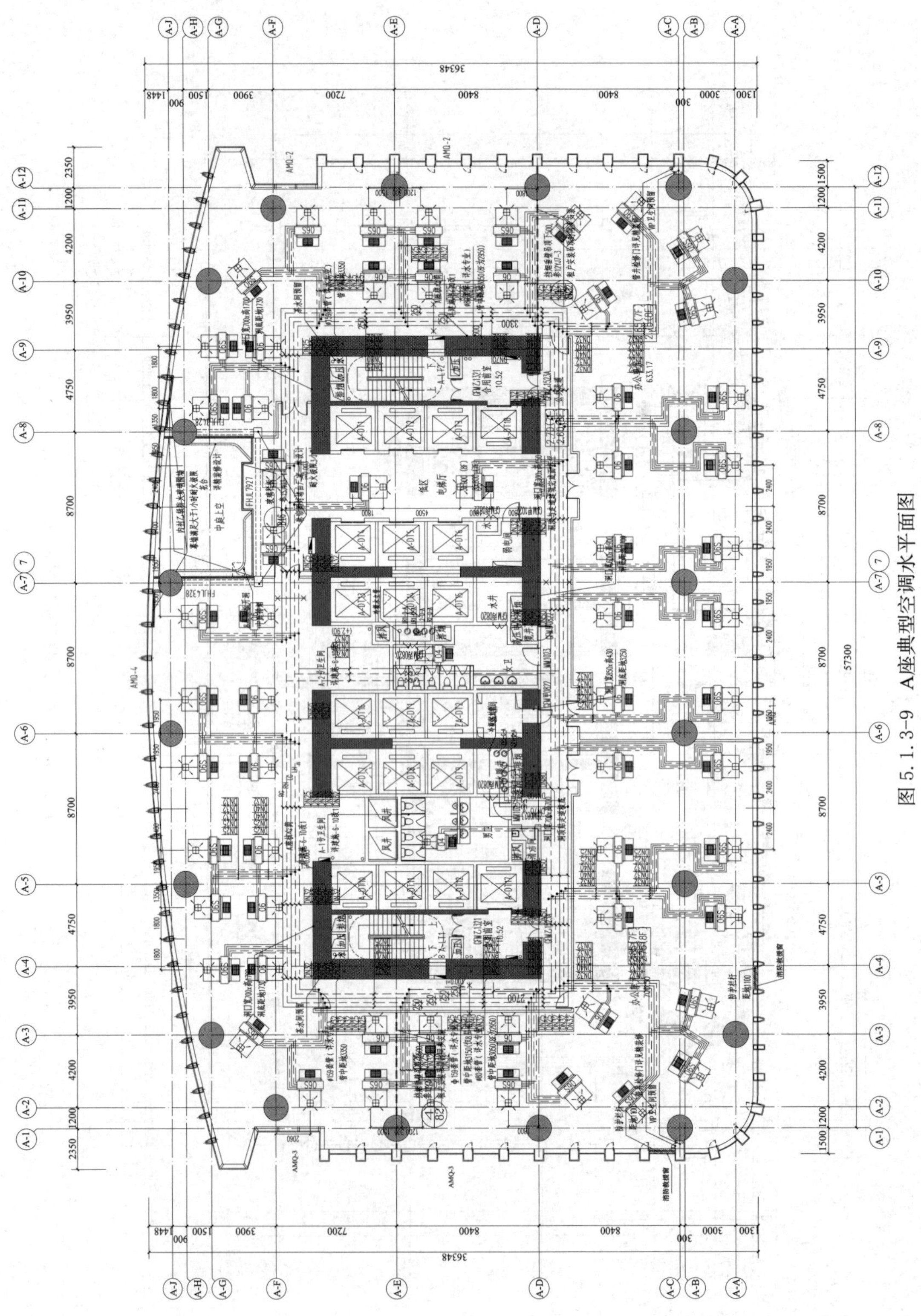

图 5.1.3-9　A座典型空调水平面图

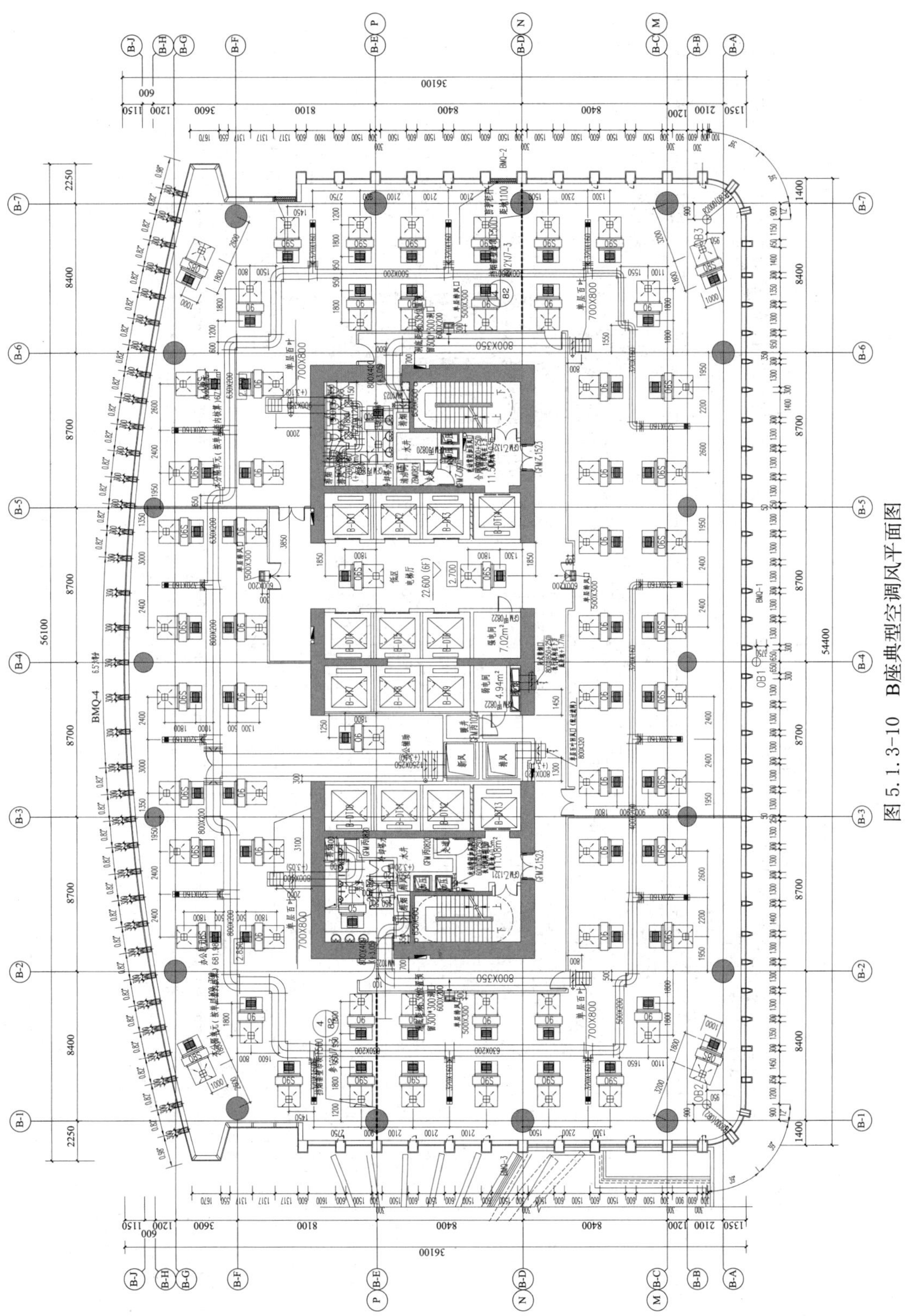

图 5.1.3-10 B座典型空调风平面图

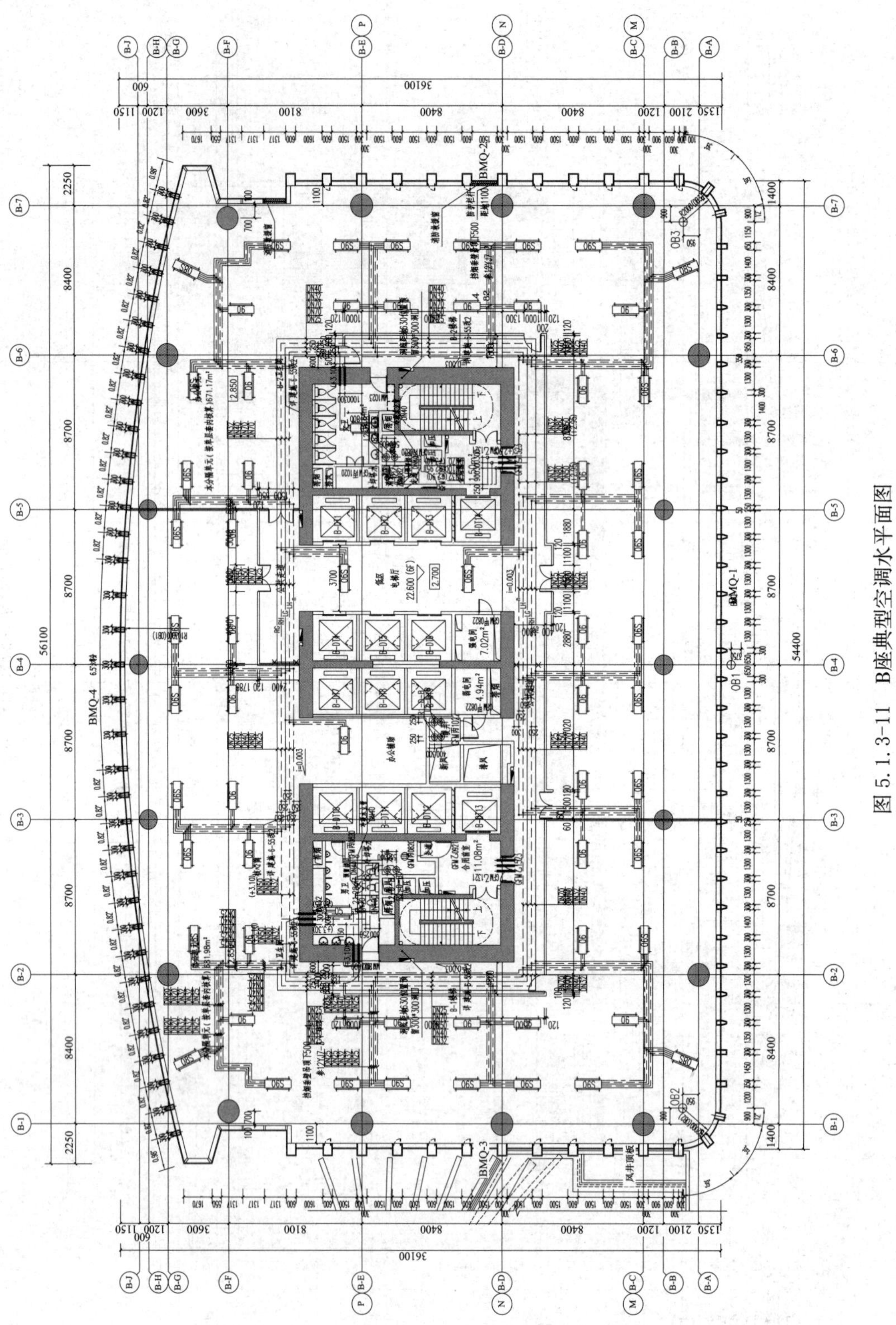

图 5.1.3-11　B座典型空调水平面图

4. 主要设备表（表 5.1.3-4～表 5.1.3-6）

A 塔及裙房制冷机房主要设备表　　表 5.1.3-4

设备编号	设备名称	性能参数	数量	备注
L-1～3	双工况离心冷水机组	冷量：制冷 800RT/制冰 521RT；冷水温度：制冷 5/10℃，制冰−5.6/−2.25℃；冷却水温度：制冷 32/37℃，制冰 30/33.5℃；功率：550kW；冷却水工作压力 2.0MPa	3 个	
L-4	基载离心式冷水机组	冷量：450RT；冷水温度：5/12℃；冷却水温度：32/37℃；功率：287kW；冷却水工作压力 2.0MPa	1 个	
B-1～3	蓄冷冷水泵	流量：680m^3/h；扬程：15m；功率：55kW；转速：1450r/min；效率≥75%；工作压力 1.6MPa	3 个	三用
B-4～5	基载冷水泵	流量：240m^3/h；扬程：15m；功率：18.5kW；转速：1450r/min；效率≥75%；工作压力 1.6MPa	2 个	一用一备
b-1～4	冷却水泵	流量：660m^3/h；扬程：32m；功率：90kW；转速：1450r/min；效率≥75%；工作压力 1.6MPa	4 个	三用一备
b-5～6	基载冷却水泵	流量：360m^3/h；扬程：32m；功率：45kW；转速：1450r/min；效率≥75%；工作压力 1.6MPa	2 个	一用一备
BY-1～4	乙二醇泵	流量：570m^3/h；扬程：30m；功率：75kW；转速：1450r/min；效率≥75%；工作压力 1.6MPa	4 个	三用一备
B2-1～3	二级冷水泵	流量：380m^3/h；扬程：25m；功率：37kW；转速：1450r/min；效率≥75%；工作压力 1.6MPa	3 个	二用一备
B2-4～6	二级冷水泵	流量：300m^3/h；扬程：30m；功率：37kW；转速：1450r/min；效率≥75%；工作压力 1.6MPa	3 个	二用一备
B2-7～9	二级冷水泵	流量：340m^3/h；扬程：25m；功率：37kW；转速：1450r/min；效率≥75%；工作压力 1.6MPa	3 个	二用一备
D-1	定压补水机组	流量：15m^3/h；扬程：135m；功率：7.5kW；转速：2900r/min；工作压力 1.6MPa	1 套	补水泵一用一备
D-2	定压补水机组	流量：5m^3/h；扬程：25m；功率：1.1kW；转速：2900r/min；工作压力 1.6MPa	1 套	补水泵一用一备
DY-AF24-1	定压补水机组	流量：1.1m^3/h；扬程：70m；功率：0.55kW；转速：2900r/min；工作压力 1.6MPa	1 套	补水泵一用一备
DY-AF24-2，3	定压补水机组	流量：2m^3/h；扬程：105m；功率：1.1kW；转速：2900r/min；工作压力 1.6MPa	2 套	补水泵一用一备
TSC-380	蓄冰盘管	潜热蓄冷：380RTH 蓄冰工况进出水温：−5.6/−2.3℃ 工作压力 1.0MPa	34 个	
HL-1～3	板换	换热量：4900kW 一次水温：3/10℃，二次水温：5/11℃ 工作压力 1.6MPa	3 个	
HL-4～5	板换	换热量：2340kW 一次水温：7/12℃，二次水温：9/14℃ 工作压力 1.6MPa	2 个	
HJ-AF24-1	板式换冷/热机组	换冷/热量：1340/1850kW 一次水温：5/11℃；65/50℃ 二次水温：6/12℃；60/45℃ 流量：105m^3/h；扬程：28m；功率：11kW；转速：1450r/min；工作压力 1.6MPa	1 个	两台循环泵；两台板式换热器

续表

设备编号	设备名称	性能参数	数量	备注
HJ-AF24-2	板式换热机组	换热量：740kW 一次水温：65/50℃，二次水温：60/45℃ 流量：23m³/h；扬程：30m；功率：3kW；转速：1450r/min；工作压力1.6MPa	1个	两台循环泵；两台板式换热器
HJ-AF24-3	板式换冷/热机组	换冷/热量：2470/1100kW 一次水温：5/11℃；9/14℃ 二次水温：6/12℃；10/15℃ 流量：200m³/h；扬程：30m；功率：22kW；转速：1450r/min；工作压力1.6MPa	1个	两台循环泵；两台板式换热器
	乙二醇储液箱	1800mm×1200mm×1200mm	1个	
RH-1	软水器	水处理量：15～20m³/h；功率：0.4kW；双罐双阀；工作压力0.3MPa	1套	自动流量控制型
	软水箱	1500mm×1500mm×2000mm	1个	不锈钢
	软水箱	2400mm×1600mm×1500mm	1个	不锈钢
ZH-1	全程水处理器	接口尺寸DN600；工作压力1.6MPa	1个	
ZH-2	全程水处理器	接口尺寸DN600；工作压力1.6MPa	1个	
TQ	真空脱气机	水量：4t/h；电量：2.0kW；工作压力1.6MPa	2个	

B塔制冷机房主要设备表 **表5.1.3-5**

设备编号	设备名称	性能参数	数量	备注
L-1、2	离心式冷水机组	冷量：制冷600RT；冷水温度：制冷5/11℃；冷却水温度：制冷32/37℃；功率：390kW；工作压力2.0MPa	2个	
L-3	螺杆式冷水机组	冷量：300RT；冷水温度：5/11℃；冷却水温度：32/37℃；功率：205kW；工作压力2.0MPa	1个	
B-1～3	冷水泵	流量：330m³/h；扬程：30m；功率：55kW；转速：1450r/min；效率≥75%；工作压力1.6MPa	3个	二用一备
b-1～3	冷却水泵	流量：480m³/h；扬程：32m；功率：75kW；转速：1450r/min；效率≥75%；工作压力1.6MPa	3个	二用一备
b-4～5	冷却水泵	流量：240m³/h；扬程：32m；功率：30kW；转速：1450r/min；效率≥75%；工作压力1.6MPa	2个	一用一备
D-1	定压补水机组	流量：10m³/h；扬程：110m；功率：5.5kW；转速：2900r/min；工作压力1.6MPa	1套	补水泵一用一备
D-BF18-1	定压补水机组	流量：1m³/h；扬程：75m；功率：0.55kW；转速：2900r/min；工作压力1.6MPa	1套	补水泵一用一备
D-BF18-2	定压补水机组	流量：0.5m³/h；扬程：75m；功率：0.37kW；转速：2900r/min；工作压力1.6MPa	1套	补水泵一用一备

续表

设备编号	设备名称	性能参数	数量	备注
HJ-BF18-1	板式换冷/热机组	换冷/热量：600/900kW 一次水温：5/11℃；65/50℃ 二次水温：6/12℃；60/45℃ 流量：48m^3/h；扬程：30m；功率：5.5kW；转速：1450r/min；工作压力1.6MPa	1个	两台循环泵；两台板式换热器
HJ-AF24-2	板式换热机组	换热量：540kW 一次水温：65/50℃，二次水温：60/45℃ 流量：17m^3/h；扬程：25m；功率：2.2kW；转速：1450r/min；工作压力1.6MPa	1个	两台循环泵；两台板式换热器
RH-1	软水器	水处理量：15～20m^3/h；功率：0.4kW；双罐双阀；工作压力0.3MPa	1套	自动流量控制型
	软水箱	1500mm×1500mm×2000mm	1个	不锈钢
	软水箱	2400mm×1600mm×1500mm	1个	不锈钢
ZH-1	全程水处理器	接口尺寸DN500；工作压力1.6MPa	1个	
ZH-2	全程水处理器	接口尺寸DN400；工作压力1.6MPa	1个	
TQ-1～2	真空脱气机	水量：4t/h；电量：2.0kW；工作压力1.6MPa	2个	
JY	全自动智能控制加药装置	Q=3.8～12.1L/h 处理循环水量：7800m^3/h	1个	

热回收新风机组性能参数表 **表5.1.3-6**

设备编号	设备名称	性能参数	数量（个）
XR-AF9-1～3 XR-AF24-1～2 XR-AF37-1～3	转轮热回收新风机组	额定风量：30000/22500m^3/h 出口静压：400/300Pa 风机功率：18.5/15kW 冷量：247kW，热量：429kW	8
XR-BF5-1 XR-BF18-1，2 XR-BF32-1	转轮热回收新风机组	额定风量：42000/32000m^3/h 出口静压：400/300Pa 风机功率：30/22kW 冷量：302kW，热量：546kW	4

5.1.4 温湿度独立控制空调方案

1. 设计参数（表5.1.4-1）

设计参数 **表5.1.4-1**

房间名称	室内温度（℃）		相对湿度（%）		新风量[m^3/(h·人)]	噪声标准[dB(A)]
	夏季	冬季	夏季	冬季		
办公	26	20	50	30	30	45

温湿度独立分控系统负荷见表 5.1.4-2、表 5.1.4-3。

温湿度独立部分冷负荷（办公）　　　　表 5.1.4-2

项目	A 塔					
	高区（20 层）			低区（18 层）		
	风盘	新风		风盘	新风	
		预冷	再冷		预冷	再冷
水温（℃）	16/21	16/21	6/12	15/20	15/20	5/11
面积（m^2）	30000	30000	30000	27000	27000	27000
负荷（kW）	2820	1110	840	2268	999	756
负荷指标（W/m^2）	94	37	28	84	37	28

项目	B 塔					
	高区（14 层）			低区（13 层）		
	风盘	新风		风盘	新风	
		预冷	再冷		预冷	再冷
水温（℃）	16/21	16/21	蒸发除湿	15/20	15/20	蒸发除湿
面积（m^2）	21000	21000	21000	19500	19500	19500
负荷（kW）	1953	777	588	1599	721	546
负荷指标（W/m^2）	93	37	28	82	37	28

楼号	空调面积（m^2）	冷负荷指标（W/m^2）	冷负荷（kW）	建筑面积（m^2）	建筑面积指标（W/m^2）
地下及裙房	23531	224	5268	95000	55
A 塔	57000	154	8793	82000	106
A 塔及裙房合计	80531	175	14061	177000	79
B 塔	40500	153	6184	58000	107
大楼合计	121031	167	20245	235000	86

温湿度独立部分热负荷（办公）　　　　表 5.1.4-3

项目	A 塔					
	高区（20 层）			低区（18 层）		
	新风	风盘		新风	风盘	
		内区	外区		内区	外区
水温（℃）	55/40	16/21	55/40	60/45	15/20	60/45
面积（m^2）	30000	30000	30000	27000	27000	27000
负荷指标（W/m^2）	53	−41	58	53	−41	47
负荷（kW）	1590	−1230	1740	1413	−1107	1269

项目	B 塔					
	高区（14 层）			低区（13 层）		
	新风	风盘		新风	风盘	
		内区	外区		内区	外区
水温（℃）	55/40	16/21	55/40	60/45	15/20	60/45
面积	21000	21000	21000	19500	19500	19500
负荷指标（W/m^2）	53	−41	54	53	−41	45
负荷（kW）	1113	−861	1134	1034	−800	878

续表

楼号	空调面积 (m^2)	热负荷指标 (W/m^2)	热负荷 (kW)	建筑面积 (m^2)	建筑面积指标 (W/m^2)
地下及裙房	23531	163	3836	95000	40
A塔	57000	106	6030	82000	74
A塔及裙房合计	80531	123	9866	177000	56
B塔	40500	103	4158	58000	72
大楼合计	121031	116	14024	235000	60

2. 冷热源设计

1）A塔及裙房冷源

裙房及地下采用常规空调系统，塔楼采用双冷源温湿度分控空调系统，低温冷源采用冰蓄冷系统，高温冷源采用高温冷水机组制冷，即裙房空调系统及办公层新风系统除湿由冰蓄冷系统负担；办公层新风预冷及风机盘管降温由高温型冷水机组负担。

（1）低温冷源

冰蓄冷系统设计冷负荷为6864kW，为部分负荷冰蓄冷系统，采用内融冰主机上游串联方式，不设基载。

① 主机：选用2台双工况冷水机组，白天供冷夜间制冰，单台制冷量为2637kW（750RT）；单台制冰量为1776kW（505RT），制冰温度−5.6℃。

② 蓄冷设备：选用22套ICE-385E型蓄冰钢盘管，布置在混凝土水槽中，总储冷量29780kW·h(8470RT·h)。

③ 板换：设3台蓄冷板换，单台换冷量2741kW，一次冷水温度为5/11℃，乙二醇温度为3/10℃。

④ 补水定压：乙二醇系统采用膨胀罐定压方式；低区空调水系统采用高位膨胀水箱定压方式，膨胀水箱设在24层避难层；高区空调水系统采用高位膨胀水箱定压方式，膨胀水箱设在屋顶。

（2）高温冷源

高温系统设计冷负荷为7197kW。

① 主机：选用2台高温型冷水机组，单台制冷量为3692kW（1050RT），供回水温度15/20℃。

② 补水定压：低区空调水系统采用高位膨胀水箱定压方式，膨胀水箱设在24层避难层；高区空调水系统采用高位膨胀水箱定压方式，膨胀水箱设在屋顶。

（3）冷却水及冬季供冷系统

系统设置冷却水泵6台（分别两用一备），冷却塔4台，设置在裙房（C）屋面。

为满足空调内区常年供冷需求，过渡季及冬季利用冷却塔经过设置于制冷机房内的板式热交换器换热交换后，向空调系统提供供回水温度为15/20℃的冷水。系统单设冷却水循环泵及冷冻水循环泵，冬季用冷却塔设置防冻保护。空调内区负荷为2337kW。

2）B塔冷源

B塔均采用温湿度独立控制系统，冷源供应1种水温，风机盘管降温冷水和新风预冷用高温冷水，由高温型冷水机组负担。新风系统除湿由新风机组配套的空调排风热泵负担。

（1）高温水系统

高温空调水系统设计冷负荷为5050kW。

① 主机：选用3台高温型冷水机组，两大一小，单台制冷量分别为2110kW（600RT）、879kW（250RT），供回水温度15/20℃。

② 补水定压：低区空调水系统采用膨胀罐定压方式，定压机组设在B5制冷机房；高区空调水系统采用膨胀罐定压方式，定压机组设在F24换热站。

（2）冷却水及冬季供冷系统

系统设置冷却水泵5台（分别备用一台），冷却塔3台，设置在裙房（C）屋面。

为满足空调内区常年供冷需求，过渡季及冬季利用冷却塔经过设置于制冷机房内的板式热交换器换热交换后，向空调系统提供供回水温度为15/20℃的冷水。系统单设冷却水循环泵及冷冻水循环泵，屋顶冷却塔冬季设置防冻保护。空调内区负荷为1661kW。

3）热源

（1）采用城市热力管网，热媒为125/70℃高温热水。

（2）A塔及裙房、B塔分别设两个换热系统，地板供暖共用一套换热系统，分别计量。

（3）空调热水温度为60/45℃。

3. 空调末端设计

1）裙房及地下采用两管制变流量水系统。塔楼办公采用四管制变流量水系统。冷源侧为定流量，负荷侧为变流量。塔楼采用水平同程系统，竖向异程。

2）裙房及地下空调冷水供回水温度为5/11℃。

3）A塔及裙房、B塔空调水系统均分高、低两个区。

4）A塔及裙房24层以下为低区，25层及以上为高区，高区换热器设在24层避难层（高度为100.2m）的设备间内。低区系统高度121.0m，工作压力：1.60MPa。高区系统高度97.8m，工作压力：1.40MPa。

5）B塔18层以下为低区，19层及以上为高区，高区换热器设在18层避难层（高度为75.9m）的设备间内。低区系统高度96.7m，工作压力：1.40MPa。高区系统高度66.6m，工作压力：1.20MPa。

6）夏季低温冷源空调冷水供回水温度为5/11℃，经换冷后高区低温冷水供回水温度为6/12℃；高温冷源冷水供回水温度为15/20℃，经换冷后高区高温冷水供回水温度为16/21℃。

7）冬季低区空调热水供回水温度为60/45℃，经换热后高区空调热水供回水温度为55/40℃；冬季冷却塔供冷低区空调供回水温度为15/20℃，经换热后高区空调供回水温度为16/21℃。

8）风机盘管采用温控三速开关配电动两通阀控制室内温度。

9）空调机组、新风机组采用带比例积分温控电动两通阀控制调节，主供水管与主回水管之间应设自力式压差平衡阀。

10）标准层办公采用温湿度分控系统。风机盘管负责室内温度，新风负责室内湿度。新风送风口采用低温防结露风口。A塔新风机组采用变频控制。

11）新风系统设置排风热回收装置，以降低新风能耗。A塔标准层采用集中热回收系统，热回收机组设在避难层；B塔新风机组自带热泵型热回收装置，避难层设集中送风系统。

见图5.1.4-1～图5.1.4-11。

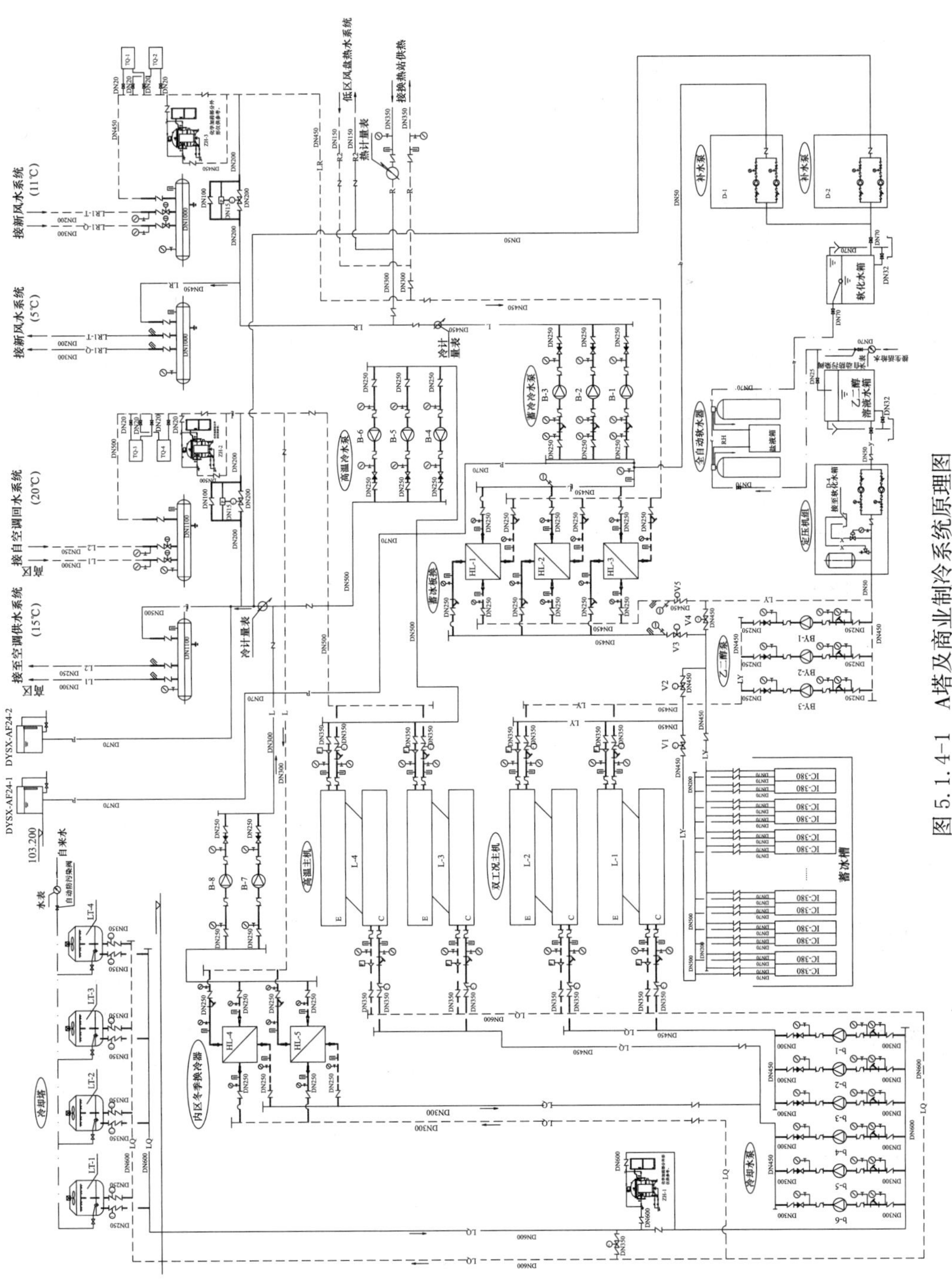

图 5.1.4-1 A塔及商业制冷系统原理图

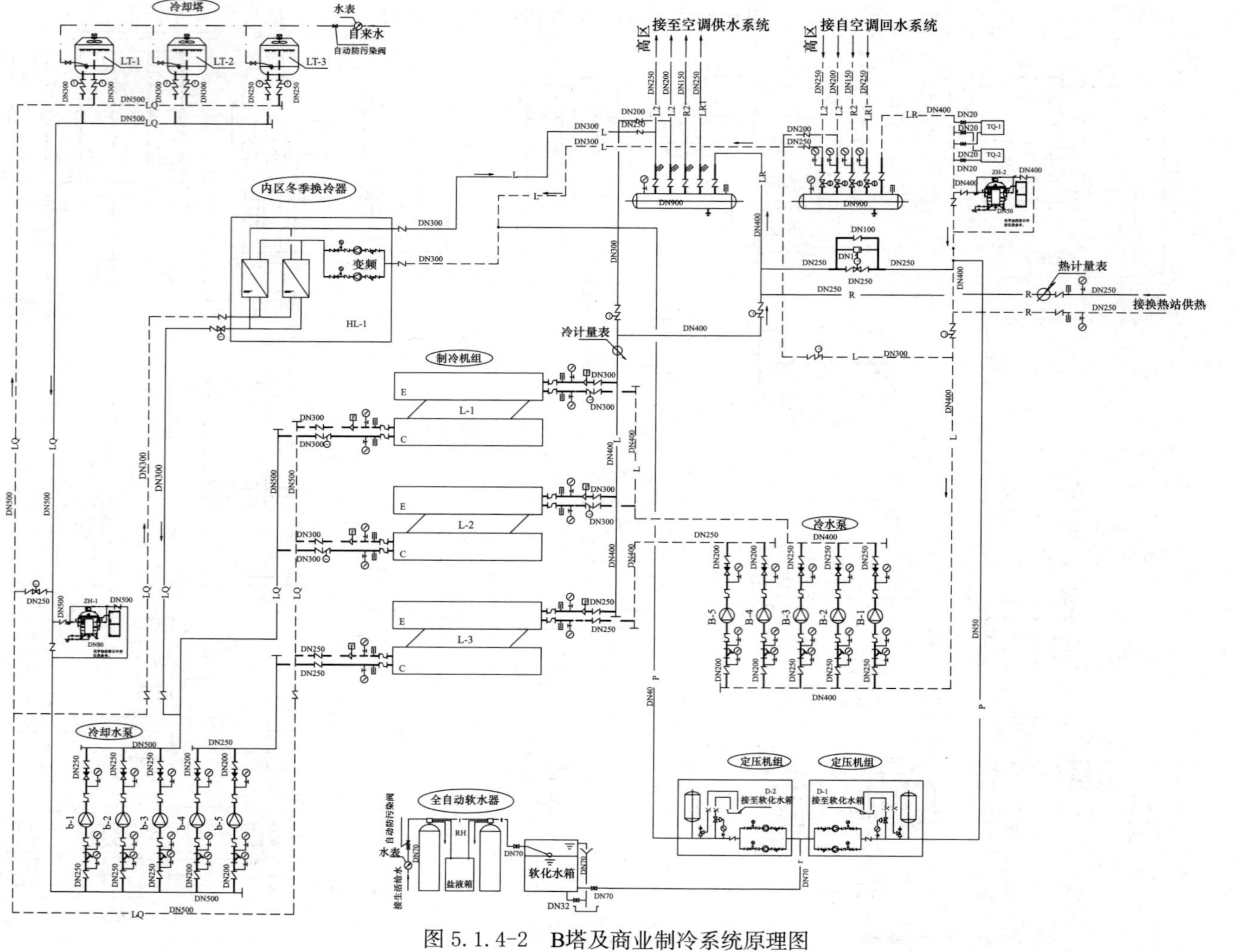

图 5.1.4-2　B塔及商业制冷系统原理图

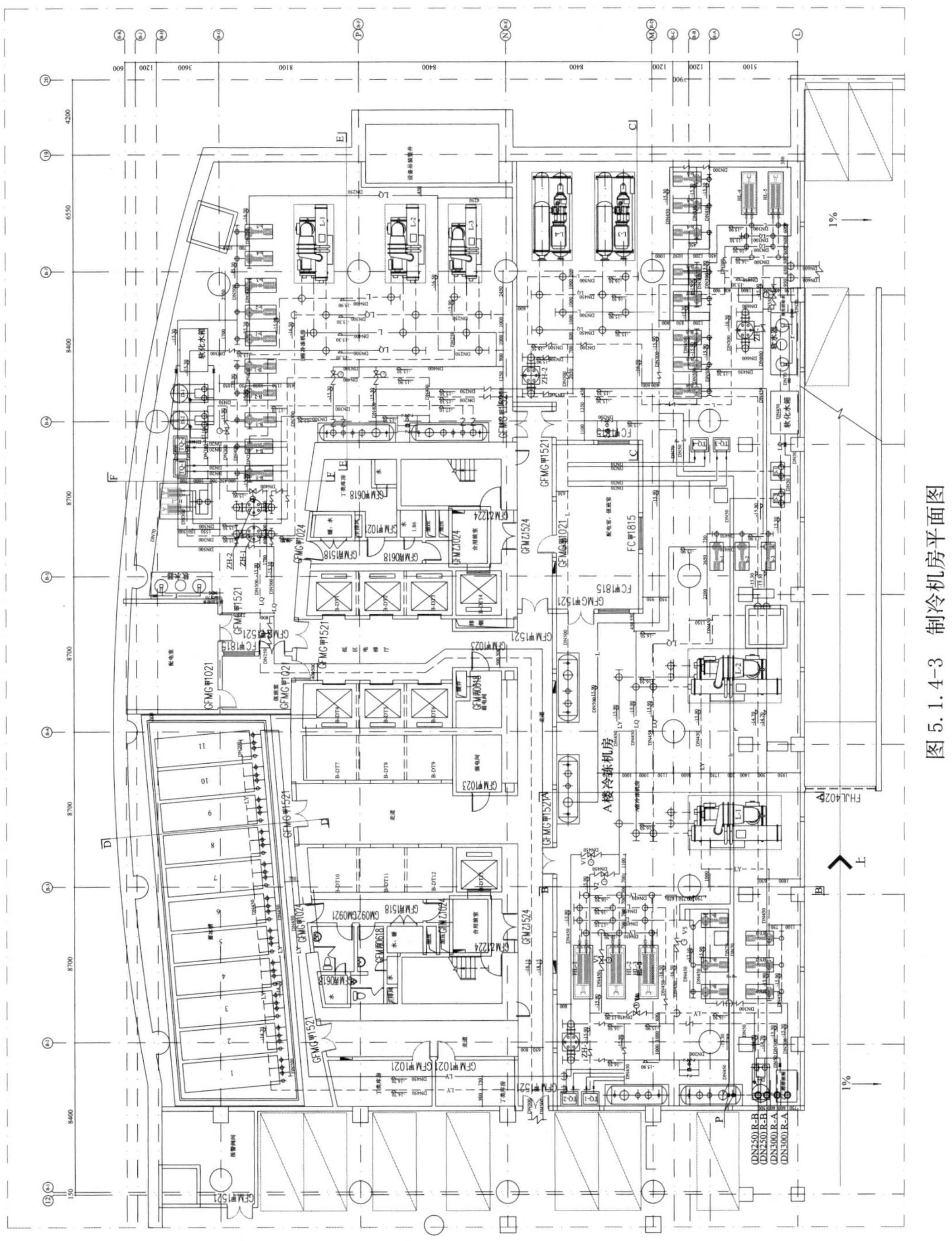

图 5.1.4-3 制冷机房平面图

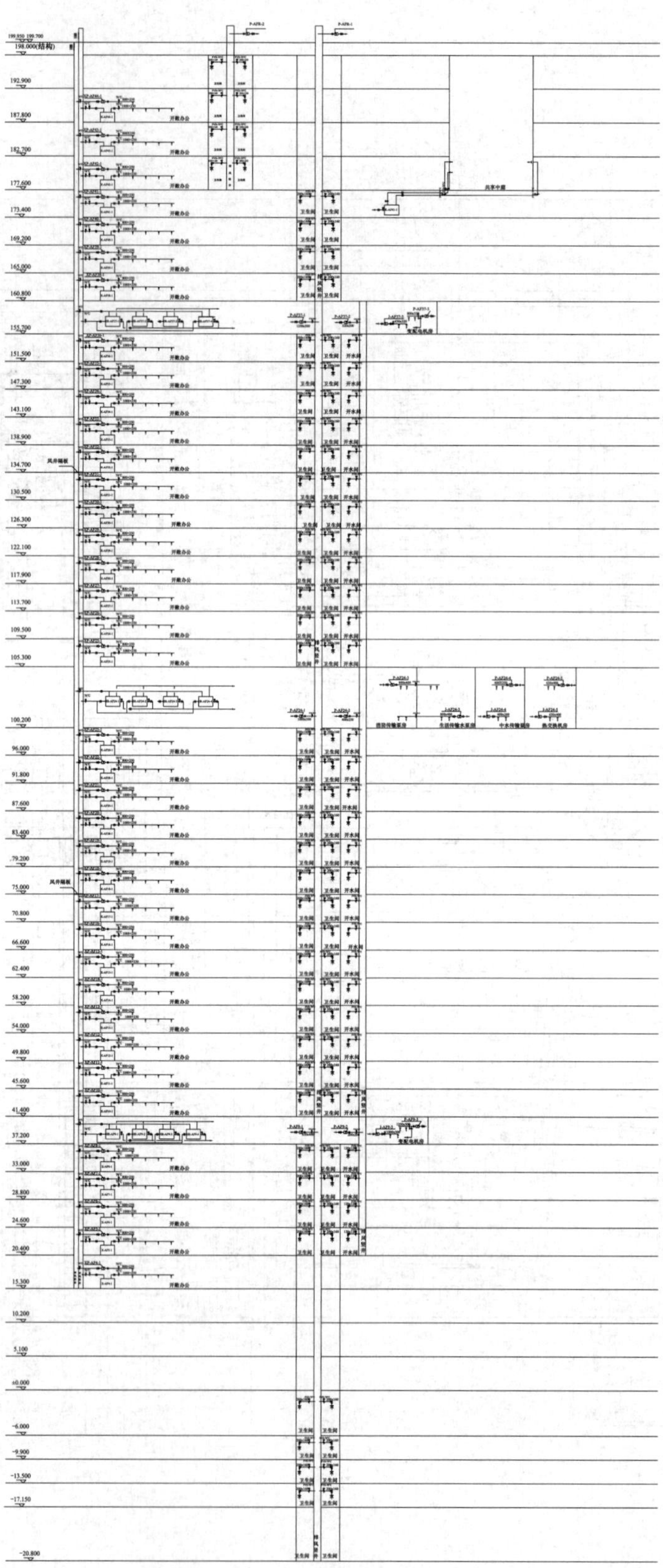

图 5.1.4-4　A 座空调风系统图

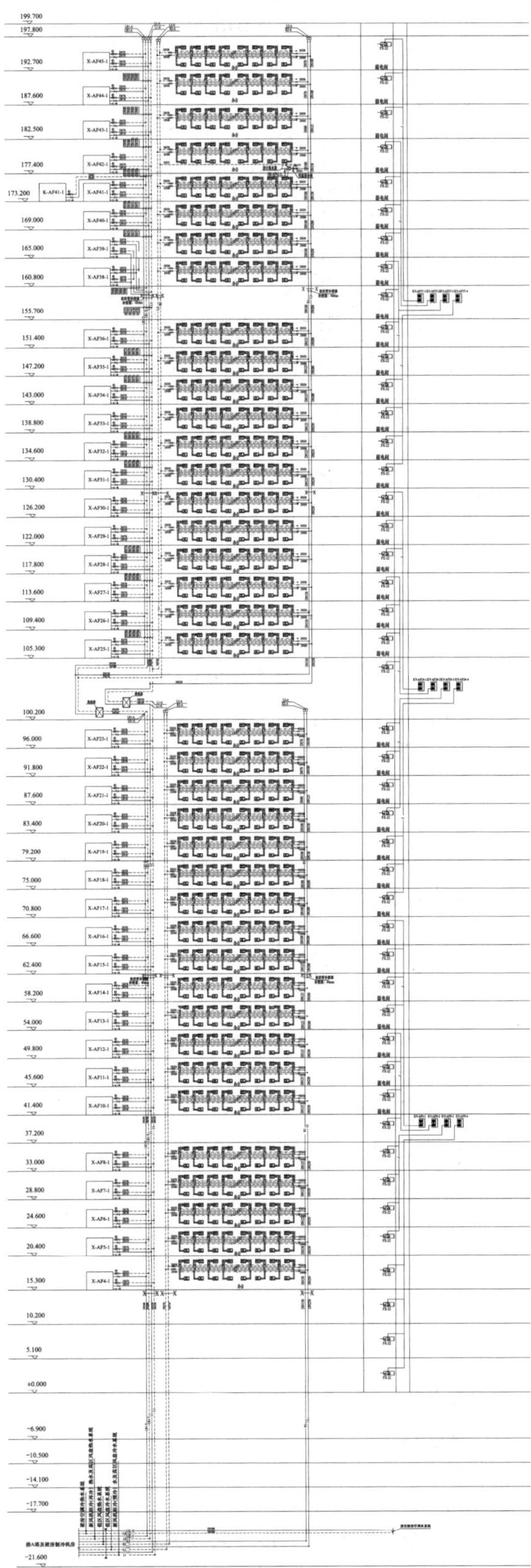

图 5.1.4-5 A座空调水系统图

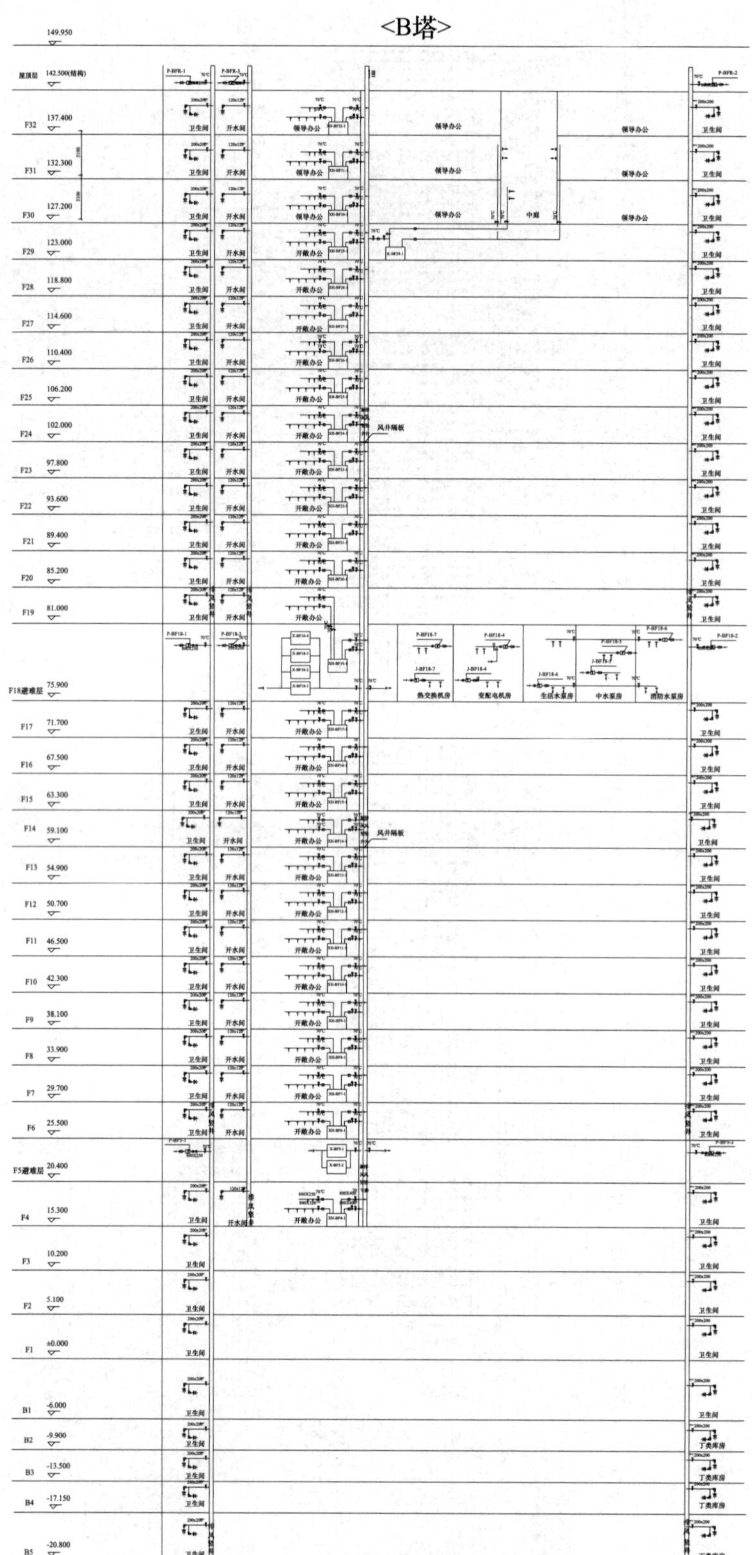

图 5.1.4-6 B 座空调风系统图

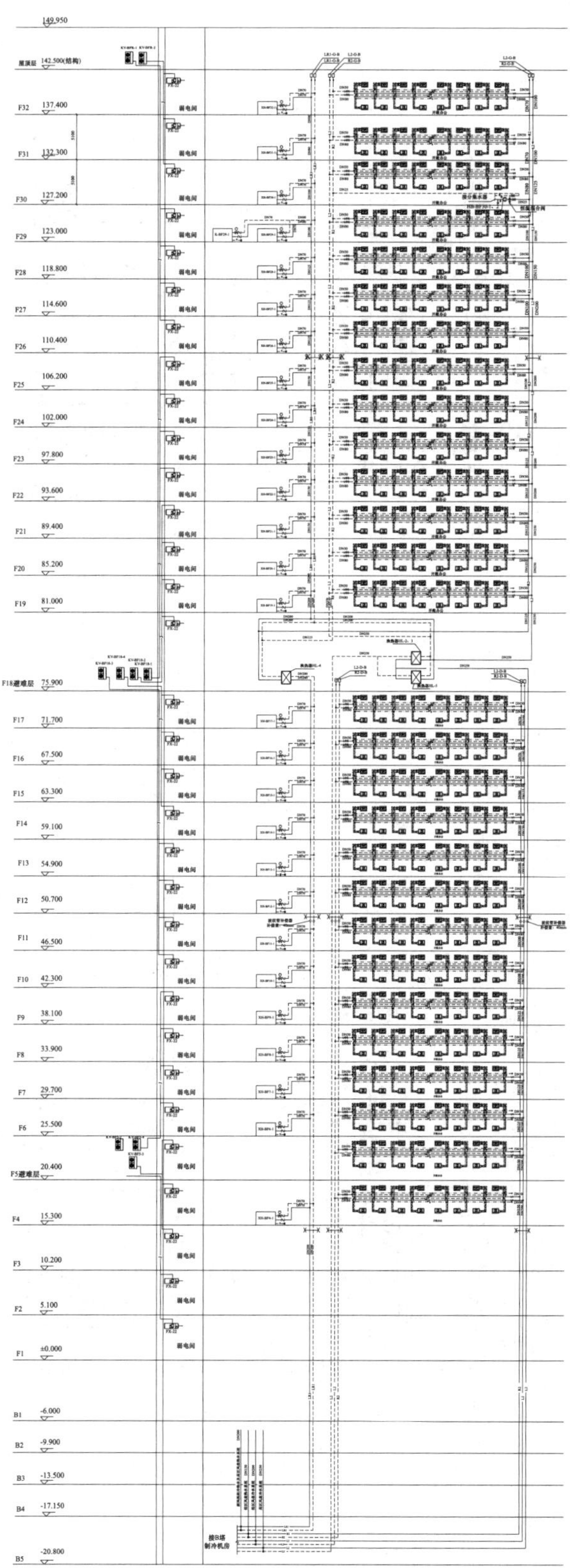

图 5.1.4-7 B座空调水系统图

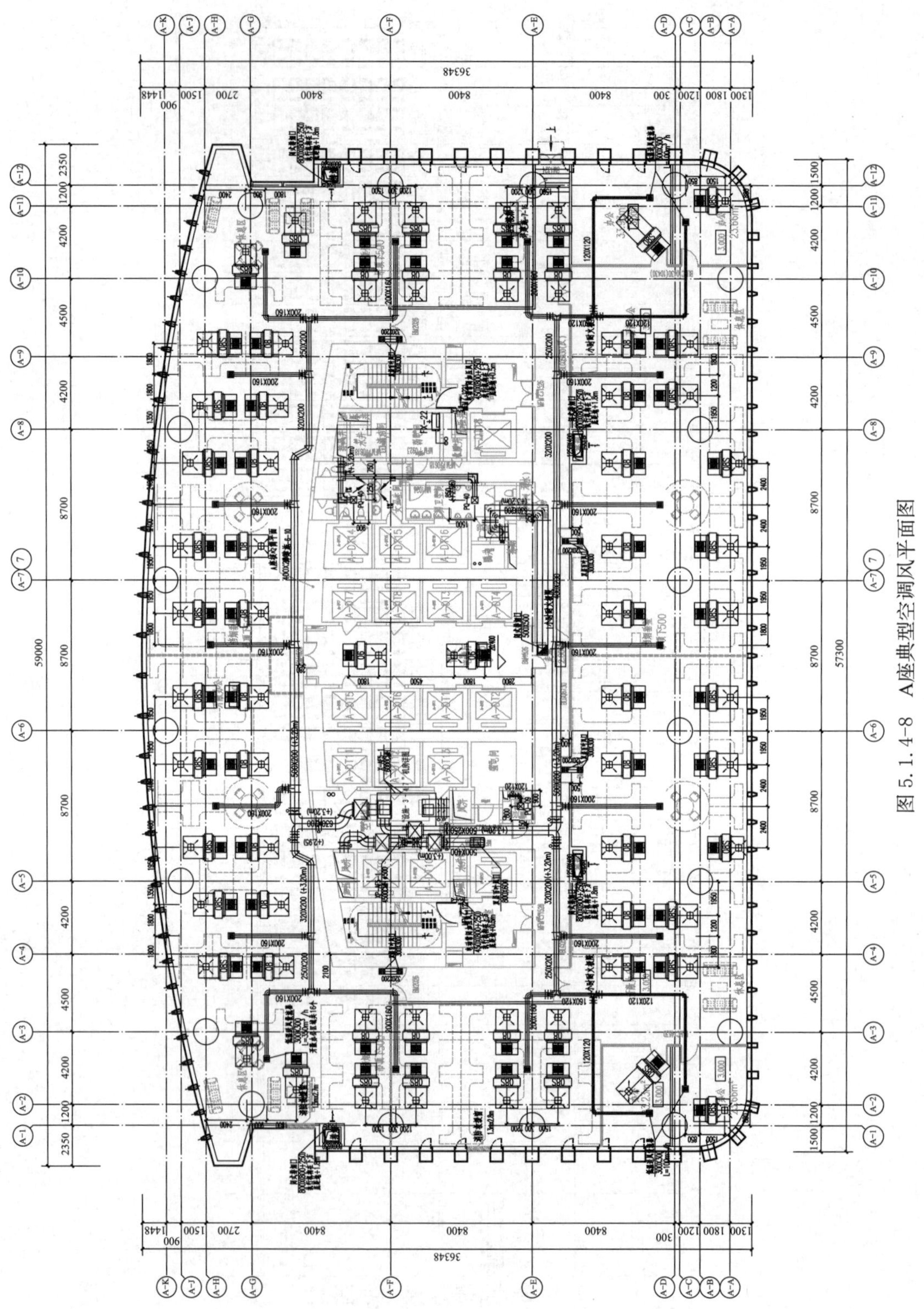

图 5.1.4-8　A座典型空调风平面图

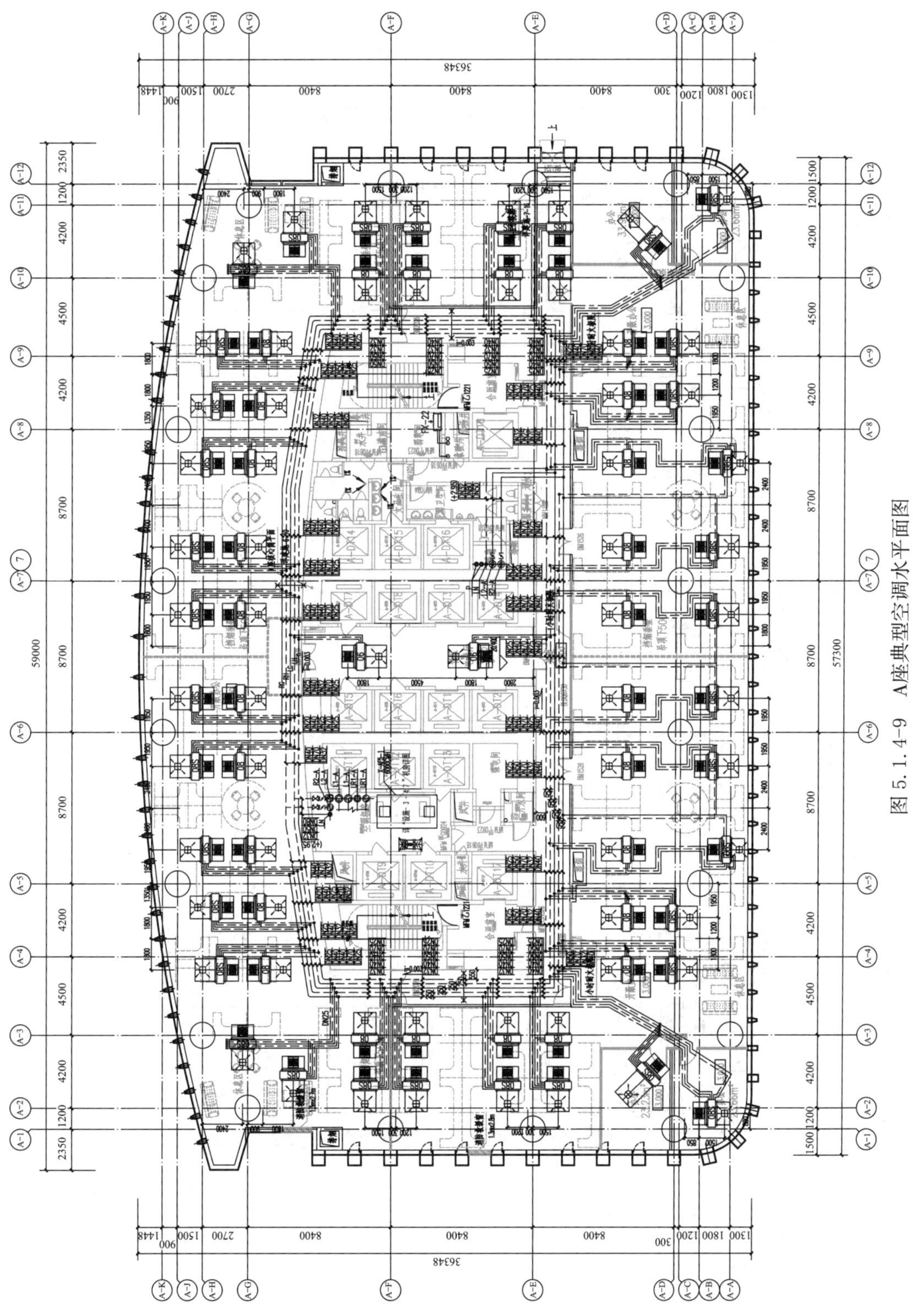

图 5.1.4-9 A座典型空调水平面图

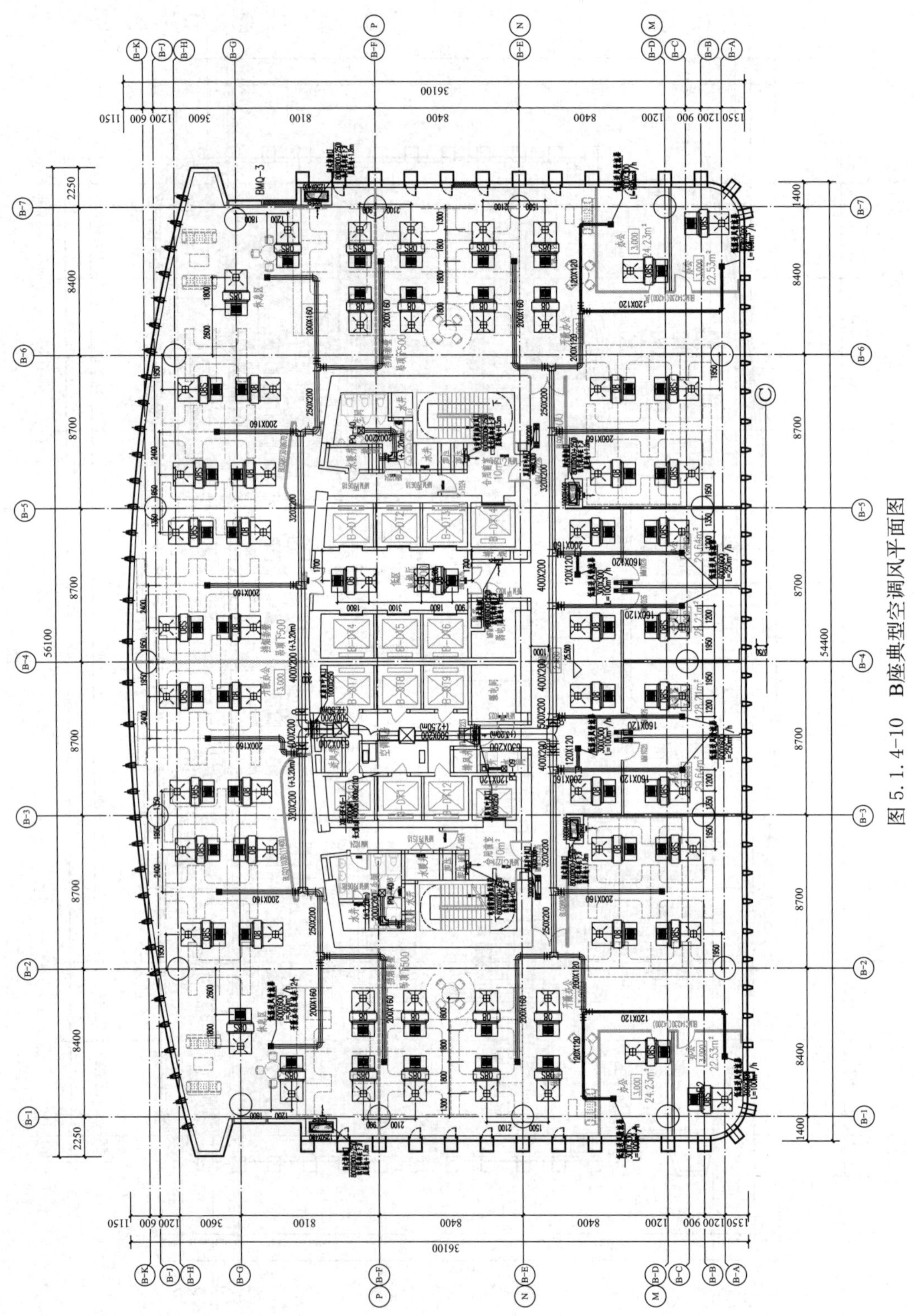

图 5.1.4-10　B座典型空调风平面图

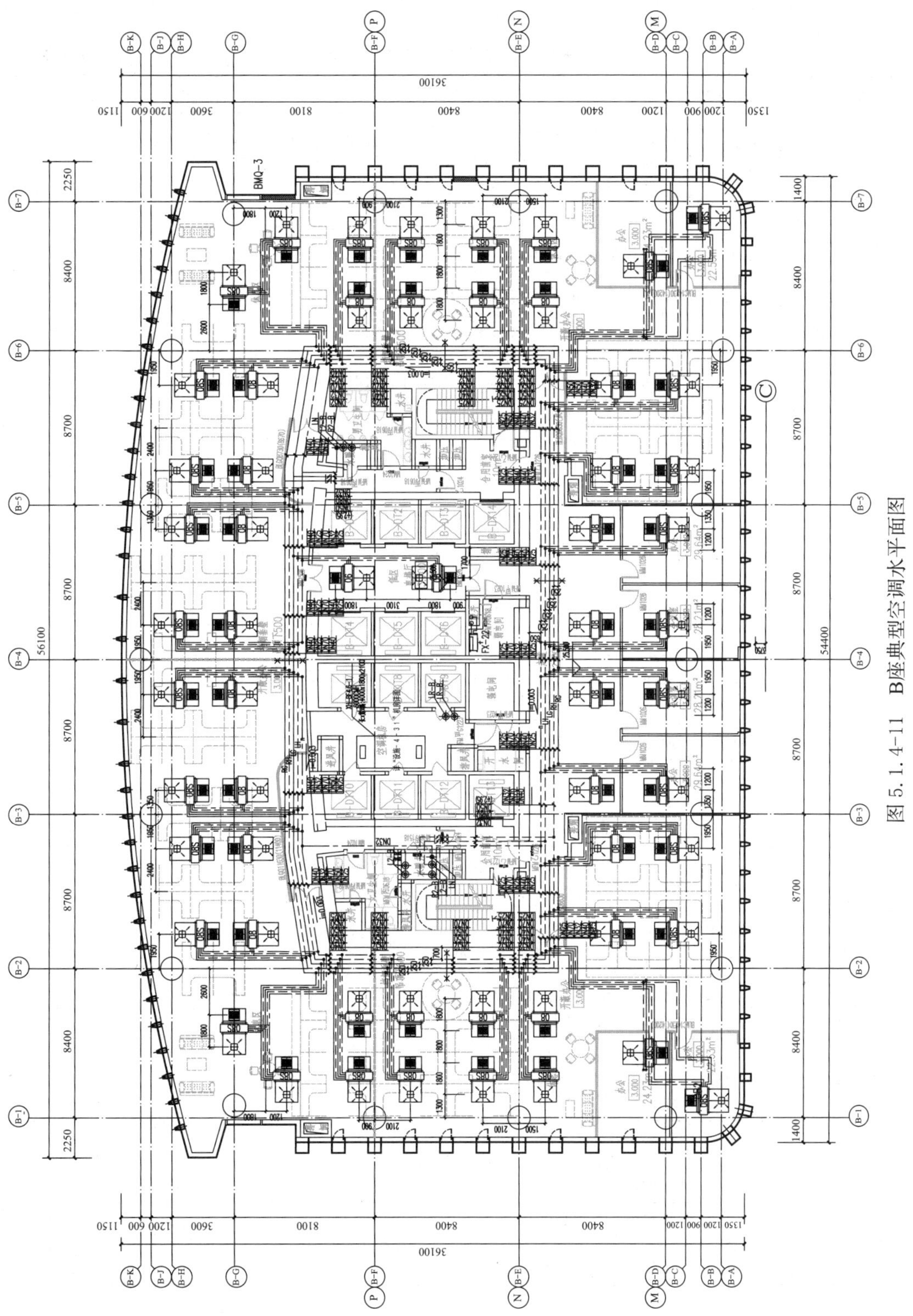

图 5.1.4-11 B座典型空调水平面图

4. 主要设备表（表5.1.4-4～表5.1.4-6）

A塔及裙房制冷机房主要设备表　　表5.1.4-4

设备编号	设备名称	性能参数	数量	备注
L-1、2	双工况离心冷水机组	冷量：制冷750RT/制冰505RT；冷水温度：制冷5/10℃，制冰－5.6/－2.3℃；冷却水温度：制冷32/37℃，制冰30/33.5℃；功率：478kW；工作压力1.0MPa	2个	
L-3、4	高温型冷水机组	冷量：1050RT；冷水温度：15/20℃；冷却水温度：32/37℃；功率：520kW；工作压力1.6MPa	1个	
B-1～3	蓄冷冷水泵	流量：575m³/h；扬程：32m；功率：75kW；转速：1450r/min；效率≥75%；工作压力1.6MPa	3个	二用一备
B-4～6	高温冷水泵	流量：700m³/h；扬程：32m；功率：90kW；转速：1450r/min；效率≥75%；工作压力1.6MPa	2个	一用一备
B-7～8	冬季冷水泵	流量：220m³/h；扬程：30m；功率：30kW；转速：1450r/min；效率≥75%；工作压力1.6MPa	2个	
B-9～11	高区冷水泵	流量：250m³/h；扬程：30m；功率：30kW；转速：1450r/min；效率≥75%；工作压力1.6MPa	3个	
b-1～3	冷却水泵	流量：660m³/h；扬程：32m；功率：90kW；转速：1450r/min；效率≥75%；工作压力1.6MPa	3个	二用一备
b-4～6	冷却水泵	流量：800m³/h；扬程：32m；功率：110kW；转速：1450r/min；效率≥75%；工作压力1.6MPa	3个	二用一备
BY-1～3	乙二醇泵	流量：535m³/h；扬程：30m；功率：75kW；转速：1450r/min；效率≥75%；工作压力1.6MPa	3个	二用一备
D-1	定压补水机组	流量：15m³/h；扬程：135m；功率：11kW；转速：2900r/min；工作压力1.6MPa	1套	补水泵一用一备
D-2	定压补水机组	流量：10m³/h；扬程：135m；功率：5.5kW；转速：2900r/min；工作压力1.6MPa	1套	补水泵一用一备
D-4	定压补水机组	流量：5m³/h；扬程：25m；功率：1.1kW；转速：2900r/min；工作压力1.6MPa	1套	补水泵一用一备
D-5	定压补水机组	流量：10m³/h；扬程：100m；功率：5.5kW；转速：2900r/min；工作压力1.6MPa	2套	补水泵一用一备
D-6	定压补水机组	流量：10m³/h；扬程：100m；功率：5.5kW；转速：2900r/min；工作压力1.6MPa	2套	补水泵一用一备
IC-380	蓄冰盘管	潜热蓄冷：385RTH 蓄冰工况进出水温：－5.6/－2.3℃ 工作压力1.0MPa	22个	
HL-1～3	板换	换热量：2741kW 一次水温：3/10℃，二次水温：5/11℃ 工作压力1.6MPa	3个	一次侧为25%乙二醇
HL-4～5	板换	换热量：1752kW 一次水温：13/18℃，二次水温：15/20℃ 工作压力1.6MPa	2个	冬季供冷板换
HL-6～7	板换	换热量：2948kW 一次水温：15/20℃，二次水温：16/21℃ 工作压力1.6MPa	2个	高区供冷板换

续表

设备编号	设备名称	性能参数	数量	备注
HL-8	板式换冷/热机组	换冷/热量：840/3330kW 一次水温：5/11℃；60/45℃ 二次水温：6/12℃；55/40℃ 流量：105m^3/h；扬程：25m；功率：11kW；转速：1450r/min；工作压力1.6MPa	1个	两台循环泵；两台板式换热器
	乙二醇储液箱	1800mm×1200mm×1200mm	1个	
	膨胀水箱	1200mm×1200mm×800mm	1个	不锈钢
	软水箱	1600mm×1600mm×1500mm	1个	不锈钢
RH-1	软水器	水处理量：15～20m^3/h；功率：0.4kW；双罐双阀；工作压力0.3MPa	1套	自动流量控制型
ZH-1	全程水处理器	接口尺寸DN500；工作压力1.6MPa	1个	
ZH-2	全程水处理器	接口尺寸DN500；工作压力1.6MPa	1个	
ZH-3	全程水处理器	接口尺寸DN450；工作压力1.6MPa	1个	
TQ	真空脱气机	水量：4t/h；电量：1.75kW；工作压力1.2MPa	4个	

B塔制冷机房主要设备表 **表5.1.4-5**

设备编号	设备名称	性能参数	数量	备注
L-1、2	高温型冷水机组	冷量：制冷600RT；冷水温度：制冷15/20℃；冷却水温度：制冷32/37℃，功率：390kW；工作压力2.0MPa	2个	
L-3	高温型冷水机组	冷量：250RT；冷水温度：15/20℃；冷却水温度：32/37℃；功率：205kW；工作压力2.0MPa	1个	
B-1～3	冷水泵	流量：400m^3/h；扬程：32m；功率：55kW；转速：1450r/min；效率≥75%；工作压力1.6MPa	3个	二用一备
B-4～5	冷水泵	流量：170m^3/h；扬程：32m；功率：22kW；转速：1450r/min；效率≥75%；工作压力1.6MPa	2个	一用一备
B-6～7	冷水泵	流量：255m^3/h；扬程：25m；功率：30kW；转速：1450r/min；效率≥75%；工作压力1.6MPa	2个	
b-1～3	冷却水泵	流量：495m^3/h；扬程：32m；功率：75kW；转速：1450r/min；效率≥75%；工作压力1.6MPa	3个	二用一备
b-4～5	冷却水泵	流量：190m^3/h；扬程：32m；功率：30kW；转速：1450r/min；效率≥75%；工作压力1.6MPa	2个	一用一备
D-1	定压补水机组	流量：10m^3/h；扬程：110m；功率：5.5kW；转速：2900r/min；工作压力1.6MPa	1套	补水泵一用一备
D-2	定压补水机组	流量：5m^3/h；扬程：110m；功率：4kW；转速：2900r/min；工作压力1.6MPa	1套	补水泵一用一备
D-3	定压补水机组	流量：10m^3/h；扬程：75m；功率：4kW；转速：2900r/min；工作压力1.6MPa	1套	补水泵一用一备
D-4	定压补水机组	流量：5m^3/h；扬程：75m；功率：2.2kW；转速：2900r/min；工作压力1.6MPa	1套	补水泵一用一备

续表

设备编号	设备名称	性能参数	数量	备注
D-5	定压补水机组	流量：5m³/h；扬程：75m；功率：0.37kW；转速：2900r/min；工作压力 1.6MPa	1套	补水泵一用一备
HL-1	冬季换冷机组	换冷量：1661kW 一次水温：13/18℃，二次水温：15/20℃ 流量：160m³/h；扬程：30m；功率：22kW；转速：1450r/min；工作压力 1.6MPa	1个	两台循环泵；两台板式换热器
HL-2，3	板换	换冷量：2048kW 一次水温：15/20℃，二次水温：16/21℃ 工作压力 1.0MPa	2个	
HL-4	板式换热机组	换热量：2247kW 一次水温：60/45℃，二次水温：55/40℃ 流量：70m³/h；扬程：25m；功率：7.5kW；转速：1450r/min；工作压力 1.0MPa	1个	两台循环泵；两台板式换热器
HL-5	板式换冷机组	换冷量：861kW 一次水温：15/20℃，二次水温：16/21℃ 流量：80m³/h；扬程：25m；功率：7.5kW；转速：1450r/min；工作压力 1.6MPa	1个	
RH-1	软水器	水处理量：15～20m³/h；功率：0.4kW；双罐双阀；工作压力 0.3MPa	1套	自动流量控制型
	软水箱	1600mm×1600mm×1500mm	1个	不锈钢
	软水箱	2400mm×1600mm×1500mm	1个	不锈钢
ZH-1	全程水处理器	接口尺寸 DN600；工作压力 1.6MPa	1个	
ZH-2	全程水处理器	接口尺寸 DN400；工作压力 1.6MPa	1个	
TQ-1～2	真空脱气机	水量：4t/h 电量：2.0kW；工作压力 1.6MPa	2个	
JY	全自动智能控制加药装置	Q=3.8～12.1L/h 处理循环水量：7800m³/h	1个	

热回收新风机组性能参数表 **表 5.1.4-6**

设备编号	设备名称	性能参数	数量（个）	备注
HR-AF9-1～5 HR-AF24-1～5 HR-AF37-1～5	热管热回收新风机组	额定风量：15000/12000m³/h 出口静压：500/500Pa 风机功率：6/5.5kW	15	
X-AF5～8-1 X-AF10～23-1 X-AF26～36-1 X-AF38～45-1	卧式新风机组	额定风量：6000m³/h；出口静压：300Pa 风机功率：30/22kW 预冷量：57kW，再冷量：42kW 热量：82kW	37	

续表

设备编号	设备名称	性能参数	数量（个）	备注
HR-BF4-1 HR-BF6～17-1 HR-BF19～32-1	转轮热回收新风机组 （带独立冷源）	额定风量：6000/4500m^3/h 出口静压：250Pa 风机功率：2.2/1.5kW 冷量：57kW；热量：82kW	27	
X-BF5-1，2 X-BF18-1～4	卧式新风机组	额定风量：27000m^3/h； 出口静压：350Pa；风机功率：11kW	6	

5.1.5 多联机系统空调方案

1. 设计参数（表 5.1.5-1）

设计参数 **表 5.1.5-1**

房间名称	室内温度（℃）		相对湿度（%）		新风量[m^3/(h·人)]	噪声标准[dB(A)]
	夏季	冬季	夏季	冬季		
办公	26	20	50	30	30	45

冷负荷、热负荷见表 5.1.5-2、表 5.1.5-3。

冷负荷 **表 5.1.5-2**

	空调面积(m^2)	冷负荷指标(W/m^2)	冷负荷(kW)	建筑面积(m^2)	建筑面积指标(W/m^2)	内区冷负荷指标(W/m^2)	内区冷负荷(kW)
地下及裙房	17339	291	5037	95000	53	95	85（D座）
厨房	—	—	577	—	—	—	—
A塔	64255	131	8431	82000	103	85	2340
A塔及裙房合计	81594	165	13468	177000	76	85.4	2460
B塔	40430	129	5203	58000	90	85	1650
大楼合计	122024	153	18671	235000	79	85.2	4110

热负荷 **表 5.1.5-3**

	空调面积(m^2)	空调热负荷指标(W/m^2)	空调热负荷(kW)	建筑面积(m^2)	建筑面积指标(W/m^2)
地下及裙房	17339	206	3566	95000	38
厨房	—	—	2599	—	—
A塔	64255	86	5508	82000	67
A塔及裙房合计	81594	143	11673	177000	66
B塔	40430	96	3882	58000	67
大楼合计	122004	127	15555	235000	66

2. 冷热源设计

1）多联式空调（热泵）机组承担夏季室内负荷和新风负荷。

2）室外机布置在避难层或屋顶，通过管井连接到各层室内机。

3）多联式空调（热泵）机组承担冬季室内负荷。

3. 空调末端设计

见图 5.1.5-1、图 5.1.5-2。

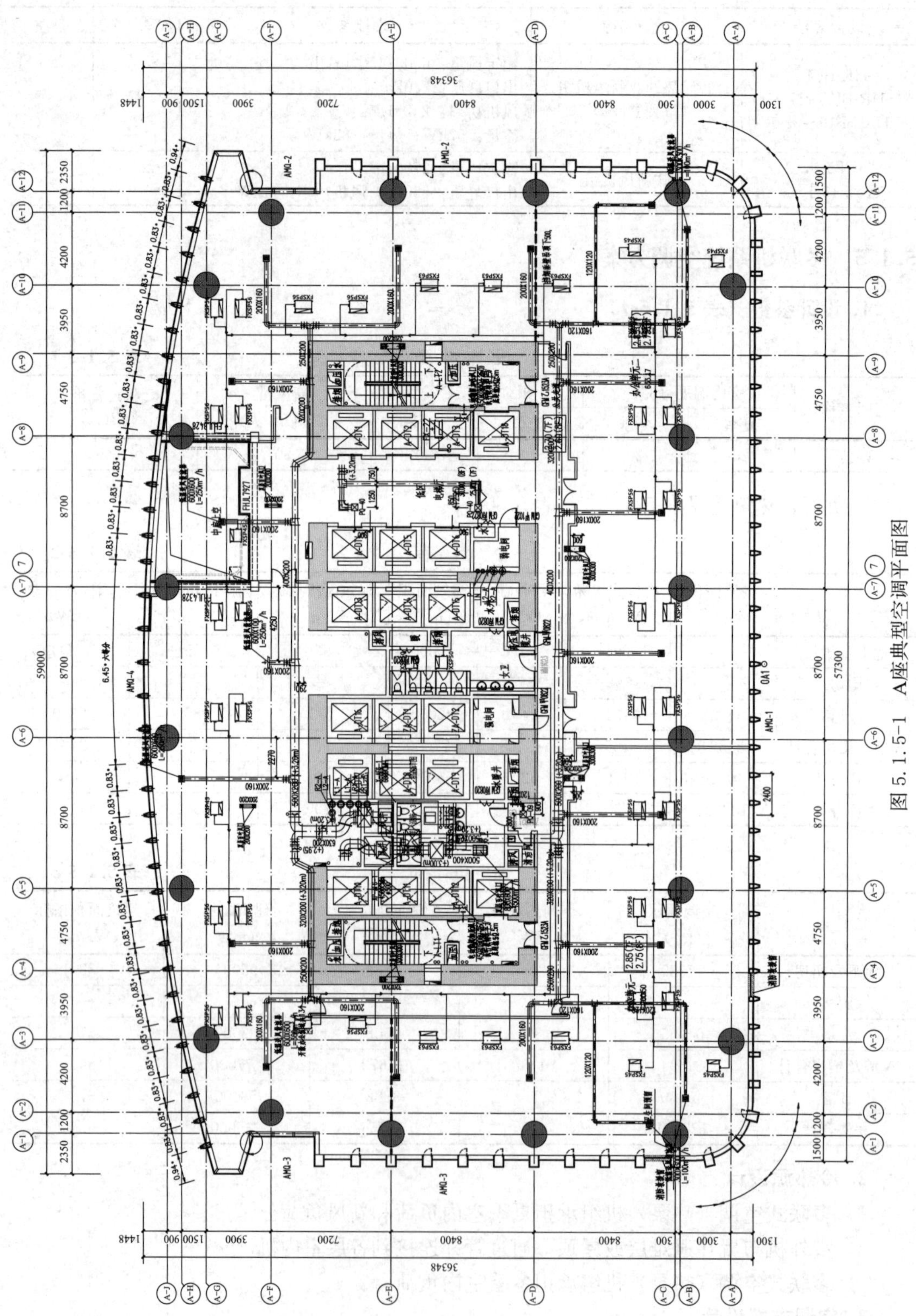

图 5.1.5-1　A座典型空调平面图

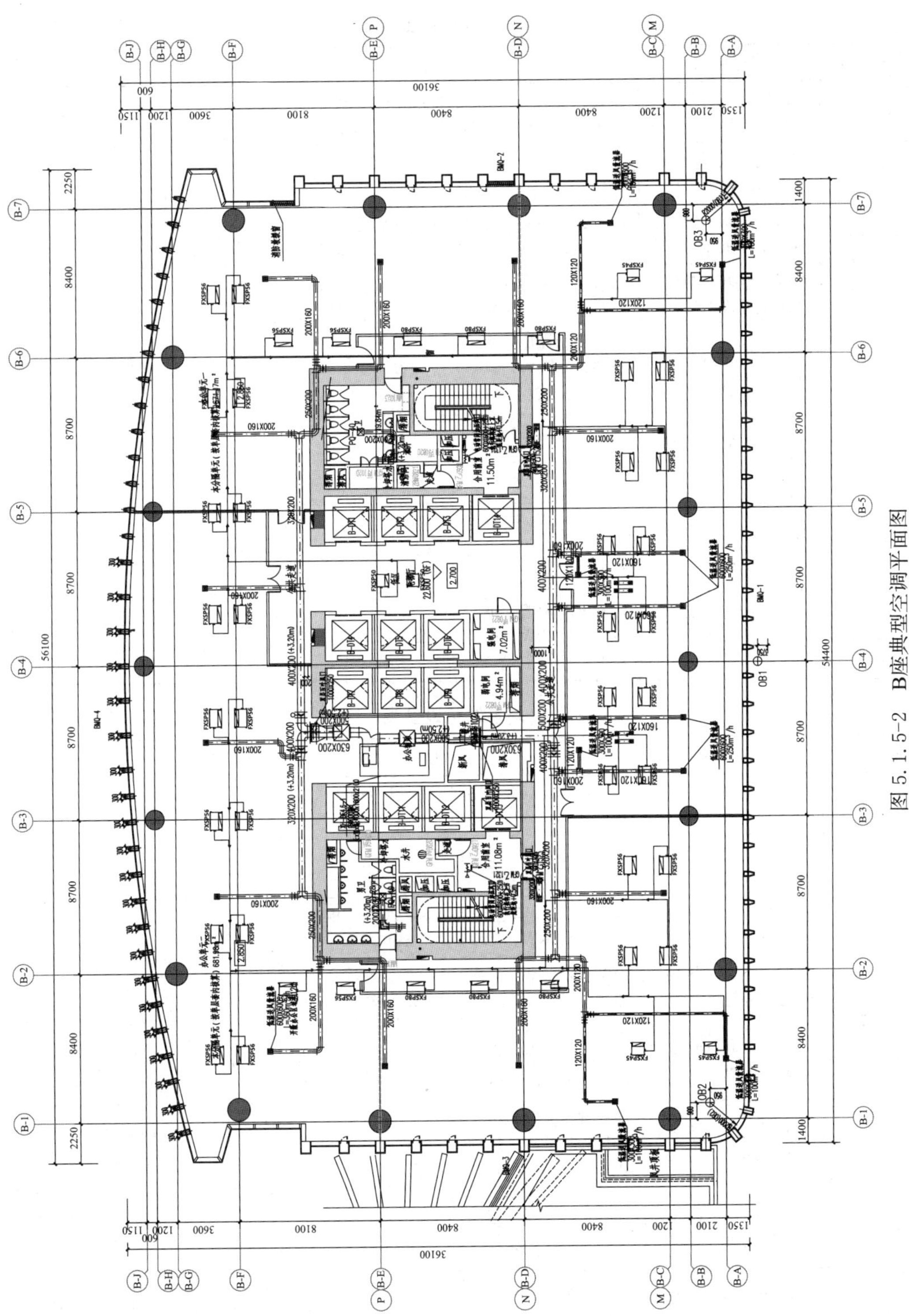

图 5.1.5-2 B座典型空调平面图

4. 主要设备表（表5.1.5-4～表5.1.5-6）

A塔多联机设备表　　表5.1.5-4

设备编号	设备名称	性能参数	数量（个）	备注
KV-44	多联式空调（热泵）机组室外机	冷量：123kW，功率：36.8kW/380V 热量：138kW，功率：36.8kW/380V	5	
KV-46	多联式空调（热泵）机组室外机	冷量：129.5kW，功率：35.4kW/380V 热量：144.5kW，功率：36kW/380V	1	
KV-48	多联式空调（热泵）机组室外机	冷量：135kW，功率：36.65kW/380V 热量：151.5kW，功率：37.69kW/380V	1	
KV-50	多联式空调（热泵）机组室外机	冷量：140.4kW，功率：38.88kW/380V 热量：157kW，功率：39.75kW/380V	69	
FD-45	多联式空调（热泵）机组室内机	标准型超薄风管机 冷量：4.5kW，热量：5.0kW 功率：104W/220V	225	自带液晶屏式有线遥控器
FD-50	多联式空调（热泵）机组室内机	标准型超薄风管机 冷量：5.0kW，热量：5.6kW 功率：151W/220V	76	自带液晶屏式有线遥控器
FD-56	多联式空调（热泵）机组室内机	标准型超薄风管机 冷量：5.6kW，热量：6.3kW 功率：151W/220V	1148	自带液晶屏式有线遥控器
FD-63	多联式空调（热泵）机组室内机	标准型超薄风管机 冷量：6.3kW，热量：7.1kW 功率：151W/220V	228	自带液晶屏式有线遥控器

B塔多联机设备表　　表5.1.5-5

设备编号	设备名称	性能参数	数量（个）	备注
KV-46	多联式空调（热泵）机组室外机	冷量：129.5kW，功率：35.4kW/380V 热量：144.5kW，功率：36kW/380V	25	
KV-48	多联式空调（热泵）机组室外机	冷量：135kW，功率：36.65kW/380V 热量：151.5kW，功率：37.69kW/380V	1	
KV-50	多联式空调（热泵）机组室外机	冷量：140.4kW，功率：38.88kW/380V 热量：157kW，功率：39.75kW/380V	25	
KV-52	多联式空调（热泵）机组室外机	冷量：146kW，功率：40.95kW/380V 热量：163kW，功率：41.2kW/380V	1	
FD-45	多联式空调（热泵）机组室内机	标准型超薄风管机 冷量：4.5kW，热量：5.0kW 功率：104W/220V	104	自带液晶屏式有线遥控器
FD-50	多联式空调（热泵）机组室内机	标准型超薄风管机 冷量：5.0kW，热量：5.6kW 功率：151W/220V	52	自带液晶屏式有线遥控器
FD-56	多联式空调（热泵）机组室内机	标准型超薄风管机 冷量：5.6kW，热量：6.3kW 功率：151W/220V	868	自带液晶屏式有线遥控器
FD-80	多联式空调（热泵）机组室内机	标准型超薄风管机 冷量：8.0kW，热量：9.0kW 功率：151W/220V	156	自带液晶屏式有线遥控器

热回收新风机组性能参数表　　表 5.1.5-6

设备编号	设备名称	性能参数	数量（个）	备注
HR-AF9-1～5 HR-AF24-1～5 HR-AF37-1～5	热管热回收新风机组	额定风量：15000/12000m^3/h 出口静压：500/500Pa 风机功率：6/5.5kW	15	
X-AF5～8-1 X-AF10～23-1 X-AF26～36-1 X-AF38～45-1	卧式新风机组	额定风量：6000m^3/h 出口静压：300Pa 风机功率：30/22kW 预冷量：57kW，再冷量：42kW 热量：82kW	37	
HR-BF4-1 HR-BF6～17-1 HR-BF19～32-1	转轮热回收新风机组（带独立冷源）	额定风量：6000/4500m^3/h 出口静压：250Pa 风机功率：2.2/1.5kW 冷量：57kW，热量：82kW	27	
X-BF5-1，2 X-BF18-1～4	卧式新风机组	额定风量：27000m^3/h 出口静压：350Pa 风机功率：11kW	6	

5.1.6 变风量系统空调方案

1. 设计参数（表 5.1.6-1）

设 计 参 数　　表 5.1.6-1

房间名称	室内温度（℃）		相对湿度（%）		新风量[m^3/(h·人)]	噪声标准[dB(A)]
	夏季	冬季	夏季	冬季		
办公	24	22	55	40	50	45

冷负荷、热负荷见表 5.1.6-2、表 5.1.6-3。

冷　负　荷　　表 5.1.6-2

	空调面积（m^2）	冷负荷指标（W/m^2）	冷负荷（kW）	建筑面积（m^2）	建筑面积指标（W/m^2）
地下及裙房	17339	246	4268	95000	45
厨房	—	—	577	—	—
A 塔	64255	123	7881	82000	96
A 塔及裙房合计	81594	156	12744	177000	72
B 塔	40430	129	5203	58000	90
大楼合计	122004	147	17947	235000	76

热　负　荷　　表 5.1.6-3

	空调面积（m^2）	空调热负荷指标（W/m^2）	空调热负荷（kW）	供暖热负荷指标（W/m^2）	供暖热负荷（kW）	建筑面积（m^2）	建筑面积指标（W/m^2）
地下及裙房	17339	238	4127	—	—	95000	43
厨房	—	—	2599	—	—	—	—
A 塔	64255	38	2451	34	2200	82000	57
A 塔及裙房合计	81594	112	9177	—	—	177000	52
B 塔	40430	43	1742	38	1527	58000	56
大楼合计	122004	89	10919	—	3727	235000	62

2. 冷热源设计

A塔及裙房设一套冷源系统，B塔单独设一套冷源系统。制冷机房设在B塔地下五层，两层通高。裙房及地下的餐饮、商业采用常规空调，即两管制风盘加新风或全空气系统，办公采用单风道变风量系统（VAV），冬季供热采用散热器系统。

1）A塔冷源

（1）采用部分负荷冰蓄冷系统，内融冰主机上游串联方式，设置一台基载冷机。

（2）主机：选用3台双工况冷水机组，白天供冷夜间制冰，单台制冷量为2813kW（800RT）；单台制冰量为1863kW（530RT），制冰温度－5.6℃，选用一台基载冷机，制冷量为1582kW（450RT）。

（3）采用34套380型蓄冰钢盘管，布置在混凝土水槽中，总储冷量为12920RTh。

（4）乙二醇系统采用膨胀罐定压方式，空调水系统采用隔膜式膨胀罐定压。

（5）冷却塔设置在裙房（C）屋面，不做冬季内区供冷。

（6）补水采用软化水，设置软水器，冷冻水处理采用电子物理处理方式，设置综合水处理器。冷却水采用电子物理处理方式并设置投药装置。

2）B塔冷源

（1）采用常规电制冷，选用三台冷水机组，两大一小，分别为2110kW（600RT）离心机组两台、1055kW（300RT）螺杆机组一台。

（2）空调水系统采用膨胀罐定压。

（3）冷却塔设置在裙房（C）屋面，不做冬季内区供冷。

（4）补水采用软化水，设置软水器，冷冻水处理采用电子物理处理方式，设置综合水处理器。冷却水采用电子物理处理方式并设置投药装置。

3）热源

（1）采用城市热力管网，热媒为高温热水，供回水温度为120/60℃。

（2）A塔及裙房、B塔分别设两个换热系统。

3. 空调末端设计

1）空调水系统

（1）A塔及裙房采用二级泵两管制变水量系统，一级泵定流量，二级泵变流量，水系统供回水总管设压差旁通。空调水系统异程布置。

（2）二级泵分三组：裙房及地下、低区办公、高区办公，分别设置冷热计量。空调冷水供回水温度为5/11℃。

（3）B塔采用两管制变水量异程水系统。供回水总管设压差旁通。冷源侧为定流量，负荷侧为变流量。

（4）A塔及裙房、B塔空调水系统均分高、低两个区。

（5）A塔24层以下为低区，25层及以上为高区，高区换热器设在24层避难层（高度为98.85m）的热交换机房内。低区系统高度121.0m，工作压力：1.60MPa。高区系统高度99m，工作压力：1.40MPa。

（6）B塔18层以下为低区，19层及以上为高区，高区换热器设在18层避难层（高度为75.9m）的热交换机房内。低区系统高度96.7m，工作压力：1.40MPa。高区系统高度66.6m，工作压力：1.20MPa。

(7) 空调热水由市政热力提供，冷热水通过设置冬夏季节转换阀，实现夏季送冷水、冬季送热水。

(8) 夏季低区空调冷水供回水温度为 5/11℃，冬季低区空调热水供回水温度为 65/50℃；高区经换冷（换热）后提供冷水供回水温度为 6/12℃，热水供回水温度为 55/40℃；冬夏高区共用板式换热器及循环水泵。

(9) 风机盘管采用温控三速开关配电动两通阀控制室内温度。

(10) 空调机组、新风机组采用带比例积分温控电动两通阀控制调节，主供水管与主回水管之间应设自力式压差平衡阀。

2) 供暖水系统

(1) A 塔办公外区冬季设置散热器供热系统，供回水温度为 75/50℃。供热水系统竖向分四个区（1～8 层为低 1 区，9～23 层为低 2 区，25～36 层为高 1 区，37～45 层为高 2 区），各分区工作压力为 1.0MPa。低区系统由市政热源经一次换热（换热器设在地下 3 层）后提供 75/50℃热水；高区系统由市政热源经一次换热（换热器设在地下 3 层）后提供 85/60℃热水再经二次换热（换热器设在地上 24 层）后提供 75/50℃热水。

(2) A 塔一层办公大堂及所有中庭等高大空间在冬季设置地板供暖辐射供热系统，地板供热系统由末端增压泵抽取所在分区的散热器系统回水提供 50/40℃热水。系统的工作压力为 0.8MPa。

(3) B 塔办公外区冬季设置散热器供热系统，供回水温度为 75/50℃。供热水系统竖向分两个区（3 至 17 层为低区，19 至 32 层为高区），各分区工作压力为 1.0MPa。低区系统由市政热源经一次换热（换热器设在地下 3 层）后提供 75/50℃热水；高区系统由市政热源经一次换热（换热器设在地下 3 层）后提供 85/60℃热水再经二次换热（换热器设在地上 18 层）后提供 75/50℃热水。

(4) B 塔一层办公大堂及 BD 中庭地板供暖单独设一套板换系统，其他中庭等高大空间在冬季设置地暖辐射供热系统，地板供热系统由末端增压泵抽取所在分区的散热器系统回水提供 50/40℃热水。地暖系统的工作压力为 0.8MPa。

(5) 散热器采用下供下回双管系统，干管设置在下层顶板或本层架空地板内。供热干管竖向异程、水平同程。选用幕墙型散热器，高度 300mm，设计工况散热量 700W/m。每组散热器配带预设定功能可设定初始阻力的自力式温控阀。

3) 空调风系统

(1) 标准层办公采用单风道变风量全空气系统（VAV）。

(2) 冬季外区设置散热器供热系统。

(3) 每层设置两台变风量空调机组。

(4) 设计工况下新风系统在各避难层集中热回收后送至各层空调机组，以降低新风能耗，并设置 70%过渡季排风系统。

(5) 变风量末端装置采用单风道节流型（压力无关型）末端装置。

见图 5.1.6-1～图 5.1.6-11。

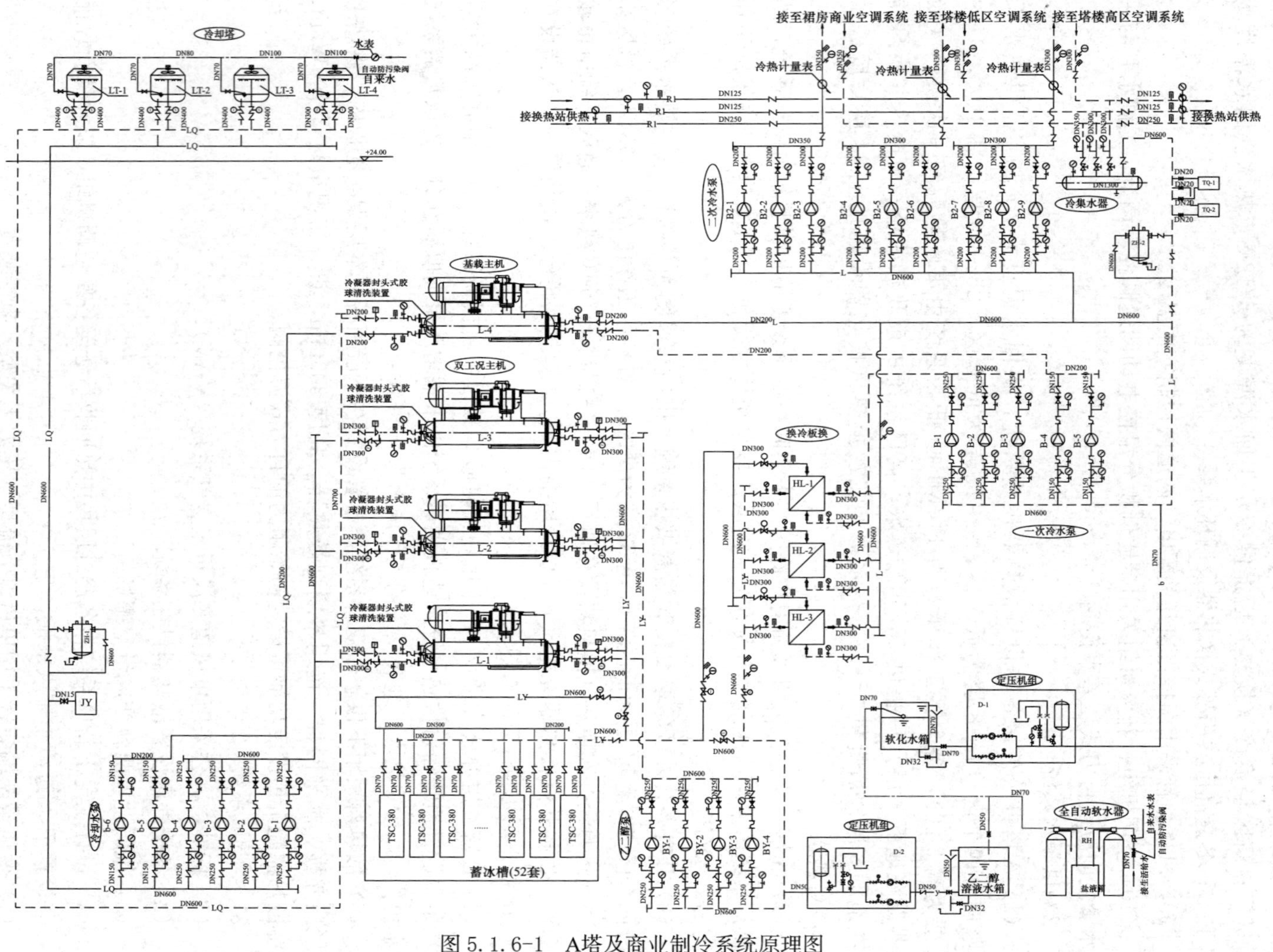

图 5.1.6-1　A塔及商业制冷系统原理图

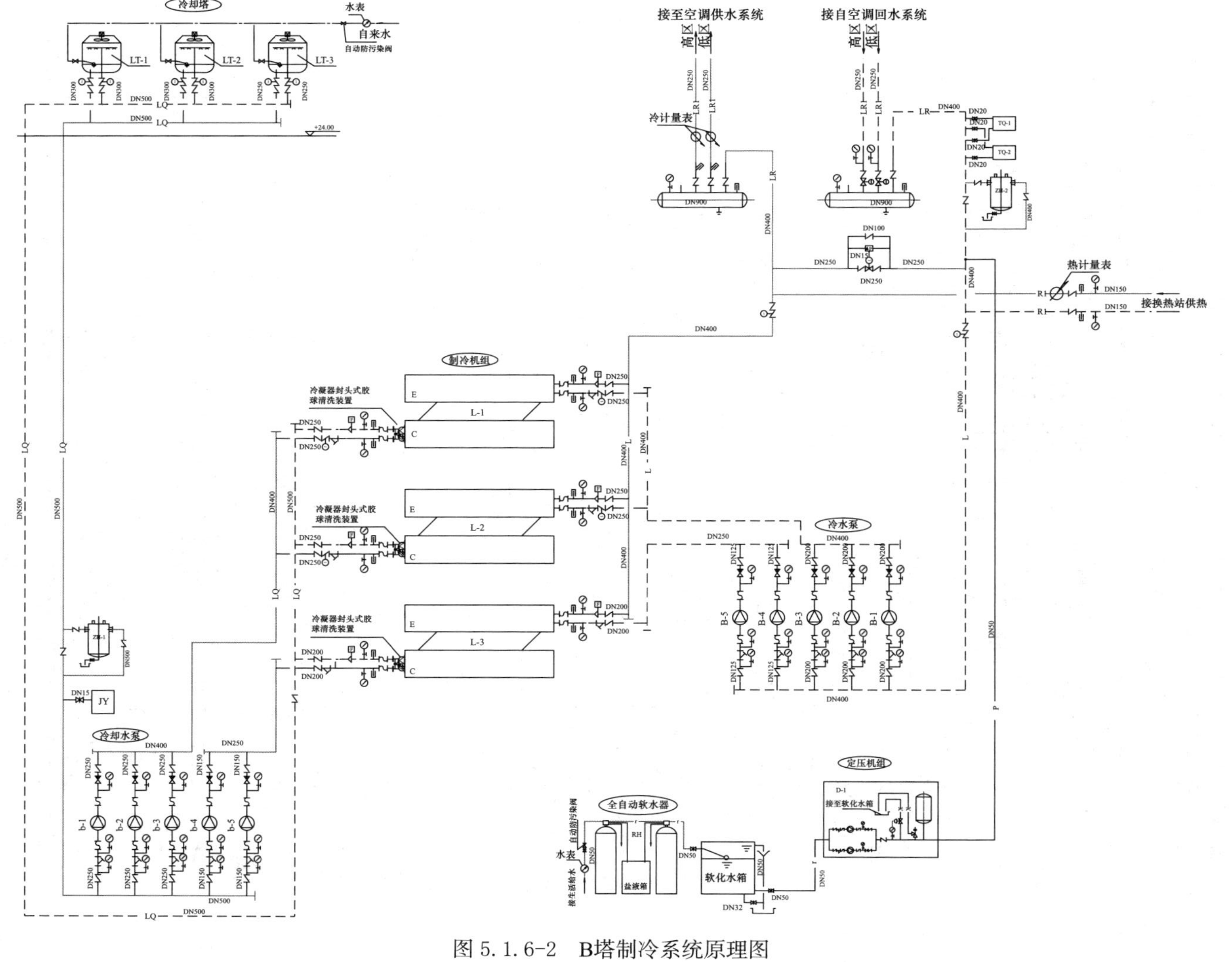

图 5.1.6-2 B塔制冷系统原理图

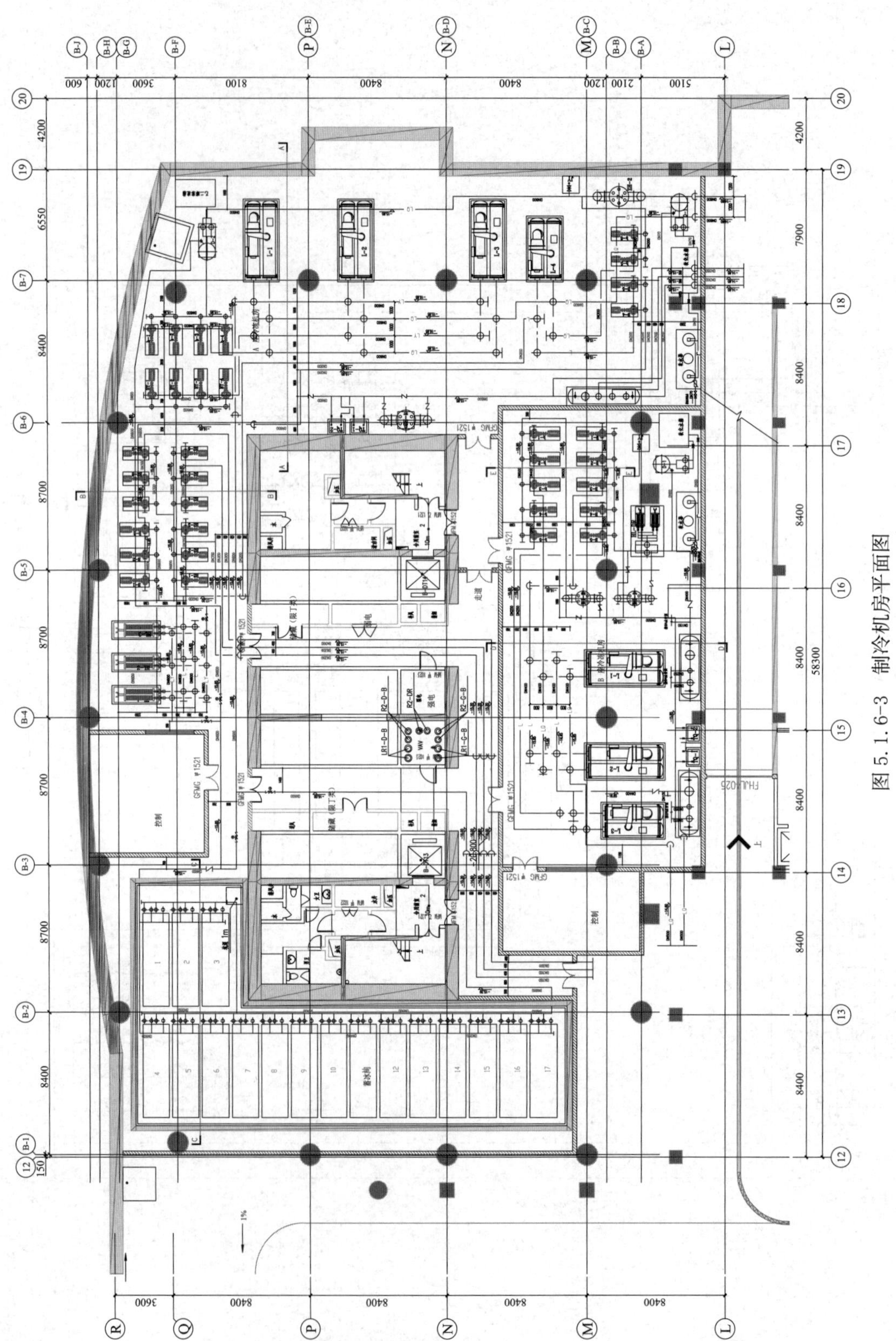

图5.1.6-3 制冷机房平面图

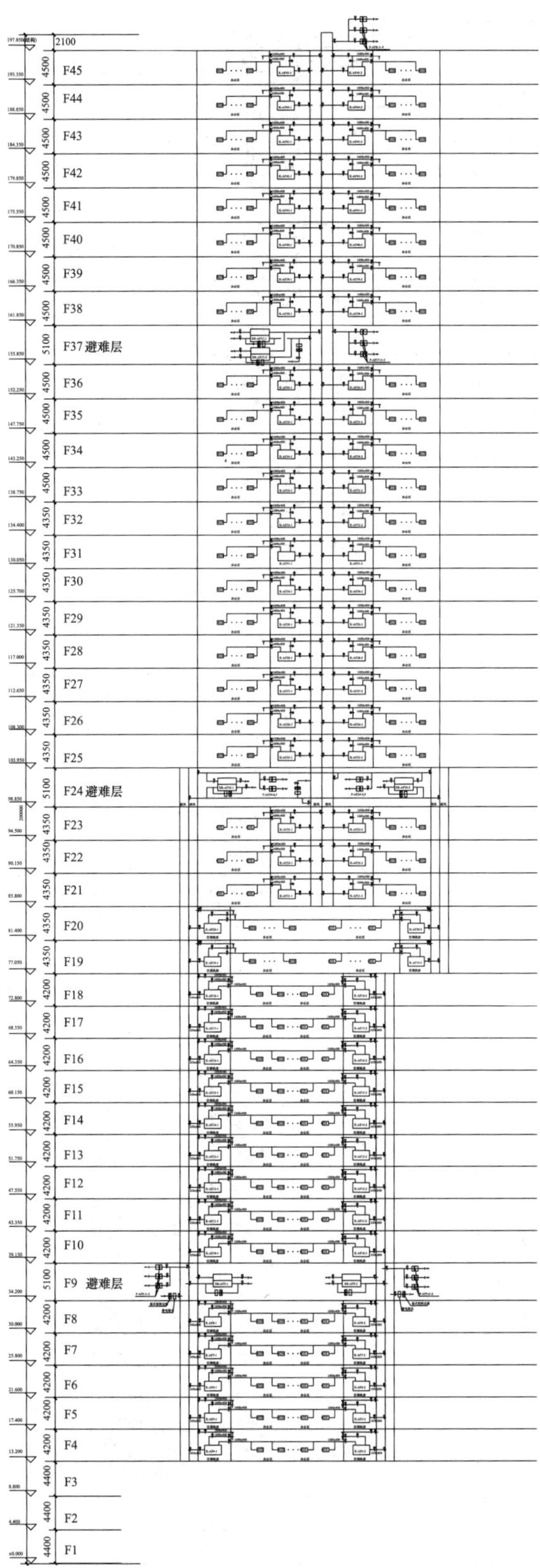

图 5.1.6-4 A 座空调风平面图

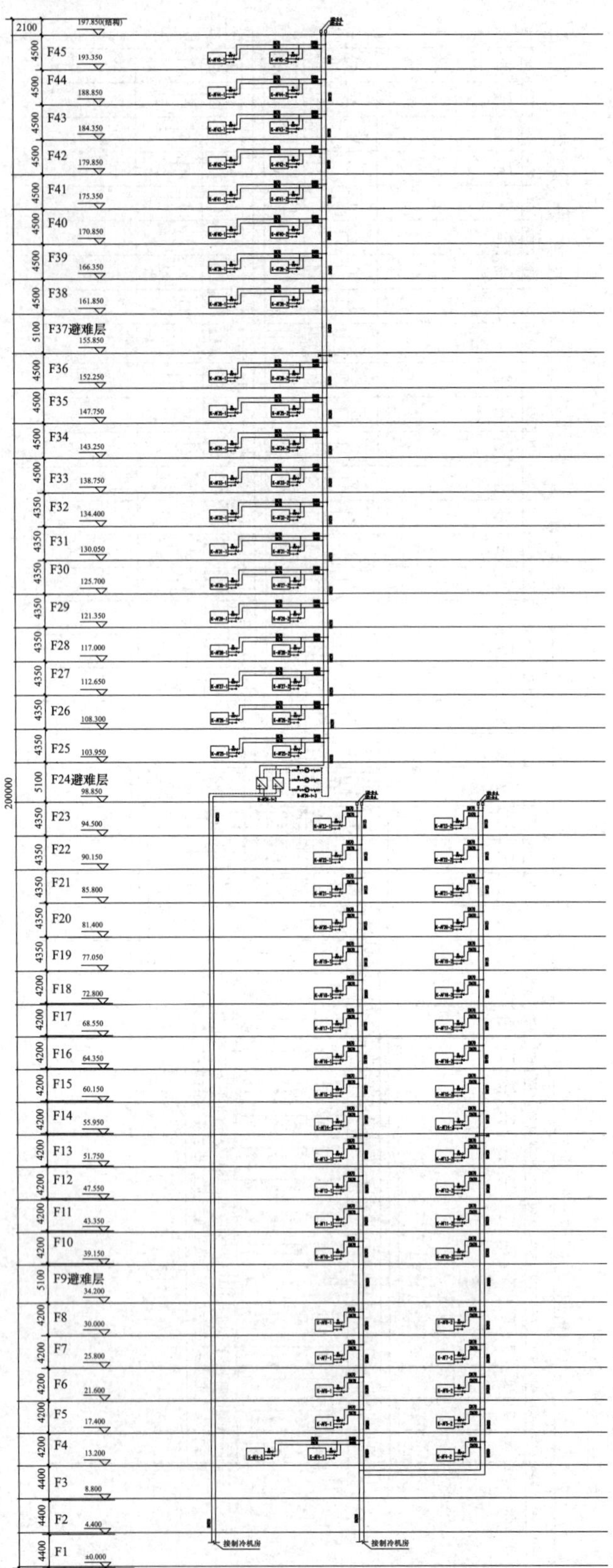

图 5.1.6-5　A 座空调水平面图

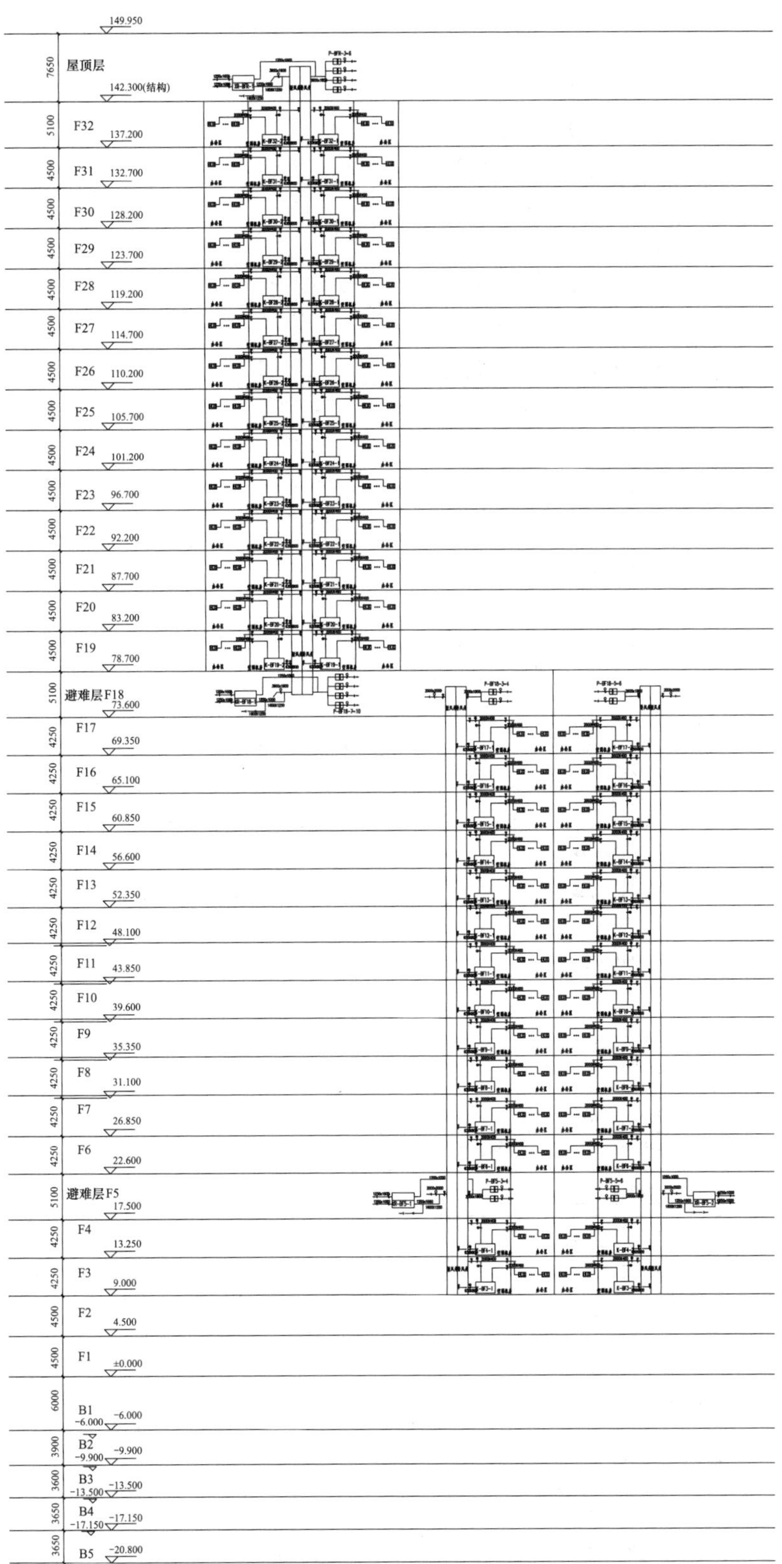

图 5.1.6-6 B座空调风平面图

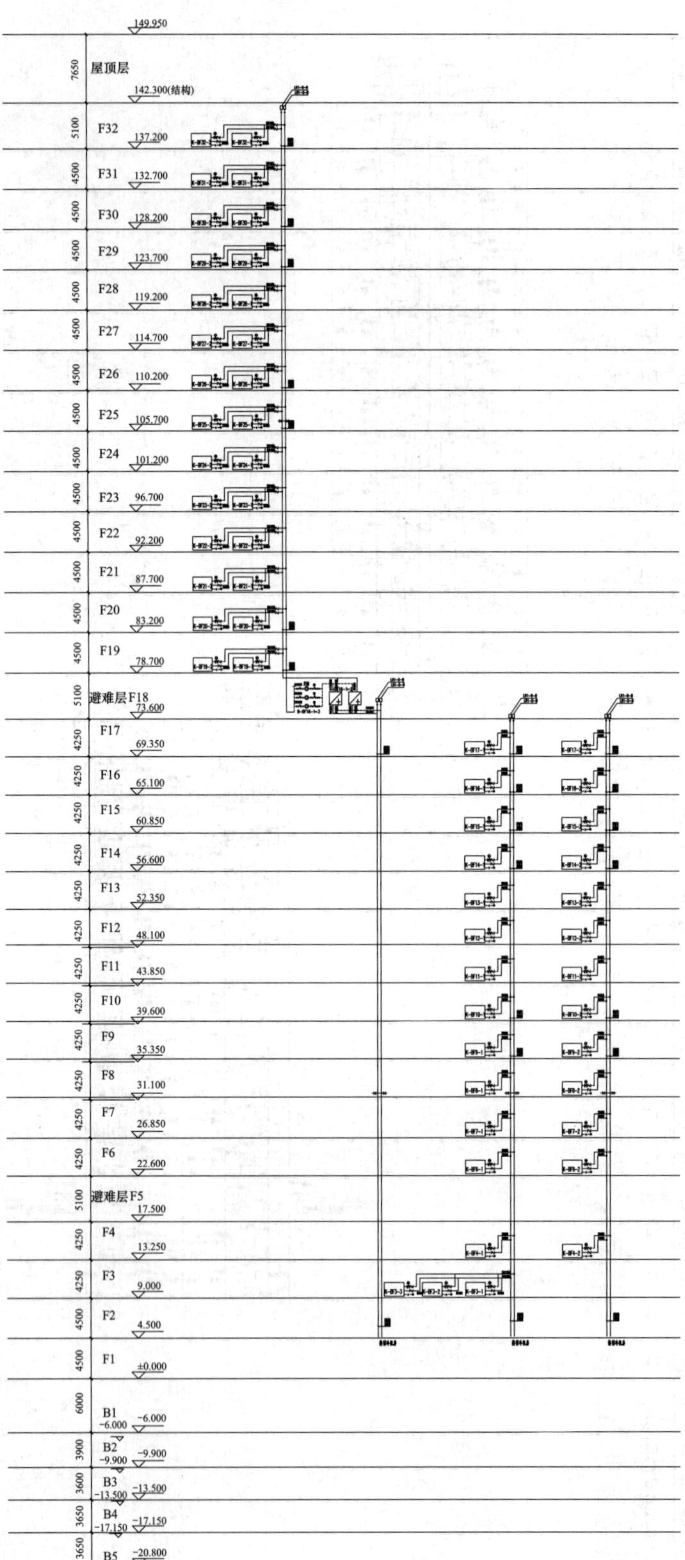

图 5.1.6-7　B座空调水平面图

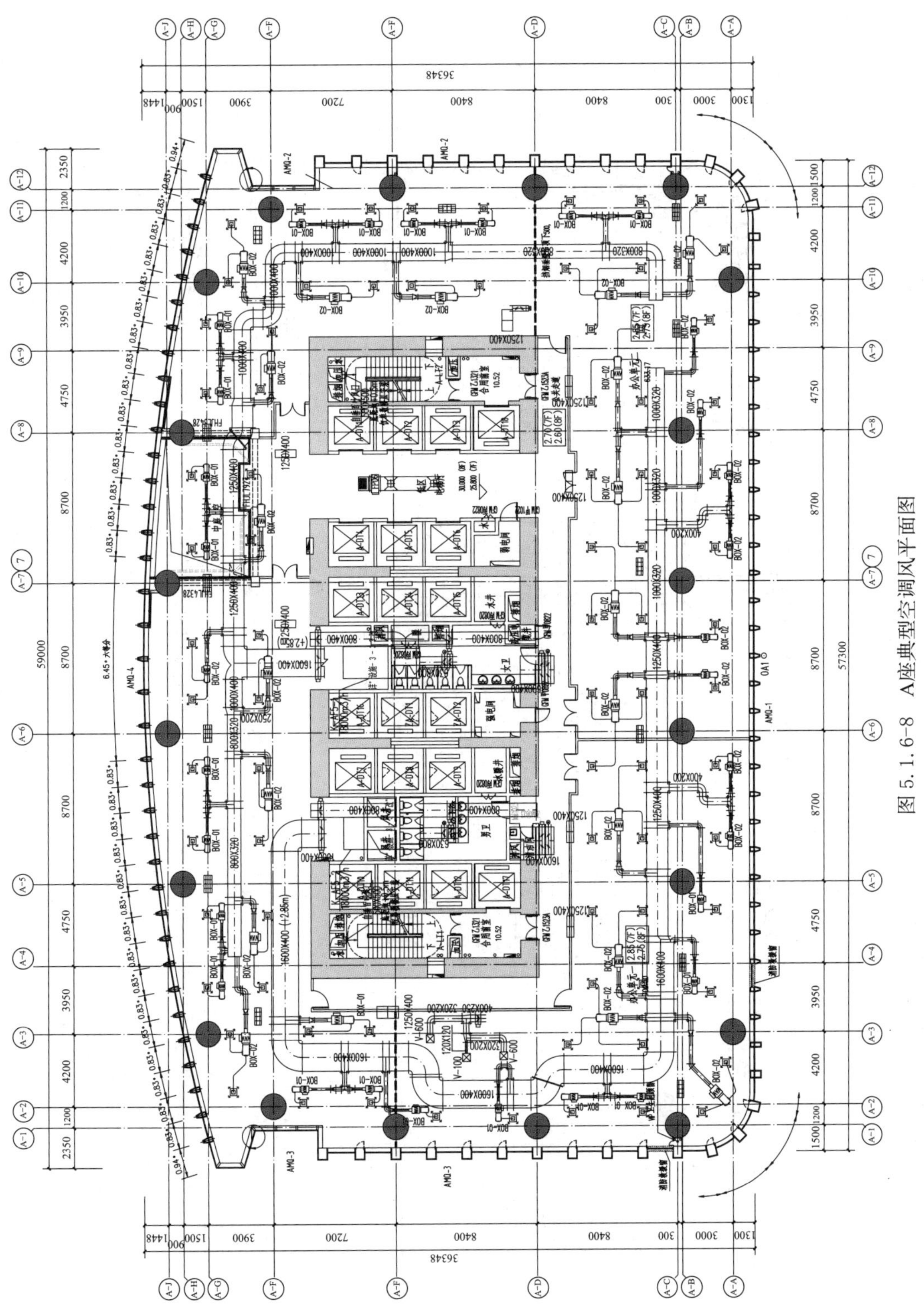

图 5.1.6-8 A座典型空调风平面图

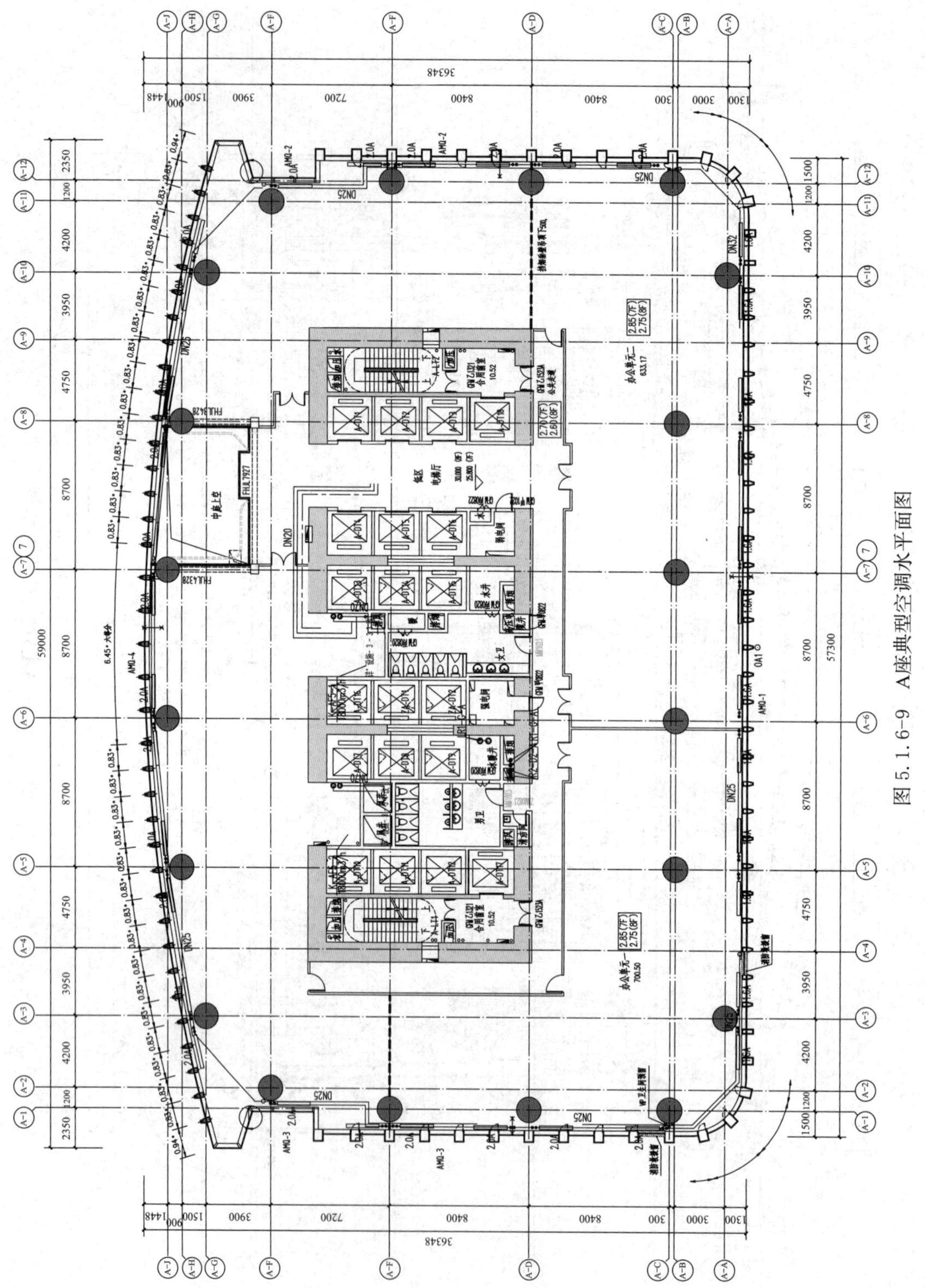

图 5.1.6-9　A座典型空调水平面图

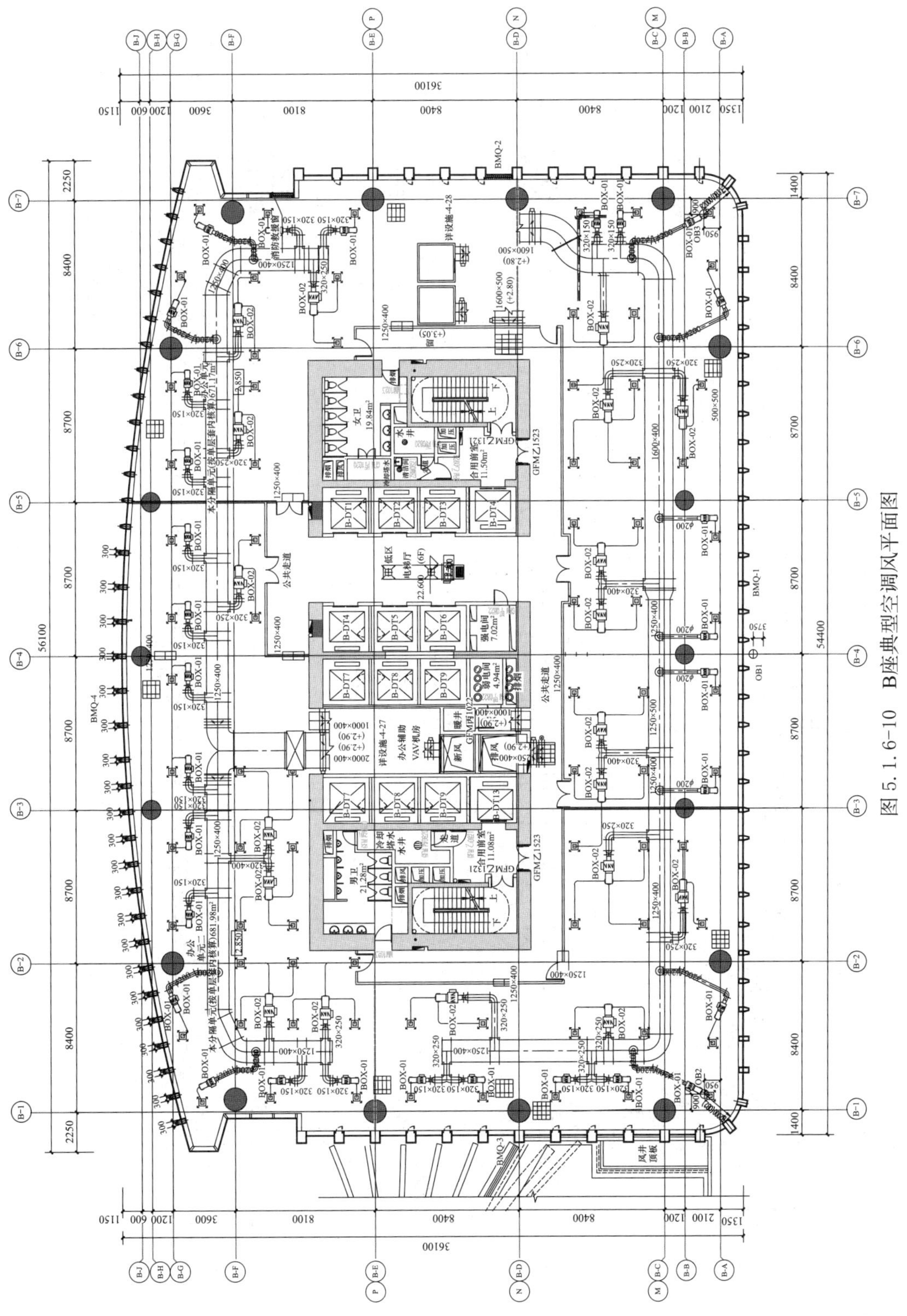

图 5.1.6-10 B座典型空调风平面图

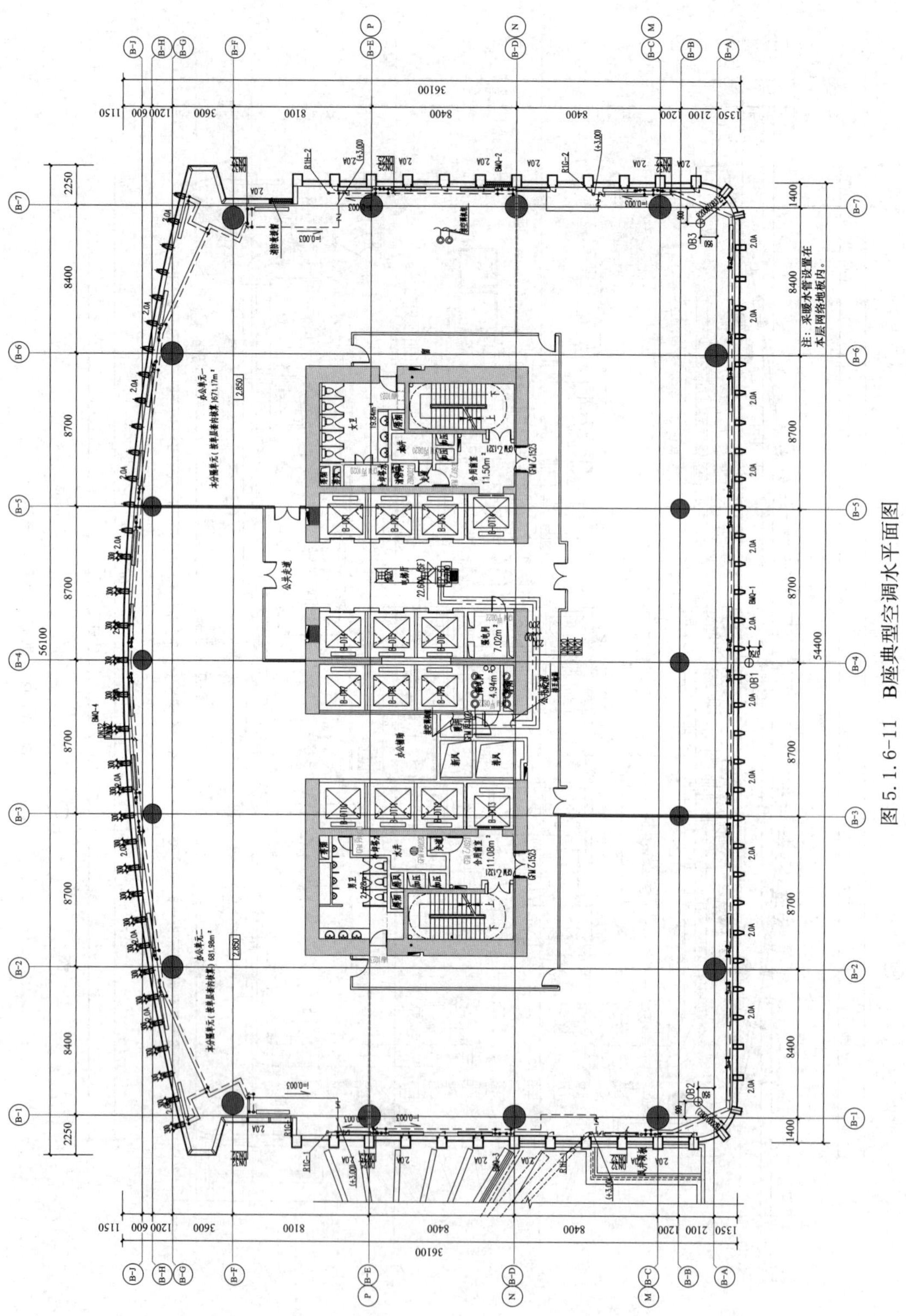

图 5.1.6-11　B座典型空调水平面图

4. 主要设备表（表 5.1.6-4～表 5.1.6-6）

A 塔及裙房制冷机房主要设备表 **表 5.1.6-4**

设备编号	设备名称	性能参数	数量	备注
L-1～3	双工况离心冷水机组	冷量：制冷 800RT/制冰 530RT；冷水温度：制冷 5/11℃，制冰－5.6/－2.3℃；冷却水温度：制冷 32/37℃，制冰 30/33.5℃；功率：550kW；工作压力 1.6MPa	3 个	
L-4	基载离心式冷水机组	冷量：450RT；冷水温度：5/11℃；冷却水温度：32/37℃；功率：287kW；工作压力 1.6MPa	1 个	
B-1～3	蓄冷冷水泵	流量：680m^3/h；扬程：15m；功率：55kW；转速：1450r/min；效率≥75%；工作压力 1.6MPa	3 个	三用
B-4～5	基载冷水泵	流量：240m^3/h；扬程：15m；功率：18.5kW；转速：1450r/min；效率≥75%；工作压力 1.6MPa	2 个	一用一备
b-1～4	冷却水泵	流量：660m^3/h；扬程：32m；功率：90kW；转速：1450r/min；效率≥75%；工作压力 1.6MPa	4 个	三用一备
b-5～6	基载冷却水泵	流量：360m^3/h；扬程：32m；功率：45kW；转速：1450r/min；效率≥75%；工作压力 1.6MPa	2 个	一用一备
BY-1～4	乙二醇泵	流量：570m^3/h；扬程：30m；功率：75kW；转速：1450r/min；效率≥75%；工作压力 1.6MPa	4 个	三用一备
B2-1～3	二级冷水泵	流量：380m^3/h；扬程：25m；功率：37kW；转速：1450r/min；效率≥75%；工作压力 1.6MPa	3 个	二用一备
B2-4～6	二级冷水泵	流量：300m^3/h；扬程：30m；功率：37kW；转速：1450r/min；效率≥75%；工作压力 1.6MPa	3 个	二用一备
B2-7～9	二级冷水泵	流量：340m^3/h；扬程：25m；功率：37kW；转速：1450r/min；效率≥75%；工作压力 1.6MPa	3 个	二用一备
D-1	定压补水机组	流量：15m^3/h；扬程：135m；功率：7.5kW；转速：2900r/min；工作压力 1.6MPa	1 套	补水泵一用一备
D-2	定压补水机组	流量：5m^3/h；扬程：25m；功率：1.1kW；转速：2900r/min；工作压力 1.6MPa	1 套	补水泵一用一备
DY-AF24-1	定压补水机组	流量：1.1m^3/h；扬程：70m；功率：0.55kW；转速：2900r/min；工作压力 1.6MPa	1 套	补水泵一用一备
DY-AF24-2	定压补水机组	流量：0.8m^3/h；扬程：100m；功率：0.55kW；转速：2900r/min；工作压力 1.6MPa	1 套	补水泵一用一备
DY-AF24-3	定压补水机组	流量：1.9m^3/h；扬程：104m；功率：1.1kW；转速：2900r/min；工作压力 1.6MPa	1 套	补水泵一用一备
TSC-380	蓄冰盘管	潜热蓄冷：380RTH 蓄冰工况进出水温：－5.6/－2.3℃ 工作压力 1.0MPa	34 个	
HL-1～3	板换	换热量：4900kW 一次水温：3/10℃，二次水温：5/11℃ 工作压力 1.6MPa	3 个	

续表

设备编号	设备名称	性能参数	数量	备注
H-AF24-1，2	板式	换冷/热量：2700/1200kW 一次水温：5/11℃；60/45℃ 二次水温：6/12℃；55/40℃ 流量：190m³/h；扬程：28m；功率：30kW；转速：1450r/min；工作压力1.6MPa	2个	三台循环泵；
HJ-AF24-1	板式换热机组	换热量：600kW 一次水温：85/60℃，二次水温：75/50℃ 流量：23m³/h；扬程：30m；功率：3kW；转速：1450r/min；工作压力1.6MPa	1个	两台循环泵；两台板式换热器
HJ-AF24-2	板式换热机组	换冷/热量：400kW 一次水温：85/60℃，二次水温：75/50℃ 流量：23m³/h；扬程：30m；功率：3kW；转速：1450r/min；工作压力1.6MPa	1个	两台循环泵；两台板式换热器
	乙二醇储液箱	1800mm×1200mm×1200mm	1个	
RH-1	软水器	水处理量：15～20m³/h；功率：0.4kW；双罐双阀；工作压力0.3MPa	1套	自动流量控制型
	软水箱	1500mm×1500mm×2000mm	1个	不锈钢
	软水箱	2400mm×1600mm×1500mm	1个	不锈钢
	膨胀水箱	1200mm×1200mm×800mm	2个	
ZH-1，2	全程水处理器	接口尺寸DN600；工作压力1.6MPa	2个	
TQ-1，2	真空脱气机	水量：4t/h；电量：2.0kW；工作压力1.6MPa	2个	

B塔制冷机房主要设备表 **表5.1.6-5**

设备编号	设备名称	性能参数	数量	备注
L-1、2	离心式冷水机组	冷量：制冷600RT；冷水温度：制冷5/11℃；冷却水温度：制冷32/37℃；功率：390kW；工作压力2.0MPa	2个	
L-3	螺杆式冷水机组	冷量：300RT；冷水温度：5/11℃；冷却水温度：32/37℃；功率：205kW；工作压力2.0MPa	1个	
B-1～3	冷水泵	流量：330m³/h；扬程：32m；功率：55kW；转速：1450r/min；效率≥75%；工作压力1.6MPa	3个	二用一备
B-4～5	冷水泵	流量：170m³/h；扬程：32m；功率：55kW；转速：1450r/min；效率≥75%；工作压力1.6MPa	2个	一用一备
b-1～3	冷却水泵	流量：480m³/h；扬程：32m；功率：75kW；转速：1450r/min；效率≥75%；工作压力1.6MPa	3个	二用一备
b-4～5	冷却水泵	流量：215m³/h；扬程：32m；功率：30kW；转速：1450r/min；效率≥75%；工作压力1.6MPa	2个	一用一备
D-1	定压补水机组	流量：10m³/h；扬程：110m；功率：5.5kW；转速：2900r/min；工作压力1.6MPa	1套	补水泵一用一备
D-BF18-1	定压补水机组	流量：2m³/h；扬程：85m；功率：1.1kW；转速：2900r/min；工作压力1.6MPa	1套	补水泵一用一备

续表

设备编号	设备名称	性能参数	数量	备注
D-BF18-2	定压补水机组	流量：0.5m^3/h；扬程：76m；功率：0.37kW；转速：2900r/min；工作压力1.6MPa	1套	补水泵一用一备
H-BF18-1，2	板式换热器	换冷/热量：800kW 一次水温：5/11℃；60/45℃ 二次水温：6/12℃；60/45℃ 流量：48m^3/h；扬程：30m；功率：5.5kW；转速：1450r/min；工作压力1.6MPa	1个	两台循环泵；两台板式换热器
HJ-BF18-1	板式换热机组	换热量：510kW 一次水温：85/60℃，二次水温：75/50℃ 流量：17m^3/h；扬程：25m；功率：2.2kW；转速：1450r/min；工作压力1.6MPa	1个	两台循环泵；两台板式换热器
RH-1	软水器	水处理量：15～20m^3/h；功率：0.4kW；双罐双阀；工作压力0.3MPa	1套	自动流量控制型
	软水箱	1600mm×1600mm×2000mm	1个	不锈钢
	软水箱	2400mm×1600mm×1500mm	1个	不锈钢
ZH-1	全程水处理器	接口尺寸DN500；工作压力1.6MPa	1个	
ZH-2	全程水处理器	接口尺寸DN400；工作压力1.6MPa	1个	
TQ-1～2	真空脱气机	水量：4t/h 电量：2.0kW；工作压力1.6MPa	2个	
JY	全自动智能控制加药装置	Q=3.8～12.1L/h 处理循环水量：7800m^3/h	1个	

空调机组性能参数表 **表5.1.6-6**

设备编号	设备名称	性能参数	数量（个）	备注
K-AF4～8-1～2 K-AF10～23-1～2 K-AF25～36-1～2 K-AF37～45-1～2	卧式空调机组	额定风量：18000m^3/h；出口静压：400Pa 风机功率：11kW 冷量：170kW，热量：82kW	80	
XR-AF9-1～2	转轮热回收新风机组	额定风量：28000/28000m^3/h 出口静压：50/200Pa 风机功率：15/15kW	2	
XR-AF24-1～2	转轮热回收新风机组	额定风量：21000/21000m^3/h 出口静压：50/200Pa 风机功率：11/11kW	2	
XR-AF37-1～2	转轮热回收新风机组	额定风量：30000/30000m^3/h 出口静压：50/200Pa 风机功率：15/15kW	2	
XR-BF5-1～2 XR-BF18-1 XR-BFR-1	转轮热回收新风机组	额定风量：28000/28000m^3/h 出口静压：300/300Pa 风机功率：9/9kW	4	
K-BF3-1 K-BF4～17-1～2 K-BF19～32-1～2	卧式空调机组	额定风量：18000m^3/h；出口静压：400Pa 风机功率：11kW 冷量：42kW，热量：82kW	57	

5.1.7　A座塔楼空调方案经济指标

冷源服务范围包括裙房商业空调面积17339m^{2}的需求，不含换热站的投资和输送水泵的运行电耗和运行费用。

1. 初投资（表5.1.7-1）

初投资汇总表　　**表5.1.7-1**

序号	方案名称	总投资（万元）	空调面积指标（元/m^2）	建筑面积指标（元/m^2）	比值（%）
方案一	两管制风盘＋新风	3672.12	571.49	447.82	100.00
方案二	四管制风盘＋新风	4667.24	726.36	569.18	127.10
方案三	双冷源温湿度分控风机盘管＋新风	3674.15	571.81	448.07	100.06
方案四	多联机（风管式）＋新风	5687.74	885.18	693.63	154.89
方案五	内外不分区变风量（外区散热器）	3831.80	596.34	467.29	104.35

2. 运行能耗

1）供冷能耗（表5.1.7-2、表5.1.7-3）

供冷耗冷量汇总表　　**表5.1.7-2**

序号	方案名称	耗冷量（万kW·h/年）	空调面积指标（kW·h/m^2）	建筑面积指标（kW·h/m^2）	比值（%）
方案一	两管制风盘＋新风	611.20	95.12	74.54	100.00
方案二	四管制风盘＋新风	611.20	95.12	74.54	100.00
方案三	双冷源温湿度分控风机盘管＋新风	611.90	95.23	74.62	100.11
方案四	多联机（风管式）＋新风	606.15	94.34	73.92	99.17
方案五	内外不分区变风量（外区散热器）	552.21	85.94	67.34	90.35

供冷耗电量汇总表　　**表5.1.7-3**

序号	方案名称	耗电量（万kW·h/年）	空调面积指标（kW·h/m^2）	建筑面积指标（kW·h/m^2）	比值（%）
方案一	两管制风盘＋新风	249.34	38.80	30.41	100.00
方案二	四管制风盘＋新风	249.34	38.80	30.41	100.00
方案三	双冷源温湿度分控风机盘管＋新风	205.60	32.00	25.07	82.46
方案四	多联机（风管式）＋新风	226.64	35.27	27.64	90.90
方案五	内外不分区变风量（外区散热器）	305.87	47.60	37.30	122.67

2）供热能耗（表5.1.7-4、表5.1.7-5）

供热耗热量汇总表　　表 5.1.7-4

序号	方案名称	耗热量（万 kW·h/年）	空调面积指标（kW·h/m²）	建筑面积指标（kW·h/m²）	比值（%）
方案一	两管制风盘＋新风	153.20	23.84	18.68	100.00
方案二	四管制风盘＋新风	153.20	23.84	18.68	100.00
方案三	双冷源温湿度分控风机盘管＋新风	153.20	23.84	18.68	100.00
方案四	多联机（风管式）＋新风	153.20	23.84	18.68	100.00
方案五	内外不分区变风量（外区散热器）	153.20	23.84	18.68	100.00

供热耗电量汇总表　　表 5.1.7-5

序号	方案名称	耗电量（万 kW·h/年）	空调面积指标（kW·h/m²）	建筑面积指标（kW·h/m²）	比值（%）
方案一	两管制风盘＋新风	46.72	7.27	5.70	100.00
方案二	四管制风盘＋新风	67.99	10.58	8.29	145.53
方案三	双冷源温湿度分控风机盘管＋新风	67.99	10.58	8.29	145.53
方案四	多联机（风管式）＋新风	108.22	16.84	13.20	231.64
方案五	内外不分区变风量（外区散热器）	68.44	10.65	8.35	146.49

3）总耗电量（表 5.1.7-6）

总耗电量汇总表　　表 5.1.7-6

序号	方案名称	耗电量（万 kW·h/年）	空调面积指标（kW·h/m²）	建筑面积指标（kW·h/m²）	比值（%）
方案一	两管制风盘＋新风	296.06	46.08	36.10	100.00
方案二	四管制风盘＋新风	317.33	49.39	38.70	107.18
方案三	双冷源温湿度分控风机盘管＋新风	273.59	42.58	33.36	92.41
方案四	多联机（风管式）＋新风	334.86	52.11	40.84	113.11
方案五	内外不分区变风量（外区散热器）	374.31	58.25	45.65	126.43

3. 运行费用（表 5.1.7-7～表 5.1.7-9）

全年运行费用汇总表　　表 5.1.7-7

序号	方案名称	运行费用（万元）	空调面积指标（元/m²）	建筑面积指标（元/m²）	比值（%）
方案一	两管制风盘＋新风	437.78	68.13	53.39	100.00
方案二	四管制风盘＋新风	458.99	71.43	55.97	104.85
方案三	双冷源温湿度分控风机盘管＋新风	461.81	71.87	56.32	105.49
方案四	多联机（风管式）＋新风	341.54	53.15	41.65	78.02
方案五	内外不分区变风量（外区散热器）	523.66	81.50	63.86	119.62

供冷运行费用汇总表 表 5.1.7-8

序号	方案名称	运行费用（万元）	空调面积指标（元/m^2）	建筑面积指标（元/m^2）	比值（%）
方案一	两管制风盘＋新风	188.60	29.35	23.00	100.00
方案二	四管制风盘＋新风	188.60	29.35	23.00	100.00
方案三	双冷源温湿度分控风机盘管＋新风	191.42	29.79	23.34	101.50
方案四	多联机（风管式）＋新风	237.55	36.97	28.97	125.95
方案五	内外不分区变风量（外区散热器）	252.82	39.35	30.83	134.05

供热运行费用汇总表 表 5.1.7-9

序号	方案名称	运行费用（万元）	空调面积指标（元/m^2）	建筑面积指标（元/m^2）	比值（%）
方案一	两管制风盘＋新风	249.18	38.78	30.39	100.00
方案二	四管制风盘＋新风	270.39	42.08	32.97	108.51
方案三	双冷源温湿度分控风机盘管＋新风	270.39	42.08	32.97	108.51
方案四	多联机（风管式）＋新风	103.99	16.18	12.68	41.73
方案五	内外不分区变风量（外区散热器）	270.84	42.15	33.03	108.69

4. 运行碳排放量（表 5.1.7-10）

运行碳排放量汇总表 表 5.1.7-10

序号	方案名称	碳排放量（tCO_2）	空调面积指标（$kgCO_2/m^2$）	建筑面积指标（$kgCO_2/m^2$）	比值（%）
方案一	两管制风盘＋新风	2068.45	32.19	25.22	100.00
方案二	四管制风盘＋新风	2192.65	34.12	26.74	106.00
方案三	双冷源温湿度分控风机盘管＋新风	1976.53	30.76	24.10	95.56
方案四	多联机（风管式）＋新风	2352.34	36.61	28.69	113.72
方案五	内外不分区变风量（外区散热器）	2527.98	39.34	30.83	122.22

5. 全生命期费用

机电系统按 25 年生命期计算，见表 5.1.7-11、图 5.1.7-1。

全生命期费用汇总表 表 5.1.7-11

序号	方案名称	初投资（万元）	运行费用（万元）	生命期费用			比值（%）
				总费用（万元）	空调面积指标（元/m^2）	建筑面积指标（元/m^2）	
方案一	两管制风盘＋新风	3672.12	437.78	14616.67	2274.79	1782.52	100.00
方案二	四管制风盘＋新风	4667.24	458.99	16142.04	2512.18	1968.54	110.44
方案三	双冷源温湿度分控风机盘管＋新风	3674.15	461.81	15219.45	2368.60	1856.03	104.12
方案四	多联机（风管式）＋新风	5687.74	341.54	14226.24	2214.03	1734.91	97.33
方案五	内外不分区变风量（外区散热器）	3831.80	523.66	16923.35	2633.78	2063.82	115.78

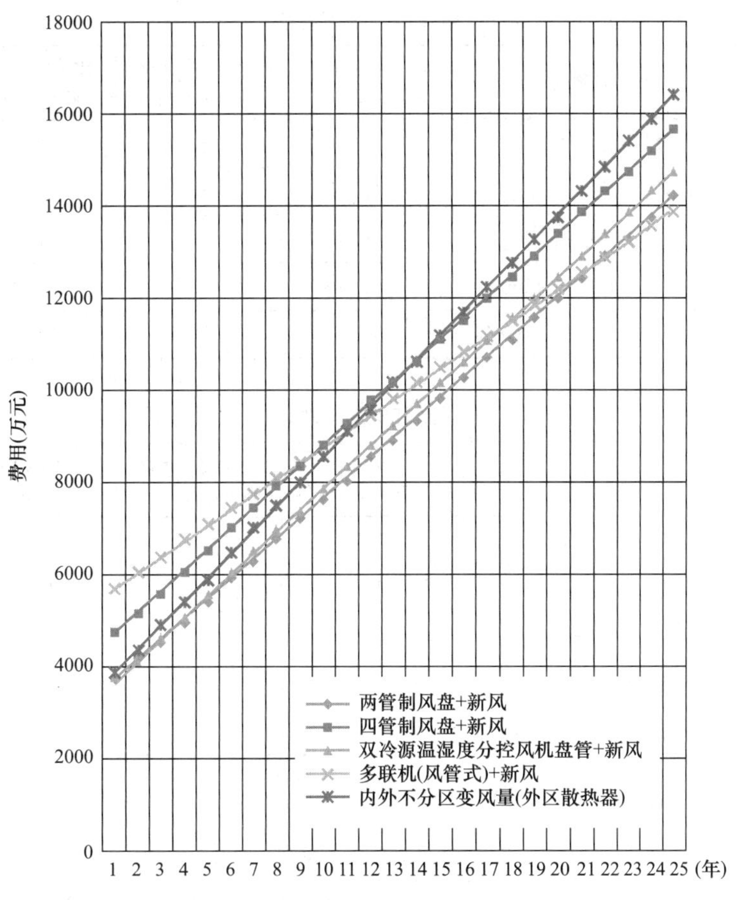

图 5.1.7-1 A 塔楼全生命期费用曲线

5.1.8 B 座塔楼空调方案经济指标

不含换热站的投资和输送水泵的运行电耗及运行费用。

1. 初投资（表 5.1.8-1）

初投资汇总表　　表 5.1.8-1

序号	方案名称	总投资（万元）	空调面积指标（元/m^2）	建筑面积指标（元/m^2）	比值（%）
方案一	两管制风盘＋新风	2492.59	616.52	429.76	100.00
方案二	四管制风盘＋新风	2895.43	716.16	499.21	116.16
方案三	双冷源温湿度分控风机盘管＋新风	2297.06	568.16	396.05	92.16
方案四	多联机（风管式)＋新风	3801.74	940.33	655.47	152.52
方案五	内外不分区变风量（外区散热器）	2315.04	572.60	399.15	92.88

2. 运行能耗

1）供冷能耗（表 5.1.8-2、表 5.1.8-3）

供冷耗冷量汇总表 **表5.1.8-2**

序号	方案名称	耗冷量（万kW·h/年）	空调面积指标（kW·h/m²）	建筑面积指标（kW·h/m²）	比值（%）
方案一	两管制风盘+新风	430.88	106.57	74.29	100.00
方案二	四管制风盘+新风	430.88	106.57	74.29	100.00
方案三	双冷源温湿度分控风机盘管+新风	431.89	106.82	74.46	100.23
方案四	多联机（风管式）+新风	426.43	105.47	73.52	98.97
方案五	内外不分区变风量（外区散热器）	398.55	98.58	68.72	92.50

供冷耗电量汇总表 **表5.1.8-3**

序号	方案名称	耗电量（万kW·h/年）	空调面积指标（kW·h/m²）	建筑面积指标（kW·h/m²）	比值（%）
方案一	两管制风盘+新风	145.22	35.92	25.04	100.00
方案二	四管制风盘+新风	145.22	35.92	25.04	100.00
方案三	双冷源温湿度分控风机盘管+新风	143.66	35.53	24.77	98.93
方案四	多联机（风管式）+新风	159.89	39.55	27.57	110.10
方案五	内外不分区变风量（外区散热器）	196.72	48.66	33.92	135.46

2）供热能耗（表5.1.8-4、表5.1.8-5）

供热耗热量汇总表 **表5.1.8-4**

序号	方案名称	耗热量（万kW·h/年）	空调面积指标（kW·h/m²）	建筑面积指标（kW·h/m²）	比值（%）
方案一	两管制风盘+新风	107.53	26.60	18.54	100.00
方案二	四管制风盘+新风	107.53	26.60	18.54	100.00
方案三	双冷源温湿度分控风机盘管+新风	107.53	26.60	18.54	100.00
方案四	多联机（风管式）+新风	107.53	26.60	18.54	100.00
方案五	内外不分区变风量（外区散热器）	107.53	26.60	18.54	100.00

供热耗电量汇总表 **表5.1.8-5**

序号	方案名称	耗电量（万kW·h/年）	空调面积指标（kW·h/m²）	建筑面积指标（kW·h/m²）	比值（%）
方案一	两管制风盘+新风	34.52	8.54	5.95	100.00
方案二	四管制风盘+新风	48.61	12.02	8.38	140.82
方案三	双冷源温湿度分控风机盘管+新风	48.61	12.02	8.38	140.82
方案四	多联机（风管式）+新风	77.15	19.08	13.30	223.49
方案五	内外不分区变风量（外区散热器）	56.53	13.98	9.75	163.76

3）总耗电量（表 5.1.8-6）

总耗电量汇总表　　表 5.1.8-6

序号	方案名称	耗电量（万 kW·h/年）	空调面积指标（kW·h/m^2）	建筑面积指标（kW·h/m^2）	比值（%）
方案一	两管制风盘＋新风	179.74	44.46	30.99	100.00
方案二	四管制风盘＋新风	193.83	47.94	33.42	107.84
方案三	单冷源温湿度分控风机盘管＋新风	192.27	47.56	33.15	106.97
方案四	多联机（风管式)＋新风	237.04	58.63	40.87	131.87
方案五	内外不分区变风量（外区散热器）	253.25	62.64	43.66	140.89

3. 运行费用（表 5.1.8-7～表 5.1.8-9）

全年运行费用汇总表　　表 5.1.8-7

序号	方案名称	运行费用（万元）	空调面积指标（元/m^2）	建筑面积指标（元/m^2）	比值（%）
方案一	两管制风盘＋新风	329.18	81.42	56.76	100.00
方案二	四管制风盘＋新风	343.24	84.90	59.18	104.27
方案三	双冷源温湿度分控风机盘管＋新风	340.89	84.32	58.77	103.56
方案四	多联机（风管式)＋新风	241.79	59.80	41.69	73.45（未含裙房）
方案五	内外不分区变风量（外区散热器）	404.77	100.12	69.79	122.96

供冷运行费用汇总表　　表 5.1.8-8

序号	方案名称	运行费用（万元）	空调面积指标（元/m^2）	建筑面积指标（元/m^2）	比值（%）
方案一	两管制风盘＋新风	151.76	37.54	26.17	100.00
方案二	四管制风盘＋新风	151.76	37.54	26.17	100.00
方案三	双冷源温湿度分控风机盘管＋新风	149.41	36.96	25.76	98.45
方案四	多联机（风管式)＋新风	167.48	41.42	28.88	110.36
方案五	内外不分区变风量（外区散热器）	205.40	50.80	35.41	135.35

供热运行费用汇总表　　表 5.1.8-9

序号	方案名称	运行费用（万元）	空调面积指标（元/m^2）	建筑面积指标（元/m^2）	比值（%）
方案一	两管制风盘＋新风	177.42	43.88	30.59	100.00
方案二	四管制风盘＋新风	191.48	47.36	33.01	107.93
方案三	双冷源温湿度分控风机盘管＋新风	191.48	47.36	33.01	107.93
方案四	多联机（风管式)＋新风	74.31	18.38	12.81	41.88
方案五	内外不分区变风量（外区散热器）	199.37	49.31	34.37	112.37

4. 运行碳排放量（表 5.1.8-10）

运行碳排放量汇总表　　表 5.1.8-10

序号	方案名称	碳排放量（tCO_2）	空调面积指标（$kgCO_2/m^2$）	建筑面积指标（$kgCO_2/m^2$）	比值（%）
方案一	两管制风盘＋新风	1328.22	32.85	22.90	100.00
方案二	四管制风盘＋新风	1410.49	34.89	24.32	106.19
方案三	双冷源温湿度分控风机盘管＋新风	1401.38	34.66	24.16	105.51
方案四	多联机（风管式)＋新风	1384.08	34.23	23.86	104.21
方案五	内外不分区变风量（外区散热器）	1757.44	43.47	30.30	132.32

5. 全生命期费用

机电系统按 25 年生命期计算，见表 5.1.8-11、图 5.1.8-1。

全生命期费用汇总表　　　表 5.1.8-11

序号	方案名称	初投资（万元）	运行费用（万元）	生命期费用			比值（%）
				总费用（万元）	空调面积指标（元/m^2）	建筑面积指标（元/m^2）	
方案一	两管制风盘＋新风	2492.6	329.18	10722.12	2652.02	1848.64	100.00
方案二	四管制风盘＋新风	2895.43	343.24	11476.45	2838.60	1978.70	107.04
方案三	双冷源温湿度分控风机盘管＋新风	2297.06	340.89	10819.33	2676.06	1865.40	100.91
方案四	多联机（风管式）＋新风	3801.74	241.79	9846.49	2435.44	1697.67	91.83
方案五	内外不分区变风量（外区散热器）	2315.04	404.77	12434.31	3075.52	2143.85	115.97

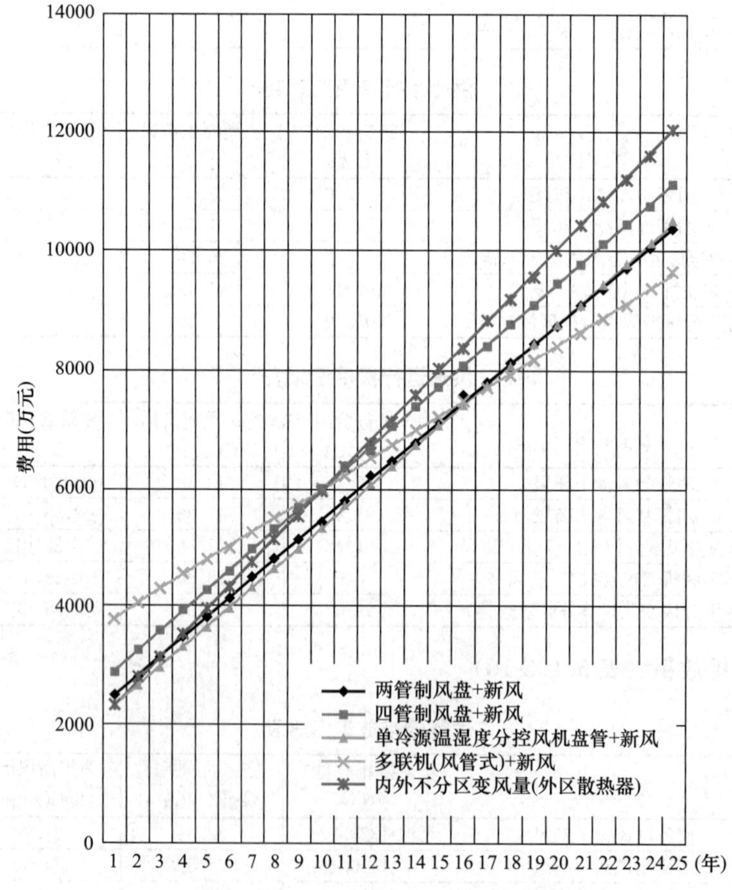

图 5.1.8-1　B 塔楼全生命期费用曲线

5.2 某办公建筑空调方案设计

5.2.1 项目概况

该项目位于烟台市，用地面积 1.6 万 m^2。总建筑面积 5.7 万 m^2，地上建筑面积 4 万 m^2，地下建筑面积 1.7 万 m^2。地上 23 层，地下 2 层。地上建筑高度 99.95m，地下埋深 −9.95m。主要功能为办公。该项目设计完成时间 2023 年，建筑效果图见图 5.2.1-1。

图 5.2.1-1 建筑效果图

末端分别选择四管制风机盘管、多联机系统做分析对比，包括空调冷源至末端的空调预算，不含通风、防排烟系统。

5.2.2 四管制风机盘管空调方案

1. 设计参数（表 5.2.2-1）

设计参数 表 5.2.2-1

区域	干球温度（℃）		相对湿度（%）		新风 [m^3/(h·人)]	噪声标准 [dB(A)]
	夏季	冬季	夏季	冬季		
办公大堂	27	18	60	30	10	50
办公	25	20	55	30	35	45
银行发单中心	26	20	60	30	20	45

2. 冷热负荷（表 5.2.2-2）

冷热负荷 表 5.2.2-2

空调建筑面积（m^2）	空调冷负荷（kW）	空调建筑面积冷指标（W/m^2）	空调建筑面积（m^2）	空调热负荷（kW）	空调建筑面积热指标（W/m^2）
40000	4590	115	40000	2921	73
低区供暖建筑面积（m^2）	低区供暖热负荷（kW）	低区供暖建筑面积热指标（W/m^2）	高区供暖建筑面积（m^2）	高区供暖热负荷（kW）	高区供暖建筑面积热指标（W/m^2）
940	58.4	62	1480	63.7	43

3. 冷热源设计

制冷机房设在地下一层，冷却塔位于塔楼屋顶。

1）冷源

（1）采用常规电制冷，选用三台冷水机组，两大一小，分别为1934kW（550RT）离心机组两台、879kW（250RT）螺杆机组一台。最大时刻制冷量4590kW，满足负荷需要。

（2）空调冷冻水供回水温度为7/12℃，冷却水供回水温度为32/37℃。

（3）空调水系统采用膨胀罐定压。

（4）冷却塔设置在塔楼屋面，塔楼内区设置冬季供冷。

（5）补水采用软化水，设置软水器，冷冻水处理采用电子物理处理方式，设置综合水处理器。冷却水采用电子物理处理方式并设置投药装置。

（6）为满足本工程空调内区常年供冷需求，过渡季及冬季利用冷却塔经过设置于制冷机房内的板式热交换机组换热交换后，向空调系统提供供回水温度为11/15℃的冷水。屋顶冷却塔冬季设置防冻保护。空调内区负荷为510kW。

见图5.2.2-1，图5.2.2-3。

2）热源

（1）采用城市热力管网，热媒为高温热水，供回水温度为110/70℃。

（2）空调热水\大堂地板辐射供暖\顶层地板辐射供暖分别设三个换热系统。

（3）空调热水供回水温度为60/45℃，地板辐射供暖热水温度为50/40℃。

见图5.2.2-2。

4. 空调水系统

1）一级泵变频系统，水系统供回水总管设压差旁通。空调水系统异程布置。

2）空调冷/热水系统工作压力为1.60MPa；低区地板辐射供暖系统工作压力为0.6MPa；高区地板辐射供暖系统工作压力为1.6MPa，末端地暖盘管工作压力为0.6MPa。

3）空调热水由市政热力提供，冷热水通过设置冬夏季节转换阀，实现夏季送冷水、冬季送热水。

4）风机盘管采用温控三速开关配电动两通阀控制室内温度。

5）空调机组、新风机组采用带比例积分温控动态压差平衡两通阀控制调节，风机盘管每层主供水管与主回水管之间应设自力式压差平衡阀。

见图5.2.2-4、图5.2.2-7。

5. 空调风系统

1）大堂采用单风机全空气系统。银行营业厅及其办公、健身区采用四管制风盘加新风热回收系统。

2）标准层办公采用四管制风盘加新风系统。每层新风设置定风量风阀，地下设备机房和屋顶集中设置新风机组或热回收新风机组。

见图5.2.2-5、图5.2.2-6。

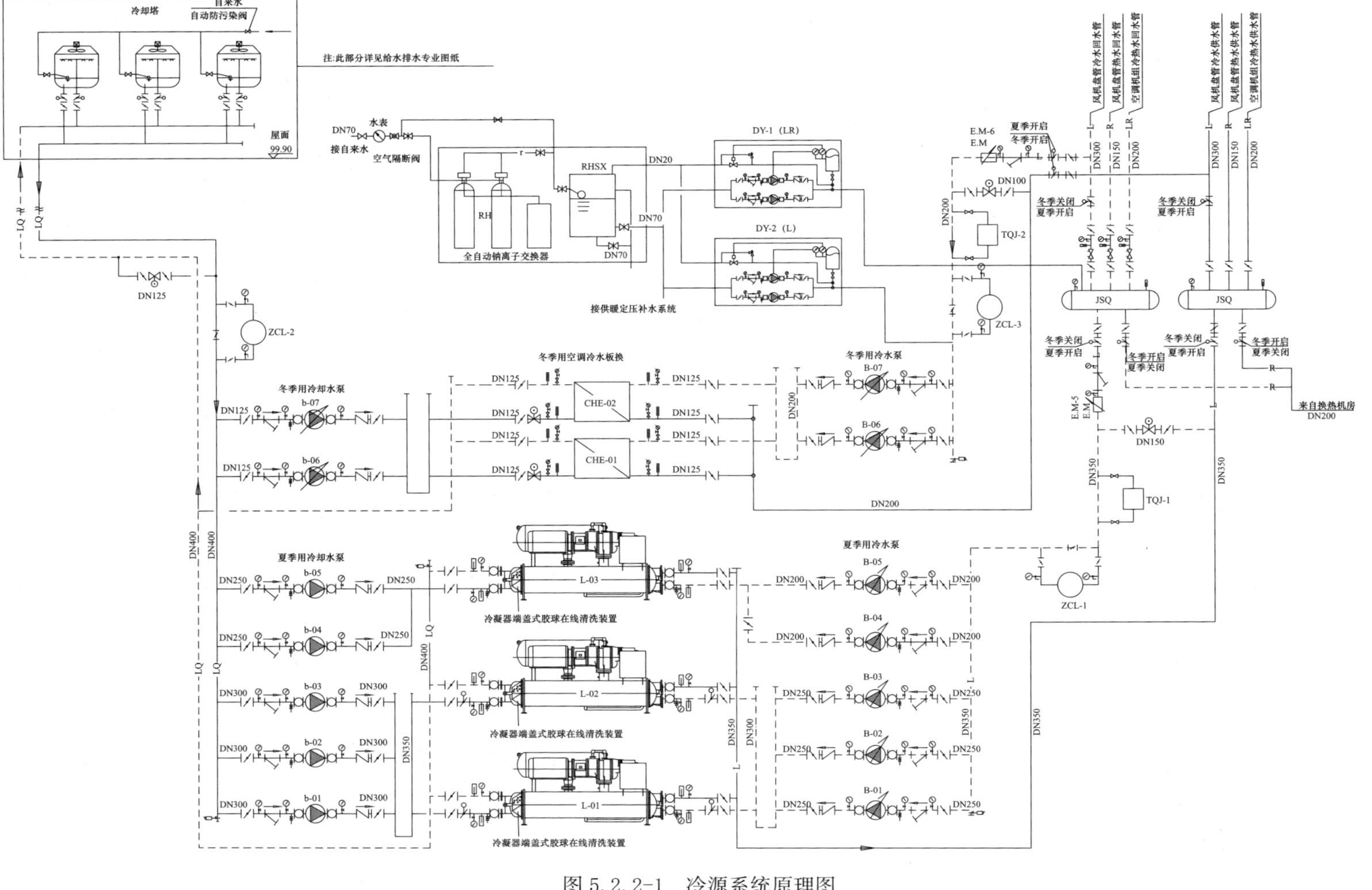

图 5.2.2-1 冷源系统原理图

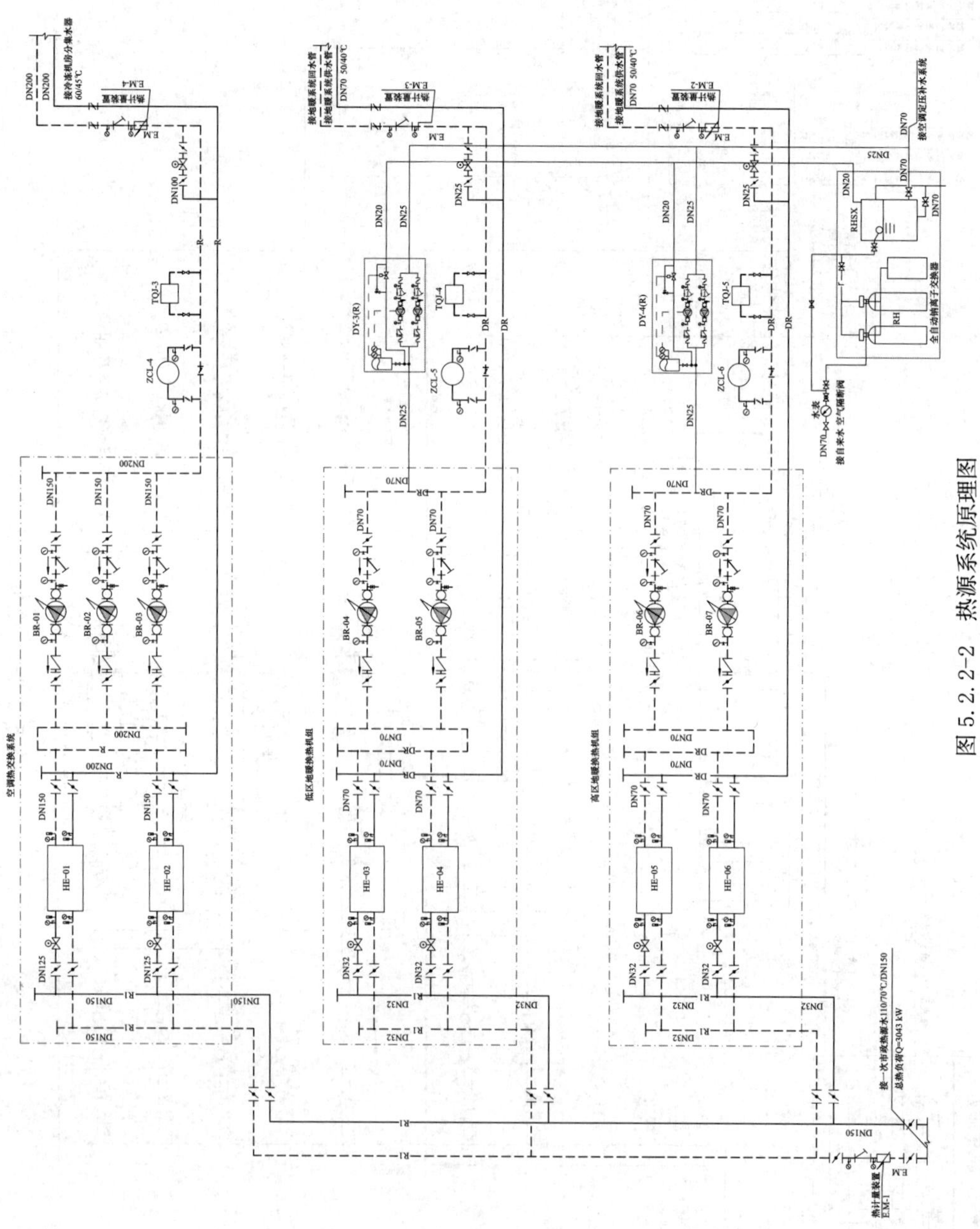

图 5.2.2-2　热源系统原理图

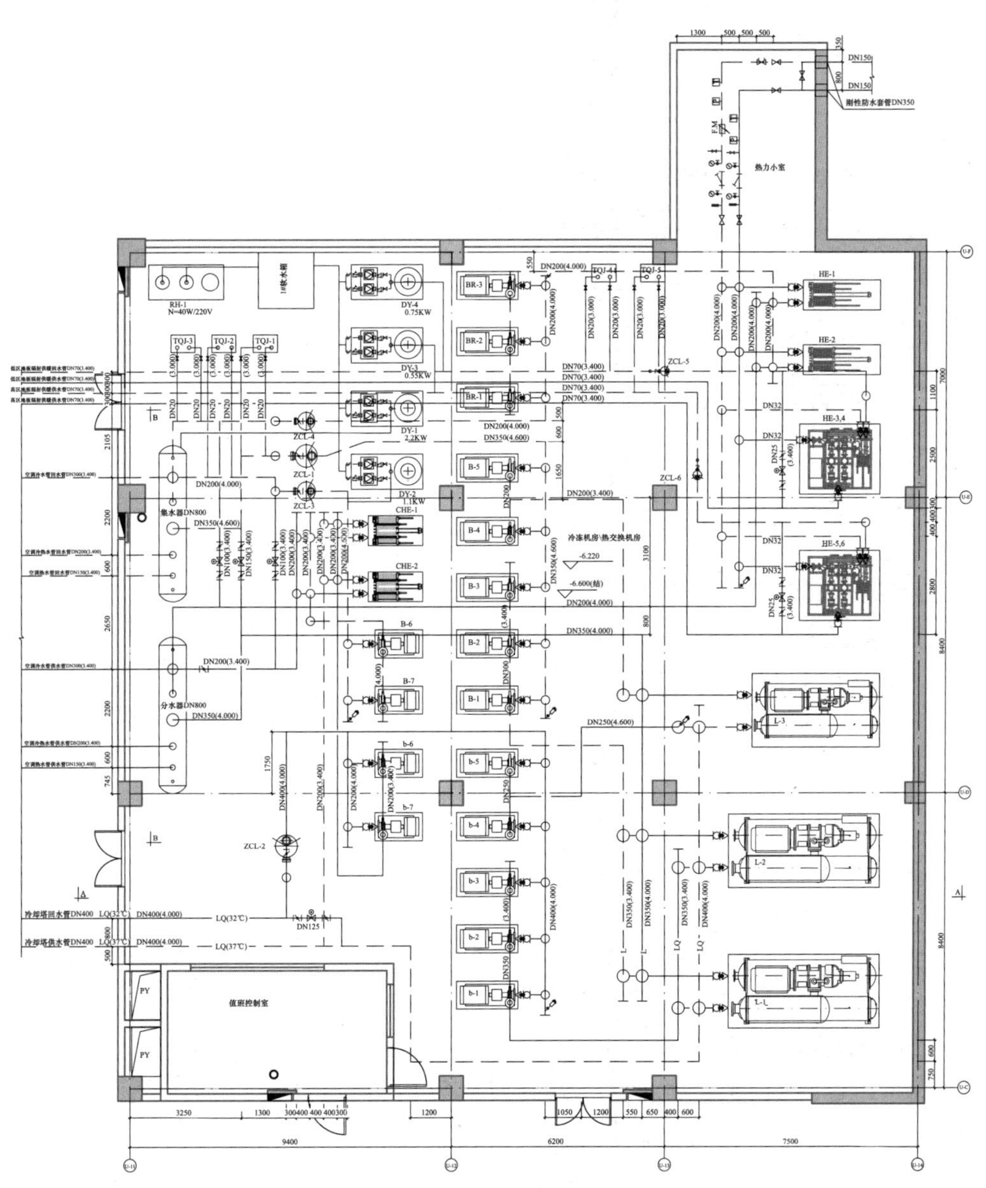

图 5.2.2-3 制冷机房平面图

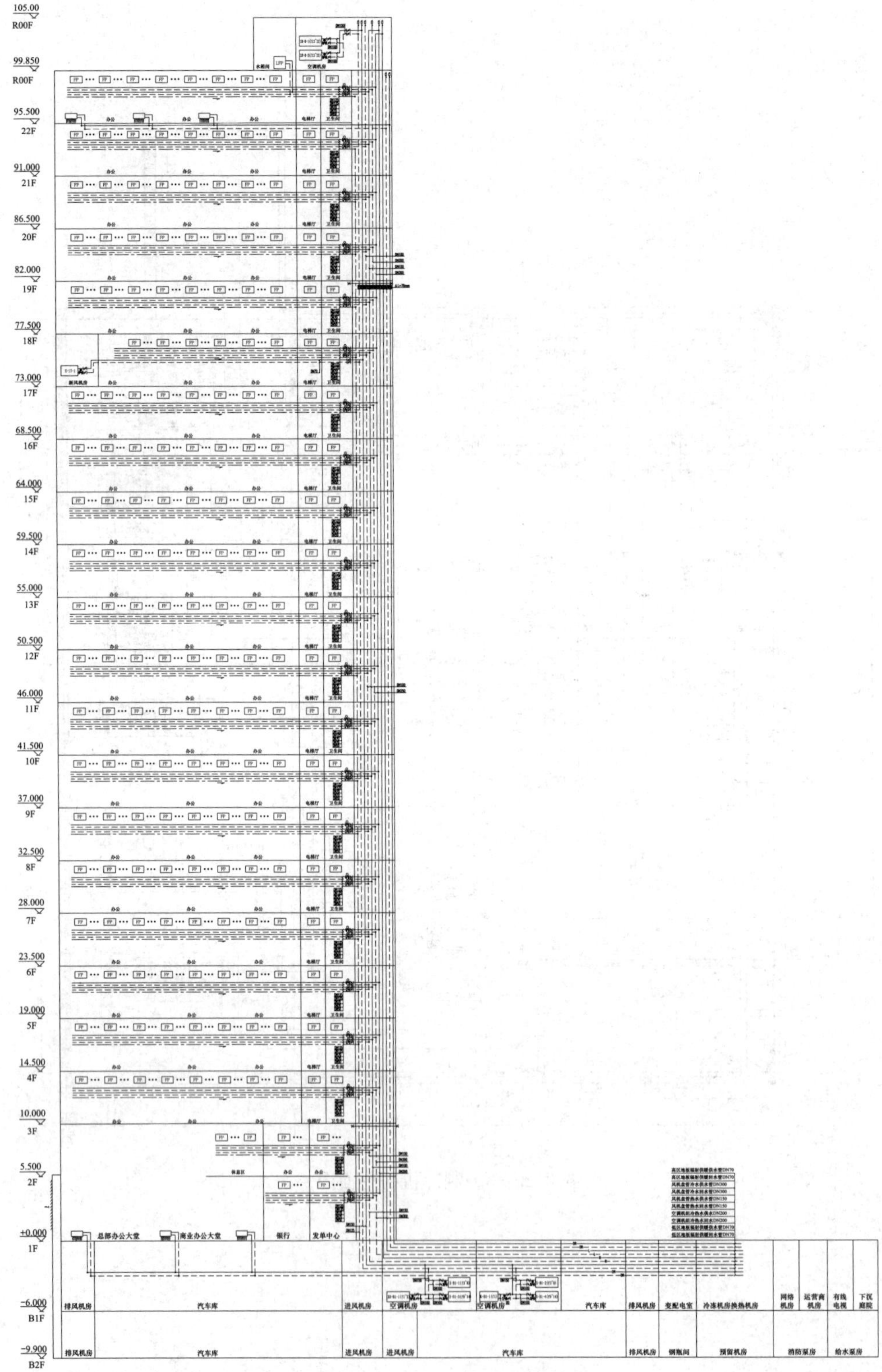

图 5.2.2-4　空调水系统原理图

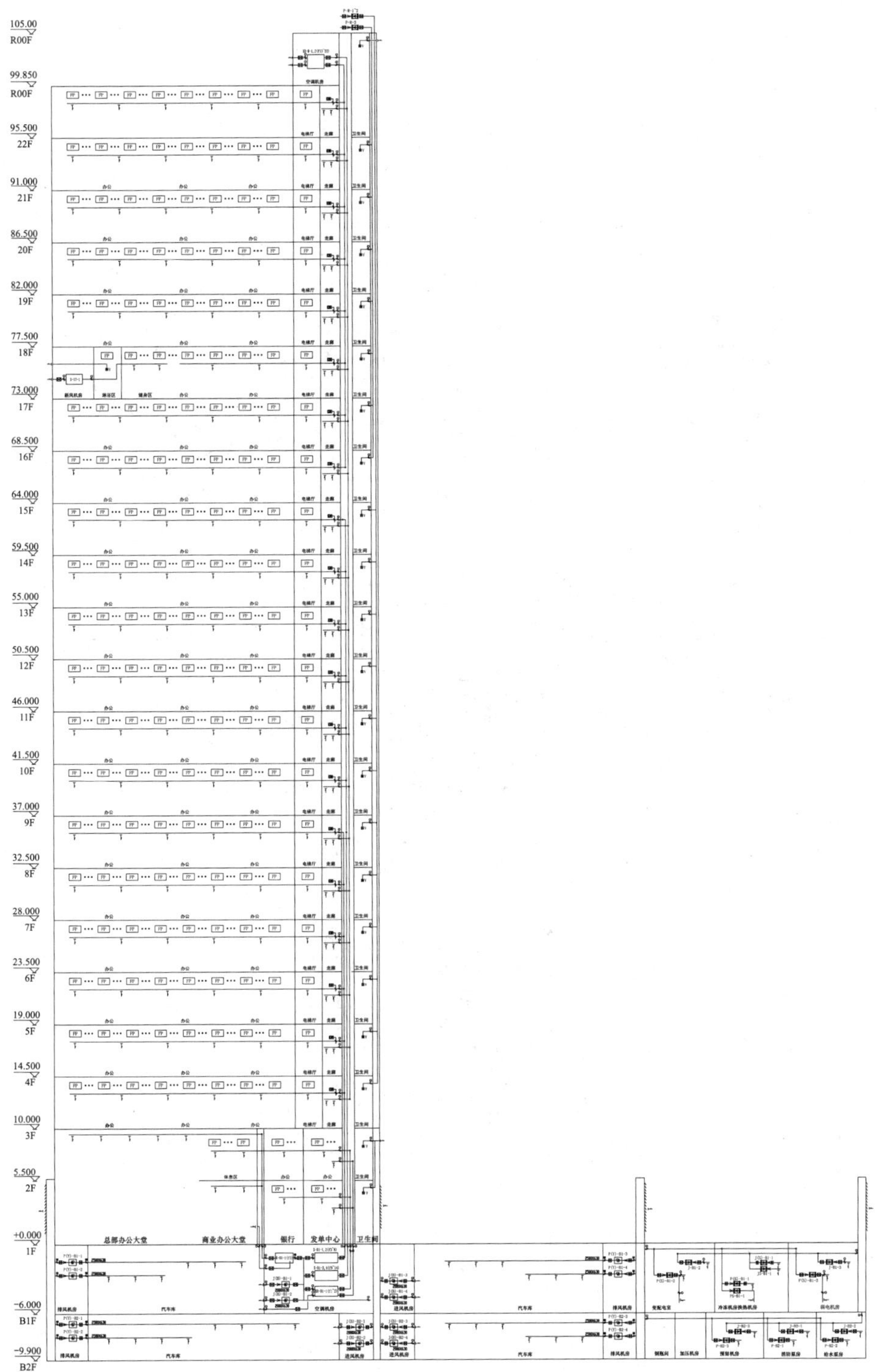

图 5.2.2-5 空调风系统原理图

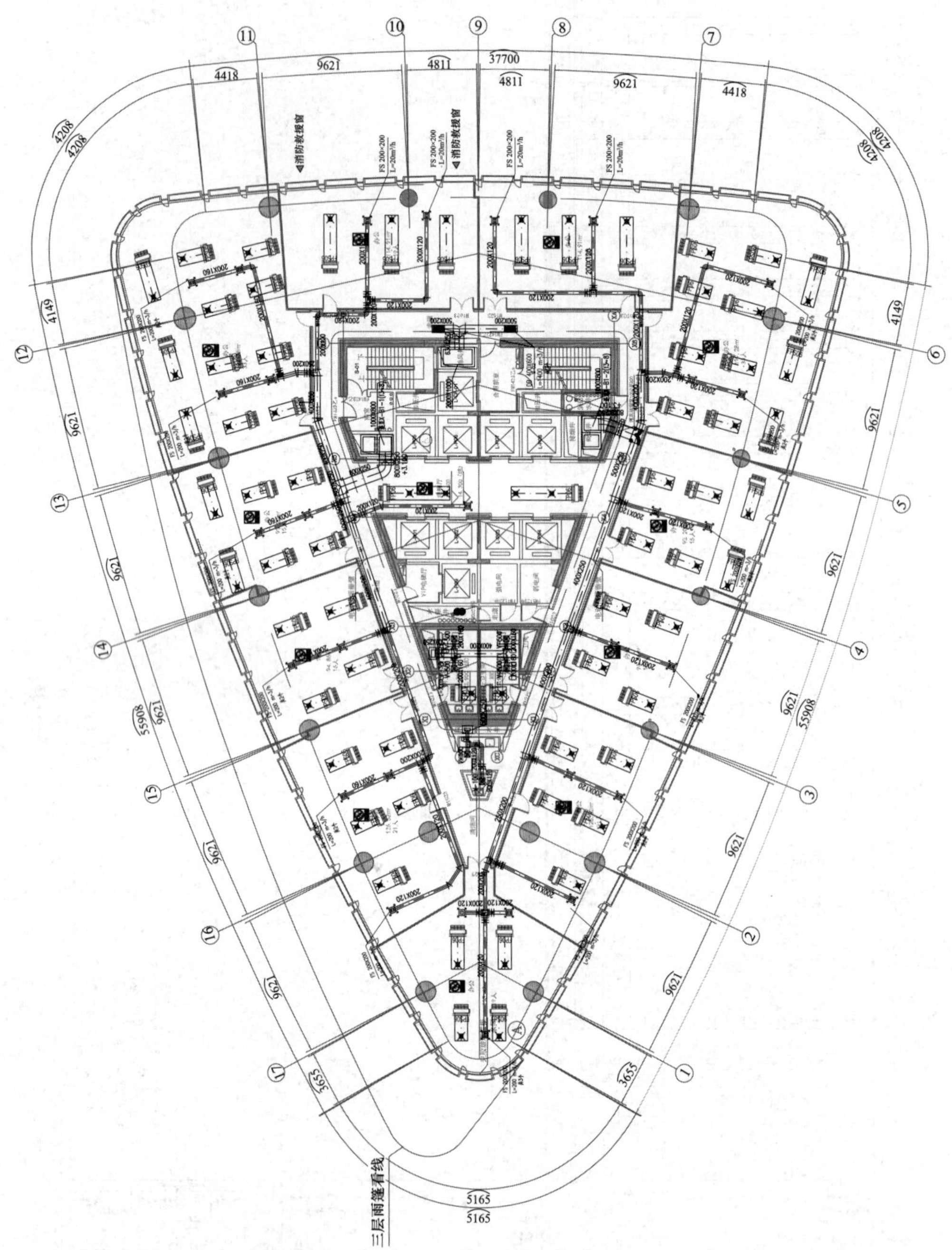

图 5.2.2-6 标准层空调风平面图

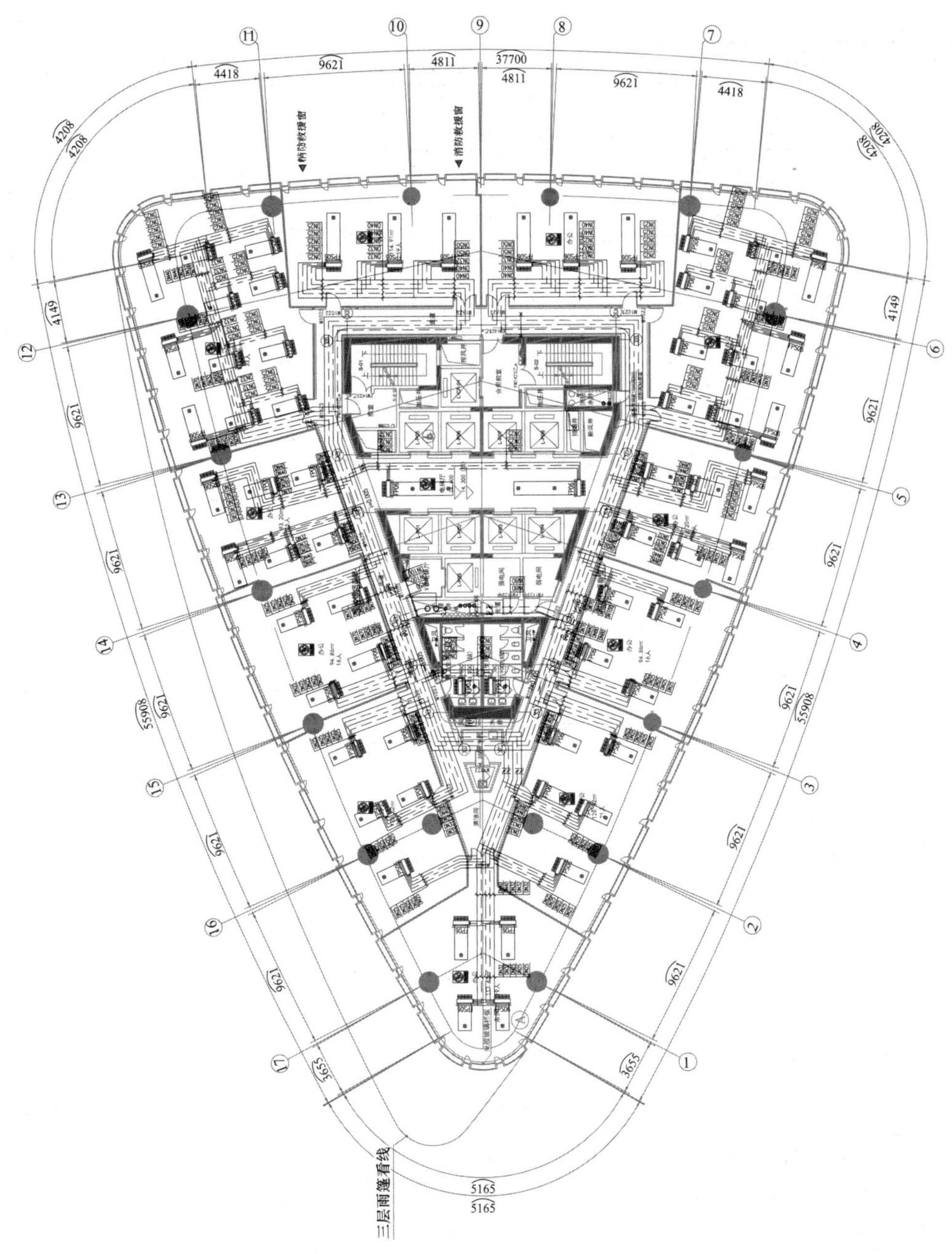

图 5.2.2-7 标准层空调水平面图

6. 主要设备表

1）冷源（表 5.2.2-3）

制冷机房主要设备表 表 5.2.2-3

设备编号	设备名称	性能参数	数量	备注
L-1，2	离心式冷水机组	冷量 550RT；冷水温度：7/12℃；冷却水温度：32/37℃；功率：341kW；工作压力 1.6MPa	2 个	

续表

设备编号	设备名称	性能参数	数量	备注
L-3	螺杆式冷水机组	冷量 250RT；冷水温度：7/12℃；冷却水温度：32/37℃；功率：166kW；工作压力 1.6MPa	1 个	
B-1～3	冷水循环泵	流量：350m^3/h；扬程：35mH_2O；功率：45kW；转速：1450r/min；效率≥75%；工作压力 1.6MPa	3 个	变频 两用一备
b-1～3	冷却水循环泵	流量：408m^3/h；扬程：32mH_2O；功率：55kW；转速：1450r/min；效率≥75%；工作压力 1.6MPa	3 个	两用一备
B-4，5	冷水循环泵	流量：159m^3/h；扬程：35mH_2O；功率：22kW；转速：1450r/min；效率≥75%；工作压力 1.6MPa	2 个	变频 一用一备
b-4，5	冷却水循环泵	流量：187m^3/h；扬程：32mH_2O；功率：22kW；转速：1450r/min；效率≥75%；工作压力 1.6MPa	2 个	一用一备
B-6，7	冷水循环泵	流量：68m^3/h；扬程：30mH_2O；功率：7.5kW；转速：1450r/min；效率≥75%；工作压力 1.6MPa	2 个	变频 一用一备
b-6，7	冷却水循环泵	流量：68m^3/h；扬程：30mH_2O；功率：7.5kW；转速：1450r/min；效率≥75%；工作压力 1.6MPa	2 个	一用一备
CHE-1，2	水-水板式换热器	换热量 300kW；一次水温度：10/14℃；二次水温度：11/15℃；工作压力 1.6MPa	2 个	
DY-1	定压罐	流量：2m^3/h；扬程：146mH_2O；功率：2.2kW；转速：1450r/min；效率≥75%；工作压力 1.6MPa	1 套	定压泵 一用一备
DY-2	定压罐	流量：1m^3/h；扬程：146mH_2O；功率：1.1kW；转速：1450r/min；效率≥75%；工作压力 1.6MPa	1 套	定压泵 一用一备
RH-1	软水器	水处理量：3～5m^3/h；功率：0.4kW；双罐双阀；工作压力 1.0MPa	1 套	自动流量控制型
	软水箱	1600mm×1600mm×1400mm	1 个	不锈钢
ZCL-1	全程水处理器	接口尺寸 DN350；工作压力 1.6MPa	1 个	
ZCL-2	全程水处理器	接口尺寸 DN400；工作压力 1.6MPa	1 个	
ZCL-3	全程水处理器	接口尺寸 DN200；工作压力 1.6MPa	1 个	
TQ-1	真空脱气机	最大处理系统容量 150m^3；工作压力 1.6MPa	1 个	
TQ-2	真空脱气机	最大处理系统容量 150m^3；工作压力 1.6MPa	1 个	

2）冷却塔（表 5.2.2-4）

冷却塔主要设备表　　**表 5.2.2-4**

设备编号	设备名称	性能参数	数量（个）	备注
T-1，2	横流式冷却塔	流量：400m^3/h；进/出水温度：37/32℃；功率：15kW	2	风机变频
T-3	横流式冷却塔	流量：200m^3/h；进/出水温度：37/32℃；功率：5.5kW	1	风机变频

3）换热站（表 5.2.2-5）

换热机房主要设备表　　**表 5.2.2-5**

设备编号	设备名称	性能参数	数量	备注
HE-1，2	水-水板式换热器	换热量 1900kW；一次水温度：110/70℃；二次水温度：60/45℃；工作压力 1.6MPa	2 个	
HE-3，4	水-水板式换热机组	换热量 65kW；一次水温度：110/70℃；二次水温度：50/40℃；工作压力 1.6MPa	2 个	一用一备
HE-5，6	水-水板式换热机组	换热量 70kW；一次水温度：110/70℃；二次水温度：50/40℃；工作压力 1.6MPa	2 个	一用一备

续表

设备编号	设备名称	性能参数	数量	备注
BR-1～3	热水循环泵	流量：114m^3/h；扬程：30mH_2O；功率：15kW；转速：1450r/min；效率≥75%；工作压力1.6MPa	3个	变频 两用一备
DY-3	定压罐	流量：0.2m^3/h；扬程：22mH_2O；功率：0.55kW；转速：1450r/min；效率≥75%；工作压力1.6MPa	1套	定压泵 一用一备
DY-4	定压罐	流量：0.2m^3/h；扬程：146mH_2O；功率：0.75kW；转速：1450r/min；效率≥75%；工作压力1.6MPa	1套	定压泵 一用一备
ZCL-4	全程水处理器	接口尺寸DN200；工作压力1.6MPa	1个	
ZCL-5	全程水处理器	接口尺寸DN70；工作压力1.0MPa	1个	
ZCL-6	全程水处理器	接口尺寸DN70；工作压力1.6MPa	1个	
TQ-3～5	真空脱气机	最大处理系统容量150m^3；工作压力1.6MPa	3个	

4）水系统（表5.2.2-6、表5.2.2-7）

两管制风机盘管主要设备表 **表5.2.2-6**

设备编号	设备名称	性能参数	数量（个）	备注
FP-03	两管制盘管	额定风量：510m^3/h；额定中档冷量：2800W；额定中档热量：4600W；出口静压：30Pa；输入功率：72W	29	配置铜质自动排气阀DN20；铜质电动两通阀DN20；铜质球阀DN20；水管接管设置200mm橡胶软管；自带温控器；工作压力1.6MPa
FP-06	两管制盘管	额定风量：1020m^3/h；额定中档冷量：5340W；额定中档热量：8120W；出口静压：30Pa；输入功率：108W	567	

四管制风机盘管主要设备表 **表5.2.2-7**

设备编号	设备名称	性能参数	数量（个）	备注
SFP-03	四管制盘管	额定风量：510m^3/h；额定冷量：2610W；额定热量：2470W；出口静压：30Pa；输入功率：92W	6	配置铜质自动排气阀DN20；铜质电动两通阀DN20；铜质球阀DN20；水管接管设置200mm橡胶软管；自带温控器；工作压力1.6MPa
SFP-06	四管制盘管	额定风量：1020m^3/h；额定冷量：5220W；额定热量：4410W；出口静压：30Pa；输入功率：128W	607	

5）风系统（表5.2.2-8）

空调风系统主要设备表 **表5.2.2-8**

设备编号	设备名称	性能参数	数量（个）	备注
K-B1-1(f1)	组合式空调机组	送风量40000m^3/h、机外余压450Pa，功率22kW/380V 冷量180kW、热量91kW、加湿量21kg/h	1	
X-B1-1，2(f3～8)	组合式新风机组	送风量18000m^3/h、机外余压450Pa，功率11kW/380V 冷量168kW、热量266kW、加湿量104kg/h	2	
X-B1-3，4(f9～14)	组合式新风机组	送风量18000m^3/h、机外余压450Pa，功率11kW/380V 冷量168kW、热量266kW、加湿量104kg/h	2	
X-17-1	组合式新风机组	送风量6000m^3/h、机外余压300Pa，功率3kW/380V 冷量56kW、热量89kW、加湿量35kg/h	1	

续表

设备编号	设备名称	性能参数	数量（个）	备注
XR-B1-1（f1，2）	热回收新风机组	送风机：风量 10000m^3/h，机外余压 400Pa，功率：5.5kW/380V 排风机：风量 8000m^3/h，机外余压 400Pa，功率：4kW/380V 显热回收效率≥65% 冷量 93kW、热量 148kW、加湿量 58kg/h	1	
XR-R-1，2（f15～22）	热回收新风机组	送风机：风量 24000m^3/h，机外余压 450Pa，功率：15kW/380V 排风机：风量 24700m^3/h，机外余压 450Pa，功率：15kW/380V 显热回收效率≥65% 冷量 223.5kW、热量 354.5kW、加湿量 138kg/h	2	
P-R-1～3	混流式排风机	风量 11000m^3/h、全压 300Pa，功率 2.2kW/380V 转速 1450r/min	3	

5.2.3　多联机空调方案

1. 设计参数（表 5.2.3-1）

设计参数　　表 5.2.3-1

区域	干球温度（℃）		相对湿度（%）		新风 [m^3/(h·人)]	噪声标准 [dB(A)]
	夏季	冬季	夏季	冬季		
办公大堂	27	18	60	30	10	50
办公	25	20	55	30	35	45
银行、发单中心	26	20	60	30	20	45

2. 冷、热负荷（表 5.2.3-2）

冷、热负荷　　表 5.2.3-2

空调建筑面积（m^2）	空调冷负荷（kW）	空调建筑面积冷指标（W/m^2）	空调热负荷（kW）	空调建筑面积热指标（W/m^2）
40000	4590	115	2921	73

3. 冷热源设计

1）首层大堂采用直膨式全空气空调系统，夏季供冷、冬季供热。室外机位于首层地面。

2）银行、发单中心、办公层采用热泵型变频多联机空调系统。夏季供冷、冬季供热。多联机室外机位于首层地面和屋顶。

3）新风机组、新风热回收机组采用直膨式，夏季供冷、冬季供热。室外机位于首层地面和屋顶。

4. 空调风系统

1）首层大堂采用直膨式全空气空调系统。银行营业厅及其办公、健身区采用变频多联机加新风热回收系统。

2）标准层办公采用变频多联机加新风系统。每层新风设置定风量风阀，地下设备机房和屋顶集中设置新风机组或热回收新风机组。

见图 5.2.3-1～图 5.2.3-4。

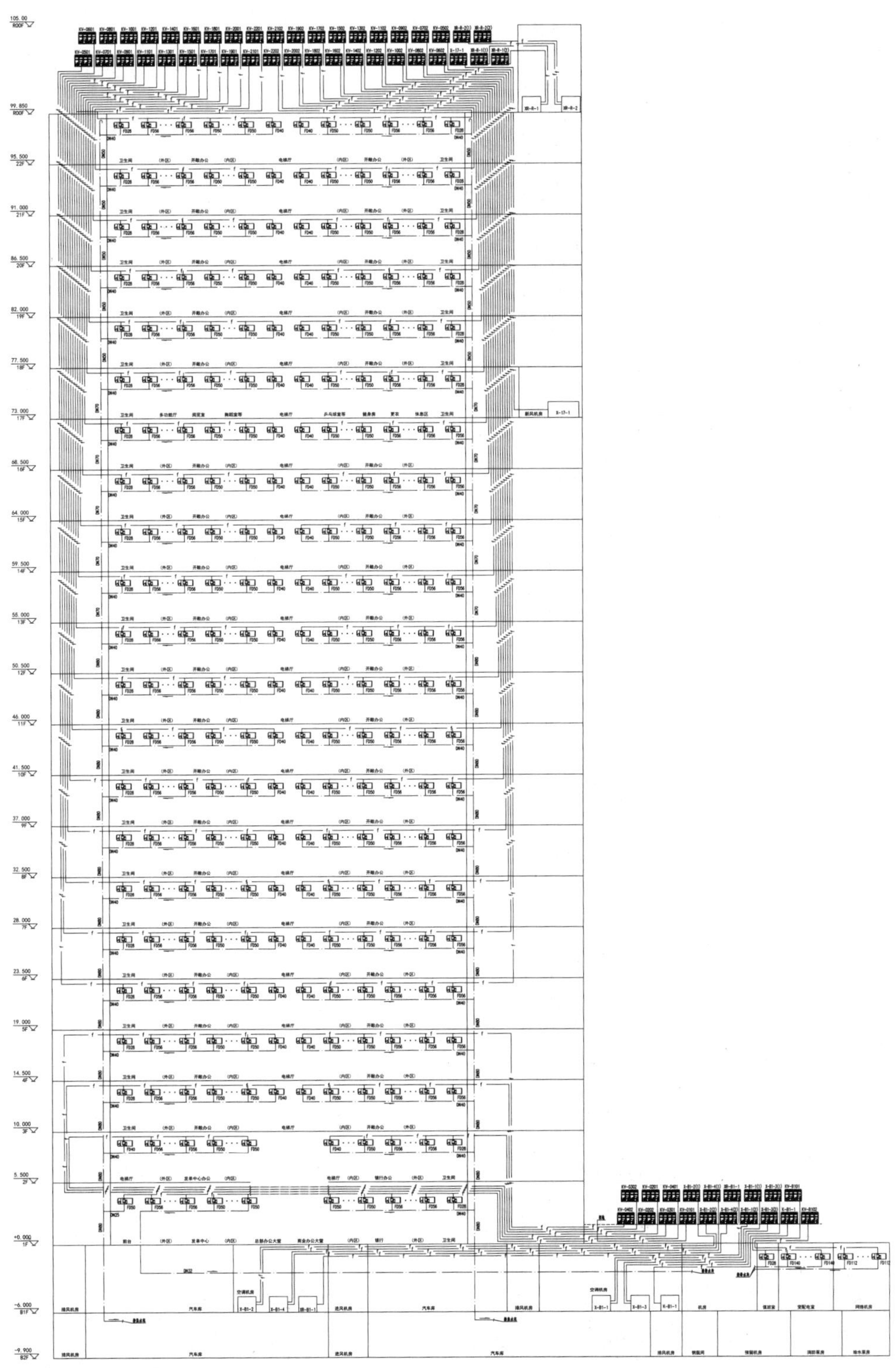

图 5.2.3-1　多联机冷媒系统原理图

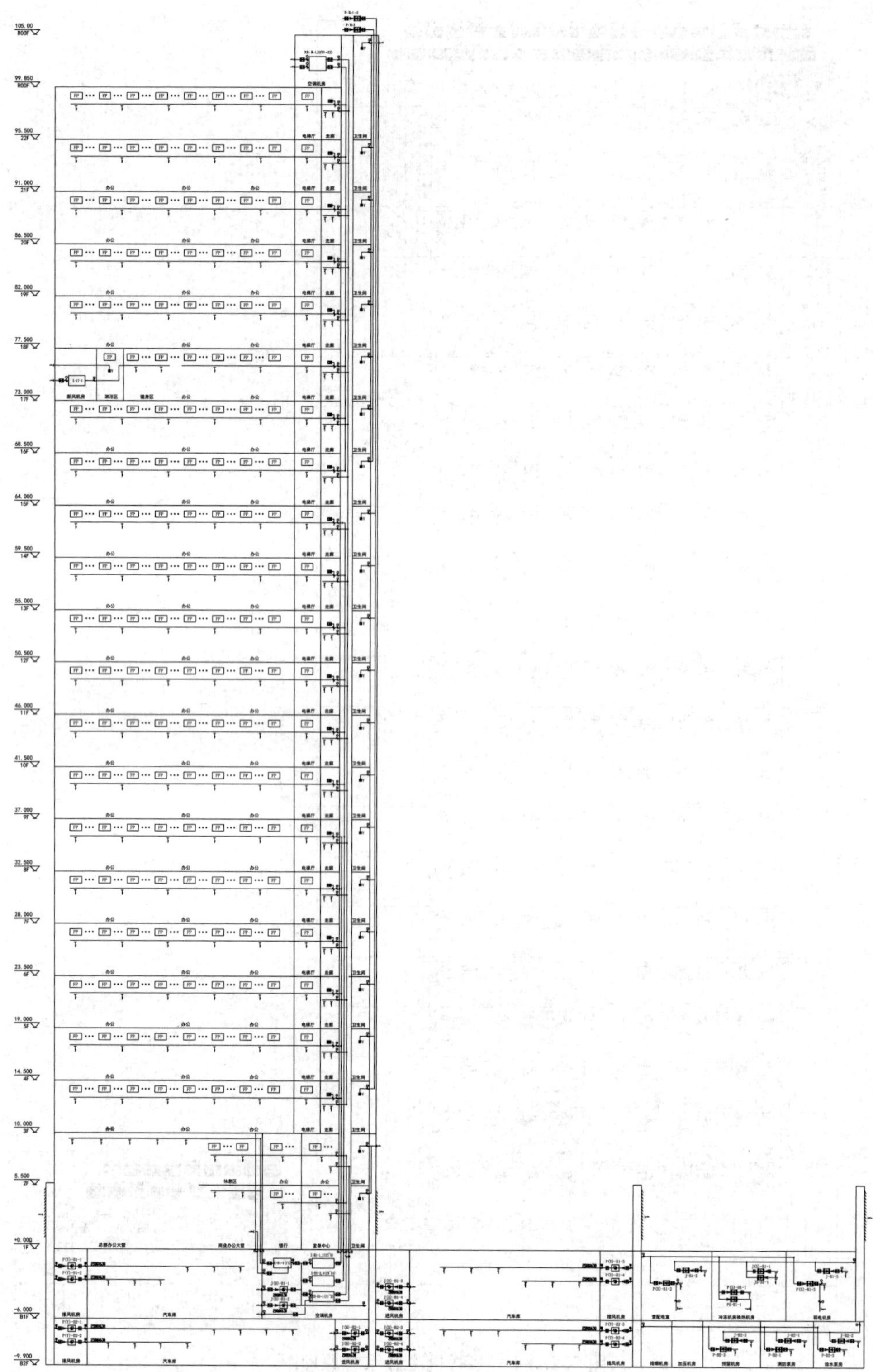

图 5.2.3-2　空调风系统原理图

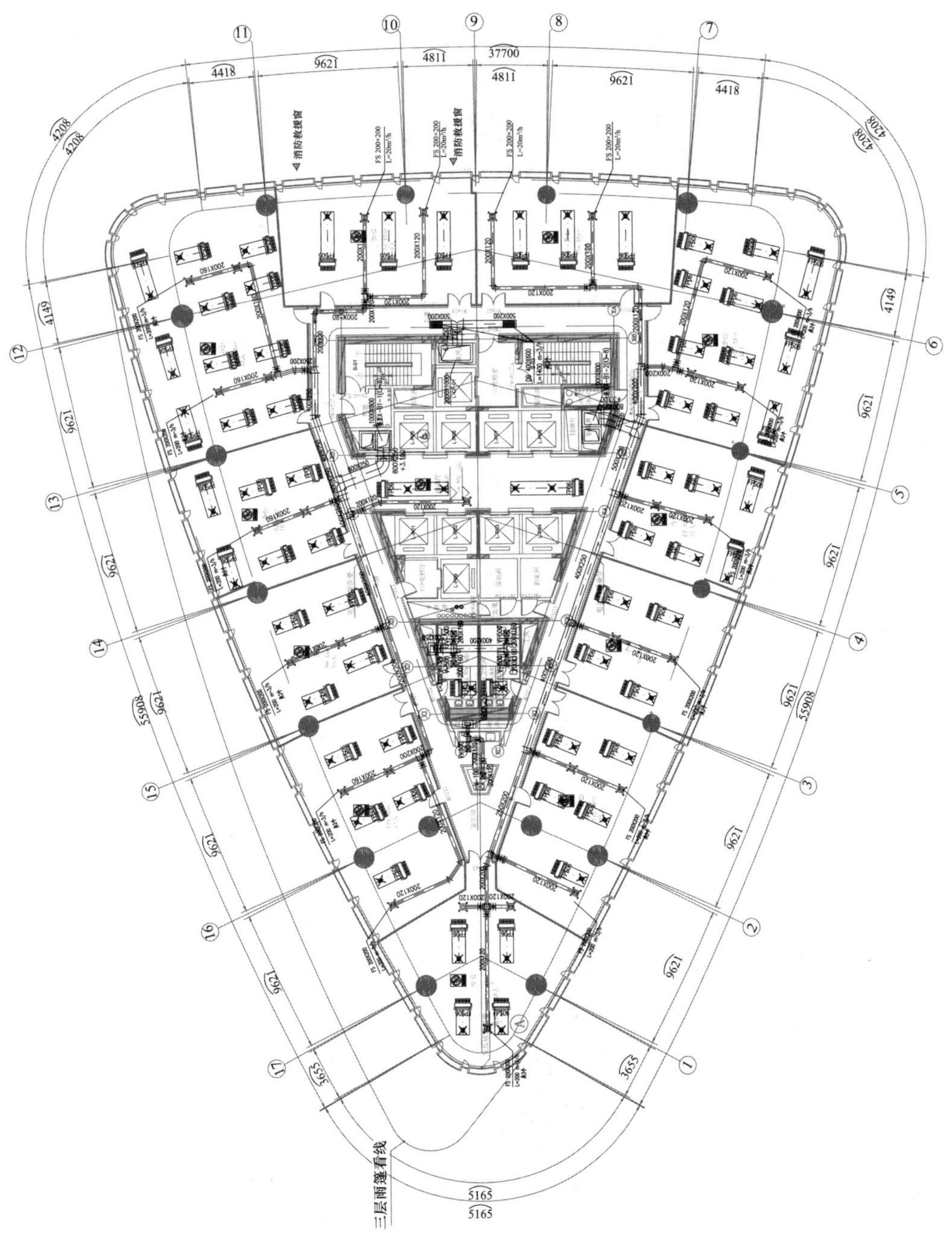

图 5.2.3-3 标准层空调风平面图

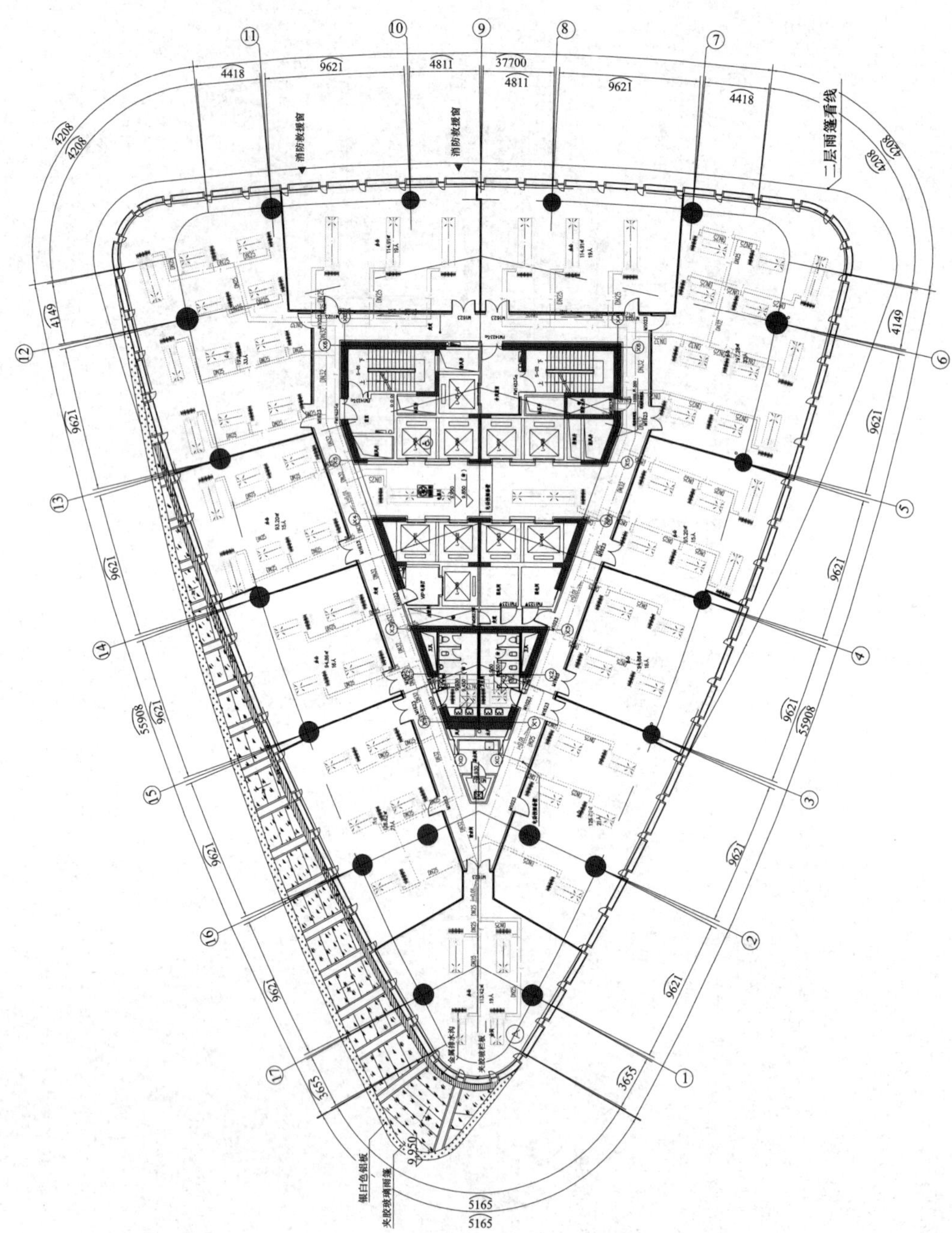

图 5.2.3-4　标准层空调冷媒管平面图

5. 主要设备表

1）冷热源（表 5.2.3-3）

多联机室外机主要设备表　　表 5.2.3-3

设备编号	设备名称	性能参数	数量（个）	备注
KV-0101	热泵型变频多联机	冷量 90kW；热量 100kW； 电量 25.8kW/380V；*APF*＝4.8	1	自带控制
KV-0201	热泵型变频多联机	冷量 124kW；热量 138kW； 电量 37.4kW/380V；*APF*＝4.65	1	自带控制
KV-0202	热泵型变频多联机	冷量 129.5kW；热量 144kW； 电量 39.4kW/380V；*APF*＝4.6	1	自带控制
KV-0301～0401	热泵型变频多联机	冷量 162.3kW；热量 182kW； 电量 47.94kW/380V；*APF*＝4.68	2	自带控制
KV-0302～0402	热泵型变频多联机	冷量 180kW；热量 210kW； 电量 54.1kW/380V；*APF*＝4.65	2	自带控制
KV-0501～0801	热泵型变频多联机	冷量 180kW；热量 210kW； 电量 54.1kW/380V；*APF*＝4.65	4	自带控制
KV-0502～0802	热泵型变频多联机	冷量 168.8kW；热量 188kW； 电量 49.9kW/380V；*APF*＝4.65	4	自带控制
KV-0901～1101	热泵型变频多联机	冷量 162.3kW；热量 182kW； 电量 47.94kW/380V；*APF*＝4.68	3	自带控制
KV-0902～1102	热泵型变频多联机	冷量 153.5kW；热量 172.5kW； 电量 46.77kW/380V；*APF*＝4.68	3	自带控制
KV-1201～1601	热泵型变频多联机	冷量 136kW；热量 150kW； 电量 41.4kW/380V；*APF*＝4.55	5	自带控制
KV-1202～1602	热泵型变频多联机	冷量 153.5kW；热量 172.5kW； 电量 46.77kW/380V；*APF*＝4.68	5	自带控制
KV-1701	热泵型变频多联机	冷量 136kW；热量 150kW； 电量 41.4kW/380V；*APF*＝4.55	1	自带控制
KV-1702	热泵型变频多联机	冷量 106.4kW；热量 119.5kW； 电量 31.5kW/380V；*APF*＝4.72	1	自带控制
KV-1801～2001	热泵型变频多联机	冷量 136kW；热量 150kW； 电量 41.4kW/380V；*APF*＝4.55	3	自带控制
KV-1802～2002	热泵型变频多联机	冷量 141.5kW；热量 157.5kW； 电量 43kW/380V；*APF*＝4.52	3	自带控制
KV-2101	热泵型变频多联机	冷量 162.3kW；热量 182kW； 电量 47.94kW/380V；*APF*＝4.68	1	自带控制
KV-2102	热泵型变频多联机	冷量 148kW；热量 165kW； 电量 45.17kW/380V；*APF*＝4.47	1	自带控制
KV-2201	热泵型变频多联机	冷量 136kW；热量 150kW； 电量 41.4kW/380V；*APF*＝4.55	1	自带控制
KV-2202	热泵型变频多联机	冷量 124kW；热量 138kW； 电量 37.4kW/380V；*APF*＝4.65	1	自带控制

2）冷媒系统（表5.2.3-4）

多联机室内机主要设备表　　**表5.2.3-4**

设备编号	设备名称	性能参数	数量（个）
FD-28	标准薄型风管机	额定风量：408m^3/h；额定中档冷量：2800W；额定中档热量：3200W；出口静压：30Pa；输入功率：70W	58
FD-40	标准薄型风管机	额定风量：600m^3/h；额定中档冷量：4000W；额定中档热量：4500W；出口静压：30Pa；输入功率：80W	42
FD-50	标准薄型风管机	额定风量：600m^3/h；额定中档冷量：5000W；额定中档热量：5600W；出口静压：30Pa；输入功率：80W	476
FD-56	标准薄型风管机	额定风量：690m^3/h；额定中档冷量：5600W；额定中档热量：6300W；出口静压：30Pa；输入功率：100W	656

3）风系统（表5.2.3-5）

空调风系统主要设备表　　**表5.2.3-5**

设备编号	设备名称	性能参数	数量（个）
K(Z)-B1-1(f1)	直膨式空调机组	送风量：风量40000m^3/h，机外余压450Pa，功率22kW/380V 压缩机功率65.3kW/380V 冷量180kW、热量91kW、加湿量21kg/h *APF*＝4.51	1
X(Z)-B1-1，2(f3～8)	直膨式新风机组	送风量：风量18000m^3/h，机外余压450Pa，功率11kW/380V 压缩机功率104kW/380V 冷量168kW、热量266kW、加湿量104kg/h *APF*＝4.66	2
X(Z)-B1-3，4(f9～14)	直膨式新风机组	送风量：风量18000m^3/h，机外余压450Pa，功率11kW/380V 压缩机功率104kW/380V 冷量168kW、热量266kW、加湿量104kg/h *APF*＝4.66	2
X(Z)-17-1	直膨式新风机组	送风量：风量6000m^3/h，机外余压300Pa，功率3kW/380V 压缩机功率33.4kW/380V 冷量56kW、热量89kW、加湿量35kg/h *APF*＝4.75	1
XR(Z)-B1-1(f1～2)	直膨热回收新风机组	送风机：风量10000m^3/h，机外余压400Pa，功率：5.5kW/380V 压缩机功率58.1kW/380V 排风机：风量8000m^3/h，机外余压400Pa，功率：4kW/380V 显热回收效率：≥65% 冷量93kW、热量148kW、加湿量58kg/h *APF*＝4.61	1
XR(Z)-R-1，2(f15～22)	直膨热回收新风机组	送风机：风量24000m^3/h，机外余压450Pa，功率：15kW/380V 压缩机功率139.3kW/380V 排风机：风量24700m^3/h，机外余压450Pa，功率：15kW/380V 显热回收效率：≥65% 冷量223.5kW、热量354.5kW、加湿量138kg/h *APF*＝4.45	2
P-R-1～3	混流式排风机	风量11000m^3/h、全压300Pa，功率2.2kW/380V 转速1450r/min	3

5.2.4 空调方案经济指标

1. 初投资（表 5.2.4-1）

初投资汇总表 表 5.2.4-1

序号	方案名称	总投资（万元）	空调面积指标（元/m^2）	建筑面积指标（元/m^2）	比值（%）
方案一	四管制风盘＋新风	3772.87	933.18	650.49	100.00
方案二	多联机（风管式)＋新风	3512.88	868.88	605.67	93.11

注：供热配套费 52 元/m^2，共计 208 万元。

2. 运行能耗

1）供冷能耗（表 5.2.4-2、表 5.2.4-3）

供冷耗冷量汇总表 表 5.2.4-2

序号	方案名称	耗冷量（万 kW・h/年）	空调面积指标（kW・h/m^2）	建筑面积指标（kW・h/m^2）	比值（%）
方案一	四管制风盘＋新风	277.76	82.58	69.44	100.00
方案二	多联机（风管式)＋新风	279.00	82.95	69.75	100.45

供冷耗电量汇总表 表 5.2.4-3

序号	方案名称	耗电量（万 kW・h/年）	空调面积指标（kW・h/m^2）	建筑面积指标（kW・h/m^2）	比值（%）
方案一	四管制风盘＋新风	91.11	27.09	22.78	100.00
方案二	多联机（风管式)＋新风	105.52	31.37	26.38	115.82

2）供热能耗（表 5.2.4-4、表 5.2.4-5）

供热耗热量汇总表 表 5.2.4-4

序号	方案名称	耗热量（万 kW・h/年）	空调面积指标（kW・h/m^2）	建筑面积指标（kW・h/m^2）	比值（%）
方案一	四管制风盘＋新风	134.23	39.91	33.56	100.00
方案二	多联机（风管式)＋新风	134.23	39.91	33.56	100.00

供热耗电量汇总表 表 5.2.4-5

序号	方案名称	耗电量（万 kW・h/年）	空调面积指标（kW・h/m^2）	建筑面积指标（kW・h/m^2）	比值（%）
方案一	四管制风盘＋新风	37.50	11.15	9.38	100.00
方案二	多联机（风管式)＋新风	78.66	23.39	19.67	209.76

3）总耗电量（表 5.2.4-6）

总耗电量汇总表 表 5.2.4-6

序号	方案名称	耗电量（万 kW・h/年）	空调面积指标（kW・h/m^2）	建筑面积指标（kW・h/m^2）	比值（%）
方案一	四管制风盘＋新风	128.61	38.24	32.15	100.00
方案二	多联机（风管式)＋新风	184.18	54.76	46.05	143.21

3. 运行费用（表5.2.4-7～表5.2.4-9）

全年运行费用汇总表 表5.2.4-7

序号	方案名称	运行费用（万元）	空调面积指标（元/m^2）	建筑面积指标（元/m^2）	比值（%）
方案一	四管制风盘＋新风	141.67	42.12	35.42	100.00
方案二	多联机（风管式）＋新风	140.72	41.84	35.18	99.33

供冷运行费用汇总表 表5.2.4-8

序号	方案名称	运行费用（万元）	空调面积指标（元/m^2）	建筑面积指标（元/m^2）	比值（%）
方案一	四管制风盘＋新风	69.82	20.76	17.46	100.00
方案二	多联机（风管式）＋新风	80.89	24.05	20.22	115.86

供热运行费用汇总表 表5.2.4-9

序号	方案名称	运行费用（万元）	空调面积指标（元/m^2）	建筑面积指标（元/m^2）	比值（%）
方案一	四管制风盘＋新风	71.85	21.36	17.96	100.00
方案二	多联机（风管式）＋新风	59.83	17.79	14.96	83.27

注：烟台市能源价格。

（1）电力：电力价格执行烟台市峰谷分时电价，详见表5.2.4-10。

烟台市峰谷分时电价 表5.2.4-10

时刻	时段	元/(kW·h)	时刻	时段	元/(kW·h)
0：00	低谷	0.3180	12：00	低谷	0.3180
1：00	低谷	0.3180	13：00	平段	0.6089
2：00	低谷	0.3180	14：00	高峰	0.8998
3：00	低谷	0.3180	15：00	高峰	0.8998
4：00	低谷	0.3180	16：00	高峰	0.8998
5：00	低谷	0.3180	17：00	高峰	0.8998
6：00	低谷	0.3180	18：00	高峰	0.8998
7：00	平段	0.6089	19：00	尖峰	1.0161
8：00	高峰	0.8998	20：00	尖峰	1.0161
9：00	高峰	0.8998	21：00	平段	0.6089
10：00	尖峰	1.0161	22：00	平段	0.6089
11：00	平段	0.6089	23：00	低谷	0.3180

（2）市政热力：本项目按52元/m^2的标准缴纳供热基础设施配套费，市政热力计量热价为89.61元/GJ。

4. 运行碳排放量（表5.2.4-11）

运行碳排放量汇总表 表5.2.4-11

序号	方案名称	碳排放量（tCO_2）	空调面积指标（$kgCO_2/m^2$）	建筑面积指标（$kgCO_2/m^2$）	比值（%）
方案一	四管制风盘＋新风	1098.88	326.71	274.72	100.00
方案二	多联机（风管式）＋新风	1075.43	319.73	268.86	97.87

5. 全生命期费用

机电系统按25年生命期计算，见表5.2.4-12、图5.2.4-1。

全生命期费用汇总表　　表5.2.4-12

序号	方案名称	初投资（万元）	运行费用（万元）	生命期费用			比值（%）
				总费用（万元）	空调面积指标（元/m²）	建筑面积指标（元/m²）	
方案一	四管制风盘＋新风	3772.87	141.67	7314.62	1809.21	1261.14	100.00
方案二	多联机（风管式）＋新风	3512.88	140.72	7030.88	1739.03	1212.22	96.12

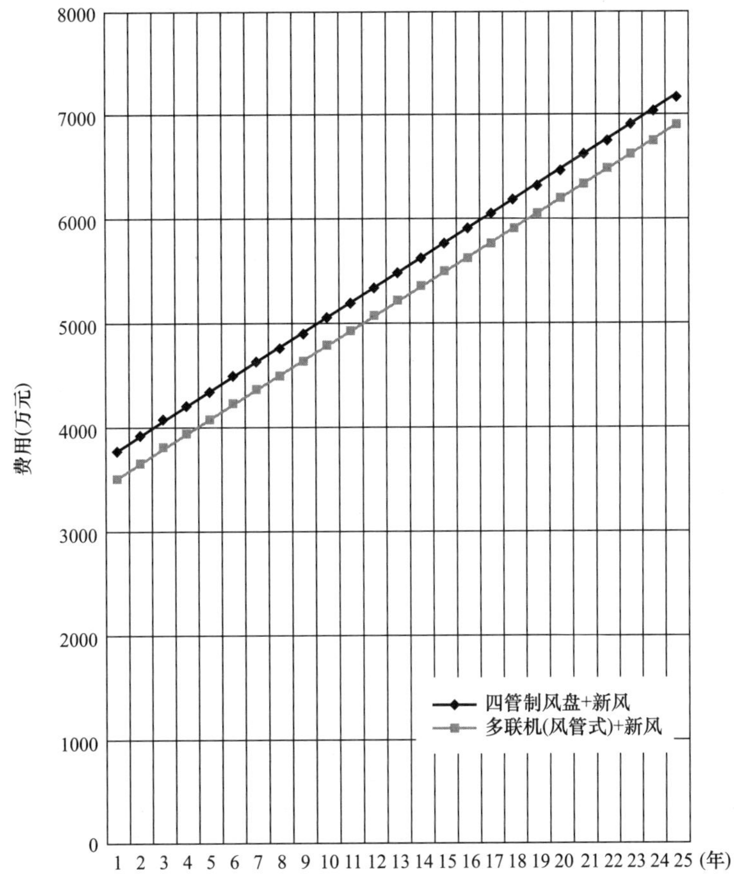

图5.2.4-1　全生命期费用曲线